海洋史研究丛书

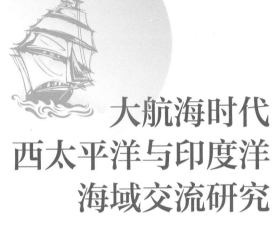

大航海时代
西太平洋与印度洋
海域交流研究

（上册）

STUDIES ON
THE MARITIME EXCHANGES
BETWEEN THE WESTERN PACIFIC
AND THE INDIAN OCEAN DURING
THE AGE OF GREAT EXPLORATION · I

李庆新　胡　波

主编

社会科学文献出版社
SOCIAL SCIENCES ACADEMIC PRESS (CHINA)

主 编

李庆新

历史学博士，广东省社会科学院历史与孙中山研究所（海洋史研究中心）二级研究员，《海洋史研究》主编，广东省政府文史研究馆馆员，兼任中国海外交通史研究会副会长、广东历史学会会长。主要研究领域为海洋史、经济史、中外关系史、广东史。出版专著《明代海外贸易制度》、《濒海之地：南海贸易与中外关系史研究》、《海上丝绸之路》（中、英、韩语版）等。

胡 波

历史学博士，教授，中山市政协专职常委，原中山市社会科学界联合会主席。主要研究方向为孙中山与辛亥革命、岭南文化与香山文化、华侨华人史等。出版专著《香山买办与近代中国》《马来西亚华侨华人史话》《中山简史》等，发表论文百余篇。

副主编

罗燚英

历史学博士，广东省社会科学院历史与孙中山研究所（海洋史研究中心）副研究员，《海洋史研究》副主编。主要研究领域为海洋史、中古宗教史、区域道教史。出版专著《五仙古观与广州道教》、译著《海洋与文明》等，发表专业论文和译文三十余篇。

吴婉惠

历史学博士，广东省社会科学院历史与孙中山研究所（海洋史研究中心）助理研究员，《海洋史研究》编务主任。主要研究领域为近代中日关系史、海洋史。参与撰写《广东改革开放史（1978～2018年）》《影像中国70年·广东卷》等著作多本，发表论文和译文十余篇。

编辑委员会

目　录

·上　册·

·下　册·

"大航海时代珠江口湾区与太平洋-印度洋海域交流"国际学术研讨会暨"2019 海洋史研究青年学者论坛"开幕式致辞

郭跃文*

尊敬的各位专家、学者：

大家早上好！

今天，我们来到"伟人的故里"、国家历史文化名城——中山市，共同参加"大航海时代珠江口湾区与太平洋-印度洋海域交流"国际学术研讨会暨"2019 海洋史研究青年学者论坛"。首先，我谨代表广东省社会科学院对研讨会和论坛的如期召开表示衷心的祝贺！向莅会的领导嘉宾和专家学者，表示热烈的欢迎、致以诚挚的问候！

习近平总书记指出："海洋对于人类社会生存和发展具有重要意义……我们人类居住的这个蓝色星球，不是被海洋分割成了各个孤岛，而是被海洋连结成了命运共同体，各国人民安危与共。"[1] 海洋是维系人类生存发展的重要基础，是连结世界各国人民的重要纽带。

广东位于中国陆地最南端、地处亚太主航道，是我国大陆与东南亚、中东以及大洋洲、非洲、欧洲、美洲各国建立海上航线最近的港口地区之一。珠江口湾区位于南海北部，扼太平洋-印度洋海上交通的要冲。这片海域有

---

* 作者郭跃文，广东省社会科学院党组书记。

[1] 《习近平集体会见出席海军成立 70 周年多国海军活动外方代表团团长》，2019 年 4 月 23 日，中华人民共和国中央人民政府网，http://www.gov.cn/xinwen/2019-04/23/content_5385354.htm。

曲折蜿蜒的海岸线，星罗棋布的岛屿，连绵大片的滩涂，天然优良的港湾，周边是富庶的珠江三角洲，孕育了丰富多彩的海洋文明。进入大航海时代，珠江口湾区日益成为中国走向海洋、联通世界的重要门户和通道之一，日益成为东亚地区具有全球影响力的海运交通枢纽和海洋贸易中心之一。

20世纪70年代末，"同饮珠江水"的广州、深圳、珠海、中山等市，凭借毗邻港澳的地缘、人缘、商缘优势，乘着改革开放的春潮，勇立潮头唱大风，高挂云帆先出海，大踏步赶上时代，引领时尚，谱写了珠江口湾区率先发展的历史篇章。党的十八大以来，中国改革不停顿、开放不止步，对外开放的大门越开越大。习近平总书记提出"一带一路"倡议，是深远影响新时代中国乃至全球发展的伟大构想，已成为中国构建对外开放新格局的最重要平台。古丝绸之路绵亘万里，延续千年，积淀了以和平合作、开放包容、互学互鉴、互利共赢为核心的丝路精神。"一带一路"倡议让古老的丝路在新时代焕发出新的光辉，是一种跨越时空的创造性思维，成为广受欢迎的国际公共产品。党中央要求广东举全省之力建设好粤港澳大湾区，携手香港、澳门共同打造"一带一路"建设重要支撑区。2019年8月，又擘画支持启动深圳建设中国特色社会主义先行示范区。在粤港澳大湾区和先行示范区"双区驱动发展效应"强力推动下，珠江口湾区工业化、城市化、信息化建设风生水起，互联互通不断加快，成为当今中国经济高质量发展的新引擎之一，正在向建设世界一流人文湾区、美丽湾区、休闲湾区的目标行进。

海洋是推动经济高质量发展的重要支撑和战略要地。众所周知，海洋是生命的摇篮、资源的宝库、文化的通道、科技的平台。我国是一个海洋大国，海域面积十分辽阔。坚持陆海统筹，向海洋进军，加快建设海洋强国，已成为国人的共识。

大力发展海洋经济，推动海洋经济走向深蓝是广东高质量发展的必然选择。进入新时代，广东省坚持以习近平新时代中国特色社会主义思想为指导，把发展海洋经济置于与新一代信息技术、高端装备制造、绿色低碳、生物医药、数字经济、新材料等战略性新兴产业同等重要的地位，以海洋电子信息、海上风电、海工装备、海洋生物、天然气水合物和海洋公共服务业为重要抓手，打造现代化沿海经济带，扎实推进海洋强省建设。2018年广东海洋生产总值19326亿元，同比增长9%，占全国海洋生产总值的23.2%，连续24年位居全国首位。与此同时，广东积极参与"21世纪海上丝绸之路"建设，推进国际航运基础设施互联互通，提升海洋经济合作质量与规模，广泛开展海洋科技、文化合作与交流，共同保护海洋生态文明，合理维护海洋和平与安宁，推动构建海洋命运共同体。

习近平总书记指出："历史是人类最好的老师。""历史上发生的很多事情也可以作为今天的镜鉴。重视历史、研究历史、借鉴历史，可以给人类带来很多了解昨天、把握今天、开创明天的智慧。"① 今天我们聚首中山，联合举办这次国际学术研讨会，共同探讨早期全球化时代湾区与太平洋-印度洋海域交流发展史，就是为了总结历史的经验和启示，鉴古知今，更加清醒地认识当下，面向未来，促进我国海洋史学理论体系与学科体系建构，为讲好海洋故事、服务国家战略，共建"一带一路"、推进海洋事业发展提供智力支持、学术支撑。

关心海洋、认识海洋、研究海洋，为科学经略海洋、推动我国海洋强国建设不断取得新成就助力，为建设"一带一路"和粤港澳大湾区、构建人类命运共同体和海洋命运共同体贡献智慧，是社科界义不容辞的责任。这次国际研讨会和论坛的议题丰富多元，既包括湾区、海岛、半岛、海峡等海域空间与海洋文明，又涵盖珠江口湾区与太平洋-印度洋海域航海活动与海洋贸易；既有对太平洋-印度洋生态环境、族群流动与人文交流研究成果的新进展，又有对太平洋-印度洋海域沉船考古与海洋文化遗产的新发现；既有对香山与珠江口湾区海洋开发的新思考，还有对海洋文献、海洋知识与海洋信仰研究的新开拓。这些议题都是国际学界关注的热门话题和前沿领域，与粤港澳大湾区历史、海上丝绸之路史、"一带一路"倡议研究也紧密关联，极具学术意义和现实意义。

我院历史与孙中山研究所（海洋史研究中心）是全国最早设立的省级历史研究机构之一，在广东地方史、孙中山与中国近现代史、海洋史与经济史等领域积淀深厚，一直是海内外有影响的史学重镇，目前是全国主要史学研究与教学机构联席会议的首批成员机构。历史与孙中山研究所素来重视海洋史研究，20世纪80年代以来在海洋社会经济史、港澳史与海上丝绸之路研究上颇多建树。2009年历史与孙中山研究所同仁以服务国家和广东重大战略为导向，在院部支持下成立了全国第一个海洋史专门研究机构——广东

---

① 《习近平致第二十二届国际历史科学大会的贺信》，2015年8月23日，中华人民共和国中央人民政府网，http://www.gov.cn/xinwen/2015-08/23/content_2918446.htm。

海洋史研究中心，主办出版《海洋史研究》集刊，十载积淀，已蔚为大观，为我国海洋史学发展与学科建设作出了应有贡献，也有赖海内外学界鼎力襄助。此次联合各合作单位举办这次国际学术研讨会和海洋史研究青年学者论坛，旨在向海内外同行学习；旨在检阅队伍，促进青年研究人员的成长；旨在搭建多方合作交流平台，共同把粤港澳大湾区与太平洋-印度洋海域交流史研究推向深入。

"潮平两岸阔，风正一帆悬。"当前，海洋史学已经成为备受国内外学术界瞩目的热门学问，呈现出"骎骎乎日上"的发展态势。我热切期待，史学界同仁一如既往，继续大力支持我院海洋史学研究与学科建设，帮助我们将海洋史学做大做特做强；坚持全球史观和整体视野，以海洋为本位，用陆海统筹、海陆互动的观察视角，海域/区域与整体、微观与宏观相互联系的研究取向，整体推进相关学术问题研究与理论构建；以发展的、联系的眼光，立足历史，关照当下，面向未来，潜心聚焦，进一步拓展研究领域，提升研究水平，收获更多的海洋史学研究成果，用历史的智慧与逻辑照亮未来的路径与航向。

最后，预祝研讨会取得圆满成功，结出丰硕成果！

中国海外贸易的空间与时间

李伯重[*]

不论对"丝绸之路"的性质、功能和作用有多少种看法，大多数学者都同意"丝绸之路"主要是贸易之路。[①] 既然是贸易之路，其主要功能必定是贸易。本文所讨论的，就是作为贸易之路的"丝绸之路"。

在许多论著中，"丝绸之路"被描绘为一条自古以来就存在的"洲际贸易大通道"，这条通道无远弗届，畅通无阻，世界各地商品通过这条大通道实现无缝对接。无论什么时候，中国商品随时都可以通过这条通道，运销世界各地。然而，从经济史的角度来看，这个"大通道"并非真正的客观存在。要正确认识历史上的"丝绸之路"，空间和时间是首先要研究的基本问题。

恩格斯说："一切存在的基本形式是空间和时间，时间以外的存在和空间以外的存在，同样是非常荒诞的事情。"[②] 时间与空间是人类社会存在的最基本维度，人类历史就是在时间与空间中的演进历程。因此，历史是一个发展变化的客观过程，而任何过程都是通过时间和空间而存在的。由于空间和时间问题是历史现象的基本条件，因此早在现代史学创立之初，兰克就明确指出："这里涉及的事实，是一种准确的审核，要能够说明过去发生了什么事情，这事情是什么时候发生的，是在什么地方发

---

* 作者李伯重，北京大学历史学系教授。

① 在争议了多年后，教科文组织对"丝绸之路"作出了如下定义：历史上的丝绸之路是跨越陆地和海洋的贸易路线网络，其范围涵盖了地球的很多部分，其时间则从史前到今天。沿着这些路线，拥有不同文化、宗教和语言的人们相遇，交换思想和彼此影响。见 https://en.unesco.org/silkroad/unesco-silk-road-online-platform.（编者注：本书论文注释中引用网址的最后访问日期皆为 2021 年之前。）关于对这个定义的讨论，见李伯重《"丝绸之路"的"正名"——全球史与区域史视野中的"丝绸之路"》，《中华文史论丛》2021 年第 3 期。

② 《马克思恩格斯选集》第 3 卷，人民出版社，1995，第 91 页。

生的，是怎样发生的以及为什么会发生。"① 离开了一定的时空范围，也就不称其为史学研究了。② "丝绸之路"贸易既然是历史上的客观存在，当然只能发生在特定的时间和空间中。因此，在"丝绸之路"研究中，首先必须明确的是"丝绸之路"贸易赖以发生的时空范围，以及这种时空范围所发生的变化。

一　全球史视野中的世界贸易地理空间

贸易是一种经济活动，而任何经济活动都发生在特定的空间范围即地理空间之中。然而这一点，过去学界却注意不够。1991 年，克鲁格曼（Paul R. Krugman）在其《地理和贸易》一书的序言和开头部分中写道：

> 作为国际经济学家，在我的大部分职业生涯中，我所思考和写作的都和经济地理有关，而我竟然没有意识到。
> …………
> 国际贸易的分析事实上并没有利用从经济地理学和区位理论中得到的一些洞察。在我们的模型中，国家通常是一个没有大小的点，在国家内部，生产要素可以迅速、无成本地从一种活动转移到另一种活动。在表示国家之间的贸易时，通常也采用一种没有空间的方法：对所有可贸易的商品，运输成本是零。
> …………
> 然而，国际经济学家通常忽略了下面这个事实：即国家既占有一定的空间，又是在一定的空间内存在的，这种倾向如此地根深蒂固，以至于我们几乎没有意识到我们忽略了这个事实。③

地理空间的问题对国际贸易的研究至为关键。这是因为贸易的实质是商

---

① 〔德〕利奥波德·冯·兰克：《历史上的各个时代：兰克史学文选之一》，杨培英译，北京大学出版社，2010，"导言"第 11 页。
② 李剑鸣："史学是一种以过去时空中的人及其生活为研究对象的综合性的人文学。"见李剑鸣《论历史学家在研究中的立场》，《社会科学论坛》2005 年第 5 期。
③ 〔美〕保罗·克鲁格曼：《地理和贸易》，张兆杰译，北京大学出版社，2000，自序与正文第 1~3 页。

品交换，商品交换的基础是商品的供求关系，而商品供求关系决定于参与贸易的各方之间对特定商品的供给和购买的能力。这种供需能力，则又在很大程度上取决于特定的地理自然条件。

首先，商品的供需能力取决于地理环境。赫德森（Michael Hudson）指出："商业似乎是以大自然本身为基础的。每个地区都以上帝赐予的独特资源为基础组织生产并形成了专业化。某些地区形成了以技术为基础的贸易，如玻璃制造和金属制造；另一些地区生产稀有矿石、香料或葡萄酒。"[①] 换言之，一种商品的供给能力是一定的地理环境的产物。这种地理环境有自然地理环境和人文地理环境两个方面。自然地理环境包括地理位置、地形条件、气候条件、土地资源、矿产资源、水资源、森林资源等。这些对各地区的产业结构、贸易结构、贸易商品流向都有重大的影响。人文地理环境则包括人口、民族、教育文化水平、语言、宗教信仰、历史、政治等。其中人口的构成（数量、素质、密度等）是决定一个地区市场规模的基本因素，其他因素对市场规模及贸易的地理方向、商品结构等也有重要的制约作用。

其次，商品的供需能力也取决于各地区的经济状况。一个地区参与贸易的程度与其经济发展水平、经济实力有密切的关系。处于不同的发展阶段的地区为市场提供的商品种类、品种、数量、质量，有着很大差异。而处于不同经济类型、不同经济发展水平的地区，消费者对商品的需求及自身所拥有的支付能力也各不相同，因此消费水平及消费结构的区域差异也导致市场上商品结构及地理流向之间出现地区差异。

因此，研究"丝绸之路"贸易，就必须首先研究这种贸易的参与者的经济状况，了解他们对商品的偏好和供需能力。从经济史的角度来看，国际贸易的主要参与者必然是规模相对较大、发展水平相对较高的经济体，因为只有这样的经济体，才有能力提供和购买较大数量的商品，从而保证贸易以可观的规模持续进行。[②]

东半球有欧、亚、非三大洲。这三大洲，西方学界有人称之为"the Afro-Eurasian World"或"the Afro-Eurasian Ecumene"，即"非-欧-亚世界"，本文从汉语习惯，称之为欧亚非地区。在地理大发现之前，这个地区

---

① 〔美〕迈克尔·赫德森：《国际贸易与金融经济学：国际经济中有关分化与趋同问题的理论史》（第二版：修订扩展版），丁为民、张同龙等译，中央编译出版社，2014，第27页。

② 关于这些主要参与者的情况，我将在本系列文章中专文进行讨论。在本文中，仅引用其结论。

是世界经济活动的主要场所，世界贸易也集中在这个地区。

这个广大的地区由多个在各方面有巨大差异的部分组成。芬德利（Ronald Findlay）和奥罗克（Kevin H. O'Rourke）综合考虑了地理、政治和文化特征，将其划分为七大区域，即西欧、东欧、北非和西南亚（伊斯兰世界）、中亚（或内亚）、南亚、东南亚、东亚（中国、朝鲜半岛、日本）。① 至于包括东西半球在内的全世界，赖因哈德（Wolfgang Reinhard）等从文化地理的角度，把 14 世纪中期以前的世界分为五个不同的"世界"：欧亚大陆（Continental Eurasia，包括俄罗斯、中国和中亚）、奥斯曼帝国和伊斯兰世界、南亚和印度洋、东南亚和大洋洲、欧洲和大西洋世界。② 其中"大西洋世界"所涉及的欧、非、美三大洲（此处所说的非洲指撒哈拉以南的非洲），彼此之间并无联系。特别是美洲，更是隔绝于欧亚非地区之外。

生活在世界各地的人们，彼此之间自古就有着这样或那样的联系。这些联系后来逐渐发展成了一种经常性的联系，一些学者称之为"世界体系"（the World System）。这种世界体系以核心-边缘（core-periphery）的关系为组织方式，亦即由一些核心区和边缘区组成，而核心区对其外的边缘区，在经济、文化上（有时还在政治上）都处于支配地位。各个核心区彼此联系，从而形成世界体系。

世界历史上的核心区中，有三个最为重要，即中国、印度和欧洲。雅斯贝斯（Karl Jaspers）认为世界主要文明开始于公元前 500 年前后的"轴心时代"（Axial age），此时出现了中国、印度和西方三大文明，"直至今日，人类一直靠轴心期所产生、思考和创造的一切而生存。每一次新的飞跃都回顾这一时期，并被它重燃火焰。自那以后，情况就是这样。轴心期潜力的苏醒和对轴心期潜力的回忆，或曰复兴，总是提供了精神动力。对这一开端的复归是中国、印度和西方不断发生的事情"③。这三大文明之所以有持久的影响，一个主要原因是这三个地区具有相对高产和稳定的农业，其产出能够养活较大数量的定居人口，支持工商业的发展，从而为文明的持续提供物质

---

① Ronald Findlay, Kevin H. O'Rourke, *Power and Plenty: Trade, War, and the World Economy in the Second Millennium*, Princeton University Press, 2007, p. 2.

② Wolfgang Reinhard ed., *Empires and Encounters: 1350 – 1750*, The Belknap Press of Harvard University Press, 2015.

③ 〔德〕卡尔·雅斯贝斯：《历史的起源与目标》，魏楚雄、俞新天译，华夏出版社，1989，第 14 页。

基础。

一些"世界体系"学者对于历史上的"核心区"问题提出了更加具体的看法。毕加德（Philippe Beaujard）认为从公元 1 世纪到 16 世纪，欧亚非地区逐渐形成了一个世界体系，这个体系主要有五个核心区（有时也有更多的核心区），即中国、印度、西亚、埃及和欧洲（包括地中海、葡萄牙和西北欧地区）[1]。阿布-卢格霍德（Janet L. Abu-Lughod）则认为 13～14 世纪，一个从西北欧延伸到中国的国际贸易正在发展，将各地的商人和生产者纳入其中，而中东、印度和中国是核心。[2] 不论这些看法有何差别，但有一点是相同的：在地理大发现之前，世界上大部分人口和经济活动都主要集中在欧亚非的一些"核心区"，这些地区之间的联系就是当时世界各地交往的主流。

从经济史的角度来看，这些"核心区"之所以重要，主要是因为其经济规模较大，生产力发展水平较高，因此拥有提供较大数量的商品和获得较大数量的异地商品的能力。我认为大致来说，在 16 世纪之前的世界，最重要的经济"核心区"应当是中国（主要是东部）、印度（主要是南部）和西欧（包括其控制下的东地中海地区）。这三个地区，至少从公元前 2 世纪开始，就拥有当时数量最多的定居人口、规模较大而且较稳定的农业以及工商业，从而成为当时规模最大的经济体，具有大量和持久地生产和消费商品的能力，而且由于自然条件和文化传统的差异，各自都有一些独特的高价值产品。[3] 在中国、印度和西欧三个主要经济"核心区"中，又以分处欧亚大陆东西两端的中国和西欧最为重要。在"世界体系"开始形成的初期，汉代中国和罗马帝国就是世界上人口最多、经济规模最大、生产能力最强的两大经济体。之后经过几个世纪的沉寂，中国在唐代复兴，并自此以后在"世界体系"中一直拥有突出的地位。[4] 西欧在罗马帝国崩溃后，西部地区陷入长期混乱，但东部地区在拜占庭帝国统治之下仍然得以保持和平和稳

---

[1] Philippe Beaujard, *The Worlds of the Indian Ocean: A Global History*. Vol. I, *From the Fourth Millennium BCE to the Sixth Century CE*, Cambridge University Press, 2019, p. 3.

[2] Janet L. Abu-Lughod, *Before European Hegemony: The World System A. D. 1250-1350*, Oxford University Press, 1991, pp. 8, 14.

[3] 如中国的丝绸、瓷器，印度的香料、棉布，罗马的玻璃、染料等。

[4] William H. McNeill, *The Pursuit of Power Technology, Armed Force and Society Since A. D. 1000*, University of Chicago Press & Basil Blackwell Publisher Ltd., 1982; William H. McNeill "The Rise of the West after Twenty-Five Years," *Journal of World History*, 1 (1990), pp. 1-21.

定。拜占庭是中世纪欧洲最大的国家，其人口数量超过中国、印度之外的任何国家。再后，从 15 世纪起，西欧的西部地区（意大利、伊比利亚、低地国家、法国、英国等）兴起，使得西欧重新获得罗马帝国曾拥有的特殊地位。因此，在地理大发现之前的大部分时期，世界上最发达的经济"核心区"是分处欧亚大陆两端的中国和西欧。当年李希霍芬把"丝绸之路"的起止点定为中国和西欧而非中间的西亚，是很有见地的。

在中国、印度和西欧三大"核心区"之外，西亚（特别是波斯、两河流域以及安纳托利亚地区）、中亚（特别是河中地区）也都是古代的"发达"地区，但是与前三个地区相比，这些地区的自然资源相对贫乏，人口有限，经济规模较小，而且不稳定的游牧经济占有很大比重。因此相对于前三个地区而言，在经济上只能算是次一级的"核心区"。① 但是由于其所处的地理位置，它们能够在中国、印度和西欧之间经常扮演"中间人"的角色，因此它们在世界贸易中占有一种与其自身经济发展水平和经济规模不相称的突出地位。世界主要的国际贸易也集中在这些地区之间。到了地理大发现之后，情况才发生了很大改变。

上述这些核心区之间的联系如何呢？弗兰克（André Gunder Frank）与吉尔斯（Barry K. Gills）等认为：在过去五千年的历史上，欧亚非大陆各地的交往有三大中心通道，这些通道在"世界体系"中起着特别突出的关键性的物资供应联系作用。这三大中心通道是：（1）尼罗河—红海通道（尼罗河与红海之间由运河或陆路相连，与地中海相接，直通印度洋乃至更远的地方）；（2）叙利亚—美索不达米亚—波斯湾通道（陆路经叙利亚与地中海沿岸相连，水路经奥龙特斯河、幼发拉底河及底格里斯河到波斯湾，而后直通印度洋乃至更远的地方，这条中心通道还通过陆路与中亚相连）；（3）爱琴海—黑海—中亚通道（通过达达尼尔海峡和博斯普鲁斯海峡将地

---

① 阿拔斯王朝时期的阿拉伯帝国是中东（西亚、北非）疆域最辽阔、经济最兴盛的帝国，但即使在这个时期，其人口和经济规模也无法与汉代、唐代中国或者罗马帝国相比，而且阿拔斯王朝的繁荣也只维持了一个世纪。此后，正如伊斯兰史学家哈济生（Marshall G. S. Hodgson）所指出的那样：到了 10 世纪以后，中国出现了宋代的经济重大发展，而西欧的经济发展也不断加快。处于中国和西欧之间的伊斯兰世界，必须确立更加牢固的商业取向，发展商业，才能获取利益。到了 14 世纪和 15 世纪，伊斯兰世界没有任何经济扩张可以和西欧或中国出现的经济规模相比，而且还出现了经济衰退。Marshall G. S. Hodgson, *The Venture of Islam*, University of Chicago Press, 1974, Vol. I, pp. 233–235; Vol. II, pp. 4, 8.

中海与陆上丝绸之路连接起来，而后经陆路通往印度和中国）①。

芬德利与奥罗克认为在欧亚非主要地区之间，地中海和黑海的贸易传统上涉及伊斯兰世界以及西欧和东欧；印度洋将伊斯兰世界、东非、印度和东南亚连在一起；而中国南海则将中国与印度尼西亚群岛直接连在一起，并将中国与印度和伊斯兰世界间接连在一起。公元 1500 年以前的很长时期，红海和波斯湾是东西方海上贸易路线中至关紧要的大门。陆路是可供选择的另一条路径，它搭建了中国与伊斯兰世界之间的联系纽带，并通过中亚将中国与东西欧连在了一起。简言之，主要贸易路线为：（1）地中海和黑海；（2）印度洋和中国南海；（3）穿过中亚由中国至欧洲的陆上贸易。②

在上述主要通道和路线中，陆上丝绸之路是一条洲际陆上通道，其起止地点是中国的长安（今西安）和西亚的君士坦丁堡（今伊斯坦布尔）。③

海上情况就不同了。弗兰克和吉尔斯所说的三大通道都与海洋有关，可以说都是海陆连接的通道。而芬德利和奥罗克所说的三条主要贸易路线中，两条是海路（黑海与地中海、印度洋与中国海）。因此从很早的时候开始，海路就扮演着非常重要的角色。下面，我们看看这些海路所经过的海域。

毕加德和费（S. Fee）指出，在世界历史上，以地理因素和交流网为基础，亚洲和东非的海洋可以分为三大海域：中国海、东印度洋和西印度洋，西印度洋又可以进一步划分为波斯湾海域和红海海域。④ 芬德利与奥罗克认为是地中海和黑海、印度洋和中国南海。但他们都没有谈及大西洋。这并不是有意无意的疏忽，而是因为在地理大发现之前，大西洋以及太平洋的主体部分都不是世界的主要海上活动发生的海域。只有它们的边缘部分（即位于太平洋的西部边缘的中国海海域和位于大西洋东部边缘的欧洲西北部的北海海域）才有相对较多一些的贸易等活动。

我认为 15 世纪末之前的东半球海上交通所涉及的主要海域，应当包括以下几个主要部分：中国海、南洋（东南亚海域）、印度洋、地中海（以及

---

① 〔德〕安德烈·冈德·弗兰克、〔英〕巴里·K. 吉尔斯主编《世界体系：500 年还是 5000 年？》，郝名玮译，社会科学文献出版社，2004，第 101~102 页。

② Ronald Findlay, Kevin H. O' Rourke, *Power and Plenty: Trade, War, and the World Economy in the Second Millennium*, p. 87.

③ 关于陆上丝绸之路的起止时间和地点，我在《"丝绸之路"的"正名"——全球史与区域史视野中的"丝绸之路"》中已进行讨论，兹不赘述。

④ Philippe Beaujard and S. Fee, "The Indian Ocean in Eurasian and African World-Systems before the Sixteenth Century," *Journal of World History*, Vol. 16, No. 4 (Dec., 2005), pp. 411-465.

附属的黑海）。很明显，这些海域相互联系的中心是印度洋。弗兰克和吉尔斯说，在连接欧亚非的三大通道中，第一、二条在物资供应方面所占有的地位更为重要，而这两条通道都是连接印度洋，或者说是印度洋海上通道的延伸。因此从海上贸易来说，印度洋在很长的一段时期中是世界贸易的主要舞台。这一看法也得到不少学者的认同。毕加德明确指出：在古代的"世界体系"中，印度洋占有中心位置。[①] 印度洋的这种中心地位，在地图上是一目了然的。中国海是太平洋的西部边缘，而欧洲北海位于大西洋的东部边缘。这两个大洋边缘的海域通过南洋和地中海与印度洋连接。[②]如前所述，在相当长的时期内，中国、印度和西欧是世界上最主要的经济"核心区"。而在中国和西欧之间没有直达的海路，贸易交往必须经过印度洋。另一个主要经济"核心区"印度就位于印度洋，而中国和西欧都与印度有较为紧密的贸易关系。因此，印度洋也理所当然成为当时世界贸易的中心舞台。

到了地理大发现之后，这一传统格局被打破。欧洲人建立的"大西洋体系"，使大西洋海域成为世界上最重要的海上贸易区域之一。同时，欧洲人开辟了连接西欧和东亚的大西洋—印度洋—中国海和大西洋—太平洋—中国海的航线，把欧洲和亚洲、非洲、美洲连接了起来。到了此时，印度洋不再是世界海上贸易的中心。尽管从欧洲到东亚大多要经过印度洋，但除了印度之外，欧洲人在印度洋地区的贸易活动主要是在沿岸各地建立据点，作中途补给以及安全保障之用，而欧洲和这些地方之间进行的贸易规模十分有限。

中国的海外贸易是世界贸易的一个重要组成部分，发生在全球史的大背景之中，上述世界贸易地理空间范围的变化，对中国的海外贸易具有巨大的影响。

二 全球史视野中的世界贸易时间周期

世界贸易的地理空间不是一成不变的，它总是随着时间的变化而不断变化。而之所以如此，是因为世界贸易是全球性的活动，深受世界各地发生的事件的影响。

---

① Philippe Beaujard, *The Worlds of the Indian Ocean: A Global History*, Vol. I, Cambridge University Press, 2019, p. 1.

② 部分地因为这种相似性，东南亚海域也被称为"亚洲的地中海"，见〔法〕弗朗索瓦·吉普鲁《亚洲的地中海——13~21 世纪中国、日本、东南亚商埠与贸易圈》，龚华燕、龙雪飞译，新世纪出版社，2014。

全球史学者康拉德（Sebastian Conrad）指出：全球史研究的一个特点是重视历史事件的共时性（synchronicity），即重视发生在同一时期的事件，即使这些事件在地理上天各一方。关注"共时性"的脉络不仅能将诸多跨越边界的事件联系起来，还能引导人们留意空间中的缠结现象。① 用"共时性"的观点来看，世界各地（或者主要地区）的人类活动彼此关联。这些活动共同作用，造成了"世界体系"的演变呈现出一种周期性，这种周期由兴盛时期和衰落时期组成。从这种"共时性"出发看世界历史，可以看到确实存在周期性的变化。

本特利（Jerry Bentley）主要依据奢侈品和大宗商品贸易、政治和军事冲突、信息交流网络，把欧亚大陆过去两千年的"世界体系"分为四个时期：第一个时期是大约公元前 200 年到公元 400 年，第二个时期是 7 世纪到 10 世纪，第三个时期是从大约 1000 年到 1350 年，1350 年之后是第四个时期。② 赫尔德（David Held）等认为全球化的历史较长包括四个时期，即前现代（1500 年以前）、现代早期（1500~1760）、现代（1760~1945）和当代（1945 年至今）。③ 吉尔斯和弗兰克认为从经济的角度来看，在 1500 年以前的"世界体系"可以分为七个周期，每个周期都包括一个经济扩张阶段和经济收缩阶段。其中从公元前 250 年到 1450 年，共有四个周期。第一个周期包括经济收缩阶段（公元前 250/200~公元前 100/50）和经济扩张阶段（公元前 100/50~公元 150/200）；第二个周期包括经济收缩阶段（150/200~500）和经济扩张阶段（500~750/800）；第三个周期包括经济收缩阶段（750/800~1000/1050）和经济扩张阶段（1000/1050~1250/1300）；第四个周期包括经济收缩阶段（1250/1300~1450）。④ 霍布森（John Hobson）根据东方和西方的相对影响力，把全球化分为三个阶段：第一个阶段（500~1450）为"原始全球化"（proto-globalization）时期。在此时期，由于"原始的全球网络"在将东方的各种资源的组合（resource portfolios）输送到西方的

① 〔德〕塞巴斯蒂安·康拉德：《全球史是什么》，杜宪兵译，中信出版集团，2018，第 151、156 页。

② C. Chase-Dunn and T. D. Hall, *Rise and Demise*: *Comparing World-Systems*, Westview Press, 1997.

③ 〔英〕戴维·赫尔德等：《全球大变革——全球化时代的政治、经济与文化》，杨雪冬等译，社会科学文献出版社，2001，第 574~601 页。

④ Barry K. Gills and Andre Gunder Frank, "World System Cycles, Crises, and Hegemonial Shifts, 1700 BC to 1700 AD," *Review* (Fernand Braudel Center), Vol. 15, No. 4 (Fall, 1992).

过程中起到了关键的作用，"东方化"（Orientalization）处于支配地位。第二个阶段（1450/1492~1830）是"早期全球化"（early globalization）时期，在此时期中，自东方向西方的"资源组合"的扩散，导致了包括欧洲在内的世界各地社会出现根本性的重组，这是"东方化支配，西方化（Occidentalization）发生"的时代。第三个阶段（1830~2000）是西方化取得优势，西方文明成为支配性文明的时期。这是通过殖民化和新殖民主义的全球化即西方资本主义达到的。①

　　毕加德在其两卷本的全球史专著中，主要着眼于贸易，把印度洋世界的历史分为五个时期：（1）古代（公元前6世纪至公元前2世纪）；（2）欧亚非世界体系产生时期（公元前1世纪至6世纪）；（3）唐代中国和伊斯兰世界之间的印度洋时期（7世纪至10世纪）；（4）宋元时代的全球化时期（10世纪至14/15世纪）；（5）从欧亚非的全球化到欧洲扩张初期的时期（15世纪和16世纪前期）。② 因为这部书的研究范围仅限于从公元4世纪至16世纪的印度洋世界，因此16世纪之后的情况未能谈及。

　　之后，毕加德在他和费合作的文章中指出：在历史上，东半球的"世界体系"的周期性乃是伴随着各"核心区"的周期进行的。这种周期有四个：第一个周期是公元1世纪至6世纪，标志是中国的汉朝，印度的贵霜、萨塔瓦哈纳（Shatavahana）和笈多诸王朝，中亚和西亚的安息和萨珊帝国以及罗马帝国这些中心的兴衰；第二个周期是公元6世纪到公元10世纪，标志是中国的唐朝、印度的罗什多罗拘多（Rastrakutas）和帕纳瓦斯（Pallavas）诸王朝，伊斯兰世界和拜占庭帝国这些中心的兴衰；第三个周期是10世纪到14世纪，标志是中国的宋、元两朝，印度的朱罗王朝、德里苏丹国，西亚的阿拔斯帝国和伊利汗国，北非的埃及等中心的兴衰；第四个周期是15世纪到18世纪中期的工业革命，标志是中国的明朝，印度的古吉拉特、孟加拉、德干诸国和毗伽耶纳伽罗（Vijayanagara）王朝，以及奥斯曼帝国和埃及等中心的兴衰。16世纪是世界史上的一个重要时刻，大西洋两

---

① John Hobson, "Orientalization in Globalization: A Sociology of the Promiscuous Architecture of Globalization, c. 500-2010," in Jam Nederveen Pieterse and Kim Jongtae, eds., *Globalization and Development in East Asia*, New York: Routledge, 2012.

② Philippe Beaujard, *The Worlds of the Indian Ocean: A Global History. Vol. I: From the Fourth Millennium BCE to the Sixth Century CE*, *Vol. II: From the Seventh Century to the Fifteenth Century CE*. Cambridge University Press, 2019, content.

岸由此加入了上述原有的世界系统，并且创造了由欧洲、美洲和西非组成的第二个世界体系，但这并未造成印度洋体系的断裂。[1]

由于贸易问题是全球史或者"世界体系"的分期研究的基本问题之一，因此无论全球史还是"世界体系"的分期，都以世界贸易的变化为一个基本出发点。世界贸易的时间变化，也表现为贸易周期的形成和嬗递，每个周期都包含了一个开始—兴盛—衰落的过程。因此以上划分从某种意义上也可以说是一种世界贸易的历史分期。

综合以上学者的看法，我认为毕加德和费提出的"世界体系"演变过程的四大周期：第一周期（1世纪前后至6世纪），第二周期（6世纪至10世纪），第三周期（10世纪至14世纪），第四周期（15世纪至18世纪中期），大体上也是世界贸易演变的周期。到了18世纪中期，英国开始了工业革命，工业革命是"把人类历史分开的分水岭"[2]，对世界经济有着极其重大的影响，从根本上改变了世界贸易的格局和性质，从而使其进入了一个与前在本质上不同的新阶段。

这里特别要说的是，从地理大发现到工业革命发生之间的三个世纪，世界贸易的格局发生了很大的改变，"西方"正在兴起，在世界贸易中扮演着越来越重要的角色。但是在这个时期，如霍布森所说是一个"东方化支配，西方化发生"的时代，"东方"仍然是世界贸易的主角。随着工业革命的发生和扩散，西方成为世界经济的领跑者，并在政治、军事等方面取得了世界霸权。只有到了这个时期，西方才在世界贸易中取得压倒性的地位。

世界贸易的时空变化是彼此相关的。它们的共同基础是世界各地经济的变化和技术进步。如果世界上一些地区出现了长期的经济繁荣，那么对一些商品的供求能力都会出现长期的提升，从而造成彼此间进行贸易的必要。同时，如果生产和运输技术都出现了重大进步，那么将大大削减商品的生产和运输成本，从而使得贸易能够以更大的规模进行。在本文研究涉及的这个时空范围内，世界上一些地区的经济和技术都发生了程度不等的变化，从而造成了世界贸易的时空变化。中国的海外贸易发生在这样一个大背景中，而且中国是参与这个大变化的主角之一。因此，必须把中国的海外贸易置于这个

---

① John Hobson, "Orientalization in Globalization: A Sociology of the Promiscuous Architecture of Globalization, c. 500-2010."

② 〔美〕道格拉斯·C. 诺思：《经济史上的结构和变革》，厉以平译，商务印书馆，1992，第156页。

大变化的背景之下，才能更好地认识历史变化。

可能有人会怀疑，以上学者从全球史和"世界体系"的视野对世界史进行的分期，是否可以运用到中国的海外贸易史研究中，特别是因为他们都是西方学者，他们的看法是否有"西方中心主义"之嫌。这里我要强调：全球史和"世界体系"研究兴起的一个初衷，就是反对长期支配学界的西方中心主义。这些学者在进行分期时，对中国予以高度的关注。例如毕加德和费认为在以贸易为基础的前工业时代的"世界体系"中，中国自始至终扮演着关键的角色，"世界体系"的周期都依随中国自身的兴衰而变化。① 伊斯兰史学者哈济生（Marshall Hodgson）在谈到阿拉伯帝国的黄金时代时说，这是一个伟大的繁荣时代，而中国在这个时期的经济发展在世界上最为显眼，这直接表现在印度洋以及印度洋以东海上贸易方面；伊斯兰世界的商业生活，很大程度上是受中国的直接刺激。② 威廉·麦克尼尔（William McNeill）认为宋代中国兴起了庞大的市场经济，使得世界均势发生重大的变化，中国在富裕程度、技术水平以及人口数量方面都迅速地远远超过了地球上的其他国家。中国的经济增长和社会的发展对国外产生了影响，使得欧亚非地区（特别是西欧）出现了新的希望。中国人也积极进入了印度洋贸易。③ 因此，合理地采用他们的研究结论作为世界贸易史分期的依据，并不会陷入"西方中心主义"的陷阱。

三　全球史视野中的中国的海外贸易时空变化

这里要指出的是，尽管中国确实是世界贸易的重要参与者，但是中国在世界贸易历史上所扮演的角色并非一成不变；相反，这种角色是在不断变化的。导致变化的主要推手，一是中国自身的经济变化，二是世界其他地区的经济变化，三是海上交通运输方式的变化。由于这些变

---

① Philippe Beaujard and S. Fee, "The Indian Ocean in Eurasian and African World-Systems before the Sixteenth Century."

② Marshall G. S. Hodgson, *The Venture of Islam*, Vol. I , pp. 233-235.

③ William H. McNeill, *The Pursuit of Power Technology, Armed Force and Society since A. D. 1000*, p. 50; William H. McNeill, "The Rise of the West after Twenty-Five Years," *Journal of World History*, Vol. 1, 1990.

化，中国的海外贸易的时空范围也随之发生相应的变化。由于中国的海外贸易的时空变化并不完全取决于中国自身的变化，而是受制于世界贸易的时空变化，因此必须从世界贸易的时空变化的角度来认识中国的海外贸易的时空变化。

如前所述，在时间方面，工业革命以前世界贸易的变化可以分为四个大周期，即四大时期，包括第一时期（1世纪前后至6世纪），第二时期（6世纪至10世纪），第三时期（10世纪至14世纪）和第四时期（15世纪至18世纪中期）。而在空间方面，在第一至第三时期，世界贸易主要发生在欧亚非地区，主要参与者是中国、印度、西亚和欧洲，而贸易的中心地区是印度洋。到了第四时期，美洲加入了世界贸易，贸易主要参与者为中国、印度、欧洲及其美洲殖民地。中国的海外贸易变化发生在世界贸易变化的这个大背景中，因此也大体遵循世界贸易变化的节奏。但是由于中国的特殊情况，中国的海外贸易的变化也有自身的特点。

在世界贸易变化的第一时期（1世纪前后至6世纪）的头两个世纪，位于欧亚大陆两端的汉朝和罗马帝国都出现了长时期的经济繁荣，各自拥有5000万甚至更多的人口、稳定的农业和发达的工商业，因此是世界上最强大的政治实体和最富裕的经济体。由于双方都有当时最高的生产和消费能力，所以彼此之间具有进行规模较大和持续较久的贸易关系的可能性。

汉代中国的经济和人口主要集中在华北平原，这个地区受自然条件和生产条件所限，出产的产品品种较为单一，产量在供自身消费之后的剩余也有限，能够提供的大宗商品仅有盐、铁、绢帛等几种，其中又只有绢帛能够进入长途国际贸易。同时，汉代中国输出的所有货物当中，丝绸是独一无二的最受外国人珍爱的商品。①

从提比略继承奥古斯都的元首之位起，罗马帝国进入了长达近两个世纪的兴盛时期。在这两个世纪中，罗马帝国享有长期的和平、安定和繁荣，史称"罗马和平"（the pax Romana）②。罗马上层社会拥有大量的财富，买得

---

① 余英时：《汉代贸易与扩张——汉胡经济关系结构研究》，邬文玲等译，上海古籍出版社，2005，第126页。

② Richard Duncan-Jones, *The Economy of the Roman Empire: Quantitative Studies*, Cambridge University Press, 1974, pp. 17, 230.

起昂贵的高级奢侈品，中国的丝绸就成了他们追求的目标之一。汉朝能够提供相当数量的丝织品，而罗马帝国对中国丝绸具有很大的需求和购买力，因此形成了跨越欧亚的丝绸贸易。这些丝和丝织品究竟是怎么从中国运到罗马的，史料中未有记载。如果是取道横亘欧亚大陆的"丝绸之路"，不仅路途漫长而艰难，而且沿途常有盗匪劫夺和地方统治者敲诈勒索，贸易缺乏安全保障。商品运输，也仅能依靠由牲畜（骆驼和马、驴）运输货物的商队（caravan），运送数量有限的商品。这些都使得这条"丝绸之路"的运输成本非常高昂，因此"丝绸之路"也不可能承担大规模和经常性的贸易。此外，处于丝绸之路上的安息帝国不愿汉朝和罗马帝国建立直接的贸易联系，采用各种手段进行阻挠。① 因此，中国的丝和丝织品通过"丝绸之路"达到欧洲是很困难的。必须还有其他途径，才能完成中国丝绸到达罗马帝国的漫长旅行。这就是海运。

在希腊化时代和罗马时期与东方的贸易中，海上航线就已起着主要作用。② 赫德逊（G. F. Hudson）指出：早在张骞开西域之前，"地中海国家、伊朗与印度之间的贸易已经存在了若干个世纪。尽管缺乏准确的数据，但是可以肯定，在整个罗马帝国时期与印度的贸易规模要远远大于与中国的贸易。丝绸贸易对于历史学家来说有它独特的问题，但是在很大程度上它与罗马和印度的贸易是分不开的"。他进一步指出罗马帝国是印度洋贸易的主导者。到了 1 世纪末，印度西海岸各港口是绝大部分罗马船舶航行的终点。不仅如此，罗马商人还发现了一条从印度直抵中国的交趾地区的全海运的路线。这样，以罗马帝国治下的埃及的红海诸港为基地的海上贸易网就延伸到了亚洲的整个南部海岸线，甚至探入太平洋。③ 他的这一观点，也为后来许多学者的研究成果以及考古发现所证实。④ 不过，从一些学者的研究来看，

---

① 布尔努瓦（Lucetet Boulnios）指出："自丝路开通以来，在中国至罗马的古代交通中，中西绝少有直接往来，中国与西方的货物都是由沿途民族逐站倒运的。"〔法〕布尔努瓦：《丝绸之路》，耿昇译，山东画报出版社，2001，第 2 页。

② Fergus Millar, "Looking East from the Classical World: Colonialism, Culture, and Trade from Alexander the Great to Shapur I," *The International History Review*, Vol. 20, No. 3, 1998, pp. 507~531; Fergus Millar, "Caravan Cities: The Roman Near East and Long-Distance Trade by Land," In M. Austin et al. eds., *Modus Operandi: Essays in Honour of Geoffrey Rickman*, London: Institute of Classical Studies, 1998, pp. 119~137.

③ 〔英〕赫德逊：《欧洲与中国》，李申、王遵仲等译，中华书局，1995，第 47~48 页。

④ Kanakalatha Mukund, *The World of the Tamil Merchant: Pioneers of International Trade*, Portfolio, Published by the Penguin Group, 2015, pp. 28, 29.

从事中国和印度之间海上贸易的主要是南印度和中南半岛的扶南、占城商人。①

据季羡林考证，中国的蚕丝进入印度最迟不晚于公元前4世纪，因此那一时代的文献《政事论》中出现了 Cinapatta 一词，其意就是"中国成捆的丝"②。中国输往印度的丝绸有一部分转口输往罗马帝国，这一点余英时早已发现："印度商人不仅尝试而且相当成功地使丝绸贸易从安息转移了。罗马人也做过类似的努力。由于罗马与东方的贸易尤其遭到安息人的干预，因此在公元后的两个世纪里，罗马的政策就是'促进与印度之间直接的海上贸易，抛弃所有经过安息的陆上通道，从而避免在财政上依赖于罗马公敌的烦扰'。有证据表明，自公元2世纪起，尤其是在公元162—165年间的安息人战争之后，越来越多的中国丝绸被印度人通过海路带到了罗马。经过安息的昂贵陆路通道就这样被逐渐避开了。"③因此罗马人获得的中国丝绸，主要是通过海路，经印度洋沿岸的国家或地区转口贸易来的。1世纪，一位住在罗马帝国治下的埃及的佚名商人写的《厄里特里亚海航行记》（The Periplus of Erythraean Sea），记载了罗马帝国早期红海及阿拉伯湾港口与南印度之间贸易的丰富信息，是现存最早记录了贯穿地中海世界、埃及、印度和中国间贸易历史的重要文献；在他提及的经由印度河河谷而来的贸易货物中，提到了"中国丝绸"（Chinese cloth）。④

在罗马帝国控制地区之外的印度洋沿岸地区，也可以见到有中国商品在市场上出售的记载。印度自身就是中国丝绸的重要市场，"如果把中印丝绸贸易划归到'中转贸易'的类型当中也是无可非议的，因为大量的中国丝绸肯定是从印度进一步向西运送到罗马的。不过，另一方面，如同渥明顿早已指出的那样，印度人包括男人和女人也消费了部分

① Tansen Sen, *Buddhism, Diplomacy, and Trade: The Realignment of Sino-Indian Relations, 600-1400*, University of Hawaii Press, 2003, p. 163；卢苇：《南海丝绸之路与东南亚》，《海交史研究》2008年第2期；周中坚：《扶南——古代东西方的海上桥梁》，《学术论坛》1982年第3期。

② 季羡林：《中印文化关系史论丛》，人民出版社，1957，第164页。

③ 余英时：《汉代贸易与扩张——汉胡经济关系结构研究》，邬文玲等译，第129~131页。

④ Victor H. Mair, Jane Hickman, "Reconfiguring the Silk Road: New Research on East-West Exchange in Antiquity," The papers of a symposium held at the University of Pennsylvania Museum of Archaeology and Anthropology March 19, 2011, University of Pennsylvania, 2014, p. 10.

从中国输入的丝绸，因为他们也和罗马人一样珍视丝绸"①。晚期罗马史学家阿米阿努斯·马尔切利努斯（Ammianus Marcernnus）曾提到 360 年前后在幼发拉底河沿岸达尼亚的每年一次的集市上，有中国的商品。李约瑟引用了这段记述之后说："这种交往似乎一直继续到（公元）900 年左右，然后才衰落。"② 在这个时期，中国的航海技术还在初期阶段，难以胜任大规模海运的重任，因此中国的海上贸易主要由印度洋地区的商人操持进行。处于印度洋沿岸航线中部的波斯湾地区是印度洋贸易的主要中转地，因此那里的商人充当了主要的贩运者。王小甫关于 1 世纪中国和印度洋地区贸易的研究指出：阿曼是古代丝绸之路海陆两道联通路网的交通枢纽。③ 配恩（Richard Payne）则指出：伊朗萨珊王朝"控制了通过波斯湾前往地中海的贸易线路，使得伊朗商人逐渐在印度洋胜过了罗马商人。……在 4至 5 世纪，阿拉伯南部和红海的口岸对印度洋商业网络的控制让位于波斯湾的商人……到 4 世纪中叶，地中海和印度洋的大部分商贸是经过伊朗的"④。因此在世界贸易第一期，中国的海外贸易实际上主要操持在波斯、阿曼等地商人的手里，他们把中国产品运到印度，再从印度运到波斯湾和红海，然后卖给罗马人。中国人很少远航，往来中国的商船基本上是印度洋地区来的商船。⑤ 但是也有学者提出不同的看法，认为中国与印度的海上贸易联系只能从关于樟脑和黄金的一些记载进行推测，而尚无更多证据，⑥ 因此这种联系仍然很有限。由于当时造船和航海技术所限，中国和印度洋世界之间虽然也有直接的航线，但由于造船技术和航海水平的限制，往来于东西的航船，不仅只能在浅水地区沿岸航行，而且无法越过马来半岛的中间阻隔，因此不得不采用"海－陆－海"联运的方

① 余英时：《汉代贸易与扩张——汉胡经济关系结构研究》，邬文玲等译，第 129~131 页。
② 〔英〕李约瑟：《中国科学技术史》第一卷，科学出版社、上海古籍出版社，1990，第185 页。
③ 王小甫：《香丝之路：阿曼与中国的早期交流——兼答对"丝绸之路"的质疑》，《清华大学学报》（哲学社会科学版）2020 年第 4 期。
④ 理查德·配恩（Richard Payne）：《丝绸之路与古代晚期伊朗的政治经济》，王晴佳、李隆国主编《断裂与转型：帝国之后的欧亚历史与史学》，上海古籍出版社，2017。
⑤ 有学者认为中国帆船公元 3 世纪初已到达波斯湾，进入红海水域，甚至到达非洲。但更多的学者如李约瑟、拉库伯里（T. de Lacouperie）、戴闻达（J. Duyvendak）等否定了这种看法。撇开这些争论，我们清楚地获知的情况是高僧法显的经历。他于公元 411 年从印度回国，乘坐的就是狮子国的船舶。关于这个问题，我将在另文中讨论。
⑥ Kanakalatha Mukund, *The World of the Tamil Merchant*: *Pioneers of International Trade*, p. 28.

式。中国商人出海贸易，通常只到暹罗湾，在那里和印度洋地区来的商人进行交易。[①]

总的来看，中国的海外贸易在这个时期尚处于初始阶段，可供出口的商品的品种和数量都不多，出口的商品主要是黄金和丝织品，而进口商品是香料和玳瑁、琥珀等异域奇货。[②] 除了丝织品外，其他商品的数量都有限。中国此时期的海外贸易伙伴主要是印度南部和东南亚地区的一些小邦，[③] 这些地区经济发展水平和经济规模都有限，能够提供的商品不多，也无力像罗马帝国那样大量消费丝绸这样的高价奢侈品。而在中国，长江以南地区大多尚在开发早期，也没有很多商品可资出口。此时期中国海上贸易的主要中心是徐闻、合浦，都僻处蛮荒之地，人口稀少，经济落后，远离丝、瓷等主要商品出产地华北地区，与内地之间交通不便，由此亦可见当时中国海上贸易的规模确实不大。

到了世界贸易的第二时期（6 世纪至 10 世纪），中国摆脱了前几个世纪的政治分裂和经济衰退，出现了唐代的盛世。欧洲虽然陷于长期的政治分裂和经济衰退，但拥有原罗马帝国的东部地区的拜占庭帝国得以幸免。拜占庭帝国自 867 年后，保持了一百多年的兴盛局面。在经济上，自 10 世纪开始增长加速，特别是城市经济在 12 世纪臻于极盛。[④] 拜占庭帝国有繁荣的商业贸易和城市手工业，其国际商业发展在 9~10 世纪达到最高峰。在 15 世纪末世界新航路开通以前的中古世界欧亚非三洲的物产交换活动中，拜占庭帝国占据其中的主要份额，获得了无与伦比的商业利益。[⑤] 在中东，7 世纪伊斯兰教兴起后，阿拉伯人建立了疆域辽阔的阿拉伯

---

① 参阅刘迎胜《从西太平洋到北印度洋——古代中国与亚非海域》，南京大学出版社，2017，第 362~371 页；卢苇《南海丝绸之路与东南亚》，《海交史研究》2008 年第 2 期。

② 《汉书·地理志》记，汉武帝时，中国人从日南、徐闻、合浦出发，绕过中南半岛，"赍黄金杂缯而往"位于印度东海岸的黄支国，"市明珠、璧流离、奇石异物"。《宋书》卷九七《蛮夷传》记："氏众非一、殊名诡号、种别类异"的各国商贾携"山琛水宝"、"翠玉之珍"、"蛇珠火布之异"以及其他"千名万品"的珍奇之物，"泛海陵波，因风远至"。

③ 《梁书·中天竺传》和《艺文类聚》卷八五有三国和西晋时大秦（罗马帝国）商人和使臣从海上来到中国的记载，但记载仅只此两条，而且文字过于简略，无法得知这些人是否真来自大秦，抑或印度洋地区的商人假冒大秦之名。

④ Angeliki E. Laiou and Cécile Morrisson, *The Byzantine Economy*, Cambridge University Press, 2007, p. 90.

⑤ 陈志强：《拜占庭帝国史》，商务印书馆，2003，第 467、484 页。

帝国，并在阿拔斯王朝时期达到鼎盛。在一个比较安稳的政治制度下，经济得到了复兴和发展。① 因此，唐朝、阿拔斯王朝和拜占庭帝国三大政治实体鼎足而三，成为一段时期内世界经济中心，尽管后两者在经济体量方面不能与唐朝相抗衡。

唐朝和拜占庭分处欧亚大陆两端，彼此之间的海上交通必须经过印度洋。阿拉伯帝国兴起后，控制了印度洋沿岸大部分地区。阿拉伯人将罗马、波斯和印度的商业文化和航海技术加以整合，创造了一种新的商业文化和航海技术，从而使得印度洋贸易变得更加方便。印度洋地区的穆斯林商人，萧婷（Angela Schottenhammer）称之为"波斯湾商人"（Persian Gulf traders），成为印度洋贸易的主力。② 他们大批来到中国东部海岸进行贸易，形成一股唐朝地方政府难以控制的强大势力。③ 这些商人中有许多人长期留居中国，在广州、扬州、杭州等地形成了规模很大的外商聚居区。④ 特别是在连接中国南海和印度洋之间的东南亚海域，由于航海技术和造船水平的提高，绕行马来半岛的深水航线成为主航道，⑤ 从而中国的海外贸易的空间范围较前大为扩大，这一方面是由于唐代中国南方的开发取得重大进展，能够为中国的海外贸易提供像陶瓷这类有更大销路的商品，因此在 750 年以后，中国的陶瓷外销从有限的奢侈品贸易转变为系统的订制生产和出口。⑥ 中国海外贸易的中心，也从徐闻、合浦北移至岭南最富庶的珠江三角洲中心城市广州。

在中国东海和黄海海域，海上贸易也扩及日本、琉球和朝鲜。

但是，我们也要看到这一时期中国的海外贸易空间扩大所受的限制。

首先，在运输方面，虽然阿拉伯人、波斯人已掌握从波斯湾到中国的长途航行技术，但这条航线漫长，从波斯湾到广州需 18 个月才能往

---

① 〔美〕西·内·费希尔：《中东史》上册，姚梓良译，商务印书馆，1979，第 119 页。

② Angela Schottenhammer, "China's Gate to the Indian Ocean: Iranian and Arab Long-Distance Traders," *Harvard Journal of Asiatic Studies*, Vol. 76, Numbers 1 & 2, 2016.

③ 〔英〕李约瑟：《中国科学技术史》第一卷，第 185 页。

④ 李豪伟：《关于黄巢起义的阿拉伯文史料译注》，《西北民族论丛》第 14 辑，社会科学文献出版社，2016；Angela Schottenhammer, "China's Gate to the Indian Ocean: Iranian and Arab Long-Distance Traders". 尽管这些史料中所说的数字无疑被大大夸大了，但有人数众多的外商住在广州、扬州等港口城市，则在中文史料中也有记载。

⑤ 卢苇：《南海丝绸之路与东南亚》，《海交史研究》2008 年第 2 期。

⑥ 〔美〕约翰·盖伊：《早期亚洲陶瓷贸易和勿里洞唐代沉船遗物》，《海洋史研究》第八辑，社会科学文献出版社，2015，第 4 页。

返，一路上经过许多自然条件差别很大的海域，所遇各种风险很大。来华商人乘坐的主要是印度洋地区的船舶。[1] 这些船舶是没有钉子的轻型缝合船，只适合于多礁滩的近海区航行，而且经不起狂风、海啸的袭击。[2] 由于容易破损，每条船每两年才出航一次，停航期间进行维修保养。[3] 中国和日本的海上航行也十分艰难，这从鉴真东渡的经历可见。因此，受运输能力的限制，中国海外贸易扩展的空间实际上并不如许多人想象的那么大。

其次，此时期中国和印度洋地区贸易的商品，主要是奢侈品，价格昂贵。要继续这种贸易，购买者必须有足够的支付能力。在印度洋世界，中国的主要贸易对手是阿拔斯王朝。然而阿拔斯王朝进入 9 世纪之后，起义和叛乱遍及全国、各地总督和军事统帅坐大，乘机自立，相互攻伐征战。10 世纪中叶，阿拔斯王朝直接统辖的地域只剩巴格达及其周围的一小块地区。波斯和埃及自阿拉伯人入侵之后，长期陷于动乱和萧条。拜占庭帝国与印度洋的联系，也因阿拉伯帝国的兴起而中断。在此情况下，中国海外贸易伙伴购买中国商品的能力也大为削减。

最后，在中国方面，虽然安史之乱并未对中国南方经济发展造成重大影响，但是唐末黄巢之乱祸及中国的海外贸易最重要的港口城市广州。阿拉伯人说黄巢军在广州把那里的桑树和其他树木全都砍光，使外商失去了货源，特别是丝绸。黄巢之乱后，唐朝更加腐败，广州官员对外商和船主过度搜

---

① 索瓦杰（Jean Sauvage）等认为在唐代中国的船舶开始出现在印度洋（佚名：《中国印度见闻录》，穆根来等译，中华书局，1983，序言第 25 页，以及正文第 7 页）。但是谢弗（Edward Schafer）指出中国的大型航海船的出现是在宋、元以及明代。在唐代，前往西方的唐朝行人大多都是搭乘外国的货船。9 世纪、10 世纪的阿拉伯作家谈到"停靠在波斯湾港口里的中国船"，是指"从事与中国贸易的商船"，中文文献里的"波斯舶"通常也是仅指"从事与波斯湾地区贸易的商船"，这些船舶使用的一般都是马来或者泰米尔船员（〔美〕谢弗：《唐代的外来文明》，吴玉贵译，中国社会科学出版社，1995，第 22～23 页）。从考古发现来看，往返于中国至印度洋各地的海船，确实主要是印度洋地区的船，特别是阿拉伯—波斯船（李怡然：《"黑石号"货物装载地点探究》，《文物鉴定与鉴赏》2017 年第 9 期）。

② 桑原骘藏指出："大食海舶虽然轻快，但较之中国海舶，则不免构造脆弱，形体畸小，抵抗风涛之力不强也。"见桑原骘藏《中国阿拉伯海上交通史》，冯攸译，商务印书馆，1934，第 119 页。这个问题，马可·波罗早已发现，见《马可波罗行纪》，冯承钧译，上海世纪出版集团，2002，第 58 页。

③ Philip D. Curtin, *Cross-cultural Trade in World History*, Cambridge University Press, 1984, p. 108.

刮，① 因此外商也渐渐不再来华进行贸易。

在第三时期（10 世纪至 14 世纪），世界经济发生了重大变化。在中国，出现了被一些学者称为"宋代经济革命"的重大经济进步，② 中国向世界市场提供商品的能力有了空前的提高。特别要指出的是，由于宋代中国陶瓷生产技术和生产能力的提高，陶瓷成了更重要的出口商品，把先前在东南亚市场上占有主要地位的印度洋方面来的伊斯兰陶器迅速逐出了市场。③ 同时，中国的造船技术和航海技术也取得突破性的重大进展，使得中国海船成为此时期"世界体系的主要推动力"④。也是在这个时期的后一段，西欧开始了向近代早期发展的历程。而位于全球海上贸易中心地带的印度洋沿岸地区，却出现了长期的战乱和经济衰退。蒙古人的铁骑给中国中原地区和印度洋地区都造成了严重破坏，但中国南方经济尚有一定程度的恢复，而印度洋沿岸的伊斯兰世界，则在蒙古人到来前很久就已衰落，而蒙古人的到来则使情况雪上加霜⑤。一些学者强调蒙古帝国创造的"蒙古和平"（Pax Mongolica）促进了欧亚大陆各地的贸易联系，但我们也要注意蒙古人带来的破坏和蒙古帝国落后统治方式所导致的严重的经济衰落。这种情况在政治和经济本来就不甚稳定的伊斯兰世界造成的后果尤为严重。⑥

以上情况对中国的海外贸易有重大影响。首先，伊斯兰世界的衰落，意味着购买力的下降。像中国丝绸这样的价格昂贵的奢侈品，经济实力雄厚而且社会稳定的罗马帝国可以大量购买，而此时的伊斯兰世界却没有这种实力。此外，波斯在伊斯兰时代以前就已兴起了蚕桑业和丝织业。波斯的丝织品因得地理之便，同时具有伊斯兰文化的特点，因此可以畅销伊斯兰世界。

---

① 佚名：《中国印度见闻录》，穆根来等译，正文第 96~98 页。

② 伊懋可（Mark Elvin）对学界相关的研究进行了归纳和提炼，称之为"中世纪经济革命"，包括农业革命、水运革命、信贷与货币革命、市场结构革命与城市化以及科学与技术革命五个方面。Mark Elvin, *The Pattern of the Chinese Past: A Social and Economic Interpretation*, Stanford University Press, 1973, Chapters 9-13.

③ 〔日〕三上次男：《从陶瓷贸易史的角度看南亚东亚地区出土的伊斯兰陶器》，顾一禾译，《东南文化》1989 年第 2 期。

④ Philippe Beaujard, *The Worlds of the Indian Ocean*, Vol. II, p. 434.

⑤ 〔美〕小阿瑟·戈尔德施密特、〔美〕劳伦斯·戴维森：《中东史》，哈全安、刘志华译，东方出版中心，2010，第 131 页。

⑥ 即使在伊尔汗国统治下的伊朗，虽然情况相对较好，但卡尔马德（J. Calmard）明确指出：所谓"蒙古和平"带来的好处被夸大了。J. Calmard, "L'invasion mongole; la domination des Mongols et de leurs successeurs dans le monde irano-musulman", 转引自 Philippe Beaujard, *The Worlds of the Indian Ocean: A Global History*, Vol. II, p. 295.

拜占庭帝国的情况也与此相类，其丝织品可以行销欧洲市场。这样，中国丝和丝织品的海外市场就大为缩减了。但另外一方面，中国的陶瓷以中档产品为主，价廉物美，很符合印度洋地区的消费能力。而这一时期航海技术的变革，使得陶瓷贸易得以大规模地进行，因此藤本胜次认为阿拉伯商人对中国陶瓷的兴趣浓厚，是到宋代以后，陶瓷器物已取代丝绸，成为南海贸易中最引人瞩目的商品。[①]

还要强调的一点是，由于伊斯兰世界长期的经济不景气，使得越来越多的人争相到海外谋生。14世纪中期，伊本·白图泰（Ibn Batūtah）旅行到印度西海岸时，看见古吉拉特地区有大量的穆斯林居住地。[②] 在中国，大批的中亚和西亚的穆斯林随同蒙古军队来到此地，并定居了下来。[③] 他们被元朝政府列为色目人，享有一定的特权。这样，来自西亚的穆斯林通过贸易、移民和宗教传播，在印度和中国海港立住了脚，并主导了印度洋和南洋、中国海诸海域的贸易。

但是10世纪以后也出现了一个重要变化，即中国商人进入印度洋贸易，改变了往日"外商来贩"的局面。伊本·白图泰到达印度西海岸时，看到许多中国船，并说中国船都是大型船舶，因此只在希里、奎隆、卡里库特等可容大船出入的港口停泊。在卡里库特，他看到有13艘中国大船停靠在此。这些商船往返于中国和卡里库特，船上的官舱（即头等舱）房间都已被中国商人预订一空。[④] 可见在这一时期中国海船的活动范围已深入到了印度西部沿岸。不过，这些船虽然是中国船，但船主、船长等似乎主要是定居中国的"番客"。他们大多在中国居住了好几代，成为具有特殊身份的中国商人。操持泉州海外贸易数十年之久的蒲寿庚家族，就是其中的代表。伊本·白图泰从印度去中国搭乘的中国船，船总管名苏赖曼·苏法蒂。[⑤] 不论船主、船长来自何处，中国海船已深入东印度洋贸易，应无可置疑。

在这个时期，中国和日本、朝鲜的贸易也有相当的发展。据木宫泰彦的

① 佚名：《中国印度见闻录》，穆根来等译，日译者序言第33页。

② Patrica Risso, *Merchants and Faith: Muslim Commerce and Culture in the Indian Ocean*, Westview Press, 1995, p. 45.

③ 宋元之际人周密说："今回回皆以中原为家，江南尤多，宜乎不复回首故国也。"见周密著，吴企明点校《癸辛杂识》，中华书局，1988，第138页。

④ 《伊本·白图泰游记》，马金鹏译，宁夏人民出版社，1985，第482、485、487页。

⑤ 《伊本·白图泰游记》，马金鹏译，第487页。

研究，在北宋时期的 160 余年间，宋朝商船赴日本贸易的次数达 70 次。①
据朴真奭的研究，在 1012～1192 年，宋朝商船前往高丽贸易的次数达 117
次，仅其中记载具体人数的 77 次，共计商人达 4548 人。② 到了元代，东亚
海上贸易（特别是中日贸易）继续发展。据考古发现，元代至治三年
（1323）从宁波驶向日本博多港的一艘福船，在朝鲜新安附近沉没，船上载
有陶瓷器、金属器、香料等船货和船员用品，打捞到 23000 多件器物（其中
陶瓷器达 20664 件）以及 28 吨多的中国铜钱。③

由于东亚地区的海上贸易有相当的发展，一些学者认为此时已形成了一
个"东亚经济圈"④。但是我认为不宜对此时期东亚的海上贸易做过高评价。
主要原因是在这个时期日本、朝鲜的经济尚未发达，对中国商品的购买能力
有限，同时中国对日本和朝鲜的产品也没有很大需求。日本是中国在东北亚
的主要贸易伙伴，日本输入的中国商品，在唐代主要是经卷、佛像、佛画、
佛具以及文集、诗集、药品、香料之类，在宋元时代仍以香药、书籍、织
物、文具、茶碗等类为主，最值得注意的是日本大量输入中国铜钱；而日本
向中国输出的产品有黄金、珍珠、水银、鹿茸、茯苓等"细色"产品和硫
黄、木材等"粗色"产品。⑤ 这些商品在数量和价值上都不是很大，表明双
方贸易的规模很有限。

由于海外贸易规模和贸易对手的变化，中国海外贸易的中心，除了广州
外，泉州、宁波、扬州也于此时期兴起。这也体现了中国海外贸易空间的
扩大。

到了第四时期（15 世纪至 18 世纪中期），世界贸易的格局发生了空前的
巨变。这一巨变包括两个方面：（1）东亚和东南亚海贸的重大发展；（2）地
理大发现导致的全球贸易网的形成。

首先，东亚的情况发生了重大改变。中国经济在经历了明代前半期一个

① 〔日〕木宫泰彦：《日中文化交流史》，胡锡年译，商务印书馆，1980，第 82～86、109～
116、238～243 页。

② 朴真奭：《中朝经济文化交流史研究》，辽宁人民出版社，1984，第 35 页。

③ 参见崔光南等《东方最大的古代贸易船舶的发掘——新安海底沉船》，《海交史研究》1989
年第 1 期。王妹英：《关于新安海底沉船及其遗物》，华夏收藏网，http://mycollect.net/
blog/52406.html。

④ 〔日〕滨下武志：《中国、东亚与全球经济——区域和历史的视角》，王玉茹、赵劲松、张
玮译，社会科学文献出版社，2009；《近代中国的国际契机——朝贡贸易体系与近代亚洲经
济圈》，朱荫贵、欧阳菲译，中国社会科学出版社，1999。

⑤ 〔日〕木宫泰彦：《日中文化交流史》，胡锡年译，第 300、302 页。

多世纪的发展迟缓之后，从明代中叶起，进入了一个繁荣时期。这一点，在国内学界以往的"资本主义萌芽"研究和晚近的"中晚明社会转型"研究中已有大量的论证，兹可不赘。日本的经济（特别是商品经济）在 16 世纪也有了很大发展，以致在许多地方发生了"经济社会化"现象。[①] 日本拥有丰富的林木资源以及煤、铁、铜、铅等矿藏，[②] 这些矿藏的绝对储量在今天来看并不很大，在传统技术条件下较为容易开采，而且集中在一个较小的地理范围内。这些资源在 16、17 世纪的开发，对东亚海上贸易具有重要意义。更加重要的是，日本拥有 17 世纪美洲银矿发现之前世界上最大的银矿。进入 16 世纪后，日本发现了多个银矿，并从中国引进了精炼技术"灰吹法"，从而大幅提升了白银的产量。到 16 世纪末，日本白银产量已占世界总产量的 1/4 到 1/3，成为世界最重要的白银产地之一。这使得日本获得了巨大的购买力，从而可以从中国大量购买生丝等产品，发展自己的制造业。日本也因此成为中国最大的贸易伙伴之一。

其次，东南亚的开发在 16 世纪也取得了长足的进展。这与中国对热带产品（特别是香料）需求的剧增和华人大量移居东南亚有密切关系。中国海外贸易中的进口商品，一向以"香药犀象"为主，其中进口数量最大的是胡椒、丁香和肉豆蔻。胡椒原产于印度西海岸，后来引入东南亚，种植于占城、苏门答腊和爪哇。9 世纪以后，东南亚的香料生产日益扩大，在南海香料市场占据了主导地位。15 世纪欧洲人来到马鲁古群岛，这个群岛是世界上丁香和肉豆蔻的最主要产地，因此欧洲人将其命名为"香料群岛"。欧洲人获得了这个香料的重要来源，使世界香料贸易进入了一个新时代。由于香料是近代以前世界贸易中最重要的商品之一，东南亚香料生产的发展也改变了东亚和印度洋世界贸易的格局。

除了在东亚和东南亚取得进展之外，欧洲人的海上活动取得了更大的成就，即地理大发现。关于这个时期欧洲人的海上活动对于世界贸易的研究已不胜枚举。马克思和恩格斯在《共产党宣言》中对其重大意义做了精彩的概括："美洲的发现、绕过非洲的航行，给新兴的资产阶级开辟了新天地。东印度和中国的市场、美洲的殖民化、对殖民地的贸易、交换手段和一般商

---

① 〔日〕速水融、宫本又郎编《经济社会的成立：17~18 世纪》（日本经济史Ⅰ），厉以平、连湘等译，生活·读书·新知三联书店，1997，第 11、16~18 页。

② 《日本金属矿藏及其开发与贸易的情况》，平尾良光、饭沼贤司、村井章介编『大航海時代の日本と金屬交易』、株式會社思文閣出版、2014。

品的增加，使商业、航海业和工业空前高涨"；"大工业建立了由美洲的发现所准备好的世界市场。世界市场使商业、航海业和陆路交通得到了巨大的发展。……不断扩大产品销路的需要，驱使资产阶级奔走于全球各地。它必须到处落户，到处开发，到处建立联系"；"资产阶级，由于开拓了世界市场，使一切国家的生产和消费都成为世界性的了。……过去那种地方的和民族的自给自足和闭关自守状态，被各民族的各方面的互相往来和各方面的互相依赖所代替了"。[①]

在此之前的国际贸易中，各国、各地区之间的贸易活动没有得到广泛认同和采纳的制度和规则，同时也缺乏必要的安全保障，因此贸易很难有突破性的大发展。欧洲人在创造世界市场时，将其贸易制度和规则强加给所有参与者，而且这些制度和规则也在不断改进之中，从而从客观上为世界贸易的发展创造了有利的环境。

对于中国的海外贸易来说，上述变化具有非常重大的意义。葡萄牙、西班牙、荷兰、英国人先后到来，他们不仅占领了许多贸易据点，对长途贸易的海船提供补给和安全保障，而且在南洋群岛建立了大片殖民地，直接经营香料的生产和销售。在南洋群岛，先后出现过一些国家[②]，但这些国家都是一种"曼陀罗体系"的国家，[③]统治松散而且不稳定，彼此纷争，兴衰无常。15世纪末满者伯夷国被信仰伊斯兰教的马塔兰王朝所灭，此后南洋群岛不再有强大政权。在形形色色的地方势力统治下，这个地区很难维持一种有利于商业发展的大环境。值得注意的是，在东南亚的大批华商，不仅得不到明清政府的保护，而且还往往被视为"通番奸民"而受到打击。[④]欧洲人到来之后创造了新的商业环境，华商在这种新的环境中能够更好地施展商业才干。华商与欧洲殖民者之间的关系很复杂，既有利益冲突的一面，也有相互合作的一面。其中华商与17世纪在亚洲最强大的西方贸易组织——荷兰东印度公司——的"合作伙伴"关系，被认为是中国海外贸易能够在17、18世纪的东

---

① 马克思、恩格斯：《共产党宣言》，人民出版社，1997，第28~31页。
② 其中较大者有7~13世纪建立于南苏门答腊的室利佛逝国、13世纪初在爪哇岛中部和东部兴起的新柯沙里国、13世纪末在爪哇建立的满者伯夷国等。
③ 关于"曼陀罗体系"国家的意义，见沃尔特斯（Oliver W. Wolters）《东南亚视野下的历史、文化与区域：区域内部关系中的历史范式》，《南洋资料译丛》2011年第1期。
④ 例如郑和下西洋时就对在南洋建立了政权的华商首领陈祖义及其势力进行剿灭。

南亚取得巨大成功的基础。① 葡萄牙和荷兰人也通过华商积极介入中日贸易。在这种相互合作和斗争的复杂关系中，华商的力量迅速成长，在明末达到鼎盛，以郑氏集团为代表的华商成为操控东亚和东南亚海上贸易的强大力量。

更重要的是，马克思和恩格斯所说的"由美洲的发现所准备好的世界市场"对中国的海外贸易发展还有更大影响。这表现为正在迅速富裕起来的欧洲有了越来越强大的购买力，从而可以大量购买中国商品。西班牙统治下的美洲殖民地是早期近代世界白银的主要产地。在 1500~1800 年的三个世纪中，世界白银产量的 85% 以上都出产自西班牙的美洲殖民地。白银是近代早期世界贸易网络运行的主要媒介，而中国正处于货币白银化的时期，急需大量的白银供给。因此，欧洲成为中国主要出口商品的最大买主。

由于有了这个新的大客户，中国的三大出口商品——丝、瓷器和茶叶——的贸易，有了突飞猛进的发展。关于这些商品的贸易情况，学界已有许多研究，我也将在另文中作专门的讨论，这里仅只简略地引用一下该讨论的结论。到了 18 世纪中后期，中国出口的瓷器、茶叶和生丝的一半或者一半以上都输往欧洲。因此到了这个时期，欧洲成了中国商品的最大买主。从某种意义上来说，历史似乎转了一个大圈，回到两千年前的情景——分处欧亚大陆两端的中国和西欧，成为世界贸易的两大主体：中国出口，西欧购买。不过不同的是，如今中国和西欧之间贸易，不再经过无数的中间人，也不再是以货易货的方式进行，而是在欧洲人开拓的世界市场这个广大的天地中，借欧洲人之手，把中国商品送到欧洲和美洲，换回中国商业经济发展急需的、同时也是国际贸易赖以进行的硬通货——白银。到了此时，中国的海外贸易的空间达到最大限度，扩展到了全世界。换言之，整个世界都成了中国海外贸易的活动空间。

通过以上讨论，我们可以看到：中国的海外贸易空间在四个时期中发生了很大变化。在第一个时期，中国海外贸易规模很小，所涉及的地域也很有限，东北亚海域、中国东海海域基本上可以忽略不计，仅在南海与一些扶南、占城等中南半岛国家有直接的贸易往来，海上贸易地域大体上局限于南海。虽然有一些印度洋方面来的海船来到中国，但似乎只是偶发性的，没有

---

① 徐冠勉：《奇怪的垄断——华商如何在香料群岛成为荷兰东印度公司最早的"合作伙伴"（1560~1620 年代）》，《全球史评论》第 12 辑，中国社会科学出版社，2017，第 45 页。

形成经常性的活动。在第二个时期，中国海外贸易规模较前有明显扩大，印度洋地区成为中国海外贸易的主要场所，尽管这个时期中国的海外贸易在很大程度上操持在印度洋地区商人的手中。在第三个时期，中国海外贸易的空间继续扩大，中国也成为东海、南海和印度洋贸易的主导者。到了第四个时期，借助于西方开辟的世界市场，中国海外贸易的空间空前扩大，并成为全球贸易的主要参与者。由此可见，中国的海外贸易的时空范围绝非一成不变的。相反，这种空间范围总是处于不断的变动之中。中国的海外贸易是世界贸易的一部分，中国的海外贸易的变化也发生在世界贸易变化的大背景之下，并且在某种程度上受这个大背景变化的左右。世界贸易的变化又取决于相关地区经济的起伏和运输的方式及能力，而这些都属于全球经济史的研究对象。因此，只有把中国的海外贸易放在全球经济史的视野之中，才能更好地认识中国的海外贸易，也才能避免目下流行的那种把海陆"丝绸之路"视为无远弗届、永远畅通的"洲际贸易大通道"的罗曼蒂克的看法，把中国的海外贸易的研究置于真正的学术研究之中。

The Temporal and Spatial Contexts of Chinese Overseas Trade

Li Bozhong

Abstract：Any objective things exist in a specific temporal and spatial context, and Chinese overseas trade is no exception. The Chinese trade is an important component of the world trade, and the latter one is in a constant state of change. In the two millennia between the second century BC and the seventeenth century AD, four great temporal circles took place in the world trade, which ushered in substantial changes in spatial sphere of the world trade. In such contexts, Chinese overseas trade changed significantly.

Keywords：China; Overseas Trade; Temporal and Spatial Contexts; Global History

（执行编辑：江伟涛）

宋元海洋知识中的"海"与"洋"

黄纯艳[*]

唐代仍严厉禁止本国民众经商等出境活动，所谓比较开明的对外政策只是向外国人开放，没有迈出允许本国民众外出的关键一步，[①] 与此不同，宋元不仅鼓励外国人来华，也允许和鼓励本国民众出海，海洋实践空前发展，海洋知识空前增长，对海洋地理的认知从模糊的想象世界变为真切具体的现实空间，在知识和观念上都进入一个新的时代，为明清海洋知识发展，乃至应对全球化带来的知识和观念冲击、交融奠定了重要基础。相关的研究讨论了宋元海洋知识、中国古代海域命名、明清南海东西洋、七洲洋等问题，[②] 在海洋知识和观念发展史上宋元是重大变化和承上启下的时期，需要从整体视野更好地认识和总结，本文拟从这一角度对宋元时期海洋地理空间认知作一讨论。

一 对"海"认知的衍变

宋元时期，"九州-四海"的天下观念仍然是官方和士人认识海洋的重要知识框架。天下的结构是"外际乎天，内包乎地，三旁无垠，而下无底者，大瀛海也"。[③] 海围绕于九州为中心的陆地四周，构成"天下"。国家通

* 作者黄纯艳，华东师范大学历史系教授。
  本文是国家社科基金重大项目"中国古代财政体制变革与地方治理模式演变研究"（17ZDA175）研究成果。

① 魏明孔：《唐代对外政策的开放性与封闭性及其评价》，《甘肃社会科学》1989 年第 2 期。
② 冯承钧、藤田丰八、刘迎胜、万明、谭其骧、韩振华、陈佳荣、吴松弟、刘义杰、黄纯艳等学者分别讨论了上述问题，其相关论著将随文讨论，此不赘举。
③ 吴澄：《吴文正集》卷四八《大瀛海道院记》，《景印文渊阁四库全书》第 1197 册，台湾商务印书馆，1990，第 498 页。

过册封和祭祀四海神，倡导和维护"九州·四海"的天下观念。宋代，海神封号有宋太祖朝所封两字，宋仁宗康定元年（1040）加为四字，东、南、西、北四海神分别封为渊圣广德王、洪圣广利王、通圣广润王、冲圣广泽王。[1] 在宋人海洋活动日益频繁的东海和南海二海的海神不断因"圣迹"获得加封。宋高宗建炎四年（1130）东海神封号已加封至八字，为助顺佑圣渊德显灵王［乾道五年（1169）改助顺孚圣广德威济王］。[2] 绍兴七年（1137）南海神亦加封至八字，为洪圣广利昭顺威显王。[3] 北宋设东海神本庙于渤海湾中的莱州，于立春日祀东海神于莱州，设南海神本庙于广州，于立夏日祀南海神于广州。西海神和北海神祭祀则实行望祭，立秋日于河中府河渎庙望祭西海神，立冬祀于孟州济渎庙望祭北海神。[4] 显示宋朝皇帝对包括四海在内的"天下"的绝对统治权，"天子之命，非但行于明也，亦行乎幽。朝廷之事，非但百官受职也，百神亦受其职"[5]。

蒙古入主中原后，也把祭祀四海神作为国家祭祀活动的重要组成部分。蒙古灭南宋以前的至元三年（1266）正式"定岁祀岳、镇、海、渎之制"，祭东海于莱州界，对南海、西海和北海神则分别于莱州、河中府和登州望祭。南宋灭亡后，罢南海神望祭，在广州祭祀南海神，于河渎庙附祭西海神，济渎庙附祭北海神。[6] 元朝对四海神重新册封，从二字王爵逐步加封到四字王，东海神为广德灵会王，南海神为广利灵孚王，西海神为广润灵通王，北海神为广泽灵佑王。[7] 目的同样是显示皇帝绝对拥有"九州·四海"的天下，即"岳、渎、四海皆在封宇之内"[8]。

士人仍以"四海"观念解释海洋。南宋为了与金朝争夺正统，在明州设东海神祭祀本庙，并解释其法理性，认为北起渤海，南到福建的海域即为东海。设立东海神本庙于莱州即说明自渤海起即为东海，直到

---

① 脱脱等：《宋史》卷一〇二《礼五》，中华书局，1977，第2485页。

② 罗濬：《宝庆四明志》卷一九《定海县志第二·神庙》，中华书局，1990，第5239页；《宋会要辑稿》礼二一，上海古籍出版社，2014，第1085页。

③ 李心传：《建炎以来系年要录》卷一一四"绍兴七年九月戊子"，中华书局，2013，第2141页。

④ 脱脱：《宋史》卷一〇二《礼五》，第2485页。

⑤ 郑刚中：《北山集》卷一四《宣谕祭江神文》，《景印文渊阁四库全书》第1138册，台湾商务印书馆，1990，第156页。

⑥ 宋濂等：《元史》卷七六《岳镇海渎》，中华书局，1976，第1900页。

⑦ 宋濂等：《元史》卷七六《祭祀五》，第1900页。

⑧ 陈垣编纂，陈智超等校补《道家金石略》，文物出版社，1988，第670页。

"通、泰、明、越、温、台、泉、福,皆东海分界也"①。把这一片海域称为东海,使得东海神本庙南移是合理的。在这一解说下,宋人认为广东路及其以南海域则通为南海。宋人称三佛齐的位置"在南海之中,诸蕃水道之要冲也。东自阇婆诸国,西自大食、故临诸国,无不由其境而入中国者"②。即东自阇婆,西自大食所来的海路都是以三佛齐为中心的南海范围。

元代张翥为《岛夷志略》所作序中认为汪大渊的记载证实了邹衍之说,即"九州环大瀛海,而中国曰赤县神州,其外为州者复九,有裨海环之"。他说,对邹衍之说,"人多言其荒唐诞夸,况当时外徼未通于中国,将何以征验其言哉。汉唐而后,于诸岛夷力所可到,利所可到,班班史传,固有其名矣。然考于见闻,多袭旧书,未有身游目识,而能详其实者,犹未尽征之也",而汪大渊"非其亲见不书,则信乎其可征也"的见闻"尤有可观,则邹衍皆不诞焉"。吴鉴为该书所作的序也阐述了"九州-四海"的天下观念,证明其即"中国-四夷"的华夷秩序:"中国之外,四海维之,海外夷国以万计。唯北海以风恶不可入,东西南数千万里,皆得梯航以达其道路,象胥以译其语言。惟有圣人在乎位,则相率而效朝贡互市,虽天际穷发不毛之地,无不可通之理焉。"③张翥承袭理学,"以诗文知名一时",官至翰林学士承旨。④ 他在序中说:"惟中国文明,则得其正气。环海于外,气偏于物,而寒燠殊候,材质异赋,固其理也。"吴鉴则是受命编修《清源续志》,因泉州为重要外贸港,"故附(汪大渊之书)《清源续志》之后。不惟使后之图《王会》者有足征,亦以见国家之怀柔百蛮,盖此道也"⑤。他们以官方立场解读汪大渊的记载,证明华夷天下的秩序和格局。元人不仅与宋人一样为东海和南海勾画了边际,即所谓"海水终泄于尾闾"⑥,而且认为爪哇即

---

① 马端临:《文献通考》卷八三《郊社考十六》,中华书局,2011,第2560~2561页。
② 周去非著,杨泉武校注《岭外代答校注》卷二《三佛齐国》,中华书局,1999,第86页;赵汝适撰,〔德〕夏德(F. Hirth)、〔美〕柔克义(W. Rockhill)合注,韩振华翻译并补注《诸蕃志注补》卷上《阇婆国》,香港大学亚洲研究中心,2000,第88页。
③ 汪大渊著,苏继顾校释《岛夷志略校释》张翥"序"、吴鉴"序",中华书局,1981,第1、5页。
④ 宋濂等:《元史》卷一八六《张翥传》,第4284页。
⑤ 汪大渊著,苏继顾校释《岛夷志略校释》张翥"序"、吴鉴"序",第2、5页。
⑥ 陆文圭:《墙东类稿》卷四《流民贪吏盐钞法四弊》,《景印文渊阁四库全书》第1194册,台湾商务印书馆,1990,第571页。

接近于"近尾闾之所泄"，"蕞尔爪哇之小邦，介乎尾闾之大壑"。①

但是，在宋元时期即使是士大夫，也有人提出了对"四海"真实性的质疑。已有文指出，唐代在同州祭西海神，在洛州祭北海神，即说明西海与北海不在封宇之内，但尚未有人明确质疑其实际存在，宋人已有人对西海和北海的虚实提出了明确质疑。② 洪迈指出不存在所谓西海："北至于青、沧，则云北海。南至于交、广，则云南海。东渐吴、越，则云东海，无由有所谓西海者。"③ 实际上，按其所言"北至于青、沧，则云北海"，则北海也无实指的海域。乾道五年太常少卿林栗说"国家驻跸东南，东海、南海实在封域之内"，"其西、北海远在夷貊，独即方州行二时望祭之礼"，④ 实际也就是说，东海、南海在宋朝封域之内，而并无西海和北海。⑤ 元代更明确地提出了疑问："海于天地间为物最巨，幅员万里，东、南、北皆距海而止，惟西海未有考。或以瀚海、青海当之，是与？否与？"⑥ "海之环旋，东、西、南、北相通也。而西海、北海人所不见，何也？"时人的解释是"西北地高，或踞高窥下，则见极深之壑，如井沉沉然，盖海云。东南地卑，海水旁溢，不啻万有余里"，⑦ 又称"乾始西北，坤尽东南，故天下之山其本皆起于西北之昆仑，犹乾之始于西北也。天下之水其流皆归于东南之尾闾，犹坤之尽于东南也"。⑧ 似乎从根本上解释了西、北二海不可能实有，但同时也动摇了"四海"的观念。

另一方面，航海者并不关注"东海"或"南海"整体概念，更不以其实践为"四海"作解说。他们关注的是航海所及的各国、各地的地理方位、航路、航程、物产、市场等信息。宋人已经对"东海"和"南海"海域的诸国和岛屿地理方位有了基本符合实际的认知，⑨《岛夷志略》所反映的元代地理认知也是如此。宋元对日本、高丽、东南亚等地的海上航线有明确认

---

① 方回：《桐江集》卷三《平爪哇露布》《出征海外青词》，江苏古籍出版社，1988，第350、348页。

② 黄纯艳：《中国古代官方海洋知识的生成与书写——以唐宋为中心》，《学术月刊》2018年第1期。

③ 洪迈：《容斋随笔》卷三《四海一也》，中华书局，2005，第31页。

④ 马端临：《文献通考》卷八三《郊社考十六》，第2559页。

⑤ 黄纯艳：《宋代水上信仰的神灵体系及其新变》，《史学集刊》2016年第6期。

⑥ 陆文圭：《墙东类稿》卷三《水利》，第558页。

⑦ 吴澄：《吴文正集》卷四八《大瀛海道院记》，第498~499页。

⑧ 吴澄：《吴文正集》卷一《原理有跋》，第16页。

⑨ 黄纯艳：《宋代海洋知识的传播与海洋意象的构建》，《学术月刊》2015年第11期。

知和记载。宋神宗朝，日僧成寻搭福建商人海船来华，记录了日本经高丽耽罗到明州的航路和海情。[①] 徐兢随使团出使高丽，著《宣和奉使高丽图经》“谨列夫神舟所经岛洲、苫、屿而为之图”，记载了明州到高丽礼成港间四十余个海中山岛、海域组成的航路。[②] 往来高丽的商人“能道其山川形势、道里远近”，“图海道”[③]，画出海上航路图。

宋元对南海航路的记载也十分清晰。《武经总要》载：广州航路自广州“东南海路四百里至屯门山……从屯门山用东风西南行，七日至九乳螺州，又三日至不劳山（在环州国界）”。屯门山在珠江口东侧。自北而来的东北季风在广东沿海循岸而为东风。自屯门乘东风向西南方向航行，到九乳螺州、占城国（即环州）。自屯门西南行的具体路线《萍洲可谈》有所补充：“广州自小海至溽洲七百里，溽洲有望舶巡检司……过溽洲则沧溟矣。商船去时，至溽洲少需以诀，然后解去，谓之放洋。”小海即广州市舶港：“广州市舶亭枕水……其下谓之小海。”[④]

泉州往东南亚地区的航路在七洲洋与广州航路重合，“若欲船泛外国买卖，则自泉州便可出洋，迤逦过七洲洋，舟中测水约有七十余丈，若经昆仑、沙漠、蛇、龙、乌猪等洋”。[⑤] 宋人记载往阇婆国“于泉州为丙巳方，率以冬月发船，盖借北风之便，顺风昼夜行月余可到”[⑥]。是沿着丙巳针方向昼夜直航。元军征爪哇，从泉州出发，“过七洲洋、万里石塘，历交趾、占城界，明年正月，至东董西董山、牛崎屿，入混沌大洋橄榄屿，假里马答、勾阑等山[⑦]。从东南亚海域到广州和泉州也是在七洲洋分路：“三佛齐之来也，正北行舟，历上下竺与交洋，乃至中国之境。其欲至广者入自屯

① 〔日〕成寻著，王丽萍校点《新校参天台五台山记》卷一，上海古籍出版社，2009，第6、10、11页。

② 徐兢：《宣和奉使高丽图经》卷三四《海道一》至卷三九《海道六》，《全宋笔记》第三编第八册，大象出版社，2008，第129~147页。

③ 杨士奇等：《历代名臣奏议》卷三四八叶梦得“乞差人至高丽探报金人事宜状”，上海古籍出版社，1989，第4516页。

④ 朱彧：《萍洲可谈》卷二，李国强整理，《全宋笔记》第二编第六册，大象出版社，2013，第148页。

⑤ 吴自牧：《梦粱录》卷一二《江海船舰》，《全宋笔记》第八编第五册，大象出版社，2017，第214~215页。

⑥ 赵汝适著，杨博文校释《诸蕃志校释》卷上《阇婆国》，中华书局，2000，第55页。

⑦ 宋濂等：《元史》卷一六二《史弼传》，第3802页。

门，欲至泉州者入自甲子门。"① 即过交趾洋后（应是进入七洲洋）广州航线和泉州航线出现分野，一自屯门往广州，一自甲子门往泉州。

温州往东南亚的航路与泉州航路有重合，"自温州开洋，行丁未针，历闽广海外诸州港口，过七洲洋，经交趾洋，到占城，又自占城顺风可半月到真蒲，乃其境也。又自真蒲行坤申针，过昆仑洋入（真腊国）港"②。温州航路自泉州外洋后应与泉州航路重合，即泉州—七洲洋—交趾洋—昆仑洋。温州到真腊先行丁未针，即西南 17.5 度方向，过占城后行坤申针，即西南47.5 度方向。在上述主要航路还连接着各个国家和岛屿的航线，此不一一枚举。

宋元对南海和东海海域的水情和航行状况也有更深入的认识。如对南海之中西沙、中沙和南沙群岛等，宋人有初步的认识，周去非还称"传闻东大洋海有长砂石塘数万里，尾闾所泄，沦入九幽"③。赵汝适和祝穆的记载也很简略，称海南岛"东则千里长沙、万里石塘，上下渺茫，千里一色"④。元代《岛夷志略》则清楚地记载了万里石塘范围及其对航海的影响，称"石塘之骨，由潮州而生。迤逦如长蛇，横亘海中，越海诸国。俗云万里石塘。以余推之，岂止万里而已哉。舶由岱屿门，挂四帆，乘风破浪，海上若飞。至西洋或百日之外。以一日一夜行百里计之，万里曾不足，故源其地脉历历可考。一脉至爪哇，一脉至勃泥及古里地闷，一脉至西洋遐昆仑之地……观夫海洋泛无涯涘，中匿石塘，孰得而明之？避之则吉，遇之则凶，故子午针人之命脉所系，苟非舟子之精明，能不覆且溺矣"⑤。宋元时期对北起东沙群岛，南到南沙群岛广大范围内的岛礁有比较清晰的了解。元代所说的"万里石塘"是指包括今西沙、中沙、东沙和南沙诸群岛在内的南海，已经开始将南海诸岛区分为四个岛群。⑥ 岛礁区域成为航行的危险禁区。元朝往东南亚诸国的航线必须避开这一区域。这也成为元代东、西洋划分的重要标识。

宋元在航海实践构建的海洋地理空间不是抽象模糊的"四海"，而

---

① 周去非著，杨泉武校注《岭外代答校注》卷二《三佛齐国》，第 86 页。
② 周达观撰，夏鼐校注《真腊风土记校注》"总叙"，中华书局，1981，第 15 页。
③ 周去非著，杨泉武校注《岭外代答校注》卷一《三合流》，第 36 页。
④ 祝穆：《方舆胜览》卷四三《吉阳军》，中华书局，2003，第 776 页。
⑤ 汪大渊著，苏继顾释释《岛夷志略校释》"万里石塘"条，第 318 页。
⑥ 李国强：《从地名演变看中国南海疆域的形成历史》，《中国边疆史地研究》2011 年第 4 期。

是若干无形的航路和有形且方位基本明确的国家、岛屿构成的世界。元代曾发兵征爪哇，出兵凡二万，"发舟千艘，给粮一年、钞四万锭"①。而两征日本，出兵逾十万，规模更大于征爪哇。如此大规模的海上军事行动，军队的航程、补给等需要精心计划，前提就是对"东海"和"南海"海域空间，各国方位、航路等知识的详细掌握和海洋地理空间的明确认识。在郑和下西洋以前，元代已经显示了组织大规模航海的能力和知识条件。

二　"东海"诸"洋"

汉唐虽然也记载了中国到东南亚乃至以西的航路，但是其航路主要是由中南半岛沿岸标识构成。该时期有深海航行的事实，尚未见明确的航路记载和具体海域的划分。宋代明确提出了"东海"和"南海"的地理分界，即福建路海域及其以北为"东海"，广东路海域及其以南以西为"南海"，②并将"东海"和"南海"划分出若干小的海域，这些海域名称主要以"洋"冠之，也有称"某某海"者。此"海"等同于"东海""南海"中小海域的"洋"。元代亦如此。

宋代"东海"范围从福建路、两浙路到京东路划分了数十个"洋"。福建本地民众及地方官员从福建的角度，将福建以北的两浙路海域称为"北洋"，福建以南的广东路海域称为"南洋"。真德秀曾说海贼王子清部"目今审入北洋，泉、漳一带盗贼屏息，番舶通行"；"比者温、明之寇来自北洋，所至剽夺，重为民旅之害"；"向去南风，贼船必回向北洋"，③就是称福州以北入温州的海域为北洋。泉州沿海自北至南设置晋江石湖寨、惠安小兜寨、泉州宝林寨、泉州围头寨四个军寨，其中"小兜寨取城八十里，海道自北洋入本州界首，为控扼之所"，围头寨"正阚大海，南、北洋舟船往来必泊之地"，"寻常客船贼船自南、北洋经过者无不于此稍泊"。"自南洋

---

① 宋濂等：《元史》卷二一〇《爪哇传》，第 4665 页。
② 黄纯艳：《中国古代官方海洋知识的生成与书写——以唐宋为中心》，《学术月刊》2018 年第 1 期。
③ 真德秀：《西山文集》卷八《泉州申枢密院乞推海盗赏状》、卷一五《申枢密院乞修沿海军政》、卷五四《海神祝文》，《景印文渊阁四库全书》第 1174 册，台湾商务印书馆，1990，第 123~124 页。

海道入州界，烈屿首为控扼之所，围头次之。"自北洋来即从两浙路海域进入福建，从南洋来则指从广东路海域进入福建。福建以东的海域被称为"东洋"。永宁寨"阙临大海，直望东洋"。法石寨的防御范围包括东洋，即"自岱屿门内外直至东洋，法石主之"。① 上述南洋、北洋、东洋是概指某方向的海域，范围尚不十分明确。

福建沿海海域还有其他被命名的洋。泉州沿海有赖巫洋。泉州海防水军曾"使兵船出赖巫洋，探伺至洋心，偶见一艅船只从东洋使入内"。可见赖巫洋在泉州和东洋之间。泉州围头一带海域称为围头洋，即"本州海界围头洋"。漳州近海有沙淘洋，"贼船一十四只望风奔遁至漳州沙淘洋"。② 该洋在漳浦县海域，福建水军"逐贼至漳浦境内沙淘洋，败之"。③ 福州沿海有西洋，具体位置在连江县沿海，即"连江县海名西洋，管连江、罗源海道"，"西洋在巨海中，四顾惊涛，莫知畔岸，自廉山驾舟两潮始达，风或逆，旬月莫至"。④

宋代两浙路温州及其以北海域被福建人泛称为"北洋"。元人也泛称浙江到山东海岸以东的海洋为"东洋"。朱名世随海运漕船自海盐县到直沽，有"东洋"诗："东溟云气接蓬莱，徐福楼船此际开。"⑤ 两浙沿海被称洋的海域颇多。台州与温州交界处有大间洋。元军征讨在浙东沿海活动的方国珍部，元将孛罗帖木儿"先期至大间洋，国珍夜率劲卒纵火鼓噪，官军不战皆溃，赴水死者过半"⑥。《明史》载，大间洋在台州府太平县，与温州交界，"东南滨海，曰大间洋"⑦。台州宁海县有牛头洋、五屿洋，该县境"东南二百五十里牛头洋入临海县"，"自县东便风一潮过五屿洋，至牛头洋小泊，潮入海门，一日夜至州。此水程也"。⑧ 台州与明州之间有石佛洋。建炎四年正月一日宋高宗从明州海路南逃，"二日御舟早发，过石佛洋，初三

① 真德秀：《西山文集》卷八《申枢密院措置沿海事宜状》，第131页。
② 真德秀：《西山文集》卷八《泉州申枢密院乞推海盗赏状》、卷一五《申尚书省乞措施收捕海盗》，第123、229页。
③ 刘克庄：《后村集》卷五〇《宋资政殿学士赠银青光禄大夫真公（德秀）行状》，《景印文渊阁四库全书》第1180册，台湾商务印书馆，1990，第546页。
④ 《淳熙三山志》卷一九《兵防类二》，福建人民出版社，2000，第215页。
⑤ 朱名世：《鲸背吟集》，《景印文渊阁四库全书》第1214册，台湾商务印书馆，1990，第429页。
⑥ 宋濂等：《元史》卷一四三《泰不华传》，第3424页。
⑦ 张廷玉：《明史》卷四四《地理五》，中华书局，1974，第1111页。
⑧ 《嘉定赤城志》卷一《地里门一》，中国文史出版社，2008，第4页。

日御舟入台州港口章安镇"①。明州沿海被称为明州洋。南宋时,许浦水军追捕海盗王先,贼船"五只至明州洋,沉船而遁"。明州西北方海中有洋山、大七山、小七山,这一带海域被称为"大七洋"。海贼王先得到宋朝官方招安榜文,"船一十只,计八百余人,当日行使舟船到大七洋内"②。日本僧人成寻来华,船宿于大七山,然后到明州。③ 明代洋山海域仍称大七洋,太仓往日本针路过"羊山大七洋、小七洋"。④ 明州海域还有青龙洋和乱礁洋。戴良从绍兴沿海经庆元海域北上,诗有"仲夏发会稽,乍秋别句章,拟杭黑水海,首渡青龙洋"。⑤ 明郑若曾说:"过普陀青龙洋。"⑥ 可见青龙洋在昌国普陀山岛近海。文天祥曾说"自入浙东,山渐多。入乱礁洋",⑦也在明州一带海域。

苏州洋是海路出入浙西的最重要海域。"苏州洋又名佘山洋,南舶欲入华亭者必放苏州洋,盖此处旧属苏州。"⑧ 因地处苏州沿海而得名。苏州洋海域范围在长江口以南到明州(庆元府)东北之间。文天祥《苏州洋》诗称"一叶漂摇扬子江,白云尽处是苏洋"⑨。文天祥从江北沿海路南逃,"出北海,然后渡扬子江,入苏州洋,展转四明、天台,以至于永嘉"。⑩ 南宋时,苏州洋也是出入明州港海路的重要航道。往高丽航线要经过"定海之东北苏州洋"。⑪ 明州(庆元)"自海岸至苏州洋二百二十里,其分界处系大海"。⑫ 徐兢等人出使高丽回程,"过苏州洋,夜泊栗港",次日"过蛟

---

① 赵鼎:《忠正德文集》卷七《建炎笔录》,《景印文渊阁四库全书》第1128册,台湾商务印书馆,1990,第735页。

② 洪适:《盘洲文集》卷四二《招安海贼札子》,《景印文渊阁四库全书》第1158册,台湾商务印书馆,1990,第524页。

③ 〔日〕成寻著,王丽萍校点《新校参天台五台山记》卷一,第10页。

④ 唐顺之:《武编》前集卷六《太仓往日本针路》,广西民族出版社,2003,第305页。

⑤ 戴良:《九灵山房集》卷九《泛海》,《景印文渊阁四库全书》第1219册,台湾商务印书馆,1990,第351页。

⑥ 郑若曾:《郑开阳杂著》卷一《浙洋守御论》,《景印文渊阁四库全书》第584册,台湾商务印书馆,1990,第476页。

⑦ 文天祥撰,熊飞、漆身起、黄顺强校点《文天祥全集》卷一三《乱礁洋》,江西人民出版社,1987,第526页。

⑧ 《至元嘉禾志》卷二八《苏州洋》,杭州出版社,2009,第6165页。

⑨ 文天祥撰,熊飞、漆身起、黄顺强校点《文天祥全集》卷一三《苏州洋》,第524页。

⑩ 文天祥撰,熊飞、漆身起、黄顺强校点《文天祥全集》卷一三《指南录后序》,第479页。

⑪ 徐兢:《宣和奉使高丽图经》卷三五《海道二》,第136页。

⑫ 《延祐四明志》卷一《郡志一》,中华书局,1990,第6136页。

门，望招宝山，午刻到定海县"。① 杭州经钱塘江出海也需经苏州洋。南宋时作为杭州辅助港的澉浦镇海路"东达泉、潮，西通交、广，南对会稽，北接江阴许浦，中有苏州洋，远彻化外"②。因而苏州洋在拱卫杭州的海防方面有着重要意义。绍定二年（1229）伪降的李全曾"以粮少为词，遣海舟自苏州洋入平江、嘉兴告籴。实欲习海道，觇畿甸也"③。元代上海是重要贸易港口，苏州洋成为繁忙的商贸航道。许尚在《苏州洋》诗中写道："已出天池外，狂澜尚尔高。蛮商识吴路，岁入几千艘。"④

长江口以北淮东沿海海域被称为淮海，淮海之中又被划分为南洋和北洋，即"淮海本东海，地于东，中云南洋、北洋。北洋入山东，南洋入江南"⑤。北洋应是淮东路沿海与京东路密州海域相接的海域，"今自二浙至登州与密州皆由北洋，水极险恶"⑥。南洋则应指与苏州洋相接的淮东南部海域。淮海之北洋往北入莱州大洋。元代海运航路，由南向北，"过刘岛，至芝罘、沙门二岛，放莱州大洋，抵界河口"⑦。莱州大洋又称莱州洋，朱名世有《莱州洋》诗，称"莱州洋内浪频高，碇铁千寻系不牢。传与海神休恣意，二三升水作波涛"⑧，写的是莱州沿海海域，属于渤海。沙门岛也是南来海船进入渤海的标志："海艘南来转帆入渤海者，皆望此岛以为表志。"⑨ 南来海船"至沙门岛，守得东南便风，可放莱州大洋"⑩。

明州洋、苏州洋、南洋、北洋、莱州大洋等都是近海海域的名称。浙西、淮东到胶州半岛以南的京东近海因长江、淮河和黄河入海，泥沙堆积，形成了不利于航行的暗沙。宋元时期有从暗沙海域利用"洪道"和潮汐南北航行的航路，这需要熟悉该海域水情的经验积累和航行技术，"缘趁西北大岸，寻觅洪道而行，每于五六月间南风潮长四分行船，至潮长九分即便抛泊，留此一分长潮以避砂浅，此路每日止可行半潮期程"。"一失水道，则

① 徐兢:《宣和奉使高丽图经》卷三九《海道六》，第149页。
② 常棠:《海盐澉水志》卷三《水门》，杭州出版社，2009，第6248页。
③ 脱脱等:《宋史》卷四七七《李全传下》，第13840页。
④ 《至元嘉禾志》卷二八《苏州洋》，第6165页。
⑤ 文天祥撰，熊飞、漆身起、黄顺强校点《文天祥全集》卷一八《北海口》，第523页。
⑥ 姚宽:《西溪丛语》卷下，中华书局，1993，第94页。
⑦ 宋濂等:《元史》卷九三《食货一》，第2366页。
⑧ 朱名世:《鲸背吟集》，第430页。
⑨ 于钦:《齐乘》卷一《沙门岛（附海市）》，《景印文渊阁四库全书》第491册，台湾商务印书馆，1990，第701页。
⑩ 柯劭忞:《新元史》卷六八《食货八》，中国书店，1988，第995页。

舟必沦溺，必得沙上水手，方能转棹。"① 该条航道称为里洋航路，不利于尖底海船航行。因而又有越过暗沙区域的两条航路，宋人分别称为外洋航路和大洋航路。里洋航路就是从海州发舟，沿近海，转通州料角，到青龙江、扬子江。外洋航路是海州发舟，直出海际，沿东杜、苗沙、野沙等诸沙外沿，至金山、澉浦。大洋航路是海州放舟，望东行，入深海，复转而南，直达明州昌国县、定海。② 外洋航路和大洋航路经过的海域也被命名为不同"洋"。海船往高丽走外洋航路。出明州昌国一日航程，先入白水洋，"其源出靺鞨，故作白色"。再往北，入黄水洋，"黄水洋即沙尾也，其水浑浊且浅。舟人云，其沙自西南而来，横于洋中千余里，即黄河入海之处"。再往东北，入黑水洋，"黑水洋即北海洋也，其色黯湛渊沦，正黑如墨"。③

　　元代从江南到大都的海运也经历过这三条航路。"初，海运之道，自平江刘家港入海，经扬州路通州海门县黄连沙头、万里长滩开洋，沿山峤而行，抵淮安路盐城县，历西海州、海宁府东海县、密州、胶州界，放灵山洋投东北，路多浅沙，行月余始抵成山"，"至元二十九年，朱清等言其路险恶，复开生道。自刘家港开洋，至撑脚沙转沙嘴，至三沙、洋子江，过匾担沙、大洪……又过万里长滩，放大洋至青水洋，又经黑水洋至成山，过刘岛，至芝罘、沙门二岛，放莱州大洋，抵界河口"，次年"千户殷明略又开新道，从刘家港入海，至崇明州三沙放洋，向东行，入黑水大洋，取成山，转西至刘家岛，又至登州沙门岛，于莱州大洋入界河"。④ 朱清和殷明略的航路分别是宋人所言的外洋航路和大洋航路。以淮东近海为视角由近至远又划分出里洋、外洋和大洋。

　　按方位，白水洋应是长江入海口的外海，仍有浅沙分布的海域，水色呈白。黄水洋则位于黄河入海口的外海。黑水洋是胶州半岛以南的深海海域。元人说："以王事航海，自南而北，过黑水洋，抵登、莱。"⑤ 黑水洋范围很大，元代戴良"渡黑水洋"诗称"舟行五宵旦，黑水乃始渡"。⑥ 青水洋应是长江以北暗沙海域向"黑水洋"过渡的海域。《新元史》载："自刘家港

① 李心传：《建炎以来系年要录》卷五四"绍兴二年五月癸未"，第 1116 页。
② 黄纯艳：《宋代近海航路考述》，《中华文史论丛》2016 年第 1 期。
③ 徐兢：《宣和奉使高丽图经》卷三四《半洋焦》，第 134 页。
④ 宋濂等：《元史》卷九三《食货一》，第 2366 页。
⑤ 戴良：《九灵山房集》卷二二《鄞游稿第八》，第 508 页。
⑥ 戴良：《九灵山房集》卷九《吴游稿第二》，第 351 页。

开洋……过万里长滩，透深才方开放大洋。先得西南顺风，一昼夜约行一千余里，到青水洋。得值东南风，三昼夜过黑水洋。"① 明人林弼《青水洋》诗称"吴江东入海，水与天色并。波涛堆琉璃，一碧三万顷"②。青水洋被认为是在吴地的外海。

黑水洋过沙门岛即入渤海。元人所言渤海已经将其与广义的东海区别开来。先秦华夏世界最早接触的东面海域即渤海，故将渤海等同于东海。元人以沙门岛为渤海的南界，"北自平州碣石，南至登州沙门岛，是谓渤海之口，阔五百里，西入直沽几千里焉"，"东北则莱、潍、昌邑，正北则博、兴、寿光，西北则滨、棣二州，皆岸渤海"③。

三 "南海"诸"洋"

宋代福建人将广东潮州及其以南海域称为"南洋"，但不见划分明确的海域范围。潮州近海有蛇州洋，南宋左翼军曾"于潮州海界蛇州洋同丘全获盗陈十五等一十四名"④。左翼军自福建追击海盗，入潮州海域，可见蛇州洋位于潮州近福建漳州的海域。广州近海有零丁洋。文天祥被俘后船过零丁洋，留下著名的《过零丁洋》诗，提到"惶恐滩头说惶恐，零丁洋里叹零丁"⑤。明人记载："零丁洋在香山县东一百七十里，宋文天祥诗'零丁洋里叹零丁'即此"。⑥ 海南岛与今越南北部之间有绿水洋。元将张文虎与交趾水军交战，"次屯山，遇交趾船三十艘，文虎击之，所杀略相当，至绿水洋，贼船益多，度不能敌，又船重不可行，乃沉米于海，趋琼州"⑦。可见该洋介于交趾与海南岛之间。

海南岛东部海域有七洲洋，又称七州洋，是广西近海最著名的"洋"。《梦粱录》载："若欲船泛外国买卖，则自泉州便可出洋，迤逦过七洲洋，

① 柯劭忞：《新元史》卷七五《食货八》，第 995 页。
② 林弼：《林登州集》卷二《青水洋》，《景印文渊阁四库全书》第 1227 册，台湾商务印书馆，1990，第 15 页。
③ 于钦：《齐乘》卷之二《海》，第 724 页。
④ 真德秀：《西山文集》卷八《泉州申枢密院乞推海盗赏状》，第 124 页。
⑤ 文天祥撰，熊飞、漆身起、黄顺强校点《文天祥全集》卷一九《零丁洋》，第 534 页。
⑥ 李贤等：《明一统志》卷七九《广州府》，三秦出版社，1990，第 1210 页。
⑦ 宋濂等：《元史》卷二〇九《安南传》，第 4648 页。

舟中测水约有七十余丈。"① 从现存宋元文献中可知其位于海南岛东部，但对其具体位置后人存在争议。明人张燮称七州洋在文昌县以东海域，因七州山得名，所著《东西洋考》引《琼州志》："在文昌东一百里，海中有山，连起七峰，内有泉，甘洌可食。元兵刘深追宋端宗，执其亲属俞廷珪之地也。俗传古是七州，沉而成海。"② 因而七洲洋又被称为七州洋。七州山"有七峰，状如七星连珠"，又名七星山，③ 该洋也被称为七星洋。韩振华认为广东海域有万山群岛的广州七洲洋、海南文昌近海的文昌七洲洋和西沙群岛海域的大海七洲洋，认为《梦粱录》所载七洲洋是大海七洲洋，与文昌近海的七星洋不同。④ 伯希和、向达、夏鼐、谭其骧等都对七洲洋有考证，有指海南岛东南洋面、七洲列岛海域等不同意见。刘义杰总结了以上各说，肯定了七洲洋就是海南岛东北方海域中的七洲列岛及其附近海域的观点，⑤ 刘文运用航海针路和舆地图，考证精当，可为确说。

　　七洲洋往南进入交趾洋。《真腊风土记》载："过七洲洋，经交趾洋，到占城。"⑥ 《岭外代答》称交趾洋在"海南四郡之西南，其大海曰交趾洋"。交趾洋北连琼州和廉州海域，钦江南流入海，"分为二川，其一西南入交趾海，其一东南入琼、廉海"。⑦ 交趾洋再往南，进入昆仑洋。《海国闻见录》载"七洲洋在琼岛万州之东南"，昆仑洋在"七洲洋之南"。⑧ 《岛夷志略》"昆仑"条载："古者，昆仑山又名军屯山，山高而方，根盘几百里，截然乎瀛海之中，与占城西竺鼎峙而相望，下有昆仑洋，因是名也。舶贩西洋者必掠之，顺风七昼夜可渡。"藤田丰八等人考证，昆仑山即今越南南部海中之昆仑岛。⑨ 昆仑洋又称混沌大洋，或混屯洋。元将史弼率军征讨爪哇，"过七洲洋、万里石塘，历交趾、占城界，明年正月，至东董西董山、牛崎屿，入混沌大洋"。⑩ 昆仑洋往南，入沙漠洋，《梦粱录》谈泉州往东南

---

① 吴自牧：《梦粱录》卷一二《江海船舰》，第214页。
② 张燮著，谢方点校《东西洋考》卷九《西洋针路》，中华书局，2000，第172页。
③ 李贤等：《明一统志》卷八二《琼州府》，第1258页。
④ 韩振华：《七州洋考》，《南洋问题》1981年第4期。
⑤ 刘义杰：《"去怕七洲、回怕昆仑"解》，《南海学刊》2016年第1期。
⑥ 周达观撰，夏鼐校注《真腊风土记校注》"总叙"，第15页。
⑦ 周去非著，杨泉武校注《岭外代答校注》卷一《天分遥》《三合流》，第35、36页。
⑧ 陈伦炯撰，李长傅校注，陈代光整理《〈海国闻见录〉校注》卷上，中州古籍出版社，1985，第49、70页。
⑨ 汪大渊著，苏继顾校释《岛夷志略校释》"昆仑"条，第218、220页。
⑩ 宋濂等：《元史》卷一六二《史弼传》，第3802页。

亚航线时说到"经昆仑、沙漠、蛇、龙、乌猪等洋"。① 沙漠洋又称沙磨洋。方回在《平爪哇露布》中说"自昆仑洋而放沙磨洋"。② 商人往师子国要过蛇洋，即"奇物试求师子国，去帆稳过大蛇洋"。③ 龙洋不能确知其地。苏继顾认为乌猪洋由乌猪山而得名，指广东中山县南之海面。④ 广州往东南亚的航路先经乌猪洋，再入七洲洋。

七洲洋、交趾洋和昆仑洋以东是被称为千里长沙、万里石塘的东、西、中、南四沙海域。宋元时期对这一海域的范围、特点及其对航行的影响已经有了比较清晰的认识，已如上述。宋人将今中国南海和东南亚海域最东和最南称为东大洋和南大洋，即"三佛齐之南，南大洋海也，海中有屿万余，人莫居之，愈南不可通矣。阇婆之东，东大洋海也，水势渐低，女人国在焉，愈东则尾闾之所泄，非复人世"。⑤ 又称交趾洋中有三合流，"其一东流入于无际，所谓东大洋海也"。⑥ 可见东大洋是长沙、石塘海域以东的海域，南大洋是南洋今近东南亚海岛地区的南印度洋海域，也包括三佛齐海域，如《桂海虞衡志》称"南大洋海中诸国以三佛齐为大"⑦。这两个洋被认为是南海的边际。

元代在传统"南海"区域划分了东洋和西洋。《真腊风土记》载，真腊国其国中所用布"暹罗及占城皆有来者，往往以来自西洋者为上"⑧。《大德南海志》有"单马令国管小西洋""东洋佛坭国管小东洋""单重布罗国管大东洋""阇婆国管大东洋"的记载。《岛夷志略》多处记载"西洋布""西洋丝布"，另如苏禄贸易之珠"出于西洋之第三港，此地无之"；旧港，"西洋人闻其田美"；昆仑，"舶贩西洋者必掠之"；古里佛，"亦西洋诸马头也"；大乌爹国，"界西洋之中峰"；尖山，"盘据于小东洋"；爪哇，"实甲东洋"；"东洋闻毗舍耶之名皆畏避之也"⑨。关于元代东洋和西洋的范围已

---

① 吴自牧：《梦粱录》卷一二《江海船舰》，第214~215页。
② 方回：《桐江集》卷三《平爪哇露布》，第351页。
③ 洪适：《盘洲文集》卷六六《设蕃致语》，《景印文渊阁四库全书》第1158册，第690页。
④ 汪大渊著，苏继顾校释《岛夷志略校释》"万里石塘"条，第319页。
⑤ 周去非著，杨泉武校注《岭外代答校注》卷二《海外诸蕃国》，第74页。
⑥ 周去非著，杨泉武校注《岭外代答校注》卷一《三合流》，第36页。
⑦ 黄震：《黄氏日抄》卷六七《桂海虞衡志》，浙江大学出版社，2013，第2016页。
⑧ 周达观撰，夏鼐校注《真腊风土记校注》"服饰"条，第76页。
⑨ 汪大渊著，苏继顾校释《岛夷志略校释》，第38、133、159、178、187、193、209、240页。

有较多讨论。① 苏继庼认为元代称吕宋群岛、苏禄群岛等一带海面为小东洋，加里曼丹、阇婆、孟嘉失、文鲁古、琶离、地漫等一带海面属大东洋范围，西洋指中国南海西部榜葛剌海、大食海沿岸与东非沿岸各地。② 陈佳荣辨析了元代东、西洋并综合藤田丰八等人的研究，认为元代东、西洋的分界是勃泥，大、小西洋的分界是蓝无里（喃巫哩）。大东洋西起爪哇岛西岸的巽他海峡，中经爪哇岛、加里曼丹岛南部、苏拉威西岛、帝汶岛，直至马鲁古群岛一带。小西洋包括马六甲海峡及其以东部分海域，约为南海的西部，大西洋就是今天的印度洋，包括从苏门答腊岛西岸至阿拉伯海一带。③

宋代所言东大洋和南大洋与元代东洋的海域相接，但所指并不完全重合。元代所言东洋海域内有淡洋，指苏门答腊岛东岸日里河入海的海域，河口有淡水港，"洋其外海也"。④ 西洋是很大海域的泛指，其中还包括若干成为"洋"或"某某海"的更小海域。元代称宋代蓝无里为喃巫哩，位于苏门答腊岛西北角，其"地当喃巫哩洋之要冲"。自东南亚往西的海船，"风信到迟，马船已去，货载不满，风迅或逆，不得过喃巫哩洋"，于"此地驻冬，候下年八九月马船复来，移船回古里佛互市"。苏继庼认为喃巫哩洋指亚齐与斯里兰卡之间的海面。⑤ 宋代将斯里兰卡岛海域称细兰海，登楼眉等"数国之西有大海名细兰"，"大洋海海口有细兰国"，⑥ 又天竺国"其地之南有洲，名曰细兰国，其海亦曰细兰海"，⑦ 可见细兰海指斯里兰卡岛以西到印度半岛以南的海域。印度半岛南端的马拉尔湾被称为大朗洋，即第三港之南八十余里，"洋名大朗"。⑧ 天竺国"其西有海曰东大食海，渡之而西则大食诸国也"，"又其西有海名西大食海"。⑨ 位于亚丁的哩伽塔国的近海海域被称为国王海，哩伽塔国居"国王海之滨"。苏继庼认为国王海即红海。⑩

① 可参单丽、徐海鹰《东、西洋争议问题综述——以分界依据和地域范围为中心》，《航海》2015 年第 3 期。
② 汪大渊著，苏继庼校释《岛夷志略校释》，第 137～138、195、281 页。
③ 陈佳荣：《宋元明清之东西南北洋》，《海交史研究》1992 年第 1 期。
④ 汪大渊著，苏继庼校释《岛夷志略校释》，第 237、239 页。
⑤ 汪大渊著，苏继庼校释《岛夷志略校释》，第 261、263、321 页。
⑥ 黄震：《黄氏日抄》卷六七《桂海虞衡志》，浙江大学出版社，2013，第 2016 页。
⑦ 周去非著，杨泉武校注《岭外代答校注》卷二《西天诸国》，第 75 页。
⑧ 汪大渊著，苏继庼校释《岛夷志略校释》，第 287、291 页。
⑨ 周去非著，杨泉武校注《岭外代答校注》卷二《海外诸蕃国》，第 75 页。
⑩ 汪大渊著，苏继庼校释《岛夷志略校释》，第 349、351 页。

此细兰海、东大食海、西大食海、国王海与上述诸"洋"一样，都是指具体的区域性海域，是"南海"的组成部分。

四 "海""洋"认知与海洋知识衍变

在中国古代海洋发展史上，宋元不同于汉唐明清的一大特点是政府全面鼓励本国民众出海经商。元代除了海上用兵时期短暂的海禁外，没有实行过明清时期的全面禁海和限制通商。宋代更是始终积极鼓励本国民众的海上经营。与汉唐仅允许外国商人来华，而禁止本国民众出海相比，宋元时期本国民众的航海实践得到巨大发展，同时也推动了整个亚洲海域的航海，实践基础上的海洋知识积累和对海洋的认知进入一个全新的时代。宋元海洋知识积累的基础和路径又成为明清海洋知识和航海活动的重要条件，也成为中国海洋知识最终与世界形成共同知识和观念的历史前提。

已有学者指出了宋元在海洋发展史上相对于汉唐的显著变化。陈佳荣指出，"洋名起于两宋之际"，"两宋之际应是'海'、'洋'并用，而且逐渐以'洋'代'海'的时期"。[①] 李国强也指出"宋代以来，中国人对南海诸岛的认识日渐深入，在南海的活动范围进一步扩大"，[②] 都肯定了宋代在中国古代海洋知识史上的转折意义。从地理空间的认知而言，先秦汉唐对海洋认知主要是整体和模糊的"四海"认知，即作为"天下"组成部分的东、南、西、北海，对已经有海上交往的"东海"和"南海"也未见区划出明确的海域，言及水的"洋"并不指具体水域，而是形容之词。如汉代王逸解释《楚辞》"顺风波以从流兮，焉洋洋而为客""西方流沙，漭洋洋只"道："洋洋，无所归貌也""洋洋，无涯貌也"，[③] 即浩大无边之意。因而洋也用于形容河湖之广大：孔子感叹黄河"美哉水！洋洋乎！"还有"洋洋兮若江河""河水洋洋"的赞叹。[④] 唐人颜师古解释"河水洋洋"之"洋洋，

---

① 陈佳荣：《宋元明清之东西南北洋》，《海交史研究》1992 年第 1 期。

② 李国强：《从地名演变看中国南海疆域的形成历史》，《中国边疆史地研究》2011 年第 4 期。

③ 王逸：《楚辞章句补注》卷四《九章章句第四》、卷一〇《大招章句第十》，岳麓书社，2013，第 130、216 页。

④ 刘向：《说苑》卷一三《权谋》，丛书集成初编本，商务印书馆，1935，第 125 页；杨伯峻：《列子集释》卷五《汤问第五》，中华书局，1979，第 178 页；《十三经注疏》整理委员会整理，李学勤主编《十三经注疏·毛诗正义》，北京大学出版社，1999，第 226 页。

盛大也",他还解释"浩浩洋洋,皆水盛貌"。①《初学记》对海的记载引用了《释名》《十洲记》《博物志》《汉书》等文献对海的描述,也反映了先秦汉唐对海的认识,即"天地四方皆海水相通,地在其中盖无几也",以及对"东海之别有渤澥(海)""南海大海之别有涨海""西海大海之东小水名海者则有蒲昌海、蒲类海、青海、鹿浑海、潭弥海、阳池海""北海大海之别有瀚海,瀚海之南小水名海者则有渤鞮海、伊连海、私渠海"等东、南、西、北四海的描述,② 仍是整体而模糊的描述。

《初学记》所引西海、北海的诸海是汉唐为坐实西海、北海,阐释"四海"的主观设想,并非实有,遑论西海、北海之中的具体海域。渤海和涨海也并非东海和南海中的局部海域,而是模糊地等同于东海和南海。所以说"东海共称渤海,又通谓之沧海"。③ 关于涨海的范围有不同的讨论和观点。南溟子在《涨海考》中对各说作了总结。④ 冯承钧认为中国古代是将今日南海以西之地包括印度洋概称南海,而涨海特指暹罗湾南之海域。⑤ 南溟子同意中国古代载籍将今日南海、东南亚海域、印度洋及其以西的海域都称为涨海的观点。⑥ 韩振华也认为涨海包括今南海和南海以西的海域,他把涨海划分为"中国之境的涨海和外国之境的涨海"。中、外涨海的界限就是以"万里石塘"为界,界限内为中国涨海。相应的南海也划分了界限。到了宋代,中国之境的南海这个"海"仍然作为区别中、外的海域界限,"海"以内,是中国之境,"海"以外才是海外诸蕃国。元代过了七洲洋的万里石塘,才经历交趾洋、占城洋这些外国之境的海域界限,反之,七洲洋的万里石塘是"乃至中国之境"的中国海域之内。⑦

实际上,先秦汉唐对渤海和涨海仍是"九州-四海"的"天下"构架下的认识。在这一逻辑下,东方之海通称"东海",南方所有的海域都是"南海",渤海和涨海也模糊地等同于"东海"和"南海"。从这一角度而言,南溟子对涨海范围的认识更符合历史的逻辑。刘迎胜认为在航海实践不够发

① 班固:《汉书》卷二八下《地理下》、卷二九《沟洫志》,中华书局,1964,第1647、1682页。
② 徐坚:《初学记》卷六《海第二》,中华书局,1962,第114~115页。
③ 徐坚:《初学记》卷六《海第二》,第115页。
④ 南溟子:《涨海考》,《中央民族学院学报》1982年第1期。
⑤ 冯承钧:《中国南洋交通史》,商务印书馆,1937,第91页。
⑥ 南溟子:《涨海考》,《中央民族学院学报》1982年第1期。
⑦ 韩振华:《我国历史上的南海海域及其界限》,《南洋问题研究》1984年第1期。

达的时期，"南海"概念范围泛指中国以南的海域，也包括东南亚和东印度洋海域。① 在"天下"的认知逻辑中海洋不可能有"中国"之海和"外国"之海的观念，也不可能有海域的权力界限，特别是先秦汉唐对海域认知还在整体和模糊的状态时期。宋代《岭外代答》所言"三佛齐之来也，正北行舟历上、下竺与交洋，乃至中国之境。其欲至广者入自屯门，欲至泉州者入自甲子门"，② 是指进入"中国"之境的泉州和广州，是陆境而非水域。

宋代对"洋"的解释从"水盛貌"衍生而指海中的水域，即"今谓海之中心为洋，亦水之众多处"，③ 又称"海深无际曰洋"。④ 宋元时期"东海"和"南海"被划分成众多的洋，这是中国古代海洋地理空间认知上的显著变化。推动这一变化的主要因素是海洋实践。宋元时期大力鼓励外国商人来华和本国民众的海上活动。一方面，人们在海洋实践活动中对海洋地理空间的认识日益清晰；另一方面，航海实践也需要加强对具有不同水情和地理标识的海域的区分。宋元给予命名的"洋"有一显著特点，即命名的"洋"主要集中在重要航路沿线和海洋活动最频繁的海域。"东海"海域最重要的航路有两条，一是明州（庆元）至宋代京东和元代山东、直沽的航路，宋代是联系南北的通道，元代漕粮海运，其重要性更为加强。这一航路上不仅从南至北划分了明州洋、苏州洋、南洋、北洋、莱州洋、渤海等不同海域，而且根据近海到远海的水情和航行条件划分了里洋、外洋和大洋。二是明州（庆元）到朝鲜半岛的航路，划分出沿线的白水洋、黄水洋、黑水洋等。往日本的航线也是"东海"重要航线，除了近海各"洋"与前述相同外，未见具体记载。"南海"各"洋"如乌猪洋、七洲洋、交趾洋、昆仑洋、喃巫哩洋、细兰海、大朗洋、东大食海、西大食海、国王海等连续分布在广州到东南亚、印度洋的航路上。文献所见"洋"名最多的地区，包括宋代福建，宋元明州（庆元）及其以北海域，都是当时贸易和航运最频繁的海域，宋代明州到长江口海域更是拱卫行在临安的海防要地。而《岭外代答》专条所记交趾洋之"三合流"、《岛夷志略》专条记载的昆仑洋和万里石塘则因其水情复杂凶险，对航行具有特别重要提示作用而见于记载。七洲洋

---

① 刘迎胜：《"东洋"与"西洋"的由来》，南京郑和研究会编《走向海洋的中国人——郑和下西洋590周年国际学术研讨会文集》，海潮出版社，1996，第125页。
② 周去非著，杨泉武校注《岭外代答校注》卷三《航海外夷》，第126页。
③ 赵令畤撰，孔凡礼点校《侯鲭录》卷三《洋》，中华书局，2002，第83页。
④ 马端临：《文献通考》卷三二五《四裔考二》，第8961页。

则因具有重要的地理标识作用而成为文献中出现频次最多的"洋"之一。

宋元时期对"洋"的命名方式主要有以下三种。一是以所濒临地名命名,包括州名、国名、岛(山)名等,① 如明州洋、苏州洋、莱州洋以所连陆上之州而得名,交趾洋、喃巫哩洋、细兰海、东大食海、西大食海以"国"而得名,七洲洋、昆仑洋、围头洋等以海中岛屿(山)而得名。二是以方位命名,如宋代福建人将福建以南海域称为南洋,以北海域称为北洋,以东海域称为东洋,又连江县海域有西洋。宋元都将长江口以北的淮海分为南洋和北洋,北洋指淮东沿海与京东密州海域相接的海域,南洋指与苏州洋相接的淮东南部海域。元人还泛称浙江到山东海岸以东的海洋为"东洋"。元代又在传统"南海"区域中划分东洋和西洋。宋代还将东南亚海岛地区以东、以南海域命名为东大洋和南大洋。三是按水情命名,如"东海"海域有白水洋、黄水洋、黑水洋、青水洋、绿水洋,元人还将交趾与海南岛之间的海域称绿水洋,将苏门答腊岛东岸海水为淡水的海域称为淡洋。还有蛇州洋、零丁洋、大间洋等若干"洋"不能确知命名缘由。

按方位命名"海"是中国古代最早的方法,这是基于"四海"想象这一海洋知识的重要源头。从这个意义上可以说"按照东、南、西、北的方位加上'海'字,成为古代中国海洋命名海域的基本方法"。但是这反映的主要是中国古代对海域命名的最早方式和宋代以前的基本状况,如果进一步说,"在西方,按所属或靠近的国家或地区命名海域,即海旁边的州域地名加'海'字命名海域"的西方命名海域的方法在明朝后期传入中国,"以州域称这一海域命名的原则想来是欧洲海域命名传统,在中国没有使用过","因此,中国古代的文献和地图难以找到这类海域地名",② 则难以概括整个中国古代的实际。宋元对海域的认知已经说明,"四海"的观念正逐步被实践所突破,对海域命名不再限于按东、南、西、北四个方位的单一方法,不仅出现了按近海地域命名的现象,而且这已成为比较普遍的命名方法,即使是按方位命名海域,其原则和逻辑也与"天下"观念中以"九州"为基本定位的东、南、西、北海不同,而是以更为具体的地理区域为定位。

---

① 徐兢:《宣和奉使高丽图经》卷三四《海道一》称:"海中之地,可以合聚落者则曰洲,十洲之类是也,小于洲而亦可居者则曰岛,三岛之类是也,小于岛则曰屿,小于屿而有草木则曰苦。"马端临《文献通考》卷三二五《四裔考二》称海中之地"无草木而有石者曰礁"。

② 吴松弟:《中西方海域命名方法的差异与融通》,《南国学术》(澳门)2016 年第 2 期。

　　同时，也可看到宋元的海域命名主要仍是区域性知识，并未形成全国性的海域名称的认同，遑论国际性的认同。"东海"中有南洋、北洋、东洋、西洋，"南海"中也有东洋、西洋、南大洋，甚至有以福建路为基准的东、南、西、北洋，也有两浙和淮东的东洋、南洋和北洋。这种区域性的知识尚未在不同朝代形成稳定的共同认识。如刘迎胜讨论中国古代东洋、西洋名称时所说："基于不同时代文献中有关东洋与西洋的记载，所得出的有关东洋与西洋的区分，只能是文献所记载的时代的区分"，"五代、宋时开始有西洋、东洋观念的产生，宋元时代西洋的概念已经广为使用，而宋元时代的西洋与五代时的西洋名称虽同，但地理范围有很大变化"。① 目前尚未见五代以"西洋"命名海域的资料，但"洋"名确实尚不具有稳定和共同认知。同样，元代之东洋、西洋也与其后的明代有别。虽然我们不能说元代以前的西洋是一个仍然只能存疑的问题，但西洋内涵确实不断随时代变迁而具有不同的寓意。② 南洋、北洋也如此，认为"清代也同南宋一样，把中国沿海一带分称为南、北洋，只不过宋代系以泉州为本位，清代海外交通贸易的中心点则逐渐向北推移到上海一带"，③ 显然是对南宋南洋、北洋命名海域的总体情况及其与清代的区别缺乏充分认识。

　　但是，宋元出现的"洋"的划分及命名方式被明清沿袭，特别是以陆地地域命名和不同于"四海"原则的方位命名成为主要的命名方式。这表明在海洋地理认知上宋元既在先秦汉唐之后出现新变化，也为明清海洋地理认知奠定了重要基础。而这一转折和奠基的意义还不止于海洋地理空间认知，在航海技术、造船技术等海洋知识的诸多方面都是如此。从这一意义上说，宋元是中国古代海洋知识发展史上一个全新而重要的时代。而且，也正是基于航海实践的知识积累和新变，16 世纪以后中国才得以在与西方广泛交流中逐步形成世界共同的海洋知识和海洋观念。而知识形成的背后逻辑是由"天下""四海"转为海洋实践这一全球海洋知识生成的共同理路。

---

① 刘迎胜：《开放的航海科学知识体系——郑和下西洋与中外海上交流》，〔加〕陈忠平主编《走向多元文化的全球史：郑和下西洋（1405～1433）及中国与印度洋世界的关系》，生活·读书·新知三联书店，2017，第 80 页；刘迎胜：《"东洋"与"西洋"的由来》，南京郑和研究会编《走向海洋的中国人——郑和下西洋 590 周年国际学术研讨会文集》，第 131 页。

② 万明：《释"西洋"——郑和下西洋深远影响的探析》，《南洋问题研究》2004 年第 4 期。

③ 陈佳荣：《宋元明清之东西南北洋》，《海交史研究》1992 年第 1 期。

结　论

　　宋元是中国古代海洋地理空间认知历史上的重要转折和变化时期,一方面"天下"格局下的"四海"观念依然存在,并对海洋地理空间的认知产生影响,另一方面在航海实践中"四海"的知识被航海者无意识地"遗忘",对航海活动密切相关的地理认知成为人们海洋知识的主体。这不仅表现为对"海"的认知,尤其表现为抽象的"海"向具象的"洋"的转变,对人们海上活动有直接影响的海域因所临陆地、方位、水情等而被划分和命名为不同的"洋",命名的方式也不再停留于"四海"想象的方位命名。

　　宋元时期对"洋"的划分和命名仍表现出区域性知识的特点,同一"洋"名被用于不同海域的命名,在时间上也尚未稳定为各朝沿袭不变的知识,不同朝代,包括宋代与元代,出现同名的"洋",其地理范围也并不相同。但是,宋元时期海洋地理空间客观认识背后所根据的航海实践的认知逻辑不仅是对先秦汉唐海洋地理认知的发展和转折,也奠定了明清海洋知识发展的理径和方向。16世纪以后在全球化的进程中,中国开始与西方展开规模不断增长的海上交流,逐步形成世界共同的海洋知识和海洋观念。中国古代海洋知识生成的两个重要路径——"四海"想象被逐步突破和"遗忘",航海实践成为知识生成的主要路径。航海实践这一知识生成路径正是沟通不同朝代、不同国家,形成共同海洋知识和海洋观念的逻辑,而在这一进程中宋元海洋实践的空前发展开启了具有重要转折意义的新时代。

"Hai" and "Yang" in Marine Knowledge of Song and Yuan Dynasties

Huang Chunyan

Abstract: With the unprecedented development of navigation practice, the knowledge framework that "Tianxia" consists of "Jiuzhou"-"Sihai" was gradually broken and forgotten by navigation practice in Song and Yuan Dynasties. The marine geospatial cognition changed from abstract "Hai" to concrete

"Yang"."Hai" was divided and named different "Yang" in various ways. Division and naming of these "Yang" were still regional knowledge. However, knowledge of "Yang" generated in navigation practice, which laid a logical foundation for different dynasties and countries to form common marine knowledge and concept. In the process of China accepting and integrating into common marine knowledge and concept of the world, the unprecedented development of ocean practice in the Song and Yuan Dynasties opened a turning stage.

Keywords: Song and Yuan Dynasties; Hai; Yang; marine knowledge; transition

（执行编辑：徐素琴）

宋代广东地方官员与南海神信仰

张振康[*]

前　言

　　现今广州市黄埔区庙头村，坐落着一座南海神庙，由隋代建立至今，已有一千多年的历史。南海神庙是南海神信仰的祖庙。早在先秦时期，人们就想象在东南西北四个方位的陆地尽头，各有一片大海，每片大海，都有其主宰神明，这便形成了天下四海的世界观。南海神即主宰南海之神。由于天下四海的概念与王朝的正统性息息相关，一直以来，包括南海神在内的四海之神，都存在于朝廷的祭祀体系之中。隋代在广州建立南海神庙后，此处就成了南海神祭祀的重地。另一方面，在朝廷主导的祭祀持续进行的同时，在南海神庙所在的广东，南海神在地方社会的影响力亦逐渐增大，当地民众对南海神的崇拜日趋兴盛。于是，南海神信仰便进入了一个多元化发展的阶段。

　　宋代是南海神信仰演变的关键时期，学界在这方面已经积累了不少的成果。日本学者较早地关注到了南海神信仰在宋代出现的新特征：古林森广在其专著中，写有"宋代の海神廟に関する一考察"一章，[①]考察了宋朝廷对东海神、南海神二庙的赐额、赐号情况，以及朝廷与地方官应对此二庙的实施政策等问题。古林氏认为，祭祀东海神、南海神的二庙自唐代以来就得到朝廷的高规格对待，到了宋代得到的重视程度更为明显。而关于本稿所关注的南海神庙，古林氏提出，宋代南海神庙在国家祭祀以外，特别是民间日常

---

　　[*]　作者张振康，日本大阪市立大学博士研究生。
　　①　古林森広『中国宋代の社会と経済』国書刊行会，1995。

信仰层面，发挥着重要机能。换句话说，虽然与东海神同属海神，但从朝廷相关政策实施情况来看，比起国家祭祀，南海神更多在民间信仰层面被祀奉为地方守护神；延续古林氏研究基调，关注广东地域社会的日本学者森田健太郎，在把握宋代祠庙政策特别是南海神赐额、赐号情况的前提下，将四海神中的东海神也列入比较行列，主要探讨了南海神庙与宋代广南地区的关系。① 森田在文中指出，以北宋中期的侬智高事变为契机，南海神的形象在民间信仰层面发生变化，即从航海保护神逐渐转变为地方保护神。随后中国学者亦对这一课题展开了探讨。王元林著有《国家祭祀与海上丝路遗迹——广州南海神庙研究》② 一书，是目前有关南海神研究最为全面系统的专著，其中设有"南汉两宋时期的南海神庙"一章，对宋廷关于南海神的历次册封，以及地方上对南海神庙的历次修理进行了梳理，认为南海神这一国家正统神灵，因为在地方上不断"显灵"，保护了地区的安宁，民众开始对其产生崇拜，因此南海神信仰在宋代，存在着一个从国家走向民间的过程。

尽管先行研究成果颇多，但关于南海神信仰在宋代的演变过程，仍有很大的讨论空间。特别是将南海神视作地方保护神，不一定就是基于民间信仰的立场。作为地方保护神与作为民间信仰对象，二者仍有很大区别。因此如何理解南海神的地方保护神形象，有待更深入的思考。而南海神在民间信仰层面上的发展，只有发掘与总结出关于宋代民众祭拜南海神的具体记载，才能做更为确切的考察。基于上述问题，本文尝试以宋代广东地方官员为主要线索，对南海神信仰在宋代的演变做进一步考察。身处"中央"与"地方"之间的广东地方官员，一方面负责主持在广州南海神庙举行的祭祀，对南海神信仰的演变作用巨大，另一方面又是对珠三角地区民众信仰南海神状况的最佳记录者。本文希望借此考察，为宋代南海神信仰研究这一课题提供新的视角。

一　宋代广东地方官员与作为地方保护神的南海神

南海神的概念出现甚早。出于对天下四海的想象，早在先秦时期，便产

① 森田健太郎「宋朝四海信仰の実像」『早稲田大学大学院文学研究科紀要』第 4 分册 49，2003，67-79 頁。
② 王元林：《国家祭祀与海上丝路遗迹——广州南海神庙研究》，中华书局，2006。

生了东、南、西、北四海的观念①，四海各自位于四个方位陆地的尽头。而四海各有其海神的思想也随之产生，其中的南海之神，便是南海神。据《山海经》记载，南海神名为"不廷胡余"②。只不过，其时所谓的四海，并非真实的海洋，诸如《山海经》中南海神的形象，也未必与后世南海神的形象有直接的传承关系。故隋代以前所谓的南海神，其指代并不统一。自隋朝在广州建立了南海神庙开始，南海神的定位便被固定下来了。隋朝为完善岳镇海渎祭祀体系，在五岳、四镇、四海、四渎相应的地点，建立了神祠。《隋书》记载：

> 诏东镇沂山，南镇会稽山，北镇医无间山，冀州镇霍山，并就山立祠。东海于会稽县界，南海于南海镇南，并近海立祠。及四渎、吴山，并取侧近巫一人，主知洒扫。并命多莳松柏。③

隋朝建立的岳镇海渎祭祀体系包含了对四海的祭祀，这固然是继承了传统的四海观念。然而此时人们对四海的认识，已经有了新的变化。传统中对四个方位各有大海的想象，与真实的地理情况相距甚远，就东亚大陆的地理环境而言，海洋只存在于东边与南边，西边与北边并无大海。这导致了隋代的四海观念，一方面继承了传统的东南西北各有海的思想，另一方面，其中的东海与南海，又与现实中处于东边和南边的海洋画上了等号。根据上述记载，南海神庙被建于南海镇南，即广州城附近。由于广州是岭南地区的政治、经济中心，④ 加之其面朝南海的地理位置，朝廷把南海神庙修建于此。由此，南海神与广州产生了地理上的必然联系性，亦成为日后南海神信仰在珠三角地区发展的基础。

隋朝虽然在广州建立了南海神庙，但并未在南海神庙实行具体的祭祀制度。隋代的岳镇海渎祭祀，主要是在都城举行，地方上的神庙或许更多的只是一种象征意义。从《隋书》的记载可知，隋朝只是在各个神祠设置了一

---

① 《尚书·大禹谟》："文命敷于四海。"（王世舜、王翠叶译注《尚书》，中华书局，2012，第352页。）

② 《山海经·大荒南经》："南海渚中有神，人面，珥两青蛇，践两赤蛇，曰'不廷胡余'。"（方韬译注《山海经》，中华书局，2011，第302页。）

③ 魏征：《隋书》卷七《礼仪志》，中华书局，2019，第154页。

④ 曹家齐：《海外贸易与宋代广州城市文化》，《中国港口》2012年第10期，第15~17页。

名巫师，让其负责神祠的清扫装饰工作，南海神庙的情况也是如此。换言之，当时的广东地方官员，尚未在制度上与南海神庙取得具体的联系。

广东地方官员与南海神庙明确建立联系，出现在唐代。唐朝制定了在各岳镇海渎神祠所在地，举行常规祭祀的规则。《通典》记载：

> 大唐武德、贞观之制，五岳、四镇、四海、四渎，年别一祭，各以五郊迎气日祭之①。

唐朝规定了在各岳镇海渎神祠，定期进行对所奉神明的祭祀。具体的祭祀日期，"各以五郊迎气日"。所谓五郊迎气日，即立春、立夏、季夏、立秋、立冬五日。就四海神的祭祀而言，立春日祭东海神，立夏日祭南海神，立秋日祭西海神，立冬日祭北海神。由此，立夏之日在广州南海神庙举行对南海神的祭祀，便成了定制。

唐代又规定了，由地方长官主持地方上对岳镇海渎的祭祀，《通典》载曰：

> 其牲皆用太牢，祀官以当界都督刺史充。②

唐朝以各岳镇海渎神祠所在地的地方长官，负责在各神祠举行的常规祭祀，这与隋朝仅巫师一人负责神祠的清扫布置相比，明显可见朝廷对各地岳镇海渎神祠的重视程度大为增加。就南海神庙而言，由"当界都督刺史"主持在南海神庙举行的常规祭祀，这就让驻于广州的广东地方官员与南海神产生了制度上的直接联系。由此，每年立夏，由广东地方长官前往南海神庙祭祀南海神便成了惯例。宋代的相关制度，便是从唐代继承而来的。

通过观察隋唐时代南海神庙的情况可知，隋代在广州建立南海神庙，奠定了日后南海神信仰在珠三角地区发展的地理基础；唐朝指定广州刺史为南海神庙每年常规祭祀的负责人，让广东地方官员与南海神取得了制度上的联系。这都成了宋代南海神信仰发展的基石。

虽然唐代在制度上规定了广州刺史祭祀南海神的责任，但这项规定并没

---

① 杜佑：《通典》卷四六"礼六山川"，中华书局，2016，第 1267 页。
② 杜佑：《通典》卷四六"礼六山川"，第 1267 页。

有得到很好的落实。现南海神庙存有《南海神广利王庙碑》石刻，碑文为韩愈在唐元和十五年（820）所作。据该碑文记载，当时的广州刺史，经常遣人代替自己进行祭祀。其文曰：

> （南海神庙）在今广州治之东南，海道八十里，扶胥之口，黄木之湾，常以立夏气至，命广州刺史行事祠下，事讫驿闻。而刺史常□度五岭诸军，仍观察其郡邑，于南方事，无所不统。地大以远，故常选用重人，既贵而富，且不习海事，又当祀时，海常多大风，将往，□忧戚；既进，观顾怖悸。故常以疾为解，而委事于其副，其来已久。故明宫斋庐，上雨旁风，无所盖鄣；牲酒瘠酸，取具临时；水陆之品，狼籍篚豆；荐裸兴俯，不中仪式。吏滋不供，神不顾享，盲风怪雨，发作无节，人蒙其害。[①]

广州刺史居住在广州城中，南海神庙位于距离广州城东南八十里的扶胥镇，两地之间有一定的距离。因此每当广州刺史需要前往神庙主持祭祀时，就需要乘搭舟船前往。据韩愈描述，由于畏惧海路航行的危险，广州刺史往往"以疾为解，而委事于其副"，将祭祀事宜委托于其副手，这已是"其来已久"的做法。而且，南海神庙亦没有得到及时的修护，祭祀所用的祭品，亦"牲酒瘠酸，取具临时"，由此可见，当时的广州刺史，对南海神庙以及南海神的祭祀并不十分重视。从目前留下的史料来看，南海神信仰在唐代并没有得到明显的发展，或许正与广州刺史对南海神的态度有关。

唐朝灭亡后，南海神的地位，随着南汉王朝的建立，[②] 达到了顶峰，《续资治通鉴长编》记载：

> 刘铱先尊海神为昭明帝，庙为正聪宫，其衣饰以龙凤。[③]

南汉王朝作为岭南地区的独立王朝，以广州为都，故被供奉于广州的南海神受到格外的重视，被尊为昭明帝，受尊崇程度达到历史顶峰。更重要的

---

①　黄兆辉、张菽晖编撰《南海神庙碑刻集》，广东人民出版社，2014，第6页。
②　刘龑在其父兄基业上，于917年称帝，国号越，定都广州，次年改国号汉，史称南汉。
③　李焘：《续资治通鉴长编》卷十二，中华书局，2004，第258页。

是，隋唐时期的南海神，一直都是出于四海神的框架之中，而南汉王朝独对
南海神进行空前的加封，让南海神在一时之间脱离了原本四海海神的框架。
然而，随着南汉王朝的覆灭，南海神的地位受到巨大冲击。《续资治通鉴长
编》记载：

> 诏削去帝号及宫名，易一品之服。①

宋朝撤销了南汉给予南海神的昭明帝封号，让南海神作为广利王，重新
回到了四海神的体系之内。对南海神的祭祀，宋朝依然采用了唐代的祭祀方
式。《宋史》载曰：

> 望遵旧礼，就迎气日各祭于所隶之州，长吏以次为献官。②

宋朝按唐制，命各岳镇海渎神祠所在地的地方长官负责相关的祭祀。就
南海神而言，由广东地方官员负责对南海神的祭祀，这项制度终宋一代都没
有太大的改动。

宋朝灭南汉后，制作了《大宋新修南海广利王庙之碑》一碑，以纪念
获得了对岭南地区的统治权。该碑至今存于南海神庙。然而根据目前所留
下的史料来看，在此后的数十年间，几乎没有关于广东地方官员拜谒南海
神或是对南海神庙进行修葺的记载。这究竟是一种偶然，还是某些原因所
造成的呢？在《大宋新修南海广利王庙之碑》被制作后，目前可见的对
南海神庙的再次描写，出现在《康定二年中书门下牒》中。在这一年，
宋朝廷对四海神进行了一次集体加封，其中加以南海神洪圣封号。其
牒曰：

> 四渎渊流，历代常祀，物均蒙于善利，礼未峻于徽称，载考国章，
> 式崇王爵，四渎并襃封为王，其四海，仍增崇懿号，宜封为洪圣广
> 利王。③

---

① 李焘：《续资治通鉴长编》卷十二，第258页。
② 脱脱：《宋史》卷一百二《礼五·吉礼五》，中华书局，1985，第2483页。
③ 黄兆辉、张菽晖编撰《南海神庙碑刻集》，第218页。

此次加封，四大海神均获册封，表面上看，对于南海神而言，并无太多独特的意义。然而在此之后不久，便相继出现了广东地方官员拜谒南海神庙后留下的题名。如皇祐二年（1050），祖无择与一众人等在南海神庙拜谒后，在《南海神广利王庙碑》的石碑上留下了题刻以作纪念，其曰：

> 皇祐二年孟秋庚寅，偕陆仲息子强、丁宝臣元珍、李徽之休甫、王逢会之、刘竦子，上谒广利王，夕宿庙下。祖无择择之记。弹琴道士何可从镌字，僧宗净同行。①

祖无择曾任广东刑狱、广南转运使，其拜谒南海神之时，应担任转院判官一职。祖无择带领一众官员文人，更有僧道陪同，一起前往拜谒南海神，并在南海神庙下留宿。皇祐三年（1051），广州知州田瑜带领众人前往南海神庙举行祭祀，并在事后于《大宋新修南海广利王庙之碑》上留下题刻，其曰：

> 圣宋皇祐辛卯岁三月十九日庚午立夏，祇命致享于洪圣广利王庙。右谏议大夫、充天章阁待制、知广州田瑜，都官员外郎、前监盐仓黄铸，虞部员外郎、通判朱显之谨题。僧宗净刊。②

从田瑜前往祭祀的日期，以及田瑜担任的官职看来，此次祭祀应该就是于当年立夏在南海神庙举行的常规祭祀，田瑜所带之人，均为广州的地方官员。

祖无择与田瑜都把题名刻于南海神庙的旧碑之上，因此这类史料留存至今并非偶然。在此之前倘若亦有人为纪念自己对南海神的拜谒而在石碑上题名，则必然也会保留下来。这就回到了刚才提到的问题：为何在宋朝灭亡南汉后的数十年间，都不见有关南海神的记载，而从皇祐年间开始，相关的记载便频频出现呢？

上文提及的宋初所立《大宋新修南海广利王庙之碑》记载：

---

① 黄兆辉、张菽晖编撰《南海神庙碑刻集》，第15页。
② 黄兆辉、张菽晖编撰《南海神庙碑刻集》，第31页。

　　自有唐将季也，中朝多故，戎马生郊，窃号假名，凭深恃险，五岭外郡，遂为刘氏所据，殆七十年。故元□□组，包匦茅菁，阙供于王祭矣，何暇祷祀岳渎耶？①

　　据碑文所述，在南汉据有岭南的 70 年间，中原王朝对南海神的祭祀被中断，南海神庙亦因此年久失修，所以才出现了此次的"新修"。但南汉对南海神倍加尊崇，又何以会让南海神庙年久失修呢？宋朝的此次"新修"，其重点恐怕还是在去除南汉在南海神庙留下的痕迹罢了。

　　《大宋新修南海广利王庙之碑》并没有提及南汉对南海神所封的伪号（在宋朝看来），亦没有论及宋朝如何去除南汉在南海神庙留下的痕迹。制作石碑是一项颇为隆重的事情，况且此碑作于开宝六年（973），距离南汉灭亡已有两年的时间。宋朝在制作此碑之时，对南海神在南汉时期的情况，应该是有所了解的，故宋朝极有可能是刻意回避了南汉册封南海神而宋朝又将其封号撤销的事情。

　　虽然宋朝因为将南汉视作伪朝而对其册封不予承认，然而将南海神所受之帝号撤销而复以王号，毕竟有冒犯神明之嫌，因此宋朝对此颇有忌讳。广东地方官员对于此事自然也有所了解，故对南海神的祭祀亦不愿大张旗鼓，这或许就是为什么宋朝实行了从唐代延续而来的、由广东地方官员前往南海神庙进行祭祀的制度，却在数十年没有在地方上相关记载的原因。而康定二年朝廷的四海神的加封，在广东地方官员看来，是朝廷对南海神的一种肯定。朝廷对南海神的态度既然已经明了，那么地方上对南海神的祭祀，也就可以名正言顺了。可以说，康定二年对四海神的加封，表面上并没有对南海神有特殊的对待，却让广州南海神庙祭祀活动的发展进入了正轨。由此可见，此时地方官员对南海神的态度，依然取决于朝廷的态度。

　　随后在皇祐四年（1052）爆发的侬智高事件，是关乎宋代南海神信仰演变的关键事件。侬智高的叛军于广西起兵，直取广州，兵临城下，广州城岌岌可危。传说，正当广州城被围攻之时，南海神突然显灵，吓退了"叛军"，广州城得保安全。广东转运使元绛为此上奏朝廷。该奏章被刻于《中书门下牒》石碑后，其文曰：

---

　　① 黄兆辉、张菽晖编撰《南海神庙碑刻集》，第 25 页。

臣询问得，去年獠贼五月二十二日离端州，是时江流湍急，船次三水，飓风大起，留滞三日，以此广州始得有守御之备。尔后，暴风累旬，贼党梯冲，不得前进。而城中暑渴，赖雨以济。六月中，贼以云梯四攻，几及城面，群凶欢噭，以谓破在顷刻。无何，疾风尽坏梯屋。又一日，火攻西门，烈焰垂及，又遇大风东回，贼既少退，故守卒得以灌灭。于是贼惧天怒，渐有西遁之意。始，州之官吏及民屡祷于神，翕忽变化，其应如响。盖陛下南顾焦虑，威灵震动，天意神贶，宜有潜佑……臣欲望朝廷别加崇显之号，差官致祭，以答神休，仍乞宣付史官，昭示万世。如允所奏，伏乞特降敕命。谨具状奏闻，伏候敕旨。①

据元绛所写奏章可知，元绛听闻在叛军进军广州的过程中，不断出现飓风，挫败了叛军的进攻。当时广东的官吏与居民经常向南海神祈祷，希望南海神能阻挡叛军，屡屡灵验，因此大家都相信正是南海神的显灵，解决了广州城的危机。于是元绛以地方官员的身份上奏朝廷，希望朝廷能因为此事加封南海神。

元绛的奏章，改变了以往在南海神事务上，朝廷主导而广东地方官员执行的模式。元绛为南海神在地方事务上的功绩，主动向朝廷请求加封，当年就得到了朝廷的响应。朝廷所颁牒文，即如今《中书门下牒》石刻，牒文曰：

今转运司绛言："乃者侬獠狂悖，暴集三水，中流飓起，舟留三日。逮至城闉，广已守备。火攻甚急，大风还焰；闭关渴饮，澍雨而足；变怪娄见，贼惧西遁。州人咸曰，王其恤我者邪。"朕念显灵佑顺，靡德不酬，其加王以昭顺之号。神其歆兹显宠，万有千载，永庇南服，宜特封南海洪圣广利昭顺王。②

朝廷在牒文中明确指出，由于元绛上奏了有关南海神保佑广东的事迹，因而加封南海神"昭顺"封号。这次加封不同于此前中原王朝对南海神的加封。首先，过往对南海神的加封，都是四海神同时受封，此番则是中原王

---

① 黄兆辉、张菽晖编撰《南海神庙碑刻集》，第38页。
② 黄兆辉、张菽晖编撰《南海神庙碑刻集》，第37页

朝首次脱离四海神体系，单独对南海神进行加封。这反映出朝廷对南海神的定位已经开始发生变化。其次，这次加封乃是朝廷对地方上奏的响应，换言之，广东地方官员对南海神的态度，开始对整个南海神的祭祀体系产生重大影响。

广东地方官员负责管理岭南一带，因此相比传统上的作为四海神之一的南海神，地方保护神的形象无疑更切合地方官员对南海神的认知。而朝廷对元绛奏章的响应让地方官员的这种认知得到了朝廷的肯定。随后，南海神的地方保护神形象便越发明显。如作于 1067 年的《重修南海庙碑》有曰：

> 及是嘉祐七年秋，风雨调若，五谷丰实，人无疫疠，海无飓风，九县旁十有五州无盗贼之侵。①

该碑为时任广东经略安抚使的吕居简所立，因为在他所管辖的广东九县十五州风调雨顺，五谷丰登，特此在重修南海神庙之时，向南海神表示感谢，可见地方官员对南海神的关注，主要集中于其对于广南东路的护佑。

南宋初年，洪皓被贬岭南，其子洪适亦随父来岭南，居广州十余年。洪适留有文集《盘洲文集》，收录了其平生作品。其中的二十七篇文章，开头注有"以下二十七首系代广帅作"一句②，表明这些文章是洪适为当时的广东经略安抚使所作。《盘洲文集》是洪适女婿为其编纂的，故此条注释有可能是其本人或女婿所写。这二十七篇文章中，涉及南海神的文章有八篇之多，多为洪适代安抚使所写的对南海神的祭文。考之洪适在广州居住的时间与文中的内容，可以推断这位"广帅"为方滋③。这些文章无疑是考察作为广东地方长官的方滋对南海神态度的直接材料。如其中的《祷南海神庙文》曰：

> 大凡一封之内，神受命于天，吏受命于君，以分幽明之柄，其责等也。某材智无长，滥受牧民之寄，夙夜自厉，靡敢留事。今历三时矣，

---

① 黄兆辉、张菽晖编撰《南海神庙碑刻集》，第 134 页。
② 洪适：《盘洲文集》，《钦定四库全书荟要》集部别集类 49，吉林出版集团有限公司，2005，第 489 页。
③ 洪适在为方滋所作的祭文中提及其时任广帅，在广州任职三年。在此期间只有方滋符合在广州担任安抚使超过三年的情况。

独是盗贼未能灭心累化。盖此邦岸大海，扁舟出没，易于反掌，习俗相煽，轻死抵法，化之弗销而刑之弗惩也。是用斋洗露，诚乞灵于神，惟神之灵，大福此土，庶赖威力，潜变愚民，使之悔悔自新，不复为多桨大棹之计。山行海宿，如出坦涂。吏责既逃，而神之更生斯民，施则甚博。①

洪适在这篇祷文中向南海神祈求，希望南海神能帮助其解决岭南一带海贼众多的问题。洪适之所以祈求南海神保佑岭南，自然是因为其职责所在。虽然南海神原本的定位是四海神之一，但这种在国家祭祀中的定位，显然并不是像方滋这样的地方官员首先关注的。作为广东地方官员，出于其管理岭南的职责，方滋向南海神祈求之时，自然是将其视作地方保护神，希望南海神能帮助自己。

而另一篇《祭南海庙文》，也十分值得关注，其文曰：

昔獚獠啸凶，长驱数郡，锋摩番禺。藉神之威，不能摇毒。遂衅钟鼓，而斯民免喋血之患。纶函宠封，以答阴相。岭以南，户知之。惟神之灵，放于四海，岂限彼疆此界哉。今章贡叛黠，婴城连三月矣。生齿何辜，沦胥涂炭，天戈云集，未奏肤公。岂神能摧葎獠于前，而不能殄魁渠于今也。施明灵以助王师，左翦右屠，毋俾假息，邻封洗兵。则吾之境内，益奠枕矣。②

在方滋看来，这篇祭文涉及南海神所守卫的范围。祭文中提到“惟神之灵，放于四海，岂限彼疆此界哉”，意思就是说，南海神不应该只守护岭南地区，而应该保护四海。但文章的最后又称“则吾之境内，益奠枕矣”，表示如果章贡的叛乱能够及时平息，则不会波及广东境内。那么，方滋让洪适写这篇祭文，究竟是因为认为南海神能护佑四海，还是希望南海神能让广东免受叛乱的波及呢？

是否得到了南海神的保佑，归根结底，取决于是否出现南海神“显灵”以帮助人们的说法。故考察广东地方官员眼中南海神所保护的范围，实际上

---

① 洪适：《盘洲文集》，《钦定四库全书荟要》集部别集类49，第490页。
② 洪适：《盘洲文集》，《钦定四库全书荟要》集部别集类49，第491页。

便是考察在他们的言说体系当中，南海神能够显灵的范围。

单从洪适所写的这篇文章，似乎难以对此问题作出判断，需要结合更多的类似记载。洪适的这篇祭文，写于章贡叛乱发生的绍兴二十一年（1151）。如今南海神庙中保存有《南海广利洪圣昭顺威显王记》石碑一块，作于乾道元年（1165）。该石刻记载了南海神历次"显灵"的事迹：

> 皇祐壬寅，蛮獠滑二广，暴集三水，中流飓作。闭关渴饮，雨降而足。变怪惊异，矍然若加兵颈上，一夕循去。有司以状闻，上心感叹，诏增昭顺之号，加冕疏籥导，以答灵休。元祐间，妖巫窃发新昌，[①] 领众数千来薄城下。官吏登城望神而祷。是日晴霁，忽大晦冥，震风凌雨，凝为冰泫，群盗战栗，至不能立足；望城上甲兵无数，怖畏颠沛，随即溃散。虽八公山草木之助，未若是之神速也。[②]

该文记载了皇祐年间侬智高围攻广州城时以及元祐间新昌叛乱时南海神的"显灵"。两次都是帮助官兵平定叛乱。然而该记中，却见不到有关南海神在上述的章贡叛乱中有"显灵"的记载。

对南海神显灵帮助官兵平定叛乱的记载，其关键的记录者无疑是当地官员。尽管相关传说的具体来源难以查证，但这些传说若要被作为南海神的功绩得到表彰，并流传后世，无疑是要得到地方官员认可的。写于 1165 年的《南海广利洪圣昭顺威显王记》记录了南海神较为久远的两次"显灵"事迹，却并没有关于在章贡叛乱事件中南海神"显灵"帮助官兵的记载。由此可见，虽然方滋在章贡发生叛乱后，担心波及广东而向南海神祈祷，但由于后来章贡的叛军并没有波及广东，因此方滋亦没有对此事进行更多的关注，自然不会有对南海神显灵的记录。

与之对比的是发生在郴州的一次叛乱。郴州叛乱与章贡叛乱有一个共通点，就是两地皆为岭南通往北方的交通要道，而且距离广东颇近，此地发生的叛乱，很有可能波及广东。而郴州叛乱事件，亦是作《南海广利洪圣昭顺威显王记》的直接原因，其文曰：

---

① 此指岑探所领导的叛军企图攻略广州的事件。
② 黄兆辉、张菽晖编撰《南海神庙碑刻集》，第 152 页。

日者郴寇猖獗，侵轶连山，南海牧、长乐陈公偕部使者祓斋以请于祠下。未几，贼徒胆落，折北不支，属城按堵，帖然无犬吠之警。公之精诚感神，如桴鼓影响之应；神之威灵排难，如摧枯拉朽之易。皆当大书深刻，以诏后人。①

此处记载了作此记的原因，乃是郴州出现了叛乱，南海牧、长乐陈公与部下一同向南海神祈愿，因官员的诚心感动了南海神，神灵"发功"使得寇贼闻风丧胆，最终广东的安宁得以保全。那么，在南海神功绩的记载体系当中，为何就没有关于章贡事件的记载，而关于郴州事件就有事迹被记录？其中的关键恐怕就在于文中所述的"侵轶连山"。连山，属广南东路，说明郴州的叛军确实已经进入广东境内。而南海神显灵保卫广东的传说便应运而生。由此可见，在整个广东地方官员对南海神功绩的记载体系当中，南海神所保佑的无疑是岭南一地。

南宋时期，朝廷给予南海神两次嘉奖，其一是加封南海神"威显"封号。《南海广利洪圣昭顺威显王记》曰：

元祐间，妖巫窃发新昌，领众数千来薄城下。官吏登城望神而祷。是日晴霁，忽大晦冥，震风凌雨，凝为冰泫，群盗战栗，至不能立足；望城上甲兵无数，怖畏颠沛，随即溃散。虽八公山草木之助，未若是之神速也。状奏，下太常拟定所增徽名，礼官以为王号加至六字矣，疑不可复加。二圣特旨，诏工部赐缗钱，载新祠宇，于以显神之赐。太上皇御图，慨然南顾，务极崇奉。绍兴七年秋，申加命秩，度越元祐，于是有威显之号。宠数便蕃，不以为侈，第恨无美名徽称，以酬谢灵贶，岂复计八字褒封耶。②

据该文记载，朝廷对南海神此次加封的原因是元祐年间广东新昌发生叛乱，南海神在此帮助平定了叛乱。此次加封与上回加封昭顺的情况一样，是脱离了四海神体系的。对南海神的单独加封，亦同样是因为广东地方事务。文中还记载，南海神作为"王"这一级别的神明，原本六个字的封号（即

---

① 黄兆辉、张菽晖编撰《南海神庙碑刻集》，第152页。
② 黄兆辉、张菽晖编撰《南海神庙碑刻集》，第152页。

洪圣广利昭顺王）已经到了受封的极限，不宜再增加封号，但朝廷依然以南海神对保佑岭南的意义实在太重要为由，再赐封号，使南海神的封号达到八字。可见由于广东地方官员屡屡上报南海神护佑岭南之事，南海神的岭南保护神形象逐渐明确。

庆元三年（1197），地处珠江口的大奚山①发生叛乱，叛军大有由水路进攻广州之势。南海神在此显灵，帮助击败叛军。时任广东经略安抚使的钱之望，为此上奏朝廷，再次请求朝廷加封南海神。该奏章被刻于现存石刻《尚书省牒》后，其曰：

> 臣领事之始，大奚小丑，阻兵陆梁，既逼逐延祥官兵，怙众索战；复焚荡本山室庐，出海行劫。臣即为文，以告于神：愿借橹风，助顺讨逆，献俘祠下，明正典刑，毋使窜逸，以稽天诛……凡臣所祷，无一不酬。将士间为臣言，此非人之力也。凯旋之日，阖境士民，以手加额，归功于王。乞申加庙号，合辞以请。臣参订舆言，具有其实。除已先出帑钱千缗崇饰庙貌外，用敢冒昧上闻。②

钱之望向朝廷陈述了南海神在平定大奚山叛乱过程中的功绩。于是在庆元四年（1198），朝廷再次对南海神进行嘉奖，是为《尚书省牒》，其曰：

> 今将南海洪圣广利昭顺威显王庙，合拟赐额降敕。伏乞省部备申朝廷，取旨施行。伏候指挥。牒奉敕，宜赐英护庙为额。牒至准敕。故牒。③

可能顾及南海神此时的封号已达八个字，朝廷并没有再为南海神增加封号，但赐了"英护额"给南海神庙，以示对钱之望上奏的回应，亦是对南海神再次护佑岭南的肯定。

综上所述，南海神在祭祀体系中的定位，在宋代出现了重大的转变。原本被视为四海神之一的南海神，逐渐被更多地视为岭南地方保护神。而这种

---

① 大奚山，即今日之大屿山岛，属香港，位于珠江出海口东侧。
② 黄兆辉、张菽晖编撰《南海神庙碑刻集》，第43~44页。
③ 黄兆辉、张菽晖编撰《南海神庙碑刻集》，第44页。

演变发生的根本原因，是对南海神进行定位的主导权的转移。对南海神的崇拜，原本完全是由朝廷所主导的，广东地方官员只是奉命而行，按照朝廷旨意进行祭祀，甚至在早期呈现出不愿执行的情况。但进入宋代后，对南海神定位的主导权逐渐转移到广东地方官员手中，形成了地方官员主动上奏南海神的事迹，然后朝廷按照官员的上奏，对南海神进行加封。而这种定位主导权的转移，就导致了南海神在祭祀体系中的形象的变化。对比朝廷将南海神视作四海神之一，广东地方官员所关注的，是其对岭南地区的保佑，因此地方保护神的定位逐渐占据上风。而这种转变，与其说是从"官方"走向了"民间"，倒不如说是从"中央"走向了"地方"。

二　宋代广东地方官员与作为民间信仰对象的南海神

在对南海神的定位主导权从"中央"向"地方"转移的同时，南海神信仰作为民间信仰，在广东地方社会也有了明显的发展。嘉祐七年（1062），余靖在广州任期期间，主持了南海神庙的重修工作。为了纪念此次重修工作，治平四年（1067），广东经略安抚使吕居简立《重修南海庙碑》石碑。该碑记载了当时重修南海神庙的情况，其文曰：

> 立夏之节，天子前期致祝册文，命郡县官以时谨祀事，牺牲器币，务从法式，罔或不恭，典刑其临。汝今之守是邦者，常节制一道，曰经略安抚使，兼治州焉，其驭事大，其统地侈，朝廷必择望人为之。位既高矣，往往懈于事神，失虔上意，故海祠久之不葺。①

上述碑文提及南海神庙年久失修，而当地的经略安抚使未能重视此事，是导致神庙失修的重要原因。碑文指出，由于广东经略安抚使职位高，管辖权力大，朝廷会任命地位高的人前来赴任，而地位高的人往往容易忽视对南海神的侍奉。碑文还记录了此次重修南海神庙的原因，其文曰：

> 及是嘉祐七年秋，风雨调若，五谷丰实，人无疫疠，海无飓风，九县旁十有五州无盗贼之侵。民相与语曰："兹吾府帅政□□□□召，亦

---

① 黄兆辉、张菽晖编撰《南海神庙碑刻集》，第134页。

南海大神之赐。"遂入谒府廷，曰："海祠颓败，愿输吾资新之，用以答神嘉。"公曰："是吾心也，不言，吾且有命。"乃以□之□□□□之屋三百余间，宜革者举新之。九月兴役，明年五月事既。府命县曰："其以牲酒告成于神。"府帅者谁？尚书左丞、集贤院学士□□也。公生始兴，尤熟南俗，尝破广源之寇，又尝为帅桂林①，又尝以安抚使莅之。②

余靖当时在广州为"府帅"，即广东经略安抚使。根据碑文记载的重修过程，最初是当地居民向余靖提出希望能重修南海神庙的。此时广州本地人已有重修神庙的愿望，可见南海神信仰在广州民间已经形成。余靖表示这本就是地方官员的责任，于是有了这次的重修。文中特别强调了余靖与之前"往往懈于事神"的经略安抚使的一大区别：余靖是广东始兴（今属广东省韶关市）人，"尤熟南俗"。从这样的描述可以看出，祭拜南海神已经成为一种"南俗"。而余靖广东人的身份，以及其在岭南地区长期为官的经历，都使他明白迎合"南俗"的重要性，使他对南海神庙的重视程度要高于过往官员。广东出生的余靖，以地方官员的身份主持对南海神庙的重修，开始了由地方官员主持神庙修葺的传统。

宋代还出现了民众在南海神庙为官员进行祈祷的事情。时任广州知州的程师孟于熙宁七年（1074）作有《洪圣王事迹记》，其文曰：

予来之明年春，而城之余工将竟也，有嫉之者，以讼于朝。未几，予有荆渚之命。将行矣，蕃汉之民，欲予留也，期相与谒神，再拜焚叩，乞杯③而卜之。凡杯之验，以仰为阳，以覆为阴，遇阳则吉，而得阴则不。祝而约曰："留则仰，不则覆。"盖屡乞而屡仰，然后皆拜如初，以谢神赐。众出而语人曰："公留矣，神且告我矣。"既而，予果留。④

由于侬智高事件暴露了当时广州城防的薄弱，为加强广州城的防御能

---

① 此指担任广南西路经略安抚使。广南西路路治桂林。
② 黄兆辉、张菽晖编撰《南海神庙碑刻集》，第134~135页。
③ 乞杯，即掷筊。
④ 黄兆辉、张菽晖编撰《南海神庙碑刻集》，第222页。

力，程师孟主持修筑了西城。① 但在修城工程将要完结之时，程师孟得知自己有可能要被调离广州。当地民众不愿其被调离，于是一起前往南海神庙拜谒，并进行"乞杯"，以占卜程师孟今后是去是留。当乞杯"屡乞而屡仰"，得知可以继续留任后，民众便走出神庙，向大家宣布了占卜的结果，后来程师孟果然得以留任。

南海神作为民间信仰得到发展的另一个体现，是南海神形象的变化。据上文提及的，元绛于皇祐五年（1053）向朝廷的上奏记载：

> 况南海大神，历代称祀。唐韩愈尝谓："考于传记，神次最贵，在北东西三神之上。"令兹助顺，度越前闻。及问得海神之配，故老传云："昔尝封明顺后，自归圣化，未正褒封。"其洪圣广利王及其配，臣欲望朝廷别加崇显之号，差官致祭，以答神休，仍乞宣付史官，昭示万世。②

元绛在奏章中称，听闻南海神的夫人曾经被赐封明顺，但在南汉灭亡，岭南归于宋朝统治后，南海神的夫人没有再得到加封，因此希望朝廷能嘉奖南海神夫人。元绛这样的描述，牵涉南海神形象上一个重要的问题。南海神究竟是一个何种形象的神？从南海神有夫人一事看来，南海神是一个具有相当人格化的神明。

元绛提到南海神有夫人一事，是在"问得海神之配"后，根据"故老传云"得知的，换言之，元绛在此前并无此种认知。元绛应该是从当地人口中得知的。而所谓"故老传云"南海神夫人曾经被赐封明顺一事，目前并没有发现相关记载。然而元绛将从当地人口中得知的情况上奏朝廷后，却得到了朝廷的肯定。元绛在次年记曰：

> 今年春，又敕中贵人乘传加王冕九旒、犀簪导、青纩、充耳、青衣五章、朱裳四章、革带钩䚢、绤韨素单、大带锦绶、剑佩履袜，并内出

---

① 《洪圣王事迹记》："予尝患夫岭外之郡，城郭不设，广为东、西两路之会，安危系之，而无城之害，尤为不细……予始至，勇于必为，既奏可，将以其年十月举大筑……今城之作也。"（黄兆辉、张菽晖编撰《南海神庙碑刻集》，第222页。）
② 黄兆辉、张菽晖编撰《南海神庙碑刻集》，第38页。

花九树，袪襦簪镀，署曰赐明顺夫人。①

该记亦被刻于《中书门下牒》后。朝廷并没有在皇祐五年（1053）加封南海神昭顺之时提及南海神夫人一事，而是在次年，以"赐明顺夫人"为由，赐予了很多的财物。换言之，朝廷是完全承认了元绛在奏章中的说法，既然南海神夫人已经在此前被赐予了明顺封号，便继承了这种册封，故无须再对其进行相同的册封了，于是便直接以"明顺夫人"相称。

对民间信仰而言，具有人格性的崇拜对象，无疑更便于民众对其产生信仰。朝廷的这种响应，就等于是承认了南海神具有某种人格的定位。这种原本出自民间的人格定位在得到朝廷的承认后，自然对南海神信仰在民间的发展起到了推动作用。宣和年间，宋廷还对南海神的夫人进行加封，据《宋会要辑稿》记载：

> 在广南东路广州府，其配明顺夫人，徽宗宣和六年十一月，封显仁妃，长子封辅灵侯，次子封赞宁侯，女封惠佑夫人。②

宋廷册封明顺夫人为显仁妃，更进一步对南海神的两个儿子以及一个女儿都进行了加封。③ 究竟何时出现了南海神拥有儿子以及女儿的说法，目前尚难以考察。但既然南海神有夫人的设定得到了朝廷的承认，那么其有子女的说法亦不足为怪。在没有找到朝廷一方对南海神子女的明确记载的情况下，参照南海神夫人的事例，南海神有子女的说法来源于广东，通过地方官员上传到朝廷的可能性比较大。南海神的人格化倾向，就在这种民众、地方官员、朝廷之间的互动过程中，不断得到了加强。

若然说朝廷向南海神寻求的，是其在天下四海间的正统性，地方官员向南海神寻求的，是岭南的安宁，那么在民间信仰的层面上，民众向南海神寻求的又是什么呢？由于民众往往很难留下直接的记录描述他们祈求的内容，所以对此问题的考察，依然需要利用地方官员留下的记载进行窥探。上文提及的，绍兴年间，被贬岭南的洪适代广东经略安抚使方滋写了数篇与南海神

---

① 黄兆辉、张菽晖编撰《南海神庙碑刻集》，第 39 页。
② 《宋会要辑稿》礼二十，上海古籍出版社，2014，第 1028 页。
③ 关于南海神两儿子被敕封一事，亦可见于现存南海神庙的《六侯之记》石碑。

有关的祭文。这些祭文中，不乏有方滋为私人事务向南海神祈福的内容。如《祷东庙文》一文曰：

> 某今去，终更财八旬浃说者，谓闰岁多瘴。敢邀终惠，使尽室数百指，及期安归。仰沥丹款，惟鉴听之。①

岭南地区自古多瘴气，北人来岭南，往往会因水土不服，多生疾病。方滋在此文中，向南海神祈求家人能免受岭南瘴气之苦、在自己任期结束之后可以平安返回故里。相同的祈祷内容在其他祷告文中亦屡有出现，如《祷南海神文》曰：

> 岭之东，雨旸不时，炎凉百变，烟岚四起，中之则病。故远官者，以瘴疠为忧。某奉藩于此，鞅掌簿书，凤兴暮休，不无劳瘁冲冒之患。而尽室数百指，起居饮食，安能自适。厥中念非明神默相，则何以弭灾得吉。今躬谒祠下，是用私有祷焉。庶几仰借威灵之护，使一门长稚，无呼医问药之事。异时秩满，咸遂安归。则皆神之赐也。沥恳控诚，神其鉴听。②

又如《辞南海神文》曰：

> 某司南粤之印，自秋涉春者三。神职其幽，某职其明。非神福之，则安能岁登盗革，讼希事简，使得逭谴何之域。其私则数百指之累，老者康，少者递。所谓殒黄草青之瘴，绝不复染。③

在上述两文中，方滋都同时为公事以及私事向南海神祈求。所谓公事，自然是祈求南海神能帮助其管理广东的工作，保卫岭南安宁；所谓私事，则是祈求家人的健康。方滋在这两篇文章中都直接用到"私"的字眼，可见对于方滋而言，南海神能护卫岭南，亦能保佑个人，确实是在公与私两个不

---

① 洪适：《盘洲文集》，《钦定四库全书荟要》集部别集类49，第492页。
② 洪适：《盘洲文集》，《钦定四库全书荟要》集部别集类49，第490~491页。
③ 洪适：《盘洲文集》，《钦定四库全书荟要》集部别集类49，第493页。

同层面上的作用。而后者才是南海神信仰作为民间信仰的直接体现。

此外，在《奉安南海王文》一文，留有方滋对当时民众祈祷内容的记录，其文曰：

> 惟神以聪明正直，庇南海之民。凡有疾病忧戚，靡不奔走邀佑。城之南，有别宫焉。比因缮堞，鼎新祠房。而像设昏剥，遂加崇饰。练日之良，妥灵荐馨。惟神有灵。永福斯土。①

据方滋记载，当地的民众普遍向南海神祈求个人或家庭的安康。作为地方官员的方滋，向南海神祈求家人平安，或许正是受到当地民间崇拜的影响。

文中提及"城之南，有别宫"，这座南海神的别宫，即南海神西庙。南海神庙西庙的建立，亦是宋代南海神信仰作为民间信仰得到发展的另一重要体现。

西庙最早建立于何时，史籍并无明确的记载，只能根据有关史料进行推测。上文提及的程师孟所写的《洪圣王事迹记》一文记曰：

> 昔智高之入于州也，日惟杀人以作威，其战斗椎瘗之处，则今所谓航海门之西，数十步而止。逮予为城，屋其颠，以立神像而祠之，适在其地，无少差焉。经营之初，不入于虑，岂神之意有使之然，欲以是为居，以镇不祥之所，而珍其杀气之余，与斯民排灾遏患于无穷者邪？②

根据上述记载，程师孟在主持修筑了广州西城后，在昔日广州城下与侬智高交战的地方，选择了一较高的地势，修筑了一座神祠供奉南海神。其具体的位置在航海门附近。从"则今所谓航海门"的描述来看，航海门应该是属于新修筑的广州西城一座城门。元朝大德年间陈大震所撰《南海志》曰：

① 洪适：《盘洲文集》，《钦定四库全书荟要》集部别集类49，第492页。
② 黄兆辉、张菽晖编撰《南海神庙碑刻集》，第222~223页。

> 航海门，在西城之东南。①

由此可知，航海门在广州西城的东南面。又作于乾道三年（1167）的
《重修南海庙记》有曰：

> 又一在州城之西南隅，故有东、西二庙之称。②

据该记描述，南海神西庙在广州州城西南面，与上述西城之东南面的航
海门相近，③故程师孟在航海门附近所修的祭祀南海神的庙宇，很有可能就
是南海神西庙。又程师孟在《洪圣王事迹记》中记载：

> 先是，予一夕梦俱讼者，并辔于涂，见大第屹然，类公府之为者。
> 予却马旁立，彼辄先驰，及门，则坠而仆于地；予徐以进，历观位序堂
> 奥之美，久之乃寤。其后被旨，躬祷东祠。既入，宛如梦之所见，恍然
> 几若旧游之可以寻也。予遂知夫神之至灵，有以照于无形，于其得失之
> 机而示予以其兆焉。④

程师孟称其在来到广州任职之前，就梦到了南海神庙的样貌。文中以
"东祠"称呼南海神庙，即此时已有东西庙的概念，而其中的西庙，很有可
能就是指在不久之前程师孟亲自主持修建的航海门附近的这座庙宇。其地理
位置亦符合方滋"城之南，有别宫"的描述。故南海神西庙的建立，以及
"西庙"这一概念，应该都是在此时形成的。

从《洪圣王事迹记》的记载来看，修筑这一神祠，是因为此地是侬智
高事件之中的交战地，因此设立南海神的祭祀场所，"以镇不祥之所"。换
言之，与原来由朝廷主持修建的东庙不同，西庙是由广东地方官员主持修建
的。由于相比距离广州城有八十里之远的东庙，西庙就在广州城附近，因此
自然受到了广州城居民的欢迎。从程师孟"经营之初，不入于虑"的描述
来看，西庙自建成之初起，前来拜谒的民众便络绎不绝。

---

① 陈大震：《大德南海志》卷八，《宋元方志丛刊》第8册，中华书局，2006，第8436页。
② 郭棐：《岭海名胜记》卷十，广西师范大学出版社，2015，第1045~1046页。
③ 这是南海神西庙最初的位置。后来西庙的位置发生了转移，本文对此暂不作讨论。
④ 黄兆辉、张菽晖编撰《南海神庙碑刻集》，第222页。

若然说东庙是有着承办国家祭祀的意义，那么西庙这座由地方官员修建的庙宇，起初与国家的祭祀体系并无关联，只是一处单纯为民众参拜而兴建的场所。不过，西庙的地位亦逐渐得到朝廷的承认。《重修南海庙记》记载：

> 天宝、元和间，增（下不可辨）艺祖临御，首遣中使，重加崇葺。嘉祐中，余靖尝修之。元祐中，蒋之奇（下不可辨）于政和。季陵葺西庙于绍兴。咸记于石。①

碑文记载蒋之奇曾向朝廷申请经费，修葺东西两庙。蒋之奇在元祐二年（1087）开始担任广州知州，修葺时间应在其任内。蒋之奇向朝廷申请修葺东西两庙，说明西庙的地位已经得到了朝廷的承认。南海神西庙在宋代的修建，是在民间信仰层面对后世南海神信仰的发展产生了长久影响的事情。

除西庙的建立外，宋代出现的另一项对南海神信仰产生深远影响的事情，即二月祭祀南海神的习俗。珠三角地区至今每年仍有固定的南海神祭祀，称为南海神诞，又称波罗诞。波罗诞在农历二月十三日举行，而根据史料可知，这一传统至少在南宋时期已经产生。

按照朝廷制定的规则，在广州举行南海神祭祀的时间是立夏，并无二月祭祀的规定。最早提及在二月有大量民众前往南海神庙拜祭的，是刘克庄所作的诗文《即事》，其诗曰：

> 香火万家市，烟花二月时。居人空巷出，去赛海神祠。②

刘克庄于嘉熙三年（1239）到广州担任提举常平，后又任转运使。故此诗应作于这段时间。诗中提到，当地人在二月前去南海神庙拜祭，且人数之多已达万人空巷的程度，相信二月祭拜南海神，在当时已成为当地重要的风俗。

最早明确提及在二月十三日这一日对南海神进行祭祀的，是杨万里所写

① 郭棐：《岭海名胜记》卷十，第 1046 页。
② 刘克庄撰，王蓉贵、向以鲜校点《后村先生大全集》卷十二，四川大学出版社，2008，第 350 页。

的诗文《二月十三日谒西庙早起》。杨万里于淳熙六年（1179）被任命为广东提举常平，于次年（1180）春末达到广州任职，又于第三年（1181）三月转赴韶州任官。故仅有淳熙八年（1181）这一年的二月十三日，杨万里身处广州，由此推断此诗作于该年。从诗文的题目可知，此诗是杨万里为自己前去南海神西庙拜祭所作。这与上述刘克庄所记的广州风俗应该是有直接关联的。杨万里的《二月十三日谒西庙早起》曰：

> 起来洗面更焚香，粥罢东窗未肯光。古语旧传春夜短，漏声新觉五更长。近来事事都无味，老去波波有底忙。还忆山居桃李晚，酴醾为枕睡为乡。①

本诗记述了作者当天为了前去祭祀南海神，天未亮就起床沐浴，做好祭祀前的准备，可谓相当重视。但诗文中全然不见杨万里有积极前往的态度。从"近来事事都无味，老去波波有底忙"一句来看，将要前往南海神西庙祭祀的杨万里，似乎显得有些勉为其难。以"忙"来形容其当时的状况，可见杨万里将他此日早起前去祭祀视为一种义务性的工作。故杨万里在此日拜祭南海神，未必出于其个人愿望，而是出于当地的风俗。身为广东地方官员的杨万里，考虑到迎合当地习俗的重要性，而不得不在此日拜祭南海神。

同时值得注意的是，杨万里在二月十三日拜谒的是南海神西庙而非东庙（本庙）。杨万里另有《题南海东庙》一诗，其诗曰：

> 大海更在小海东，西庙不如东庙雄。南来若不到东庙，西京未睹建章宫。②

杨万里在该诗中对东庙的恢宏气势大加赞赏，更直言西庙的规模不如东庙。由此可见，杨万里原本对西庙的兴趣并不大。但由于西庙与广州城较近，前去拜祭的广州城居民较多，杨万里亦只能尊崇这一习俗，于此日前去西庙。由此可见，此时民间所形成的南海神祭祀风俗，其影响力之大已经让

---

① 杨万里：《诚斋集》卷十六，薛瑞生校笺《诚斋诗集校笺》，三秦出版社，2011，第1123页。

② 杨万里：《诚斋集》卷十八，第1271页。

广东地方官员不得不参与其中了。

先行研究往往将南海神地方保护神形象的形成，作为南海神信仰在民间信仰层面上得到发展的主要体现。但事实上，诸如民众对神庙修建的关注、地方官员对民众信仰活动的参与、南海神西庙的建设、二月祭祀传统的出现等，才是南海神信仰作为民间信仰在宋代得到明显发展的更为直接的印证。而这些也正是南海神信仰流传至今的主要原因。

结　语

通过广东地方官员这一线索，可以看出宋代南海神信仰演变的两大特征。其一，在祭祀体系中对南海神的定位，对比原本作为四海神之一的南海神，作为岭南地方保护神的南海神受到更多的重视。这种变化的根本原因，是对南海神定位的主导权发生了转移。朝廷与广东地方官员关于南海神的互动，由起初的朝廷下达指令，地方官员按照朝廷的意思行事的模式，变成了地方官员上奏朝廷，朝廷给予响应的模式。换言之，正是对南海神定位的主导权从"中央"转移到了"地方"，导致了南海神在国家祭祀层面的形象发生了变化。其二，南海神信仰在民间信仰层面有了明确的发展。民众对修葺南海神庙的关注，地方官员参与到民间信仰的活动当中，以及南海神形象的人格化，都是这一发展的直接体现。而南海神西庙在宋代的建立与兴旺，以及二月祭祀南海神习俗的形成，更对后世民间的南海神信仰产生了持续性的影响。

Guangdong Local Officials and the Southern Sea God Belief in Song Dynasty

Zhang Zhenkang

Abstract：The Southern Sea God Temple which located in Canton, has a history of more than a thousand years. The worship of the Southern Sea God originating from the Southern Sea God Temple, is also one of the most popular Belief in the Sea-Deity in the Pearl River Delta. This article focuses on the Song dynasty as a turning point in the history of the worship of the Southern Sea God. Guangdong local officials in the Song Dynasty had a great influence on the development of Southern Sea God belief. In particular, it has changed the situation in which the central government has dominated affairs related to the Southern Sea God. The attitude of local officials towards the Southern Sea God was becoming a decisive factor. At the same time, the local officials of Guangdong also actively participated in the folk sacrificial activities, which played an important role in promoting the folk belief of Southern Sea God.

Keywords: Southern Sea God Temple; Southern Sea God Belief; Local Officials; Song Dynasty

（执行编辑：罗燚英）

元代的海外贸易

刘迎胜[*]

一 对南宋海外贸易的继承

唐代中前期繁荣的陆路东西贸易，由于安史之乱以后唐的政治势力退出内陆亚洲，又因北宋的西部疆域限于西夏，而陷于衰落。南宋建立后，国家的政治、经济重心南移，海外贸易成为南宋对外物质交往的主要途径，对海舶的抽分收入也成为国家的重要收入来源。元灭宋后，朝廷不但接收了东南沿海的官私海上力量，也注意到了海外贸易。《元典章》提到：

> 在先亡宋时分，海里的百姓每船只做买卖来呵，他每根底客人一般敬重看呵，咱每这田地里无用的伞、摩合罗①、磁器、家事、帘子这般与了，博换他每中用的物件来。②

---

* 作者刘迎胜，浙江大学中西书院教授。

本文原刊于上海博物馆编《青花的世纪——元青花与元代的历史、艺术、考古》，北京大学出版社，2013，第 154~183 页，收入本书时略有修改。

① 北珠的最上品，又作"摩孩罗儿"。《居家必用事类全集》记："（北珠）：圆如弹子转身青，披肩色好甚分明。粉白油黄并骨色，节病多般不尽论。凡看北珠颜色，须是看讫，闭目再闪看，颜色一同，方为验也。其珠青者，亦如暑末秋初，乍雨还晴，云绽处闪出青天带，白云中现出青天。此青系真色第一。其青不用深青，只要白包青笼罩，乃嫩青色。其珠青只如在顶上盖者，不披青至顶下者，谓之摩孩罗儿，顶青也。其青至腰下至窍眼，谓之转身青，为第一。腰上青者，谓之披肩青，为第二。若珠顶上只有一点青，不能盖顶者，谓之鬼眼睛，不为奇也。"见佚名编《居家必用事类全集》戊集，北京图书馆古籍珍本丛刊第 61 册影印明刻本，书目文献出版社，1998，第 213~214 页。关于这个词，笔者拟另文详论。

② 陈高华等点校《元典章》卷二二户部八《市舶》"市舶则法二十三条"条，中华书局、天津古籍出版社，2011，第 874 页。

《元典章》所记虽是灭宋数年以后之事，但也说明以元世祖忽必烈为首的蒙古统治者，发现了海外贸易的巨大价值。宋代海外贸易的最繁盛的地区有三：一为地处钱塘江口的浙东，二为以泉州为中心的福建沿海，三为以广州为中心的珠江三角洲。

元军攻取临安后，认识到距此不远的浙东在控御海上交通方面的重要作用，专设浙东宣慰司，元人程端学记道：

> 国朝统四海界，诸道间置宣慰使以驭险要。东南雄藩，又兼都元帅以镇之。浙东辖郡惟七，东北际海，南接瓯闽。海外岛夷，舟帆来宾，抚绥得道，一方敉宁，比他道其责尤重。凡膺此任者，皆朝廷重臣，其参佐僚属，必选才望兼济之士以充之。①

至于福建，至元十五年（1278）三月，元世祖忽必烈"诏蒙古带、唆都、蒲寿庚行中书省事于福州，镇抚濒海诸郡"②。这里的蒙古带又作忙古歹，与唆都均为蒙古人。唆都后来受命远征爪哇。蒲寿庚家族属于唐宋泛海入华，定居于中国东南沿海港市的番商集团，长期从事海上贸易，宋末曾受命为沿海制置使、泉州市舶。因入华多年，其兄蒲寿宬已有较高的汉学修养，字心泉，著有《心泉学诗稿》。③ 宋末著名诗人刘克庄与之有交往，他曾专撰《心泉》一文，记蒲寿宬字心泉的来历，并记两人的文字交往。文中提到，蒲寿宬"厌铜臭而慕瓢饮，舍尘居而即岩栖，以心体泉，以泉洗心，于游息之间备仁智之事"，足见其已经屏弃善贾的传统，而接受了汉族士大夫的价值观。

蒲氏家族中，除蒲寿宬这样高度汉化的成员之外，也有专事贾贩的人物，如蒲氏女婿佛莲。南宋遗民周密在其书中有"佛莲家赀"一节，称：

> 泉南有巨贾南蕃回回佛莲者，蒲氏之婿也。其家富甚，凡发海舶八十艘。癸巳岁（按：至元三十年，1293）殂，女少无子，官没其家赀，

---

① 程端学：《积斋集》卷三，《送帅府经历白君诗序》，民国四明丛书本。
② 宋濂等：《元史》卷十《世祖纪》，中华书局，1976，第198~199页。
③ 蒲寿宬撰《心泉学诗稿》六卷，清乾隆翰林院抄本（《四库全书》底本），丁丙跋，南京图书馆。此书已佚，由清人从《永乐大典》中辑出，编为六卷。

见在珍珠一百三十石，他物称是。①

元军南下时，蒲寿庚在泉州投降。元军将领董文炳意识到蒲寿庚在联络海外诸国事务中的重要作用，临机自行决定委以重责，事后才向世祖报告道："寿庚素主市舶，谓宜重其事权，俾为我捍海寇、诱诸蛮，臣解所佩金虎符佩寿庚矣。"② 得此报告后，世祖忽必烈也重视蒲寿庚。《元史》记载至元十五年（1278）八月：

> 诏行中书省唆都、蒲寿庚等曰："诸蕃国列居东南岛屿者，皆有慕义之心，可因蕃舶诸人宣布朕意。诚能来朝，朕将宠礼之。其往来互市，各从所欲。"③

虽然《元史》记载，次年五月"辛亥，蒲寿庚请下诏招海外诸蕃"，世祖"不允"。④ 但《元史》接着提到，同年六月"占城、马八儿诸国遣使以珍物及象犀各一来献"。次月"丁巳，交趾国遣使来贡驯象"⑤。同年十二月：

> 庚辰，安南国贡药（财）［材］。……丙申，敕枢密、翰林院官就中书省与唆都议招收海外诸番事。丁酉……诏谕海内海外诸番国主。……诏谕占城国主，使亲自来朝。⑥ 唆都所遣阇婆国使臣治中赵玉还。⑦

足见灭宋后，元立即开始与海外诸番国建立联系。

---

① 周密著，吴企明点校《癸辛杂识》续集下"佛莲家赀"条，中华书局，1988，第193页。
② 元明善：《藁城董氏家传》卷七十，《元文类》，上海涵芬楼影印元至正杭州西湖书院刊本，《四部丛刊初编》。
③ 宋濂等：《元史》卷十《世祖纪》，第204页。
④ 宋濂等：《元史》卷十《世祖纪》，第211页。
⑤ 宋濂等：《元史》卷十《世祖纪》，第214页。
⑥ 元《经世大典》记载："至元十五年，左丞唆都以宋平，因遣人至占城。还言：其王失里咱牙信合八剌麻哈迭瓦，有内附意，奏之。诏：降虎符，授荣禄大夫，封占城郡王。"见《元文类》卷四一"征伐·占城"条，上海涵芬楼影印元至正杭州西湖书院刊本，《四部丛刊初编》集部。
⑦ 宋濂等：《元史》卷十《世祖纪》，第217~218页。

宋元时，人们相信有一种称为"圣铁"的物件，"凡人佩之，刀兵皆不能入"。① 这种"圣铁"中国并不出产，而是得自海外。元人周达观曾至真腊，据他记其国"新主身嵌圣铁，纵使刀箭之属，著体不能为害"②。明人黄衷又记："辟珠，大者如指顶，次如菩提子，次如黍粟，质理坚重如贝，辟铜铁者铜铁不能损，辟竹木者竹木不能损，犯似他物即毁矣。常附胎于椰子、槟榔果壳之实之内，通谓之圣铁，岛夷能辨之，故以为奇宝也。"③

在宋元鼎革的社会动荡中，南方商人们并未停止下番贸易活动。据元末人陶宗仪记载，杭人张存"至元丙子（1276，即至元十三年）后流寓泉州，起家贩舶。越六年壬午（1282，即至元十九年）回杭。自言于蕃中获圣铁一块，厚阔仅及二寸，作法撒沙布地，嚙铁于口，刀刃不能伤其身。后传闻既广，有乌马儿奉使来取试，以铁纳于羊口，笼其首，作法撒沙验之，剑果无所伤，去铁复挥，应手首落，遂就进呈"④。可见他的确在宋亡后曾赴海外经商。

元代海外贸易可分为官、私两类。官方贸易由官府直接经营，朝贡贸易为主要形式。《元史》记载，至元二十三年（1286）九月，"马八儿、⑤ 须门那、僧急里、⑥ 南无力、⑦ 马兰丹、那旺、丁呵儿、来来、急阑亦带、⑧ 苏木都剌⑨十国，各遣子弟上表来觐，仍贡方物"⑩。一如历朝历代中原君主对等周边诸番国，元对进贡国均给予回赐，因此朝贡贸易实质是官方奢侈品贸易。朝贡使臣入元境后，通过驿路前往大都，因为接待输送贡使及其货物，对站户来说，是极为沉重的负担。至元二十六年（1289）二月，尚书省奏："泉州至杭州，陆路远弯，外国使客进献奇异物货，劳民负荷，铺马多死。"

① 周密著，吴企明点校《癸辛杂识》续集下"圣铁"条，第193页。
② 周达观著，夏鼐校注《真腊风土记校注》"国主出入"条，中华书局，2000，第183页。
③ 黄衷：《海语》卷下，"辟珠"条，明刻宝颜堂汇秘籍四十二种本，北京图书馆藏。
④ 陶宗仪：《南村辍耕录》卷二三，中华书局，1980，第310~311页。
⑤ 阿拉伯语 Ma'abar"港口"（复数）的音译，位于今印度次大陆东南沿海，又称"西洋"。至元十六年（1279），元廷曾派"万户何子志、千户皇甫杰使暹国，宣慰使尤永贤、亚阑等使马八儿国。舟经占城海道，皆被执"。见《元文类》卷四一"征伐·占城"条。
⑥ 应为 Sihala"僧伽罗"的元代音译，指今斯里兰卡。
⑦ 明代称南巫里，今印度尼西亚第一大岛苏门答腊西部。
⑧ 今马来西亚之吉兰丹。
⑨ 今印度尼西亚之苏门答腊。
⑩ 宋濂等：《元史》卷十四《世祖纪》，第292页。

为解决此问题，元政府另辟水站从海道转运。① 海外番商向元进献宝物，政府也同样给予回赐。至顺二年（1331）"甲寅，燕铁木儿言：'赛因怯列木丁②，英宗时尝献宝货于昭献元圣太后③，议给价钞十二万锭，故相拜住奏酬七万锭，未给，泰定间以盐引万六百六十道折钞给之。今有司以诏书夺之还官。臣等议，以为宝货太后既已用之，以盐引还之为宜。'从之"④。

元代官方贸易另一种重要形式是政府派员赴海外搜求异物，这种活动灭宋之前即已开始。至元十年（1273）正月，世祖"诏遣扎术呵押失寒、崔杓持金十万两，命诸王阿不合⑤市药狮子国"⑥。此时从华南前往海外的航道为南宋所控制，故而元与狮子国（今斯里兰卡）的贸易须通过立国于波斯的伊利汗国进行。灭宋后，元开始直接派员赴海外求异物。至元二十二年（1285）六月，"遣马速忽、阿里⑦赍钞千锭往马八图⑧求奇宝"⑨。

另一种官方贸易的形式是所谓"官本船"下番。"官本船"的称谓见于元人黄溍所撰之《海运千户杨君墓志铭》。据此文献记载，大德五年（1301），澉浦人（今浙江海盐）杨枢：

> 年甫十九，致用院俾以官司本船浮海。至西洋，遇亲王合赞所遣使臣那怀等如京师，遂载之来。那怀等朝贡事毕，请仍以君护送西还。丞相哈剌哈孙答剌罕如其请，奏授君忠显校尉、海运副千户，佩金符与俱行。以八年发京师，十一年乃至其登陆处。曰忽鲁模思。⑩

---

① 《经世大典·站赤三》，解缙等纂《永乐大典》卷一九四一八，中华书局影印，1986。
② 此名当为阿拉伯语 Kamāl al-Dīn "宗教之全部"的音译。
③ 即答己，武宗与仁宗之母。
④ 宋濂等：《元史》卷三五《文宗纪》，第777页。
⑤ 又译作阿八哈，伊利汗旭烈兀子及继位人。
⑥ 宋濂等：《元史》卷八《世祖纪》，第148页。狮子国即今斯里兰卡。狮子国是唐宋旧称，元代通称细兰。由此可推知，世祖忽必烈知狮子国有异药的信息得之于汉人。
⑦ 马速忽（Mas'ūd）、阿里（'Alī）均为回回人常用的名字。
⑧ "图"字当为"国"之讹。"马八国"即前述之"马八儿"。
⑨ 宋濂等：《元史》卷一三《世祖纪》，第277页。此部分参见陈高华、史卫民《中国经济通史·元代经济卷》，经济日报出版社，2000，第477~478页。
⑩ 黄溍：《松江嘉定等处海运千户杨君墓志铭》，胡宗楙辑《续金华丛书·金华黄先生文集》卷三五，永康胡氏梦选楼刻印，1924。

他在那里采购到当地土产，如"白马、黑犬、琥珀、蒲萄酒、蕃盐之属"，到至大二年（1309）方才归来。① 杨枢的祖先宋代从福建迁居澉浦，祖父杨发为南宋将领，② 降元后任福建安抚使，监督庆元、上海、澉浦三市舶司。其父杨梓官至浙东道宣慰司副使、海道万户，曾参与远征爪哇之役。③ 明人丰坊所撰写之《神钟记》提到"海盐禅悦寺神钟，胜国时宣慰杨梓以海外铜铸，建六丈楼悬之，声闻数十里。国朝天顺中忽无声，渡海者睹其影波间。浮屠用法摄之，乃复声"④。

顺帝元统二年（1334）"十一月戊子，中书省臣请发两艓船下番，为皇后营利"⑤。这也是从事官本船贸易。"官"指元政府，"本"即"本钱""原始资本"。世祖朝中后期主政的卢世荣曾于至元二十二年（1285）正月建议："于泉、杭二州立市舶都转运司，造船给本，令人商贩，官司有其利七，商人其三。禁私泛海者，拘其先所蓄宝货，官司买之；匿者，许告，没其财，半给告者。"⑥ 为了保证"官本船"的垄断地位，元政府在某些时候甚至不许私商下番，所谓"别个民户做买卖的每休交行"⑦ 就是指这种情况，但均为时短暂，加起来不过十年时间。

与官方贸易相对的是民间私商的海外贸易，这是元代海外贸易的主要渠道。元代多将从事海外贸易的商人称为"舶商"或"海商"，境外的海商多

① 黄溍：《黄金华先生集》卷三十五，《四部丛刊》本。
② "杨发世居浦城，以军功土著澉浦。父春，宋武经大夫。发初仕宋，官右武大夫、利州刺史，殿前司选锋军统制官，枢密院副都统。元初内附，改授明威将军、福建安抚使，领浙东西市舶总司事。卒，赠怀远大将军、池州路总管、轻车都尉，追封宏农郡侯。"方溶修纂《澉水新志》卷二，民国铅印本。
③ 《国朝文类》卷四一《征伐·爪哇》；并见宋濂等《元史》卷二一〇《爪哇传》，第4665页。
④ 贺复征编《文章辨体汇选》卷五百八十八，《四库全书》本。清光绪《嘉兴府志》卷十五记："宣慰使杨梓宅。澉浦城西门内大街南，元宣慰杨梓居之，建楼十楹，以贮姬侍，谓之梳妆楼。明废为延真观。"同书卷三又记："杨宣慰妆楼，在澉浦城西。《澉水志》元宣慰使杨梓建楼十楹以贮姬妾，谓之梳妆楼。明初杨氏远徙，故居废为延真观，楼尚有存者，今毁。《乐郊私语》曰：'州少年多善歌乐府，其传皆出于澉川杨氏。当康惠公存时节，侠风流，善音律，与武林阿而哈雅之子云石交善。云石翩翩公子，无论所制乐府、散套，骏逸，为当行之冠，即歌声高引，可彻云汉，而康惠独得其传。'今杂剧中有《豫让吞炭》《霍光鬼谏》《敬德不伏老》，皆康惠自制，以寓祖父之意，第去其著作姓名耳。其后长公国材，次公少中，复与鲜于去矜交好。去矜亦乐府擅场，以故杨氏家僮千指，无有不善南北歌调者，由是州人往往得其家法，以能歌名于浙右云。
⑤ 宋濂等：《元史》卷三八《顺帝纪》，第824页。
⑥ 宋濂等：《元史》卷二〇五《卢世荣传》，第4566页。
⑦ 陈高华等点校《元典章》卷二二《户部》八《市舶》"合并市舶转运司"条，第873页。

称为"番商"。他们多具有雄厚的经济实力。此外还有一些合伙经营者，如泉州人孙天富、陈宝生"共出货泉，谋为贾海外，……乃更相去留，或稍相辅以往。至十年，百货既集，不稽其子本，两人亦彼此不私有一钱。其所涉异国……与凡东西诸夷去中国亡虑数十万里。其人父子、君臣、男女、衣裳、饮食、居止、嗜好之物，各有其俗，与中国殊"①。还有一些官员、使臣利用受命赴海外的机会，顺便采购番货，中饱私囊，这种情况实际上也属私商。②

二 元对海外贸易的管理

宋元时代，政府对海舶下番所携回的货物实行抽分，抽分就是政府的海关收入。元灭宋后，不但继承了南宋时代的海外贸易网络，也采纳了南宋对海外贸易的管理制度，设立了市舶司。元人程端礼写道："国朝因唐宋于庆元、泉、广建市舶司设提举官。"③ 此事背景应即《元典章》所记：

> ……"市舶司的勾当，限是国家大得济的勾当有……如今亡宋时分理会的市舶司勾当的人每有也，委付着那的每市舶司勾当，教整治呵，得济有。"留状元④也说来："市舶司的勾当，亡宋时分限大得济来。"⑤

《元史》中记载的至元十四年（1277）元军攻占江南后，"立市舶司一于泉州，令忙古歹领之。立市舶司三于庆元、上海、澉浦，令福建安抚使杨发督之。每岁招集舶商，于蕃邦博易珠翠香货等物。及次年回帆，依例抽解，然后听其货卖"⑥。杨发为宋降将，就是"亡宋时分理会的市舶司勾当

① 王彝：《泉州两义士传》，《王常宗集》续补遗，《四库全书》本。
② 陈高华等点校《元典章》卷二二《户部》八《市舶》"市舶法二十三条"中记："议得：使臣并大小官吏军民人等，因公往海外诸番勾当，皆有官司措办气力船只前去，却有因而做买卖之人。"（第877页）可见这种现象十分普遍。
③ 程端礼：《畏斋集》卷五，《监抽庆元市舶右丞资德约苏穆尔公去思碑》，民国四明丛书本。
④ 即留梦炎。
⑤ 陈高华等点校《元典章》卷二二《户部》八《市舶》"市舶则法二十三条"条，第874页。
⑥ 宋濂等：《元史》卷九四《食货志·市舶》，第2401页。

的人每"中之一员，也即我们前面讨论过的杨枢之祖父。除上述四所市舶司之外，元代还在温州、广州、杭州设立过市舶司，故而最多时，元曾在七个港口设置过这类机构。市舶司的全名是市舶提举司，秩从五品，设有提举（从五品）、同提举（从六品）、副提举（从七品）等官职，管理市舶事宜。

而元政府对海舶采取"依例抽解，然后听其货卖"① 的管理办法，其所依之"例"，应指南宋时的规则。南宋初对番货的抽分是细货十抽一，粗货十五抽一。南宋后期，或许是因为疆土日蹙，岁入不足，抽分比例提高了一倍。但不久又加放宽。② 《元史·食货志》提到，至元二十年（1283）"遂定抽分之法"③。此事在《世祖纪》中有更明确的记载：至元二十年六月"庚寅，定市舶抽分例，舶货精者取十之一，粗者十（之）五〔之一〕"。④ 可见仍然是依照南宋初的办法。对于已纳关税后，舶商将番货运往他处贩卖者，按至元二十九年（1292）的规定，出售地的市舶司还要征税，其税率是细物二十五抽一，粗物三十抽一。⑤ 此后元政府又规定，各处市舶司在番货入关抽分后，要先就地缴纳 1/30 的"舶税钱"，而在贩至他处之后，再按细抽 1/25，粗抽 1/30 的比例纳税。⑥ 即进口的番货要经过三次抽税才许在全国各地出售。仁宗即位后，抽分比例又有所加大，⑦ 并维持至元末。⑧

世祖朝末期，元政府颁布了有关市舶制度的二十三条规定，⑨ 仁宗即位后，又加修订，形成海外贸易法规二十二条。⑩ 元代对下番的商人基本按这

① 宋濂等：《元史》卷九四《食货志·市舶》，第 2401 页。
② 参见陈高华、吴泰《宋元时期的海外贸易》，天津人民出版社，第 80~81 页。
③ 宋濂等：《元史》卷九四《食货志·市舶》，第 2401 页。
④ 宋濂等：《元史》卷十二《世祖纪》，校勘记（22）："据本书卷九四《食货志》及《元典章》卷二二《市舶》。"
⑤ 宋濂等：《元史》卷九四《食货志·市舶》，第 2402 页。
⑥ 陈高华等点校《元典章》卷二二《户部》八《市舶》 "市舶则法二十三条"，第 875~876 页。
⑦ 《通制条格》卷十八《关市》 "市舶"条，方龄贵校注本，中华书局，2001，第 533~547 页。
⑧ 王元恭、王厚孙、徐亮：至正《四明续志》卷六《赋役》"市舶"条，收于《宋元方志丛刊》第七册，中华书局，1990，第 6523 页。
⑨ 陈高华等点校《元典章》卷二二《户部》八《市舶》 "市舶则法二十三条"，第 874~883 页。
⑩ 《通制条格》卷十八《关市》"市舶"条，方龄贵校注本，第 533~547 页。

两个法规管理。

船舶出海之前，要向所在地的市舶司报告，领取并填写公验与公凭。公验登记大船，载明船主、操船与随船人、载货量、船只的长宽高等数值，前往贸易的国家，还要写明担保人。持有公验的大船可合法往来于元与海外诸番之间。公凭登记小船。可能是因为大船吃水较深，无法直接停靠某些水浅的港口码头，须锚泊于水深处，依靠小船与陆岸之间摆渡，以补充生活用品及登岸交易，故而每艘大船许带小船一只，称为"柴水船"。公凭的作用通过管理小船而控制海船的归航后的交易。海商如果只持有大船的公验，而与之接触的小船无公凭，则视为私下交易，官府可加治罪。海舶如未经申请公验、公凭直接下番，被发现后，从船主到火长的所有相关人员都将受到107下杖刑，而所载舶货则被断没。

海船归回后，只能在原先申办公验与公凭的市舶司请验，不能前往其他市舶司；而市舶机关也不许接验他处发凭的归帆海船，以杜绝流弊。海船出海后，如果未前往公验中所申请的国家，而改变航向驶往他处贸易，回帆后要向市舶司如实报告，说明原因，然后才能完纳关税。海舶到港后，市舶官员登船封验货物，指令驶往规定的市舶司，监视卸清船货。如果在抽分之前发现舶商"漏舶"，即走私番货，即行治罪。[1]

三　贸易对象地区与航海路线

（一）避开南海岛礁——东洋与西洋的航线起源

海商出洋贸易所面临的首要问题是航海。从地理上看，东亚大陆与堪察加半岛、千岛群岛、日本列岛、琉球群岛、中国台湾岛及其附属岛屿、吕宋列岛呈大致南北向平行排列，这些岛屿被称为西太平洋岛弧。在东亚大陆的东海岸与上述西太平洋岛弧之间，自北向南分布着西太平洋的几个边缘海，即：鄂霍次克海、日本海、黄海、东海和南海。这个大致南北向的狭窄海区使中国海舶的出洋航行相对较为容易：从华东沿海启程，或向东横穿西太平洋边缘海，至日本、琉球，或抵台湾岛、吕宋；或北上、南下。

---

[1]　此部分参见陈高华、史卫民《中国经济通史·元代经济卷》，第477~478页。

南海是中国海舶航向东南亚、南亚次大陆、西亚与东非的必经要道。南海虽然宽阔，但并非随处可行。在长期的航海实践中，中国人很早就认识了南海诸岛，这些岛礁或露出水面，或暗藏水下，是往来航船的天然障碍，我国历史文献中常称其为"石塘"或"石栏"等。

有关"石塘"的记载很早便在我国文献中出现。北宋天禧二年（1018），占城国王遣使入贡时称："国人诣广州，或风漂船至石塘，即累岁不达矣。石塘在崖州海面七百里外，下陷八、九尺者也。"① "元符元年（1098）。连州连山商人罗远到南海，地名千里石塘、万里长沙，遭风打破舟船。"② 《宋会要辑稿》中亦保存有南宋嘉定九年（1216）真里富（今泰国的尖竹汶）入宋航路的记载曰："欲至中国者，自其国放洋……"后，"……至占城界，十日过洋（傍东南有石塘，名曰万里，其洋或深或浅，水急礁多，舟覆溺者十七八，绝无山岸）方抵交州界。"③ 元时两赴海外的汪大渊在其著作中提到：

> 石塘之骨，由潮州而生。迤逦如长蛇，横亘海中，越海诸国。俗云万里石塘。以余推之，岂止万里而已哉！舶由岱屿门，挂四帆，乘风破浪，海上若飞。至西洋或百日之外。以一日一夜行百里计之，万里曾不足，故源其地脉历历可考。

汪大渊还说：

> 观夫海洋泛无涯涘，中匿石塘，孰得而明之？避之则吉，遇之则凶，故子午针人之命脉所系。苟非舟子之精明，能不覆且溺乎！吁！得意之地勿再往，岂可以风涛为径路也哉！④

《顺风相送》提到，从外罗山"往回可近西，东恐犯石栏"⑤。《指南正

---

① 盛庆绂：《越南地舆图说》，刊于《小方壶斋舆地丛钞》，第十帙。
② 见《永乐大典》残卷五七七〇中保留的《长沙府志》十九。
③ 《宋会要辑稿》蕃夷四"真里富国"条，上海古籍出版社，2014，第 9831 页。
④ 汪大渊著，苏继庼校释《岛夷志略校释》，中华书局，1981，第 318 页。
⑤ 向达校注《顺风相送》，《两种海道针经》，中华书局，2000，第 33 页。

法》在叙述外罗山时，也提到"贪东恐见万里石塘"①。

今海南岛东南周围海域在自古称为"七洲洋"，因其地近南海诸岛，被视为航海的险境。吴自牧《梦粱录》就曾提到"去怕七洲，回怕昆仑"。随郑和远航的费信在《星槎胜览》中亦提到"俗云：上怕七洲，下怕昆仑，针舵迷失，人船莫存"。清陈伦炯说七洲洋"偏东则犯万里长沙，千里石塘"②。足见古时东亚航海家，无论中国舟子，还是东南亚占城、真里富的水手，皆了解南海有隐藏于海面之下的礁石对海舶安全的巨大威胁。

如果查一下穆斯林航海图籍，会发现了解南海诸岛礁的，除了东亚水手和下番的商贾之外，也包括西亚穆斯林诸国泛海入华的商使。南海在古时又称为涨海。据《隋书·经籍志》记载，吴武陵太守谢承撰有《后汉书》一百三十卷，无帝纪，此书今佚。但其中的"交趾七郡贡献，皆从涨海出入"一句，却广为引述。③ 晋人郭璞注《尔雅》曰："螺大者如斗，出日南涨海中，可以为酒杯。"④ 涨海之名在境外也广为流布，大食与其他西亚穆斯林航海家与旅行家皆知之。

9世纪阿拉伯旅行家苏莱曼（Sulayman）提到："从昆仑岛出发，航队进入涨海水面，随后便进入中国门。中国门由海水浸没着的暗礁形成，船只从这些暗礁之间的隘道通过。"⑤ 10世纪初，阿拉伯航海家伊本·法基赫（Ibn al-Fakih）记载，从昆仑岛出发，"到达一地，名涨（Čang）。这里靠近中国门"，"在邻近中国之处，有一地叫涨海（又为一海名）"。他还说："去中国的第一海是涨海（Čangkhay），第一座山是昆仑山"，"尽管（涨海）不大，然而却是最难以穿越的"。"当前往中国的海员们询问当地风力时，渔夫们便告诉他们有风或无风的可能性。因为，在该海中，一旦强风刮起，很少有人可以逃脱。"⑥ 10世纪中叶阿拉伯地理学家马素迪（Abū al-Hasan 'Alī al-Husayn 'Alī al-Mas 'ūdi）在提到涨海时说那里海浪极大，汹

---

① 向达校注《指南正法》，《两种海道针经》，第117页。

② 陈伦炯撰，李长傅校注，陈代光整理《〈海国闻见录〉校注》，中州古籍出版社，1985，第49~50页。

③ 如李商隐撰，冯浩笺注《樊南文集笺注》卷二，清乾隆德聚堂刻本，南京图书馆。

④ 郭璞注《尔雅》卷下，《四部丛刊》景宋本。

⑤ 〔法〕费琅编《阿拉伯波斯突厥人东方文献辑注》，耿昇、穆根来译，中华书局，1989，第57页。

⑥ 〔法〕费琅编《阿拉伯波斯突厥人东方文献辑注》，耿昇、穆根来译，第57、81页。

涌澎湃，"有很多海礁，商船必须从中穿过"①。

故自古往来于东亚海域的中外海舶皆避免在南海中间航行，而取道南海东西两侧，以避不测。《东西洋考》"文莱"条中提到，文莱为"东洋尽处，西洋所自起也"。许多学者据此研究"东洋"与"西洋"的地理划分。似乎文莱是东洋与西洋的分界。其出发点是把东洋与西洋均作为地理范围的名词。明人张燮在《舟师考》中所叙述的"西洋针路"和"东洋针路"给我们以重要启示。据此我们可以推断，"东洋"与"西洋"的区分的基本依据在于航线的根本不同。

唐、五代时海船出洋前往今东南亚地区通常取两条航线，其中一条是从福建、广东大体沿东亚大陆海岸线南下，以大陆沿海的地形为标志物导航，所经海外诸地皆称为"西洋"。而元代海外贸易的对象国则是一个与航线密切相关的问题。

（二）元海商贸易地区

元代下番的海商集中于东南，特别是江浙行省的浙东地区、福建行省的泉州地区及江西行省的广州地区。② 现存大致反映广州地区海商海外贸易对象的主要资料是元人陈大震所著《大德南海志》。该书残卷第七卷有"诸蕃国"条，记有关贸易地区，③ 按地区划分计如下。

1. 西洋航线所经诸地

地处今越南北方交趾国、今越南南方的占城国。

位于今中南半岛的真腊国（今柬埔寨）等。

地处今缅甸的蒲甘；位于今泰国的罗斛国（又称速孤底，即素可泰王朝）；地处今马来西亚马来亚半岛的凌牙苏家、吉兰丹、丁伽芦等。此外，以今印度尼西亚第一大岛苏门答腊为中心的三佛齐（在宋代称室利佛逝，即 Śri Vijaya）为海运中心的诸地，如位于今新加坡的龙牙山、龙牙门等，以及南无里、细兰（今斯里兰卡）等地。这些地区在元代被称为"小西洋"。

---

① 〔法〕费琅编《阿拉伯波斯突厥人东方文献辑注》，耿昇、穆根来译，第 118 页。

② 刘仁本《送吴仲明赴广东帅阃经历序》提到："广海在南服万里，为天子外府，联属岛夷，聚落作大藩镇，贾舶所辏，象犀、珍珠、翡翠、玳瑁委积如山，人罔市利，则商民杂处。"见刘仁本《羽庭集》卷五，《四库全书》本。

③ 陈大震：《大德南海志》残卷，《宋元方志丛刊》第 8 册，中华书局，1990，第 8431~8432 页；并见《元〈大德南海志〉残本》，广州市地方志编纂委员会办公室编，1991，第 47 页。

2. 东洋航线所经诸地

宋元时代，中国东南地区的海舶从大陆港口开洋，如先渡台湾海峡，抵台湾后沿台湾西海岸南下，经今菲律宾，抵佛坭［今文莱（Brunei）及北加里曼丹岛东马来西亚所属沙巴、沙捞越诸地］，即所谓婆罗洲。佛坭国是东洋最重要的航路集散中心，以此航路网络中心的小东洋线航线所经诸地包括：麻里芦［菲律宾马尼拉（Manila）］、麻叶［今菲律宾民都洛岛（Mindoro）的古称 Mait 的元代音译］、浦端［当即今菲律宾棉兰老岛（Mindanao）北部之武端（Butuan）］、苏录［今菲律宾南部苏禄（Sulu）群岛］、麻拿罗奴（当位于今马来西亚沙捞越境内）、文杜陵［当指今印度尼西亚爪哇岛以东之马都拉岛（Madoera）］等，由此可见，所谓"小东洋"乃指吕宋群岛、加里曼丹岛及其南的马都拉岛附近海域。

以单重布罗国为航路中心的一条"大东洋"航线所经诸地，即《诸蕃志》中的丹重布罗，陈连庆认为此乃爪哇人对加里曼丹的称呼 Tanjongpura 的元代音译。① 查马来语 tanjung 意为岬、角；pura 指巴利教寺院。② 今加里曼丹岛东部仍有不少地名由 tanjung 构成，如 Tanjunhulu，Tanjung Buaya，Tanjungredeb，Tanjungbatu 等。大东洋包括：罗惮（当系单重布罗西侧之港口）、呼芦漫头（即《诸蕃志》中之呼卢曼头，今加里曼丹西南近海中卡里马塔群岛之古译）、故提［即今加里曼丹东南部拉乌特岛（Laut）北部哥打巴鲁（Kotabaru）一带］、孟嘉失（即今印度尼西亚苏拉威西岛南端之望加锡之古译）、苏华公［即《诸蕃志》中之沙华公，今加里曼丹岛东南之塞布库岛（Sebuku）之古译］、文鲁古［即《诸蕃志》之忽努孤，今印度尼西亚之马鲁古（Maluku）群岛之古译］、盘檀［即今印度尼西亚马鲁古群岛以南之班达（Banda）群岛之元代音译］中等地，可见这里的"大东洋"乃指今加里曼丹岛南部、苏拉威西海以南至班达海之间海域。以海路观之，这些番国多从今苏拉威西岛两侧的望加锡海峡、马鲁古海峡北上，进入苏拉威西海，再越苏禄海和巴拉望海峡，进入南海西侧，由此北上，经吕宋列岛抵台湾岛，再东行越台湾海峡入元。总之，"大东洋"的这一部分的居民系经加里曼丹岛东部海路与元交往。

以阇婆国为交通中心的另一条"大东洋"航线所经诸地，包括：孙条

① 陈连庆：《〈大德南海志〉所见西域南海诸国考实》，《文史》1986 年第 27 辑。
② Kamus Indonesia-Inggris, Jakarta, 1990, pp. 552, 441.

（《诸蕃志》作孙他或新拖，爪哇岛西部，今译作巽他）、熙宁［今译作谏义里（Kediri），位于今印度尼西亚东爪哇省苏腊巴亚（Surabaya，泗水）西南］、重伽芦［《诸蕃志》《元史》中之戎牙路，位于今印度尼西亚东爪哇省苏腊巴亚（Surabaya），即泗水］、不直干（即《元史》中之八节涧，当为泗水之南之 Bekechak 河口）、不者啰干［即今北爪哇之北加浪岸（Pekalongan）］、琶离［即今爪哇以东之巴厘岛（Bali）］、地漫（《诸蕃志》译作底门，今帝汶）。由上观之，第二条"大东洋"航线乃以爪哇岛为中心，向东延伸至帝汶。从航线的观点看，这一带诸番国应从爪哇岛北岸、经巽他海峡北上，沿加里曼丹北岸东行，经巴拉望群岛、吕宋诸岛、台湾抵元境。总之，大东洋这一部分地区的居民系经加里曼丹岛西部、北部、沿南海西侧北上至元。

故而《大德南海志》所反映提到的元代的"东洋"的概念，指从台湾南下航行所经诸地：菲律宾诸岛、加里曼丹岛，加里曼丹岛以南、爪哇岛以东之西太平洋海域。其中之"小东洋"主要指今菲律宾诸岛和加里曼丹岛，佛坭国（即勃泥，今文莱）为集散地。而"大东洋"主要指加里曼丹岛以南直至今澳洲之海域。"大东洋"又分为东西两部分，东部包括今印度尼西亚马鲁古群岛、班达群岛以东诸地，西部主要是今印度尼西亚爪哇、巴利诸岛。

总而言之，元海舶前往"东洋"的航线是：先横渡今台湾海峡至琉求（今台湾），以西太平洋岛弧的南部诸岛为导航的标志物，所以可形象地称此航线为"岛屿航线"。此航线先入"小东洋"：南下经吕宋诸岛、巴拉望群岛抵加里曼丹岛。此岛以南为"大东洋"。从"小东洋"进入"大东洋"有两条航线：一是从加里曼丹岛西部沿海进入"大东洋"的西南部，指今爪哇海和巴利海；二是从加里曼丹岛与今菲律宾的巴拉望群岛之间的海峡穿过，进入苏禄海，再沿加里曼丹岛东部沿海南下，此即"大东洋"的东北部，即今之苏拉威西海、马鲁古海、班达海和佛罗勒斯海诸地。

南亚次大陆与元贸易的有：南毗马八儿国（今印度泰米尔纳德邦以南地区）、细蓝（今斯里兰卡）、伽一（今印度最南端与斯里兰卡相对处）、大故蓝国（即《元史》中之俱蓝，印度西南海岸，与马八儿为邻）、胡荼辣国（今印度古吉拉特邦）等。

位于今波斯湾沿岸的有：忽鲁木石（今伊朗忽鲁木兹岛）、加赖都（今阿曼 Qalqat 古城故址）、记施（今伊朗波斯湾口 Kiš 岛）、白达（今伊拉克巴格达）。

位于今北印度洋与阿拉伯海周边地区的有：层拔（今桑给巴尔）、弼琶啰（柏柏尔）、勿拔（今阿曼佐法尔省阿拉伯海沿岸 Mirbat 遗址）、瓮蛮（今阿曼）、默茄（今沙特阿拉伯的麦加）等地。

而有关泉州的海外贸易对象地区资料，主要反映在汪大渊的《岛夷志略》中。《岛夷志略》描述了 99 个国家和地区。上述地名可以依照与《大德南海志》"东洋"和"西洋"各处地名的比定，分别划入"东洋"和"西洋"两大组。如我们试将《岛夷志略》中的 99 个地名顺序编号，并将其中属于"东洋"的地名按先后顺序排列，可得下列结果。

（1）澎湖——元代至元二十八年（1291）年曾派水军 6000 征服其地。[①]（2）琉求——今台湾。（3）三屿——位于今吕宋岛（Luzon）。至元二十八年元军出征琉求（今台湾）时，军中有三屿人陈辉，[②] 可见宋元时吕宋已有汉人。（4）麻逸——《大德南海志》作麻叶，今菲律宾民都洛岛（Mindoro）。（14）麻里鲁——今菲律宾马尼拉（Manila）。（27）尖山——今巴拉望群岛（Palawan）。（28）八节那间——《大德南海志》中之不者罗干，今北爪哇之北加浪岸（Pekalongan）。（31）勃泥——今文莱（Brunei）及沙捞越（Serawak）、沙巴（Sabah）。（34）爪哇。（35）重伽罗——今地在东爪哇 Jangala，即今东爪哇首府苏腊巴亚（Surabaya，当地华人称泗水）。（37）文诞——《大德南海志》作盘檀，今班达（Banda）群岛，位于今东经 130 度，南纬 5 度左右。（38）苏禄——今菲律宾苏禄（Sulu）群岛。（40）苏门旁——今印度尼西亚马都拉（Madura）岛南部港市三邦（Sampang）。（43）毗舍耶——诸家皆认为为吕宋群岛中的美沙鄢（Visayan）人的音译。苏继顼置之于今班乃群岛东南岸之哑陈（Otan）。（45）蒲奔——今加里曼丹岛南部。（46）假里马达——《大德南海志》中之呼芦漫头，《诸蕃志》中之呼卢曼头，今加里曼丹岛西南近海中之卡里马塔（Karimata）群岛。（47）文老古——《大德南海志》中之文鲁古，今印度尼西亚马鲁古（Maluku）群岛。（48）古里地闷——《大德南海志》之地漫，《诸蕃志》译作底门，今帝汶岛（Timor）。汪大渊说，过去泉州之吴宅曾发舶梢众百有余人，到那里贸

---

① 宋濂等：《元史》卷二一〇《琉求传》，第 4667 页。
② 宋濂等：《元史》卷二一〇《琉求传》，第 4667 页。

易。在彼处因染病死亡达十之八九。至元二十八年元军兴师出征琉求时，曾有"书生吴志斗上言"，自称"生长福建，熟知海道利病"。① 这位熟知航海的吴志斗可能与上述吴氏家族有关。汪大渊称此岛有 12 个码头，可见他曾乘舟绕行帝汶岛。帝汶南距澳洲大陆不远，故汪大渊可能听说过澳洲的情况。（58）勾栏山——此名亦见于《元史·史弼传》，《元史·爪哇传》作拘栏山，今加里曼丹岛西南之格兰岛（Gelam），位于今卡里马塔群岛东南。（88）万年港——明代所称之毛文蜡、毛花腊，今文莱港。

我们可将上述《岛夷志略》中的东洋地名分为三组。

第一组。《岛夷志略》中最先提到的 4 个地名均属"东洋"：（1）澎湖、（2）琉球、（3）三屿和（4）麻逸。其排列顺序透露出汪大渊此次系从福建沿海（例如泉州）启程，其至"东洋"的基本航线为：横渡台湾海峡经澎湖至台湾，再向南航，经吕宋至民都洛。

第二组。在（4）麻逸以后，汪大渊在其书中从（14）麻里鲁到（38）苏禄，先后提到了 8 个属于东洋的地方，其排列先后顺序大致勾勒出汪大渊从吕宋继续赴"东洋"其他地方并返回中国的大致航路：（14）麻里鲁、（27）尖山、（28）八节那间、（31）勃泥、（34）爪哇、（35）重伽罗、（37）文诞和（38）苏禄。即从马尼拉湾向南航行，沿巴拉望群岛而下，沿加里曼岛北岸的沙巴、文莱和沙捞越向西南航，越爪哇海至爪哇，再东行经巴利海和班达海，至班达群岛（文诞），由此北航经苏禄归回。上述 8 个地名中，只有"八节那间"与"勃泥"的排列顺序与航向颠倒。此航线吕宋以南部分大致与《南海志》爪哇国所管大东洋相同。而其后一部分大致同于《大德南海志》中单重布罗国所管大东洋。

在《东西洋考》的《舟师考》一节中有东洋针路，《顺风相送》中的"福建往琉球"、"泉州往勃泥即文莱"、"吕宋往文莱"及"文莱回吕宋"等的针路。《指南正法》中亦有"福州往琉球针""琉球回福州针"等，这些针路均为舟师世代航海的经验积累。汪大渊前往东洋时，应当即循类似针路而行。

第三组。（40）苏门旁之后至书末，汪大渊又叙述了 8 个东洋地名，从航线的观点看，其排列顺序较为零乱：（40）苏门旁、（43）毗舍耶、（45）蒲奔、（46）假里马达、（47）文老古、（48）古里地闷、（58）勾栏山及

---

① 宋濂等：《元史》卷二一〇《琉求传》，第 4667 页。

（88）万年港。这些部分可视为汪大渊对自己上述东洋之行记载的补充。

其中（88）万年港、（46）假里马达和（58）勾栏山等三个地名补充了汪大渊自文莱赴爪哇的航程细节。而（40）苏门旁、（47）文老古和（48）古里地闷等地名的出现，透露出汪大渊在历经爪哇的八节那间、重伽罗之后，取道今马都拉岛（Madura）南部继续东行，驶出《大德南海志》中爪哇国所管的大东洋区域，进入单重布罗国所管大东洋水域。其具体航线大致为：历巴利（Bali）岛、龙目岛（Lumbok）、松巴哇岛（Sumbawa），经松巴（Sumbd）海峡、萨武海（Sawu），抵达位于小巽他群岛的帝汶岛（Timor，古里地闷），迫近澳洲大陆北岸。由此北经班达海中的班达（Banda）岛，经马鲁古海归国。

汪大渊所提到的相当于“西洋”海域的地方有：朋加剌（今孟加拉国）、高郎步［今斯里兰卡首都科伦坡（Colombo）］、古里佛（即《元史》中之俱蓝）、北溜（今阿拉伯海中之马尔代夫群岛）、波斯离［今伊拉克巴士拉（Basra）］、天堂（即《大德南海志》之默茄，今沙特阿拉伯的麦加）、层摇罗（今东非之桑给巴尔）、麻呵斯离（今伊拉克摩苏尔）等，与《大德南海志》大致相同。可见元代泉州与广州两地的贸易对象地并无大的区别。

四　进出口商品

（一）进口品

《大德南海志》分八类详列了当时广州的各种进口番货，计有：

宝物：象牙、犀角、鹤顶、真珠、珊瑚、碧甸子、翠毛、龟筒、玳瑁。

布匹：白番布、花番布、草布、剪绒单、剪毛单①。

---

① 明曹昭还提到过一种“西洋剪绒单”。他说这种纺织品“出西番，绒布织者，其红绿色年远日晒，永不退色。紧而且细，织大小蕃犬形，方而不长，又谓之‘同盆单’，亦难得”。（《新增格古要论》）曹昭：《新增格古要论》，卷八“叶五”，中国书店刊本。既名之为“西洋剪绒单”，可能来自马八儿或印度南部。剪绒单与剪毛单均应为地毯一类织品。

香货：沉香、① 速香、② 黄熟香、打拍香、暗八香、③ 占城［香］、④

① 明会同馆本《回回馆杂字》中有"沉香，乌的·忒噶必"，波斯语中有词عود（'aud），意
　为"沉香"，又意为木头、树干，此字应为"乌的·忒噶必"的第一个音节"乌的"的原
　字，至于其后一部分"忒噶必"表示什么，尚有待于研究。
　　　赵汝适在《诸蕃志》中记沉香："所出非一，真腊为上，占城次之，三佛齐阇婆等为下。
　俗分诸国为上下岸，以真腊占城为上岸，大食三佛齐阇婆为下岸。香之大概生结者为上，熟
　脱者次之；坚黑者为上，黄者次之。然诸沉之形多异，而名亦不一。有如犀角者，谓之犀角
　沉；如燕口者，谓之燕口沉；如附子者，谓之附子沉；如梭者，谓之梭沉；文坚而理致者，
　谓之横隔沉。大抵以所产气味为高下，不以形体为优劣。世谓渤泥亦产，非也。一说其香生
　结成，以刀修出者为生结沉；自然脱落者为熟沉，产于下岸者谓之番沉。气哽味辣而烈，能
　治冷气，故亦谓之药沉。海南亦产沉香，其气清而长，谓之蓬莱沉。"（冯承钧撰《诸蕃志校
　注》中华书局，1956，第 102 页。）美国学者薛爱华曾在其著作中征引诸书，对唐代中国使用
　沉香的情况详加说明（〔美〕薛爱华：《唐代的外来文明》，吴玉贵译，中国社会科学出版社，
　1995，第 352~355 页）。张燮在其书"交趾"条中引《本草图经》曰："木类椿榉，多节，叶
　似橘花，白子似槟榔，大如桑椹。交州谓之'密香'。断其积年老根，经年，皮干俱朽烂，
　木心与枝节不坏者，即香也。坚黑而沈水为沈香。"在占城物产一栏中，作者引《梁史》描
　述沉香曰："沈木香者，土人斫断，积以岁年，朽烂而心节独在，置水中则沈，故名沈香。"
　（张燮著，谢方点校《东西洋考》，中华书局，1981，第 14、27 页。）
　　　沉香的学名为 Aquilaria agallocha。亦名"伽南香""奇南香"等。属瑞香科。为一种常
　绿乔木。叶为卵状披针形，革质，有光泽。花白色，伞形花序。产于印度、泰国、越南等
　地。其芯材为著名熏香料；中医学上用含有棕色树脂的树根或树干加工后入药，药温味辛
　苦，功用调气温肾，主治气逆喘息，呕吐、呃逆，心腹疼痛等症。参见拙著《〈回回馆杂
　字〉与〈回回馆译语〉研究》，中国人民大学出版社，2008，第 422~423 页。
② 宋人祝穆记录道："生熟速香，伐树去木而取香者谓之生速，树仆于地木腐而香存者谓之
　熟速。"《事文类聚》续集卷十二香茶部，《四库全书》本。
　　　宋人赵汝适在描述"生香"这种香料时记载："生香出占城、真腊，海南诸处皆有之。
　其直下于乌口，乃是斫倒香株之未老者。若香已生在木内，则谓之生香，结皮三分为暂香，
　五分为速香，七八分为笺香，十分即为沉香也。"（《诸蕃志》卷下"生香"条）据此，速
　香与沉香乃出自同一种树木。
③ 明会同馆本《回回馆杂字》中有"奄白儿阿失謔白"，已故日本学者本田实信已指出，应
　为عنبر اشهب（'anbar ashhab）。此字为阿拉伯语复合词，其第一部分"奄白儿"عنبر
　（'anbar）意为龙涎香；其第二部分"阿失謔白"اشهب（ashhab）意为"灰白色的"。显然
　《回回馆杂字》中之"奄白儿"，即此"暗白儿"，乃指龙涎香。参见拙著《〈回回馆杂字〉
　与〈回回馆译语〉研究》，第 440 页。
④ 占城为地名，疑其后漏"香"字。道藏中之《无上秘要》记"烧香品"时述"合上元香
　珠法"，其配料中有"占城香"：用沈香三斤、薰陆香二斤、青木香九两、鸡舌香五两、
　玄参三两、雀头香六两、占城香二两、白芷二两、真檀四两、艾香三两、安息胶四两、木
　兰三两，凡十二种别捣，绢筛之毕，内枣十两，更捣三万杵，内器中密盖，蒸香一日毕，
　更蜜和捣之，丸如梧子，以青绳穿之，日曝令干。此三皇真元香珠，烧此皆香彻九天。"
　（《无上秘要》卷六十六，清传抄正统道藏本，北京大学图书馆藏。）
　　　另宋人陈敬在言一种"藏春香"制法时，也提到其配方为"沉香、檀香（酒浸一宿）、乳
　香、丁香、真腊香、占城香各二两，脑麝各一分。右为细末，将蜜入甘黄菊一两四钱，玄参三分，
　锉同入（饼）［瓶］内，重汤煮半日，滤去菊与参不用，以白梅二十个水煮，令冷，浮去核，取肉
　研入熟蜜，拌匀众香于瓶内，久窨可焚"（陈敬撰《陈氏香谱》卷二，《四库全书》本）。

粗熟、① 乌香、奇楠木、② 降香、③ 檀香、戎香、蔷薇水、④ 乳香、⑤ 金颜香。

药物：脑子、⑥ 阿魏、⑦ 没药、胡椒、⑧ 丁香、⑨ 肉子豆蔻、⑩ 豆蔻花、

---

① 当即下文所录至正《四明续志》所举之"粗熟"，何物待考。

② 又写作奇南香，与沉香实际上是同一种植物。

③ 又称降真香。

④ 明四夷馆本《回回馆杂字》"花木门"有"گلاب（gul-āb），蔷薇，古剌卜"，波斯文此字由گل（gul，花、玫瑰），加上آب（āb，水）构成。گلاب（gul-āb）的汉语直译为：玫瑰水。"会同馆本""花木门"作"蔷薇花，古剌卜"。参见拙著《〈回回馆杂字〉与〈回回馆译语〉研究》，第201~202页。

⑤ 明会同馆本《回回馆杂字》"花木门"中有"乳香，苦日"。已故日本学者本田实信拟为كندر（kundur），参见〔日〕本田实信《回回馆译语に就いて》（《论〈回回馆译语〉》），载《北海道大学文学部纪要》第11期，1963，第184页。赵汝适在《诸蕃志》中记乳香曰："乳香一名'薰陆香'，出大食之麻啰、拔、施、曷奴发三国深山穷谷中。其树大概类榕，以斧斫株，脂溢于外，结而成香，聚而成块。以象辇之，至于大食。大食以舟载易他货于三佛齐。故香常聚于三佛齐。番商贸易至，舶司视香之多少为殿最。而香之为品十有三。其最上者为'拣香'，圆大如指头，俗所谓'滴乳'是也。次曰'瓶乳'，其色亚于'拣香'；又次曰'瓶香'，言收时贵重之，置于瓶中。'瓶香'之中，又有上、中、下三等之别。又次曰'袋香'，言收时止置袋中。其品亦有三，如'瓶香'焉。以次曰'乳榻'，盖香之杂于砂石者也。又次曰'黑榻'，盖香色之黑者也。又次曰'水湿黑榻'，盖香在舟中为水所浸渍而气变色败者也。品杂而碎者曰'斫削'；簸扬为尘者曰'缠末'，皆乳香之别也。"（冯承钧撰《诸蕃志校注》，第93页。）乳香的波斯文名称كندر（kundur）当系"苦日"的原字，应源自梵文 kunduruka。"薰陆"这个名字当系直接从梵文音译而来。

乳香的学名为 Boswellia carlerii，又称为"卡氏乳香"，橄榄科。小乔木，奇数羽状复叶，小叶7~10对，缘有圆点。花小，白色至淡红色，总状花序。主产于红海沿岸。茎皮渗出的树脂凝固后成乳香。中医学上用为活血、行气、舒筋止痛药，亦可为硬膏的混合剂。

此外漆树科的 Pistacia lentiscus 亦称为"乳香"或"洋乳香"。为一种小乔木，偶数羽状复叶，小叶全缘，产于欧洲南部。茎皮流出的树脂除供药用以外，亦可用作填料，香料或溶于酒精、或松节油，制假漆。（参见拙著《〈回回馆杂字〉与〈回回馆译语〉研究》，第423~424页。）

⑥ 又作片脑。明会同馆本《回回馆杂字》"花木门"中有"片脑，噶（失）[夫]儿"。已故日本学者本田实信教授提出，其原字应为كافور（kāfūr）。"袁氏本"音译"噶失儿"，其中之"失"字显然为"夫"字之笔误。阿波文库本注音为"噶伏儿"，意为樟脑，阿拉伯语。美国学者薛爱华在其著作中有专节讨论唐代文献中的樟脑。赵汝适《诸蕃志》中有一节专记"脑子"曰："脑子出渤泥国（按，今文莱），又出宾窣国，世谓三佛齐亦有之，非也。但其国据诸蕃来往之要津，遂截断诸国之物聚于其国，以俟蕃舶贸易耳。脑子树如杉，生于深山穷谷中，经千百年，支干不曾损动，则剩有之，否则脑随气泄。土人入山采脑，须数十为群，以木皮为衣，赍沙糊为粮，分路而去。遇脑树则以斧斫记，至十余株然后截段均分，各以所得解作板段，随其板傍横裂而成缝，脑出于缝中，劈而取之。其成片者，谓之梅花脑，以状似梅花也。次谓之金脚脑，其碎者谓之米脑。碎与木屑相杂者谓之苍脑。取脑已净，其杉片谓之脑札。今人碎之，与锯屑相和，置瓷器中，以器覆之，封固其缝，煨以热灰，气蒸结而成块，谓之熟脑，可作妇人花环等用。又有一种如油者，（转下页注）

乌爹泥、茴香、硫黄、血竭、木香、荜拨、⑪木兰皮、番白芷、雄黄、苏合油、荜澄茄。

（接上页注⑥）谓之脑油，其气劲而烈，只可浸香合油。"（冯承钧撰《诸蕃志校注》，第91页。）

张燮记片脑曰："《华夷考》曰：产暹罗诸国，高二三丈，皮理如沙柳，脑则其皮间凝液也。岛夷以锯付犾就谷中，尺断而出，剥采之，有大如指厚如二青钱者，香味清烈，莹洁可爱，谓之梅花片。鬻至中国，擅翔价焉。复有数种，其次耳。本朝充贡。"在另一处，作者又写道："片脑即龙脑香。《一统志》曰：树如杉桧，取者必斋沐而往。其成片似梅花者为上，次有金脚脑、速脑、米脑、苍脑、札聚脑，又一种如油名脑油。"（张燮著，谢方点校《东西洋考》，第38、58页。）参见拙著《〈回回馆杂字〉与〈回回馆译语〉研究》，第425~426页。

⑦　明会同馆本《回回馆杂字》"花木门"中有"阿魏，昂古则"。日本已故本田实信教授指出，其波斯文原字应为انگوژ（angūjha）。日本静嘉堂文库藏抄本音译为"昂克则"，其中之"克"字当为"古"字笔误。劳费尔在其著作中对曾阿魏详细讨论。Berthold Laufer, *Sino-Iranica*, *Chinese Contributions to the History of Civilization in Ancient Iran*, *with Special Reference to the History of Cultivated Plants and Products*, Chicago, 1919. 林筠因汉译本（劳费尔《中国伊朗编》，商务印书馆，1964，第178~188页）段成式记道：阿魏"波斯呼为阿虞截。树长八九丈，皮色青黄，三月生叶，叶似鼠耳，无花实。断其枝，汁出如饴，久乃坚凝，名阿魏"（《酉阳杂俎》前集卷之十八，第178页）。唐代的音译"阿虞截"与《回回馆杂字》之音译"昂古则"乃一脉相承。《饮膳正要》提到一种调味品："哈昔泥，味辛温，无毒，主杀诸虫，去臭气，破症瘕，下恶除邪，解蛊毒，即阿魏。"接着作者又提到一种调味品"稳展，味辛温苦，无毒，主杀虫去臭，其味与阿魏同。又云即阿魏树根，淹羊肉，香味甚美"（《四部丛刊续编》子部，上海涵芬楼影印中国学艺社借照日本岩崎氏静嘉堂文库藏明刊本，卷三"叶二八下"。参见拙著《〈回回馆杂字〉与〈回回馆译语〉研究》，第427~428页）。

⑧　明会同馆本《回回馆杂字》"花木门"中有"胡椒，粉力粪力"。日本已故本田实信教授指出，其波斯文原字应为فلفل（fulful）。"袁氏本"《委兀儿译语》中有"胡椒，菲儿肺儿"；又有"荜菠，疮儿譬儿"（见《北京图书馆古籍珍本丛刊》经部6，第600页）即此。此字作为构词成分亦见于本"袁氏本""花木门"上一词（第1186词）"花椒，粉力粪力，誠他亦"。参见拙著《〈回回馆杂字〉与〈回回馆译语〉研究》，第435页。

⑨　明四夷馆本《回回馆杂字》"花木门"有قرنفل（qaranful），丁香，革蓝夫勒。"袁氏本""花木门"中"丁香，革蓝伏力"即此。指须苞石竹类植物，阿拉伯语。"袁氏本"《委兀儿译语》"花木门"中之"丁香，噶蓝夫儿"，（见《北京图书馆古籍珍本丛刊》经部6，第600页）显然与此有关。参见拙著《〈回回馆杂字〉与〈回回馆译语〉研究》，第350页。

中国人很早就知道丁香，古时大臣在向皇帝面奏时，要口含丁香以掩口臭。美国学者薛爱华曾收罗过唐代使用丁香的各种记载（〔美〕薛爱华：《唐代的外来文明》，吴玉贵译，第365页）。宋赵汝适在其书中记曰："丁香出大食、阇婆诸国。其状似'丁'字，因以名之。能辟口气。"又曰："其大者谓之丁香母。丁香母即鸡舌香也。"（冯承钧校注，第109页）明张燮在其著作中对丁香描述说："宋时充贡。《本草》注曰：树高丈余，凌冬不凋，叶似栎而花圆细，色黄，子如丁，长四五分，紫色，中有粗大长寸许，呼母丁香，击之则顺理而拆。"在另一处又写道：丁香"生深山中，树极辛烈，不可近，熟则自堕。雨后洪潦漂出，丁香乃涌涧溪而出，捞拾数日不尽。宋时充贡"。张燮还告诉我们，明时对丁香的进口税为"每百斤税银一钱八分"（张燮著，谢方点校《东西洋考》，第28、45、142页）。参见拙著《〈回回馆杂字〉与〈回回馆译语〉研究》，第425页。（转下页注）

　　诸木：苏木、① 射木、乌木、② 红紫。

　　皮货：沙鱼皮、皮席、皮枕头、七鳞皮。

　　牛蹄角：白牛蹄、白牛角。

　　杂物：黄蜡、凤油子、紫梗、磨末、草珠、花白纸、藤席、藤棒、

（贝八）子、孔雀毛、大青、鹦鹉螺壳、巴淡子。③

　　元人熊太古也在《广州舶船》中记当地番货：

（接上页注）

⑩　明会同馆本《回回馆杂字》"花木门"中有"豆蔻，招子，卜窒"。已故日本本田实信教授
　　指出，其波斯文原字应为جوزبووا（jauz buwā）。这是一个复合词，其第一部分"招子"جوز
　　（jawz）意为核桃、坚果。"袁氏本"《委兀儿译语》"花木门"有"豆蔻，勺兀思"（见
　　《北京图书馆古籍珍本丛刊》经部 6，第 600 页）即此。جوزبووا（jauz buwā），指肉豆蔻。
　　　　中国古代把豆蔻称为"益智子"，用以入药。段成式记道："白豆蔻出伽古罗国，呼为
　　多骨，形如芭蕉，叶似杜若，长八九尺，冬夏不凋。花浅黄色，子作朵，如蒲萄。其子初
　　出微青，熟则变白，七月采。"（《酉阳杂俎》前集卷之一八，《分门古今类事（外八
　　种）》，上海古籍出版社，1991，第 1047~757 页）美国学者薛爱华在其著作中有专条论
　　述唐代文献中有关豆蔻的记载。（《唐代的外来文明》，第 399~400 页）张燮曾提到，豆蔻
　　"树如丝瓜，蔓衍山谷，春花夏实"，并记下了明海关对进口的豆蔻的抽分税率。（张燮著，
　　谢方点校《东西洋考》，第 54 页、第 141~144 页）参见拙著《〈回回馆杂字〉与〈回回
　　馆译语〉研究》，第 426~427 页。

⑪　即胡椒。

①　明会同馆本《回回馆杂字》"花木门"中有"苏木，白干"。已故日本本田实信教授指出，
　　其波斯文原字应为بقم（baqam），即洋苏木、苏方、彩色油漆。《高昌馆译语·花木门》和
　　《高昌馆杂字·花木门》均有"bagham，苏木，把丹"（见《北京图书馆古籍珍本丛刊》
　　经部 6，第 377、427 页），应源于此，唯其音译为"把丹"，可能为"把甘"之笔误。据赵
　　汝适记载，"苏木出真腊国。树如松柏，叶如冬青，山谷郊野在在有之，听民采取，去皮
　　晒干，其色红赤，可染绯紫，俗号窊木"。苏木即红木（张燮著，谢方点校《东西洋考》，
　　第 17 页）。参见拙著《〈回回馆杂字〉与〈回回馆译语〉研究》，第 436 页。

②　明会同馆本《回回馆杂字》"花木门"中有"乌木，阿卜奴思"。已故日本本田实信教授指
　　出，其波斯文原字应为آبنوس（ābnūs），指黑檀木、乌木。《高昌馆译语·花木门》和《高
　　昌馆杂字·花木门》均有"abinus，乌木，阿必努思"（见《北京图书馆古籍珍本丛刊》
　　经部 6，第 377、427 页），应源于此。乌木是柿树属的一种树木所产木材，木质乌黑美观，
　　其中质量最优的是印度和斯里兰卡的无纹理乌木。（《中国伊朗编》，第 313 页；《唐代的外
　　来文明》，第 300 页）乌木又称乌槮木，赵汝适曾描述道："乌槮木似棕榈，青绿丛直，高
　　十余丈，荫绿茂盛。其木坚实如铁，可为器用，光泽如漆，世以为珍木。"（冯承钧校注，
　　第 117 页）《格古要论》提到"乌木出海南、南蕃、云南，性坚，老者纯黑色且脆，间道
　　者嫩"（《新增〈格古要论〉》卷八"叶五"）。中国输入的乌木主要用于制作木器。参见
　　拙著《〈回回馆杂字〉与〈回回馆译语〉研究》，第 436 页。

③　《大德南海志》卷七"宝物"。

广州舶船出虎头门，始入大洋。东洋差近，周岁即回。西洋差远，两岁一回。东洋船有鹤顶、龟筒、玳瑁等物；西洋船有象羊、犀角、珍珠、胡椒等物。其贵细者，往往满舶。若暹国产蘁木，地闷产檀香，其余香货各国皆有之。若沈香，有黄沈、乌角沈，至贵者蜡沈，削之则卷，嚼之则柔，皆树枯其根所结。惟奇南木，乃沈之生结者。犀角有乌犀、花犀、通天犀、（潊）通犀。花犀者，白地黑花；通天犀，黑地白花；（潊）通犀，则通天犀白花中（潊）有黑花，此皆希世之贵也。鹤顶、龟筒、玳瑁见说可合，惟犀角不苟合故公服以玉与犀为带贵，其不苟合之义也。①

海商集中的浙江宋元明代也是来自海外的舶货的集散地，其番货品种花色，在宋《宝庆四明志》和明至正《四明续志》中均有详录，两者区别不大。至正《四明续志》所录"市舶物货"细色者为：

珊瑚、玉、玛脑、水晶、犀角、琥珀、马价珠、生珠（合经抽解）、熟珠（舶务合收税钱）、倭金、倭银、象牙、玳瑁、龟筒、翠毛、南安息、苏合油、槟榔、血竭、人参、鹿茸、芦荟、阿魏、乌犀、腽肭脐、丁香、丁香枝、白豆蔻、芘澄茄、没药、砂仁、木香、细辛、五味子、桂花、诃子、大腹子、茯苓、茯神、舶上茴香、黄芪、松子、榛子、松花、黄熟香、粗熟、黄熟头、速香、沈香、暂香、菱香、虫漏香、役斯宁、蟹壳香、蓬莱香、登楼眉香、旧州香、生香、光香、阿香、委香、嘉路香、吉贝花、② 吉贝布、③ 木棉、三幅布单、番花棋布、毛驼布、④ 袜布、鞋布、吉贝纱、⑤ 胡椒、降真香、檀香、糖霜、苓苓香、麝香、脑香、人面干、紫矿、龙骨、大枫油、泽泻、黄蜡、八角回香、金颜香、朱砂、天竺黄、桔梗、麂香、锉香、鹏砂、新罗漆、笃耨

① 熊太古：《冀越集记》卷上，清乾隆四十七年吴翌凤抄本，清吴翌凤、黄丕烈校并跋。
② 即棉花。
③ 即棉布。
④ 李氏朝鲜汉语教科书《〈朴通事〉谚解》释："毛施布，即本国人呼苎麻布之称，汉人皆呼曰苎麻布，亦曰麻布，曰木丝布，或书作没丝布，又曰漂白布。今言毛施布，即没丝布之讹也，而汉人回丽人之称，见丽布则直称此名而呼之。记书者回其相称而遂以为名也。"（《朝鲜时代汉语教科书丛刊》第1册，第241页。）
⑤ 按，即棉纱。

香、乌黑香、搭泊香、水盘香、肉豆蔻、水银、乳香、喷哒香、龙涎香、栀子花、红花、龙涎、修割香、硇沙、牛黄、鸡骨香、雌黄、樟脑、赤鱼鳔、鹤顶、罗纹香、黄紧香、赖核香、黑脑香油、崖布、绿矾、雄黄、软香、脊蛉皮、三泊、马鸦香、万安香、交趾香、土花香、化香、罗斛香、高丽香、高丽铜器、荜拨、沙鱼皮、桂皮。

而粗色者则为：

红豆、壳砂、草豆蔻、倭枋板柃、木鳖子、丁香皮、良姜、蓬术、海桐皮、滑石、藿香、破故纸、花黎木、射香、掾木、乌木、苏木、赤藤、白藤、螺头、鲈鲇、琼芝菜、倭铁、苎麻、硫黄、没石子、石斛、草果、广漆、史君子、益智、香脂、花黎根、椰子、铅锡、石珠、炉甘石、条铁、红柴、螺壳、相思子、豆蔻花、倭条、倭橹、芦头、椰篁、三赖子、芜荑仁、硫黄泥、五倍子、白术、铜青、甘松、花蕊石、合荤、印香、京皮、牛角、桂头、镶铁、丁铁、铜钱、麂皮、鹿皮、鹿角、山马角、牛皮、牛蹄、香肺、焦布、手布、生布、藤棒、椰子壳、生香粒、石决明、𥱭明、云白香、真炉、黄丁、断白香、暂脚香、画黄、杏仁、历青、松香、磨珠、细削香、条截香。[①]

与前述广州番货相较，这里有不少来自东北亚的商品，如倭金、倭银、人参、鹿茸、松子、榛子、毛施布、桔梗、新罗漆、高丽香、高丽铜器、倭铁、倭橹等。

1. 珠宝

东南洋与印度洋诸地自古产珍珠，称为"南珠"。汪大渊在记苏禄时说："较之沙里八丹、第三港等处所产，此苏禄之珠，色青白而圆，其价甚昂。中国人首饰用之，其色不退，号为绝品。有径寸者，其出产之地，大者已值七八百余锭，中者二三百锭，小者一二十锭。其余小珠一万上两重者，或一千至三四百上两重者。出于西洋之第三港，此地无之。"[②] 他在记沙里八丹（按，今印度东南部）时，又提到：当地"珍珠由第三港来，皆物之所自产

---

① 至正《四明续志》卷五，"市舶货物"《宋元方志丛刊》第 7 册，第 6502～6504 页。
② 汪大渊著，苏继庼校释《岛夷志略校释》"苏禄"条，第 178 页。

也，其地采珠，官抽毕，皆以小舟渡此国互易"。当地富人往往事先收购珍珠，"舶至，求售于唐人，其利岂浅鲜哉"①。

宪宗蒙哥时刘郁奉使伊利汗国，他记波斯湾的采珠过程："其失罗子国出珍珠……采珠盛以革囊，止露两手，腰绲石坠入海，手取蚌并泥沙贮于囊中。遇恶虫以醋噀之即去。既得蚌满囊，撼绲，舟人引出之，往往有死者。"②

珠宝体积小，价值高，便于携带，其贩运的成本要远小于一般贸易货品。从商品的角度讲，它是一种奢侈消费品，使用者是社会上层，贾贩容易获利。回回人利用蒙古贵族掌握大量社会财富的机会，不时将西域珠宝带至汉地，进献给元皇室，以谋取高额回报。《元史》记载至元二十九年（1292）闰六月"庚戌，回回人忽不木思售大珠，帝以无用却之"③。次年二月，"丁酉，回回孛可④马合谋沙等献大珠，邀价钞数万锭，帝曰：'珠何为！当留是钱以赒贫者。'"⑤ 皇庆二年（1313）二月元仁宗"谕左右曰：'回回以宝玉鬻于官。朕思此物何足为宝，唯善人乃可为宝。善人用则百姓安，兹国家所宜宝也。'"⑥ 这几则例子虽然讲的是元世祖与元仁宗拒绝回回人向朝廷进献珍宝，但这正说明回回商人借献宝向蒙元宫廷获取巨额回赐的事经常发生。

2. 纺织品

在元代西域手工业品的消费者主要是蒙元贵族。《元史·舆服志》记载："天子质孙，冬之服凡十有一等，服纳石失（金锦也）、怯绵里（翦茸也）。"⑦ 这里提到的纳石失，元代又写作纳失失，为波斯语 ناسيج（nasīj），释为"金锦"。元代集来自撒麻耳干（Samarqand）的回回工匠于荨麻林⑧，专门织造纳失失。此外还在大都设"别失八里局，秩从七品，大使一员，副使一员，掌织造御用领袖，纳失失等段"。⑨ 而"怯绵里"，则当为波斯语

① 汪大渊著，苏继庼校释《岛夷志略校释》"沙里八丹"条，第275页。
② 刘郁：《西使记》，收于王恽《秋涧集》，《四库全书》本。
③ 宋濂等：《元史》卷十七《世祖纪》，第364页。
④ 屠寄认为"孛可"即后世之"伯克"（《蒙兀儿史记》卷八下注）。
⑤ 宋濂等：《元史》卷十七《世祖纪》，第371页。
⑥ 宋濂等：《元史》卷二十四《仁宗纪》，第555页。
⑦ 宋濂等：《元史》卷七十八《舆服制》，第1938页。
⑧ 今河北张家口洗马林。
⑨ 宋濂等：《元史》卷八十五《百官志》，第2149页。

كملى（kumlī），《元史》释为"翦茸"，今意为粗毛织物。

《舆服志》还记载："夏之服凡十有五等，服答纳都纳石失（缀大珠于金锦）……"① 这里提到的"答纳都纳石失"或为阿拉伯语 دانه الناسيج（dāna al- nasīj）。"答纳"دانه（dāna），在波斯语中意为颗粒、珠子。元代汉文史料中屡言回回人贩售大珠，当即指此。

《舆服志》还记载元帝的服装中有"青速夫金丝阑子（速夫，回回毛布之精者也）"②。"速夫"乃阿拉伯语 صوف（sūf）的音译，此言羊毛、粗毛织品。明会同馆本《回回馆杂字》"衣服门"有"梭甫，苏付"。已故日本学者本田实信已指出，应为 صوف（sūf）。阿波文库本注音为"速伏"。③ 本田氏校正文本注音为"苏伏"。④ 这种毛织品陈诚和李暹在《西域番国志》中提到过，称为"锁伏"，并形容它"一如纨绮，实以羊毛"。

《岛夷志略》中还多处提到"西洋布"或"西洋丝布"，⑤ 这种"西洋布"与《真腊风土记》中所记"来自西洋"的布，⑥ 应当都是马八儿一带出产的纺织品。开封犹太人祖先向北宋朝廷"进贡"的"西洋布"，与元代《岛夷志略》等书中提到的"西洋布"应当是同一种产品。

3. 青花颜料

明代大兴的青花瓷，系在高岭土胎上以含钴颜料描花烧成。即所谓"我明有永乐窑、宣德窑、成化窑，则皆纯白，或回青、石青画之，或加彩色。宣德之贵，今与汝敌，而永乐、成化亦以次重矣。秘色在当时已不可得，所谓内窑，亦未见有售者"⑦。生产青花瓷的钴料，元时代称"回回青"，曾被当作一种矿物类药物。元人忽思慧提到："回回青味甘寒，无毒，解诸药毒，可傅热毒疮肿。"⑧ 据明人黄省身的《西洋朝贡典录》记载，此物出自苏门答腊。

---

① 宋濂等：《元史》卷七十八《舆服制》，第 1938 页。
② 宋濂等：《元史》卷七十八《舆服制》，第 1938 页。
③ 胡振华、胡军：《回回馆译语》，中央民族大学东干学研究所，内部印刷，无出版年代，第 88 页。
④ 〔日〕本田实信：《回回馆译语に就いて》（《论〈回回馆译语〉》），《北海道大学文学部纪要》第 11 期，1963，第 173 页。
⑤ 〔日〕本田实信：《回回馆译语に就いて》，第 38、133、209、240 页。
⑥ 周达观著，夏鼐校注《真腊风土记校注》"服饰"条，第 76 页。
⑦ 顾起元：《说略》卷二三，民国金陵丛书本。
⑧ 《饮膳正要》卷三，明景泰七年内府刻本。

4. 珍奇异兽

番国使臣或番商时常将珍奇动物运至元境，作为礼物进呈，《元典章》中提及"多有海外诸番进呈狮、象、虎、豹、汉马、犀牛、猿猴"①。

（1）狮豹

海外向元廷贡献动物较多的是狮豹等猛兽。至元二十八年（1291）八月"咀喃番邦遣马不剌罕丁进金书、宝塔及黑狮子、番布、药物"②。咀喃当即俱蓝，即宋之故临。贡使名称中的后半部分"不剌罕丁"当为阿拉伯语 Burhān al-Dīn，元代又音为不鲁罕丁。元贞二年（1296）正月，《元史》中又有"回纥不剌罕献狮、豹、药物，赐钞千三百余锭"③。这位使臣或许与至元二十六年的马不剌罕丁为同一人。如是，这里的"回纥"即指咀喃。

狮豹等猛兽深受蒙古贵族喜爱，在诸王贵族大宴时，有一项程序为牵出各种猛兽供亲贵们欣赏。元末人陶宗仪记载：

> 国朝每宴诸王大臣，谓之大聚会。是日，尽出诸兽于万岁山，若虎豹熊象之属，一一列置讫，然后狮子至，身才短小，绝类人家所蓄金毛猱狗。诸兽见之，畏惧俯伏，不敢仰视，气之相压也如此。及各饲以鸡鸭野味之类，诸兽不免以爪按定，用舌去其毛羽。惟狮子则以掌擘而吹之，毛羽纷然脱落。④

豹也用于赏赐蒙古贵族。顺帝时于至正三年（1343）诏木华黎乃蛮台袭国王位，"授以金印，继又以安边睦邻之功，赐珠络半臂并海东名鹰、西域文豹，国制以此为极恩"⑤。但蒙古贵族的这种喜好是建立在耗费大量金钱的基础上的。从海外输入的狮豹等猛兽，单是从东南沿海港口运抵大都，沿途的消耗就是极为惊人的。《元典章》专列《应副豹子分例》一条，提到：

① 陈高华等点校《元典章》卷三六《兵部》三《押运》，"不须防送粗重物件"条，第1294 页。
② 宋濂等：《元史》卷十六《世祖纪》，第350 页。
③ 宋濂等：《元史》卷十九《成宗纪》，第402 页。
④ 陶宗仪：《南村辍耕录》卷二四，中华书局，1980。
⑤ 宋濂等：《元史》卷一三九《乃蛮台传》，3352 页。

　　大德六年（1302）五月□日，江西行省准中书省咨：

　　据通政院呈："准致用院咨：'备宣使阿里呈，回帆舶船附载使臣阿密、忽三马丁等进呈豹子。宣使阿里呈说：有马合麻等管押豹子赴北，日要无骨肉七斤，折要中统钞八两五钱。遇夜宿顿，又要肉一十四斤。今后遇有起发豹子，行移有司，每豹子一个，日夜止应付带骨肉七斤。咨请照验。'准此。"送据户部呈："备大都运司中：'照得旧例：分付金钱豹每一个，日支羊肉七斤；大土豹每一个，日支净羊肉四斤；小土豹每一个，日支净羊肉三斤。自来遇夜不曾应付肉货及折钞两体例。'本部参详，今后如遇起发豹子沿路食肉，若准大都运司所申应付相应，具呈照详。"都省合行咨请照验施行。①

（2）花驴

海外进献的奇兽中还有一种称为花驴的动物。元人曹伯启遇见过海外贡使运送"花驴"赴京，并曾以《海外贡花驴过》为题写了四首有关贡献花驴之诗，诗云：

　　当年老鹤快乘轩，犹逊花驴食万钱。昨夜灯前成独笑，痴儿方诵旅獒篇。

　　航海梯山事可疑，眼前今日看瑰奇。布韦且莫怀孤愤，秋菊春兰自一时。

　　天地精英及海隅，兽毛文彩号花驴。同来使者如乌鬼，还责中原礼法疏。

　　行台飞檄敬来王，多少饥膏委路傍。忽见狂人鞭老骥，眼眵成滴背成疮。②

他了解到这种"梯山航海"运至元境的动物身带文彩，护送的使臣肤

---

① 陈高华等点校《元典章》卷十六《户部》二《官吏》"应副豹子分例"条，第570页。
② 曹伯启：《曹文贞诗集》卷八，七言绝句，至元四年曹复亨刊本，南京图书馆藏。

色很深，还知道运输这种动物的过程中，每日饲料就需"万钱"。《元史》记载，至元二十六年（1289）"马八儿国进花驴二"①。世祖朝末期，曹伯启适为壮岁，他所遇见的或许就是这次进贡。

花驴又称为"花福禄"或"福禄"。明人戴冠曾提到："福禄似驴而花纹可爱，出忽鲁谟斯等国。"②《皇明象胥录》在记位于东非索马里一带的卜剌哇时，提到"福禄状如花驴，永乐中尝遣使朝贡"③。明人田艺蘅还特别记载："福禄，番人本名福俚，状如驴骡，花纹黑白交错，莹净可爱，异他兽，出忽鲁谟斯等国，王绘图所不载者。"④ 从上述作者所描述的体态上看，这种"花驴"应当是斑马。

（二）输出品

元人周达观曾从元使至真腊，他曾长时间、近距离地观察了当地的社会与生活。据他记载，真腊权贵出入用轿及伞，"伞皆用中国红绢为之"⑤。人"欲得唐货"有"真州之锡蜡，温州之漆盘，⑥ 泉处之青瓷器，⑦ 及水银、银朱、纸札、硫黄、焰硝、檀香、草芎、白芷、麝香、麻布、黄草布、雨伞、铁锅、铜盘、水朱、桐油、篦箕、木梳、针。其粗重则如明州之席。甚欲得者则菽麦也，然不可将去耳"⑧。当地百姓"盛饭用中国瓦盘或铜盘……地下所铺者明州之草席……近又用矮床者，往往皆唐人制作也"⑨。

其他元境输出品有：纺织品，如五色绢、⑩ 诸色绫罗段匹；⑪ 各种陶瓷

① 宋濂等：《元史》卷十五《世祖纪》，第 329 页。
② 戴冠：《濯缨亭笔记》卷九，明嘉靖二十六年华察刻本，清丁丙跋，南京图书馆藏。
③ 《皇明象胥录》卷五，明崇祯刻本。
④ 田艺蘅：《留青日札》卷二九，明万历三十七年徐懋升刻本，南京图书馆藏。
⑤ 周达观：《真腊风土记》，"官属"条，第 92 页。
⑥ 王士性所撰之《广志绎》在提及"天下马头物所出所聚处"时，与"温州之漆器"并举的是"苏、杭之币，淮阴之粮，维扬之盐，临清、济宁之货，徐州之车骡、京师城隍、灯市之骨董，无锡之米，建阳之书，浮梁之瓷，宁、台之鲞，香山之番舶，广陵之姬"（清康熙十五年刻本，北京图书馆，卷一）。可见温州漆器之闻名。
⑦ 应指德化窑器。
⑧ 周达观：《真腊风土记》，"欲得唐货"条，第 148 页。
⑨ 周达观：《真腊风土记》，"器用"条，第 165～166 页。
⑩ 这种纺织品在南亚次大陆广受欢迎，汪大渊记载，在印度"土塔""贸易之货，用糖霜、五色绢、青缎、苏木之属"；在小俱南（即卡里卡特）贸易用"五色缎"；在朋加剌（今孟加拉国）"贸易之货，用南北丝、五色绢缎"等。
⑪ 汪大渊记载，在交趾"贸易之货，用诸色绫匹帛、青布、牙梳、纸札、青铜、铁之类"。

器等。在陶瓷制品中最受海外居民欢迎的一是"青白花碗"或"青白花器"，① 浙江处州瓷。这种青瓷器当时在海内外均称为"处瓷"②、"处器"③、"处州磁水缸"等。这种瓷器即龙泉青瓷。明人曹昭辑、王佐增补之《新增格古要论》收有《古龙泉窑》条，其中曰"古龙泉窑，在今浙江处州府龙泉县，今曰处器、青器、古青器。土脉细且薄，翠青色者贵，有粉青色者。有一等盆底有双鱼，盆外有铜掇环。体厚者不甚佳"。④

从长时段历史来，有元一代，海外贸易的发展成为后来明初郑和元船的重要物质基础。

Overseas Trade in Yuan China

Liu Yingsheng

Abstract：This paper starts with the discussion of the beginning of the Yuan overseas trade shortly the Song was taken over, and the Yuan official institutions responsible for foreign trade the regulations issued by them. Then the author focuses on the Yuan trade partner nations and regions, as well as the navigation lines followed by Chinese ships when sailing to Southeast Asia and the Indian Ocean area from China's coast. The paper describes the lists of the imported goods kept in the sources like *Nanhaizhi* of the Dade regime, *Guangzhouzhi* and *Shiming Xuzhi* compiled in the Zhizheng period and as well as the exported goods of Yuan China.

Keywords：East-West Communication；South China Sea；Indian Ocean；Medieval China；Foreign Trade

（执行编辑：周鑫）

---

① 汪大渊多次提及交易用"青白花碗"或"青白花器"。

② 如元人姚燧有诗题为《谢马希声处瓷香鼎》，《牧庵集》卷三十三；汪大渊在记旧港时，提到贸易之货中有处瓷。

③ 汪大渊在记苏禄时，提到贸易之货中有"处器"，在记花面国时，提到交易用"青处器"。

④ 曹昭辑，王佐增补《新增格古要论》卷七，中国书店影印本，无影印出版年代。

明代朝鲜赴华使臣私人贸易

马　光*

　　明朝建立不久，便厉行海禁，禁止民间海外贸易，原则上只允许朝贡贸易。然而，由于明朝与朝鲜①有着密切的宗藩关系，为显示大国威仪，笼络朝鲜，明政府特意格外开恩，允许朝鲜在朝贡贸易之外，从事民间贸易活动。明朝对朝贡贸易的次数、数量有着严格的规定，故其贸易额有限，而朝鲜贡使私人贸易因受限较少，反而成为两国贸易的主要形式之一。

　　有关中国与朝鲜半岛的贸易类型，学者多有不同的阐释。全海宗指出，唐宋元时期，中国与朝鲜半岛的贸易可分为官贸易、附带贸易、公认民间贸易、秘贸易等类型。张海英将明清中国与朝鲜贸易划分为官方贸易和私人贸易两大形式。侯馥中将明代中国与朝鲜贸易细分为贡赐贸易、明朝官方和买贸易、使臣贸易、民间贸易等形式。② 明朝与朝鲜之间的贸易类型，彼此之间多有交叉重叠，颇为复杂，为便于理解，笔者将之大致分为官方贸易、使臣私贸和民间贸易三种。以往学者在研究东亚关系时，对朝贡制度与贡赐贸易关注较多，相关成果汗牛充栋，然而对朝鲜赴华使臣的私人贸易，却

*　作者马光，山东大学历史文化学院教授。
　本文为国家社会科学基金后期资助项目（18FZS052）的阶段性成果。

① 本文为叙述简便起见，有时会将高丽（918～1392）、朝鲜（1392～1910）两个不同王朝均称为"朝鲜"，即代表朝鲜半岛。除特别声明外，文中月份均为阴历。

② 全海宗：《中世纪韩中贸易形态初探——侧重考查公贸易和秘贸易》，《中韩关系史论集》，全善姬译，中国社会科学出版社，1997，第243～249页；张海英：《14～18世纪中朝民间贸易与商人》，《社会科学》2016年第3期；侯馥中：《明代中国与朝鲜贸易研究》，山东大学博士学位论文，2009。需要指出的是，有关"秘贸易"，全海宗原韩文论文、古籍及日韩论著，通常写作"密贸易"。

着墨不多。① 朝鲜使臣为什么热衷于私人贸易活动？私贸的物品都有哪些，对朝鲜有什么影响？私人贸易与朝贡贸易是什么关系？这些都是亟待深入研究的问题。揭示这种隐秘于传统叙事之外的特殊贸易，有助于我们从多角度、多层次理解明代中朝关系。

一　潜赍禁物，暗行买卖

明朝初建之时，洪武元年（1368）十二月，明太祖"遣使颁诏报谕安南、占城、高丽、日本各四夷君长"，传达了明王朝欲与诸国通好的信息。② 洪武二年四月，明太祖遣符宝郎偰斯颁赐即位诏书给高丽恭愍王。③ 不久，明朝发现了从高丽流亡到中国的 165 位流民，明太祖便决定派遣专使护送这些高丽流民回国。④ 洪武三年五月，明太祖遣偰斯持高丽王印至高丽，册封恭愍王为高丽国王。七月，恭愍王下令开始正式使用洪武年号，以示臣服。至此，两国的宗藩关系正式建立。⑤

洪武早期，明朝便已开始实行海禁政策，片帆寸板不许下海，但允许国外朝贡使团来华。作为明朝藩属国，朝鲜与明朝往来频繁，每年圣节、正旦、皇太子千秋节，"皆遣使奉表朝贺，贡方物，其余庆慰谢恩无常期"⑥。事实上，除了这些常规性的朝贡活动之外，朝鲜还有很多临时性的赴明活

① 朝鲜赴华使团成员，不但包括"三使"，亦包括译官、医官、护送军、随从及混入使团队伍中的商人。因从事私人贸易的主要是使臣，朝鲜禁令（如《入朝使臣驮载之法》等）也主要是针对使臣，故本文以"使臣"泛指朝贡使团。朝鲜赴华使臣私人贸易的相关主要研究成果有：张士尊《明代辽东边疆研究》，吉林人民出版社，2002，第 477~491 页；刁书仁《明代朝鲜使臣赴明的贸易活动》，《东北师大学报》（哲学社会科学版）2011 年第 3 期；刘喜涛《封贡关系视角下明代中朝使臣往来研究》，黑龙江人民出版社，2015，第 160~176 页；구도영：《16 세기 한중무역 연구：혼돈의 동아시아, 예의의 나라 조선의 대명무역》，태학사，2018。

② 吴朴：《龙飞纪略》卷四，北京图书馆藏明嘉靖二十三年（1544）吴天禄等刻本，《四库全书存目丛书·史部》第 9 册，齐鲁书社，1996，第 533 页。

③ 《明太祖实录》卷三七，洪武元年十二月壬辰，"中研院"历史语言研究所，1962（以下《明实录》均采用该版本），第 749~750 页；《世家卷第四十一·恭愍王四》，恭愍王十八年四月壬辰，《高丽史》卷四一，首尔奎章阁藏本，第 24 页。

④ 《世家卷第四十一·恭愍王四》，恭愍王十八年六月丙寅，《高丽史》卷四一，第 25 页。

⑤ 范永聪：《事大与保国——元明之际的中韩关系》，香港教育图书公司，2009，第 107~108 页。

⑥ 万历《大明会典》卷一〇五《礼部六十三·朝贡一·东南夷上》，哈佛大学图书馆藏，第 2 页。

动，即"别贡"，时间并不固定，"或前者未还而后者已至"，而且贡品也是多种多样。① 据统计，1369~1398 年，朝鲜半岛向明朝朝贡达 99 次，平均每年 3 次以上。② 1392~1450 年，朝鲜派出了至少 391 个赴华使团，平均每年约 7 次，较以前更为频繁。③

朝鲜使团赴华，一为政治交往，二为经济贸易。其经济贸易主要可以分为两种：贡赐贸易、使臣私贸。所谓贡赐贸易，简而言之就是作为臣属的朝鲜，为表现其事大之心，派遣使臣携带官方贡品入明朝贡，而明朝为体现天朝上国的优越性，通常会给予朝鲜丰厚的回赐，并允许在指定地点进行公贸易。朝鲜贡使除了进献官方贡品之外，往往还会携带很多的私人货物，"所贡者一乘矣，而借名十乘，所贡者十乘矣，而借名数十乘"④，在中国进行私人贸易。明朝对于朝贡贸易的次数、数量有着严格的规定，其贸易额有限，而私人贸易因受限较少，反而成为两国贸易的主要形式。⑤

明朝与朝鲜的官方往来路线经过了多次的变化。洪武早期，因东北地区尚处于纳哈出等蒙古残余势力的控制之下，颇不安定，前往明朝的高丽使臣无法借道辽东，故只能借助海道入贡。洪武元年至洪武七年五月，高丽使臣主要是横渡黄海至江苏太仓港，然后到达京城南京。洪武七年之后，高丽入明主要经辽东、山东半岛，然后赴南京，因当时中朝关系和辽东局势不稳定，高丽使臣曾多次被辽东守官拦截。洪武二十一年之后，辽东局势稳定，辽东、山东半岛通道才真正开始畅通。永乐十八年（1420），明朝迁都到北京之后，朝鲜使臣入明路线转为经辽东、山海关再到北京，很少再迁回经由山东。⑥

① 严从简：《殊域周咨录》卷一，中华书局，2000，第 19 页。
② 张辉：《韩半岛与洪武朝的通使》，《韩国研究论丛》2002 年第 9 辑，第 362~374 页。
③ Donald N. Clark, "Sino-Korean Tributary Relations under the Ming," in Denis Twitchett, John K. Fairbank, *The Cambridge History of China*, Vol. 8, Cambridge: Cambridge University Press, 1998, p. 280.
④ 《光海君日记》卷二五，光海君二年二月四日，东京学习院东洋文化研究所 1953~1967 年影印本（原书名为《李朝实录》，以下朝鲜王朝实录均采用该版本），第 2 页。
⑤ 刁书仁：《明代朝鲜使臣赴明的贸易活动》，《东北师大学报》（哲学社会科学版）2011 年第 3 期。
⑥ 有关明代中国与朝鲜半岛官网交通路线的研究论文主要有：陈尚胜《明朝初期与朝鲜海上交通考》，《海交史研究》1997 年第 1 期；杨雨蕾《明清时期朝鲜朝天、燕行路线及其变迁》，《历史地理》2006 年第 21 辑；林基中《17 世纪的水路〈燕行录〉与登州》，陈尚胜主编《登州港与中韩交流国际学术研讨会论文集》，山东大学出版社，2005，第 143~157 页；孙卫国《朝鲜入明贡道考》，北京大学韩国学研究中心编《韩国学论文集》第 17 辑，2009，第 25~38 页。

　　会同馆是外国朝贡使臣进行贸易活动的官方地点，"凡交通禁令，各处夷人朝贡领赏之后，许于会同馆开市三日或五日，惟朝鲜、琉球，不拘期限"①。通常情况下，明朝政府对会同馆贸易时间有一定的限制，但对朝鲜和琉球却格外开恩，不限日期，这就大大方便了朝鲜使臣的贸易。明朝中前期不但允许朝鲜使臣携带私货来华进行贸易，而且还在税收上给予较多优惠。② 早在洪武三年，明朝中书省大臣就注意到高丽使臣入贡之时，"多赍私物货鬻"，又携中国物品出境，便奏请对高丽使臣私人交易的货物进行征税，并禁止携带中国货物出境。然而，明太祖却认为高丽使臣"跋涉万里而来，暂尔鬻货求利，难与商贾同论"，因此并未批准中书省的奏议，而是"听其交易，勿征其税"。③ 洪武四年三月，中书省大臣奏称，高丽郎将李英等人"因人朝贡，多带物出境"，请禁止，明太祖再次"诏勿禁"。④ 九月，高丽海船到太仓朝贡，除贡品外，还携带有其他商品，户部奏请征税，明太祖依然"诏勿征"。⑤ 洪武十九年，明太祖召见高丽使臣郑梦周时曾下达口谕：

　　　　恁那里人，在前汉唐时节，到中国来，因做买卖，打细又好，匠人也买将去。近年以来，悄悄的做买卖，也不好意思。再来依旧悄悄的买卖呵，拿着不饶你。如今，俺这里也拿些个布匹、绢子、段子等物，往那耽罗地面买马呵，恁那里休禁者。恁那里人也明白将路引来做买卖呵，不问水路、旱路，放你做买卖，不问辽阳、山东、金城、太仓，直到陕西、四川，做买卖也不当。这话恁每记者，到恁那国王、众宰相根

① 万历《大明会典》卷一〇八《礼部六十六·朝贡四·朝贡通例》，第29页。
② 有关会同馆相关的研究，可参考魏华仙《论明代会同馆与对外朝贡贸易》，《四川师范学院学报》（哲学社会科学版）2000年第3期；王静《明朝会同馆论考》，《中国边疆史地研究》2002年第3期；王建峰《明代会同馆职能考述》，《兰州大学学报》（社会科学版）2006年第5期；刘晶《明代玉河馆门禁及相关问题考述》，《安徽史学》2012年第5期；Angela Schottenhammer, "Brokers and 'Guild' (*huiguan* 会馆) Organizations in China's Maritime Trade with her Eastern Neighbours during the Ming and Qing Dynasties," *Crossroads-Studies on the History of Exchange Relations in the East Asian World*, Vol. 1, OSTASIEN Verlag, 2010, pp. 105-106。
③ 《明太祖实录》卷五七，洪武三年十月丁巳，第1116页；《列传第二百八·外国一·朝鲜》，张廷玉等撰《明史》卷三二〇，中华书局，1974，第8280页。
④ 《明太祖实录》卷六二，洪武四年三月乙亥，第1197页。
⑤ 《明太祖实录》卷六八，洪武四年九月丁丑，第1279页。

前说知。①

　　洪武二十二年正月初十日，朱元璋下旨开放辽东通道，让"高丽做买卖去"，"不问成千成万，水路旱路，有明白文印，都家放他通来，由他往江西、湖广、浙江、西番做买卖去"。② 由此可见，明太祖不但派人携带布匹等物到高丽交易，而且还开放沿边沿海甚至四川等地的市场，鼓励高丽人到中国做生意。明成祖继位之后，也同样允许朝鲜人入明贸易。永乐元年七月，明成祖下旨特允朝鲜人来明贸易，"将来布匹等项，从他货买，不要阻当"③。永乐二年四月，明成祖谕令辽东都司，"于镇辽千户所立市，若那里人要将物货来做买卖的，听从其便"④。明朝这种怀柔远人的政策，无疑为后来朝鲜使臣来华贸易提供了便利条件。

　　朝鲜使臣所携带的物品主要为布、马、金银、海产品及本国所产工艺品等，从中国购买的物品主要是中药材、纱罗绫缎、书籍、弓角、铅、铁、绿矾等。朝鲜使臣在中国贸易的地点主要是京师（前期是南京，中后期是北京），此外，沿途的辽东、山东等地也是其私下贸易的重要地点。

　　辽东紧邻朝鲜，通常也是赴华使臣进行私下贸易的第一站。朝鲜使臣在辽东贸易的物品主要有真丝、彩缎等，⑤ 有时也会购买一些辽东梨、葡萄、橙丁等水果，以满足沿途日常生活所需。⑥ 朝鲜司译院官员奉使辽东之时，常伙同商人，携带大量布匹，在辽东等地私下贩卖。⑦ 有些译官为了贸易，到辽东后竟假装生病，然后滞留在辽东私下贸易弓角。⑧ 朝鲜太宗时期，一些富商大贾，携带大量商品到鸭绿江，贿赂护送军，冒名顶替，偷偷到辽东做买卖。⑨ 除公贸易物品外，贡使每年私赍的布物有时多达七八千匹。朝鲜义州官奴军民，赴京之时，多收受汉城和开城府商贾的布物，私下在辽东贸

①　《列传第四十九·辛禑四》，禑王十二年七月，《高丽史》卷一三六，第7页。
②　《朝鲜太宗实录》卷六，太宗三年九月甲申，第13页。
③　《朝鲜太宗实录》卷六，太宗三年九月甲申，第12页。
④　《朝鲜太宗实录》卷七，太宗四年四月戊子，第14页。
⑤　《朝鲜中宗实录》卷九，中宗四年八月戊子，第15页。
⑥　苏世让：《阳谷赴京日记》，林基中编《燕行录全集》第2册，首尔东国大学校出版部，2001，第399页；李尚吉：《朝天日记》，林基中编《燕行录全集》第9册，第184页。
⑦　《朝鲜世宗实录》卷十三，世宗三年八月癸巳，第2页。
⑧　《朝鲜明宗实录》卷十九，明宗十年八月乙酉，第18页。
⑨　《朝鲜太宗实录》卷十一，太宗六年正月己未，第3页。

易，以换取明朝物品。① 类似例子，不胜枚举，足见朝鲜使臣在辽东贸易之盛。

明初，山东半岛是朝鲜使臣往返中朝两国的主要通道，同时也是朝鲜使臣进行私下贸易的重要区域之一。高丽使臣从事私下贸易活动可从金甲雨（？～1374）盗卖贡马事件窥得一斑。洪武六年，高丽派遣使臣金甲雨前往中国进献良马50匹。在采办马匹的过程中，因贡马多有死亡，故高丽多加运了1匹马，以防万一。九月，金甲雨到达定海县后，看到多余1匹马，便"诡诈生谋，欲将官马作己马献东宫，贪图回赐"。十月到南京后，金甲雨被告知不能将自己的马进献东宫。金甲雨在回国途中，便在山东莱州将马卖掉，换取了生绢5匹、木绵4匹、红绫丝衲袄1件，作为己用。后东窗事发，金甲雨因犯"僭行献礼，盗卖贡马，虚诳朝廷"之罪，被论处死刑。② 金甲雨在莱州的贸易涉及马、生绢、木绵、衣物等。金甲雨之所以敢以马易物，应为当时的风气使然。因他贩卖的是贡马，且又犯下了欺君大罪，所以被处以极刑。若他贩卖的是普通商品，很可能就免遭极刑了。

1392年五月，高丽王府急需中国药材等物，遂派金允源等人分乘两艘海船，到山东青州府等地采购药材。③ 同年，李居仁在奉命出使明朝时，④借机"暗行贸易"，购买了一批中国货物。返程经过莱州之时，他所购得的缎子却被人盗走。李居仁将之归罪于随行的金夫介、李仁吉等人，勒令他们赔偿。回到朝鲜之后，李居仁依然愤怒不已，为解心头之恨，他又将李仁吉囚禁于随州，致其病死。李居仁被盗的缎子应该较多，损失惨重，否则他也不会如此恼怒，以致置人于死地。⑤ 此例，从侧面反映出当时的私人贸易之盛。

二　唐物风靡，争尚奢华

朝鲜使臣购求的明朝物品，大部分都是朝鲜王公贵族的必需品，还有一些则是普通百姓的日常所需。朝鲜大臣鱼世谦（1430～1500）称，铅铁都是

---

① 《燕山君日记》卷三六，六年二月丙申，第16页。
② 《金甲雨盗卖马罪名咨》，崔世珍《吏文》卷二，日本东洋文库藏抄本，第25～32页。
③ 《朝鲜太宗实录》卷六，太宗三年九月甲申，第13页。
④ 《朝鲜太祖实录》卷二，太祖元年九月乙卯，第1页。
⑤ 《朝鲜太祖实录》卷七，太祖四年正月癸卯，第1页。

朝鲜所需要的重要物资，纱罗绫缎是宰相礼服所需，"似难痛禁"。① 朝鲜中宗也坦言："唐物一切不用，亦难矣"，② 弓角、书册、药材等物品，"不得已贸于上国"，其他如朝臣宴享，戎服表衣，如果不从明朝进口，国内根本没有替代品。③

　　冷兵器时代，牛角弓箭为重要的杀伤性武器之一，而其制作材料常需用牛角。朝鲜所产牛角极其稀少，朝鲜成宗（1469～1494）以前，制造弓箭所需的弓角主要通过私贩从明朝购入。明成化年间（1465～1487），建州女真人不断侵扰辽东，为加强防备，明朝对弓角等军需物资的管控由松趋严，导致朝鲜通过私贩手段无法获取足够的弓角。1475 年，朝鲜赴明使臣称，之前买卖弓角较易，但近来因明朝禁令甚峻，已无法购求，只得无功而返。④ 1477 年正月，朝鲜使团中的伴送人员金智，途中遇到明朝校尉抓捕弓角人，怀疑金智"必知情"，遂将他一同囚禁起来。翌日，此事上奏朝廷，成化帝认为朝鲜为礼仪之邦，遂下令释放金智。⑤ 二月，朝鲜通事芮亨昌随使团赴明，想趁机购买大量弓角，让牙侩分载四车运到通州交易，不料在途中却被明朝官兵发现，货物充公，牙侩充军。⑥ 由此可见，购买弓角，已是困难重重。为此，1477 年八月，朝鲜遣使，特向明朝奏请购求弓角：

> 窃惟小邦，北连野人，南邻岛倭，堤备小疏，辄肆凶犷。凡干兵械，务要精备。况又五兵之用，长兵为最。然而弓材所需牛角，自来本国不产，专仰上国。目今例，比达子、女真严加禁约，不许收买。……但念小邦世作东藩，捍卫天朝。弓角一事，军需所系至重。不获已，敢此吁呼？伏望圣慈，特许收买弓角，不胜至愿。⑦

　　鉴于朝鲜的忠诚表现，明朝认为"不可以夷虏待之"，故决定特许朝鲜每年可收买 50 副弓角。然而，区区 50 副的配额显然不能满足朝鲜的需求。为此，朝鲜又请求增加配额。1481 年二月，明朝同意每年增加 150 副，即

---

① 《朝鲜成宗实录》卷二五七，成宗二十二年九月癸卯，第 19 页。
② 《朝鲜中宗实录》卷三二，中宗十三年三月癸卯，第 21 页。
③ 《朝鲜中宗实录》卷三二，中宗十三年四月癸巳，第 63 页。
④ 《朝鲜成宗实录》卷五六，成宗六年六月辛巳，第 4 页。
⑤ 《朝鲜成宗实录》卷七五，成宗八年正月丙辰，第 18 页。
⑥ 《朝鲜成宗实录》卷七六，成宗八年二月癸酉，第 2 页。
⑦ 《朝鲜成宗实录》卷八三，成宗八年八月庚申，第 20 页。

总量为 200 副。① 尽管如此，弓角仍供不应求，朝鲜只得私下购求弓角。1488 年，朝鲜通事李郁、庚思达等人借出使中国之际，在北京私自购买弓角 50 对，却被人告发。锦衣卫将李郁等人囚禁，并将此事上奏孝宗皇帝。考虑到朝鲜对弓角的需求，孝宗皇帝格外开恩，特下诏赦免其罪。② 1515 年八月，面对弓角匮乏的问题，朝鲜君臣商议如何解决。尽管"奏请之外，别有潜贸之事"，但为国防安全考虑，朝鲜决定对私贸弓角不加禁止。③

朝鲜使臣的私下贸易，有时还受到朝鲜宫廷的特许与指使。永乐元年四月，因朝鲜国王急需药材，便派李贵岭前往明朝奏请将布匹来换药材。明成祖遂无偿赏赐 18 味共 82 斤 8 两药材给朝鲜，并允许其自由贸易。④ 永乐三年正月，因急需中国药材，朝鲜太宗便命令医官借朝贡之机到中国购买药材，"自今每当使臣入朝之时，以医员一人，于押物打角夫中差遣，贸易药材"⑤。

明朝的产品不仅是朝鲜上层社会的必需品，而且也逐渐成为普通民众生活中不可或缺的重要消费品。正如朝鲜谏官所言："近来奢侈日甚，利源日开，至于婚事，非异土之物拟不成礼。卿士大夫争尚奢华，厮隶下贱，亦用唐物。"⑥ 更重要的是，朝鲜国王自身需要通过贸易来获取明朝商品，"自上亦有贸贩之物焉"。在这样的形势之下，即使是"国家禁之以重典，亦不得禁也"，朝鲜根本无法强行制止使臣在明朝的私人贸易活动。⑦

朝鲜贡使频繁的私下贸易活动，给辽东军民带来了极大负担，以致后者抱怨"我辈之不生活，专由迎送汝国之人"⑧，同样也引起了明朝的不满："汝国使臣之数来者，只为买卖，安有事大之诚乎？"⑨ 明朝认为"朝鲜假称礼仪，频频往来，其实则以兴贩为利也"，并非真心实意地朝贡。⑩ 其实，朝鲜也深知朝臣赴明私下贸易给朝鲜带来的不良影响：

---

① 《明宪宗实录》卷二一二，成化十七年二月丙寅，第 3693 页。
② 《朝鲜成宗实录》卷二一九，成宗十九年八月丁未，第 5 页。
③ 《朝鲜中宗实录》卷三六，中宗十四年八月壬申，第 58 页。
④ 《朝鲜太宗实录》卷五，太宗三年六月甲子，第 29 页。
⑤ 《朝鲜太宗实录》卷十一，太宗六年一月乙未，第 3 页。
⑥ 《朝鲜中宗实录》卷九三，中宗三十五年七月甲寅，第 51 页。
⑦ 《朝鲜中宗实录》卷三二，中宗十三年三月壬寅，第 20 页。
⑧ 《朝鲜中宗实录》卷四六，中宗十七年十月癸巳，第 23 页。
⑨ 《朝鲜中宗实录》卷五一，中宗十九年六月癸亥，第 13 页。
⑩ 《朝鲜中宗实录》卷四九，中宗十八年八月戊申，第 6 页。

迨其入京，下车未几，邀商馆所，争相贸贩，有如肆市。中原之人，咸以吾东方为兴利之国，至于科士之际，发策为题曰：“朝鲜假托礼义，谋利中国，绝之可乎，羁縻可乎？”以臣下贪鄙之故，累及国家，尤可痛也，尤可羞也。①

朝鲜使臣的私下贸易行为，竟然成了科举考试的策论议题，已成为众人皆知的羞事。即使到了明中叶以后，朝鲜使臣赴明私下贸易依然猖獗，“公私纷扰，未有纪极”，负责沿途接待和搬运的明朝官民，苦不堪言。② 鉴于朝鲜使臣私下贸易所带来的一系列严重影响，明朝不得不采取限制措施。嘉靖元年（1522），为防止朝鲜使臣随意出入会同馆而到馆外进行私下贸易，明朝开始对其实行严格的门禁制度，一直持续到万历年间。③ 1535 年九月，嘉靖帝“诏遣通事序班一人，护送朝鲜国使臣出境，自后岁以为常，防其夹买私货也”④。自明朝采取限制措施之后，朝鲜使臣的私贸活动才有所收敛，但并未从根本上禁绝。1557 年，朝鲜言官黄琳奏称：因赴京使臣私贸贻辱国家，故朝廷严立法禁，惩罚犯罪者，但仍有不少通事勾结义州、辽东等地商民，潜赍禁物，私下贸易。他认为，要想从根源上解决问题，需要停止公贸，禁用奢华的唐物：

> 黄琳曰：“若无公贸，则何自而猥滥乎？如药材、书册，则虽贸易，不妨事体，纱罗绫段，虽切于国用，而乡织亦可用之。虽不似唐物之华丽，何害焉？卜驮转输之际，唐人怨咨，至发辱国之言。一切勿为公贸，则可无一路之弊矣。自上躬先俭约，而皆用乡织，则下人自不得用唐物矣。不正其本，而欲防奸得乎？”尹元衡曰：“黄琳之启当矣。不为公贸，则可无弊矣。”⑤

万历三十八年（1610），辽东指挥使给朝鲜的咨文中称：

---

① 《朝鲜中宗实录》卷六六，中宗二十四年八月壬辰，第 9 页。
② 《朝鲜中宗实录》卷六八，中宗二十五年四月乙丑，第 15 页。
③ 《朝鲜中宗实录》卷四四，中宗十七年二月庚辰，第 2 页；李善洪：《明代会同馆对朝鲜使臣“门禁”问题研究》，《黑龙江社会科学》2012 年第 3 期。
④ 《明世宗实录》卷一七九，嘉靖十四年九月甲申，第 3845 页。
⑤ 《朝鲜明宗实录》卷二二，明宗十二年正月丁丑，第 14 页。

尝揣其意，彼以朝贡之途通，而货物得以售厚利，所贡者一乘矣，而借名十乘，所贡者十乘矣，而借名数十乘。驿路私自贸易，一则免税，一则获利，此犹其小也。归则遗赂乞分采缯帛纟丝，连稛而还，甚至焇磺等物，亦密相装载，无可奈何。此卑职春夏治事所目击而切齿者也。①

由此可见，当时仍有不少赴京使臣从事私人贸易。明朝末年，因辽东战乱，交通受阻，朝鲜又重启登州路线，贡使在山东的私人贸易随之又兴盛起来。天启四年（1624）九月，朝鲜使臣因在登州"私货驵侩"，导致朝贡使团延期的事情发生。② 据载，崇祯年间，中、朝"商旅之往来，云集登海商"。③ 崇祯元年（1628），朝鲜使团中留守在登州的水手、译官及杂役人员在登州私下贸易时与当地人发生争斗，致使船只被扣。④ 朝鲜使臣权启出使中国时，因"滥率市井牟利之辈"，私自到中国做生意牟利，于天启四年（1624）被检举揭发，后遭削职处分。⑤ 从这些案例可以看到，直至明末，朝鲜使臣在山东的私人贸易依然活跃。

三　有辱国格，颁令禁止

虽然明政府允许朝鲜贡使进行私人贸易，但是朝鲜政府却多次颁布禁令，禁止使臣的私人贸易行为。朝鲜太宗五年（1405）二月，朝鲜制定《入朝使臣驮载之法》，其中规定："使臣每一驮，不过百斤；土物外金银禁物赍持者，西北面都巡问使考察禁止。如有犯令及奉行不至者，司宪府申请论罪。"⑥ 该法对入明使臣携带的物品做了数量上的严格限制，而且禁止携带金银等禁品，否则将依法论处。次年正月，朝鲜太宗又批准《请禁入朝使臣买卖》：

① 《光海君日记》卷二五，光海君二年二月四日，第4页。
② 洪翼汉：《花浦先生朝天航海录》，林基中编《燕行录全集》第17册，第151页。
③ 《明实录·崇祯长编》卷五五，第3187~3188页。
④ 申悦道：《朝天时闻见事件启》，《懒斋先生文集》卷三，林基中编《燕行录续集》第106册，首尔尚书院，2008，第145页。
⑤ 《朝鲜仁祖实录》卷九，仁祖三年五月丙辰，第12页。
⑥ 《朝鲜太宗实录》卷九，太宗五年二月丙戌，第4页。

金银不产本国，年例、别例进献亦难备办。入朝使臣、从行人等，不顾大体，潜挟金银，且多赍苎麻布。又京中商贾潜至鸭绿江，说诱护送军，冒名代行，至辽东买卖，贻笑中国。今后使臣行次，严加考察，毋得如前。其进献物色及随身行李，依前定斤数外，不得剩数重载。如有犯令现露者，使臣及西北面都巡问使，令宪司痛行纠理，将犯人籍没家产，身充水军。①

尽管这些禁令异常严格，但因巨额利益的引诱，赴明使臣还是不断铤而走险从事私贸活动，不惜以身试法。朝鲜太宗八年正月，朝鲜世子李禔赴明，随行使团中有多人携带违禁品，赴京私下贸易。刑曹佐郎金为民为书状官，私赍苏木，却被行台监察李有喜发现。打脚夫韩仲老在进献方物柜内私藏细布，到中国后，朝廷内使点视方物时，见而诘之。南城君洪恕将所骑的私马卖掉，换取彩绢。最后，这些违禁事件均被发现，涉案的洪恕被革职查办，发配偏远之地，韩仲老受廷杖之责。②

不但使臣从事私贸活动，一些商人也通过贿赂官员，冒充使者，加入使团队伍到辽东私下贸易。朝鲜太宗十六年十月，朝鲜派遣都总制李都芬、府尹李泼分别为正副贺使，出使南京。③ 一行人虽肩负朝鲜外交使命，却在携带贡物之外，多赍布物，恣行买卖。为掩盖其私贸活动，出发之时，李都芬所带货物只有一驮，伴从人合并一驮，但是行至辽东之时，突然增加七驮，所携带的布匹多达上百匹。李泼也携带了相同数量的货物。这些新增的货物，很多是李都芬等人接受商人的贿赂后，让商人偷偷加入使团，赴明从事私贸活动，"或受贾人银丁，或受彩段，仍与率行上国，转输之人多怨焉"④。使团一行人等，每人携带的布"多者至百匹，少者亦不下四五十匹"，只有书状官金沱携带的布最少，但也有十多匹。私人所携带的货物远远超过了所要进献的贡品，明朝礼部见朝鲜携带如此繁多的私人物品，直接张贴告示曰"敢与朝鲜人买卖者有罚"，禁止民众与朝鲜使臣贸易。然而，禁令并没有起到多大作用，"市人持钞易布者甚多"。为了谋取更多

---

① 《朝鲜太宗实录》卷十一，太宗六年正月己未，第3页。
② 《明太宗实录》卷七五，永乐六年正月丙辰，第1029页；《朝鲜太宗实录》卷十五，太宗八年三月戊午，第9页。
③ 《朝鲜太宗实录》卷三二，太宗十六年十月庚申，第19页。
④ 《朝鲜太宗实录》卷三三，太宗十七年五月辛卯，第35页。

私利，副使李泼甚至"身亲行之"。朝鲜统治者认为，朝鲜使臣恣行买卖的行为使明朝"不义我国使臣滥赍布物"，不但有辱使命，且使朝鲜蒙羞甚重。①

后来，东窗事发，李都芬等人受到弹劾。朝鲜太宗十七年四月十六日，一行人等被囚禁受审。② 十八日，太宗国王曾专为"禁赴京贸易事"下旨司宪府曰：

> 赴京使臣之行，谋利人等随赴中国，暗行买卖，致有污辱之名，关系不少。进献方物、路次盘缠、衣服外，杂物并皆没官。其谋利之人及带去马匹，并属各站定役。《元典》所载，而近年考察陵夷，不无暗行买卖泛滥之人。自今赴京行次，如有暗行买卖谋利之人，照律论罪。知非率行使臣及不能考察，平安道都巡问使、义州牧使，以王旨不从论罪，以为恒式。自今赴京使臣，各率自家奴子，毋率他人奴子及兴利商贾人，且命承政院进通事、押物、打角夫等，进献物色、路次盘缠、衣物外，自己杂物及请托之物，如或带去现露，以王旨不从论罪，家产没官。③

按照法律规定，朝鲜朝廷遂将张有信等人的货物一半充公，随从等人的货物全部充公，并将李都芬、李泼等人降职。④ 然而，这些使臣都是太宗所器重的官员，太宗不可能对他们惩罚太重。比如，元闵生（？~1435）"为人巧慧辩给，善华语，上与朝廷使臣语，必使闵生传之，帝亦爱之，赴京则密迩与语，屡赐金帛"，足见太宗对他的认可。因此，在量刑处罚上，太宗坚持宽大处理的原则，"除他事罢职，使副使罢职，亦足知戒矣，其余勿论"。⑤ 不久，这些被罢职的官员，就官复原职。⑥ 可见，朝鲜在处理使臣私贸问题上，并没有过重的处罚，即使是在私贸行为有损国格的情况下，太宗也是迫于各种压力，将犯事者予以宽大处理了事。

---

① 《朝鲜太宗实录》卷三三，太宗十七年五月戊子，第34页。
② 《朝鲜太宗实录》卷三三，太宗十七年四月壬申，第30页。
③ 《朝鲜太宗实录》卷三三，太宗十七年四月甲戌，第30页。
④ 《朝鲜太宗实录》卷三三，太宗十七年五月辛卯，第35页。
⑤ 《朝鲜太宗实录》卷三三，太宗十七年五月乙未，第37页。
⑥ 《朝鲜太宗实录》卷三五，太宗十八年三月壬子，第18页；《朝鲜太宗实录》卷三五，太宗十八年六月辛巳，第64页。

　　朝鲜世宗时期，商人参与使团的私人贸易活动仍然层出不穷。1423 年，汉城府咨文曾指出，一些富商大贾混入赴京使团中，携带大量的苎麻布，甚至还有其他禁物物品，恣行买卖。商人皆为谋利之人，一旦双方发生利益争执，"公然发告，争讼者有之"。富商大贾的加入，无疑扩大了赴明使团的私贸规模，不但干扰了朝鲜社会的稳定秩序，而且影响了朝鲜在中国的名声。因此，有官员建议依照私出外境及违禁下海律法，将富商大贾违禁所得的买卖之物一并没收，以示惩戒。① 世宗虽批准奏议，但实际上并未严格执行。

　　朝鲜的暧昧态度与惩罚不力，使得使臣赴明私贸活动得以继续发展。洪熙元年（1425）二月，明御马监朴实出使朝鲜之时，向朝鲜官员反映朝鲜使臣在明朝的私人贸易活动："朝鲜使臣将布物赴京，即于翼日，分行街里，从便买卖。又坐馆中而欲卖者，市人奔走和卖，故不数日尽卖所赍之物。"② 可见，朝鲜使臣既有在馆中进行贸易者，又有分头进入北京街巷叫卖者，其私下贸易非常红火，不几日就能售完货物。然而，朝鲜贡使沿街叫卖的行为却违反了明律。如前所述，尽管明朝允许各国贡使贸易，但是仅限于会同馆内，并不允许贡使在其他地方进行交易。否则，违者私货没官，未给赏者，减少赏赐之数，以示惩罚：

> 　　俱主客司出给告示，于馆门首张挂，禁戢收买史书，及玄黄、紫皂、大花、西番莲、段匹，并一应违禁器物。各铺行人等，将物入馆，两平交易。染作布绢等项，立限交还。如赊买及故意拖延、骗勒夷人，久候不得起程，并私相交易者，问罪。仍于馆前枷号一个月。若各夷故违，潜入人家交易者，私货入官。未给赏者，量为递减。通行守边官员，不许将曾经违犯夷人，起送赴京。③

　　对于朝鲜使臣的私下贸易行为，明朝官员习以为常，若见其不从事贸易活动，反倒觉得是咄咄怪事。朝鲜判右军都总制府事赵庸（？~1424）受命出使北京时，一直待在会同馆内，不曾踏出馆外半步，也没

---

① 《朝鲜世宗实录》卷二一，世宗五年八月辛未，第 12 页。
② 《朝鲜世宗实录》卷二七，世宗七年二月己未，第 22 页。
③ 万历《大明会典》卷一○八《礼部六十六·朝贡四·朝贡通例》，第 29 页。

有从事贸易活动。此举让明朝礼部官员颇感意外，直夸道："宰相不识买卖，真贤相也。"① 明朝政府十分清楚朝鲜使臣在中国的私下贸易行为，曾一针见血地指出"朝鲜人非为贡献，其实为贸易而来"，② 只是因明太祖曾有"听其交易，勿征其税"的祖制和碍于两国情面，明朝才没有严加管控。

弘治年间（1488~1505），朝鲜使臣在明朝的私贸活动愈演愈烈。1491年九月，朝鲜言官权琉奏称："臣近闻下书义州牧使令检察赴京驮载猥滥。臣意谓虽下书谕之，彼安能检察乎？通事辈多赍物货，私贸唐物，往返之间，平安人马困毙。请痛禁。"③ 1499年，朝鲜尚衣院、济用监及医司所贸易的布物多达4830余匹，一路驮载转输，驿路残弊，民不堪命。一些朝鲜民众为了逃避苦役，偷偷逃亡到辽东东八站。④ 朝鲜使团因驮运大量私人货物，导致"人马困毙"，甚至引发逃人事件，严重影响了官方的朝贡行动，足见私货之多。

然而，贡使能从贸易中获得巨额利益，要想"痛禁"，谈何容易。朝鲜大臣沈浍（1418~1493）直言私贸获利一事："若纱罗绫缎易以转输，如铅、铁、绿矾至重而得利多，故争贸转输。"⑤ 朝鲜使臣出行时的一些随从人员，通常也能从私人贸易中获取巨额利益。例如，朝鲜世宗时，使团译官任君礼（？~1421）"以译语屡使上国，以致巨富"⑥。也有一些朝鲜使臣迫于各方面的压力，不得不进行私下贸易，"时每奉使人还，执政视赂多少，高下其官，或不如欲，必中伤之。以故奉使者，规免其祸，不得不货市"⑦。如若使臣自己不通过私下贸易而获取一些利益的话，那么就难以贿赂上级，获得升迁的机会。1386年六月，朝鲜遣门下评理安翊（？~1410）前往京师贺圣节，密直副使柳和贺千秋。安翊得知如此弊政，不禁流涕太息曰："吾尝以为遣宰相朝聘者，为国家耳。今日乃知，为权门营产也。"⑧

①《朝鲜世宗实录》卷二四，世宗六年六月辛未，第35页。
②《朝鲜中宗实录》卷六八，中宗二十五年四月乙丑，第15页。
③《朝鲜成宗实录》卷二五七，成宗二十二年九月癸卯，第19页。
④《燕山君日记》卷三六，燕山君六年二月丙申，第16页。
⑤《朝鲜成宗实录》卷二五七，成宗二十二年九月癸卯，第19页。
⑥《朝鲜世宗实录》卷十一，世宗三年二月辛亥，第10页。
⑦《列传第四十九·辛祸四》，祸王十二年六月，《高丽史》卷一三六，第6~7页。
⑧《列传第四十九·辛祸四》，祸王十二年六月，《高丽史》卷一三六，第7页。

小　结

　　明朝中前期虽厉行海禁，但禁民不禁官，允许朝贡贸易。因明朝与朝鲜之间的密切关系，明朝特意允许朝鲜官民来华贸易。朝鲜使臣借赴中国朝贡之机，往往会携带大量的私人物品，如布、马、金银、海产品及本国所产工艺品等，在沿途的辽东、山东和京城会同馆进行贸易，并换取明朝商品，如中药材、纱罗绫缎、书籍、弓角、铅、铁、绿矾等，获利颇丰。所购求的这些明朝物品，大部分都是朝鲜王公贵族的必需品，还有一些则是普通百姓的日常所需，给整个社会带来了深远影响。朝鲜使臣的私人贸易行为常常受到明朝士人的讥讽，有损朝鲜国格，故朝鲜不断颁布法令，禁止贡使私人贸易，但因各种利益盘根错节，赴明使臣仍然不断铤而走险从事私贸活动，不惜以身试法，禁令收效甚微。直到明朝灭亡，这种私人贸易行为依然存在。

　　综上观之，以往研究者过多地关注国与国之间的官方朝贡往来，而对使臣本身所从事的私人或走私贸易却缺乏相应的关注。通过对赴华使臣私人贸易的研究，我们可以看到，明朝与朝鲜除了官方朝贡关系之外，还有更多层次的贸易与文化交流。展开多角度、多层次的立体化研究，有助于我们进一步深入理解明代中国与朝鲜之间乃至东亚各国间的复杂关系。

Exploit Tribute Trade for Private Gain: Korean Tribute Missions and Their Private Trade in Ming China

Ma Guang

Abstract: The Ming maritime prohibition policy had a negative influence on commercial activities along the Chinese coasts. However, in order to show its priorities and generosity, Ming specially permitted Koreans to conduct trade in China. There resulted two kinds of trade by Korean embassies in China: tributary trade and private trade. Former scholars have analyzed well on the tributary trade, but few people pay attention to the private or smuggling trade. When Korean tributary envoys went to China, they always carried private cargo, such as cloth, horses, gold, silver, marine products and handicraft articles, and traded with the Chinese in the capital, in Liaodong and Shandong. Koreans mainly purchased Chinese medicine, silk, books, water buffalo horns, lead, iron and copperas. These products were mainly consumed by the Korean court and aristocrats, and to a lesser degree used by the common people. Although the Korean government issued decrees to prohibit private trade many times, they had little effect because these embassies could make huge profits from the trade and Koreans needed Chinese commodities badly.

Keywords：Tributary System；Private Trade；Sino-Korean Relations；Sino-Korean Trade

（执行编辑：申斌）

《明史》所载"中荷首次交往"舛误辨析

李 庆[*]

作为基本史籍,殿本张廷玉《明史》的"外国传"体现了学界对明代中外关系史的基本认知。其中,《和兰传》所记万历二十九年（1601）中国与荷兰首次交往的史事,多为史家所征引、讨论。张维华早在20世纪30年代指出"和兰传"中的"李道"当为"李凤",不过他并未对中荷首次交往的记载做更多订正。[①] 其后,汤纲等在利用殿本《明史》时,误将"税使李道即召其酋入城,游处一月,不敢闻于朝,乃遣还"的史事放置到"麻韦郎事件"之后,认为1604年荷兰人首先在福建遇阻,才转至香山澳,进而游处广州。[②] 1999年,汤开建首次对中荷首次交往的史事展开详细辨析,认为西文史料未载的李凤招引夷酋游处会城一事属实。[③] 这一观点后来也得到林发钦、李庆新等学者的认同。[④] 然而,此说尚有不少疑点,本文拟就此展开进一步讨论,以求证于方家。

---

* 作者李庆,南京大学历史学院助理研究员,研究方向为明清中外关系史、海洋史、天主教史。本文为国家社会科学基金重大项目"澳门及东西方经济文化交流汉文文献档案整理与研究（1500~1840）"（19ZDA206）、中央高校基本科研业务费专项资金资助"明清海上丝路文明的域外文献整理与研究"（010214370113）的阶段性成果。

① 张维华:《明史欧洲四国传注释》,上海古籍出版社,1982,第90~91页。

② 汤纲、南炳文:《明史》下册,上海人民出版社,1991,第1031页。

③ 汤开建:《明朱吾弼〈参粤珰勾夷疏〉中的澳门史料——兼论李凤与澳门之关系》,《岭南文史》1999年第1期;汤开建:《明代澳门史论稿》下卷,黑龙江教育出版社,2012,第539~562页。

④ 林发钦:《明季澳门与荷兰关系研究（1601~1644）》,暨南大学硕士学位论文,2004,第14~17页;李庆新:《明代海外贸易制度》,社会科学文献出版社,2007,第294~300页。

一 夷酋游处会城事为孤证

关于中荷之间的首次交往，殿本《明史》卷三二五《外国六·和兰传》记曰：

> 和兰，又名红毛番，地近佛郎机。永乐、宣德时，郑和七下西洋，历诸番数十国，无所谓和兰者。其人深目长鼻，发眉须皆赤，足长尺二寸，欣伟倍常。万历中，福建商人岁给引往贩大泥、吕宋及咬𠺕吧者，和兰人就诸国转贩，未敢窥中国也。自佛郎机市香山，据吕宋，和兰闻而慕之。二十九年驾大舰，携巨炮，直薄吕宋。吕宋人力拒之，则转薄香山澳。澳中人数诘问，言欲通贡市，不敢为寇。当事难之。税使李道即召其酋入城，游处一月，不敢闻于朝，乃遣还。澳中人虑其登陆，谨防御，始引去。①

正如张维华指出的，清初纂修《明史》，尤侗领纂外国各传，万斯同《明史稿》在其基础上有所损益增删，而后王鸿绪再取万斯同《明史稿》，稍点窜文句，成为张廷玉殿本的主要文本基础。②《和兰传》的演变过程大致遵循了这一文本演化特点。

尤侗《西堂余集·明史外国传》和万斯同《明史稿》记曰：

> 和兰自古不通中国。与佛郎机接壤。时驾大舶横行爪哇、大泥间，及闻佛郎机据吕宋，得互市香山屿（万稿中"屿"作"澳"），心慕之。万历二十九年，忽扬帆濠镜，（万稿增：自称和兰国）欲通贡，墺（万稿中"墺"作"澳"）人（万稿增：欲）拒之，乃走闽。③

王鸿绪《明史稿》记曰：

---

① 张廷玉：《明史》，中华书局，1974，第8434~8435页。
② 张维华：《明史欧洲四国传注释》，《原序》，第1页。
③ 张维华：《明史欧洲四国传注释》，第180页；万斯同：《明史稿》卷四一四《外蕃传二》，《续修四库全书》第331册，上海古籍出版社，2003，第617~618页。

　　和兰，又名红毛番，地近佛郎机。古不知何名。永乐、宣德时，郑和七下西洋，历诸番数十国，无所谓和兰者。其人深目长鼻，须眉发皆赤……和兰人即就诸国转贩……税使李道即召其酋入城，与游处一月，亦不敢闻于朝，乃遣还。澳中人又虑其登陆，力为防御，始引去。①

　　对勘以上数稿，不难发现殿本《明史》"税使李道即召其酋入城，游处一月，不敢闻于朝，乃遣还"一语，不见于尤侗、万斯同所纂稿本，确实乃王鸿绪编纂时所增加，而殿本在王鸿绪稿本的基础上仅变动数字。那么，王鸿绪所增李道招诱夷酋游处会城的文字又出自何处？

　　毋庸置疑，"李道"指的是万历二十七年二月（1599 年 3 月至 4 月）得到神宗委派，领衔"钦差总督广东珠池、市舶、税管盐法太监"的税监李凤。② 早在 1999 年，汤开建先生指出李凤招引夷酋进入广州一事，首记于郭棐的万历《广东通志》，其后张燮的《东西洋考》、金光祖的《广东通志》基本转录了郭棐的文字。③ 万历《广东通志》（后文简称《通志》）记曰：

　　　　红毛鬼，不知何国。万历二十九年冬，二三大舶顿至濠镜之口。其人衣红，眉发连须皆赤，足踵及趾长尺二寸，形壮大倍常，似悍。澳夷数诘问，辄译言不敢为寇，欲通贡而已。两台司道皆讶其无表，谓不宜开端。时李榷使召其酋入见，游处会城，将一月，始遣还。诸夷在澳者，寻共守之，不许登陆，始去。继闻满剌加伺其舟回，遮杀殆尽。④

　　除了"夷酋游处会城"一条的记载极为相似，殿本《明史》和王鸿绪《明史稿》中对荷兰人相貌的描述"发眉须皆赤，足长尺二寸，欣伟倍常"，很可能也取自《通志》"眉发连须皆赤，足踵及趾长尺二寸，形壮大倍常，

---

①　王鸿绪：《明史稿》卷三〇四，哈佛燕京图书馆藏，第 20a 页。省略部分与殿本《明史》一致。

②　张维华：《明史欧洲四国传注释》，第 90~91 页。

③　汤开建：《明朱吾弼〈参粤珰勾夷疏〉中的澳门史料——兼论李凤与澳门之关系》，《岭南文史》1999 年第 1 期。

④　万历《广东通志》卷六九《番夷》，早稻田图书馆藏明刻本，第 70 页。

似悍"一语。这或许可以进一步验证汤文的观点。

另外，据《通志》卷首郭棐序所作时间"万历壬寅秋"可知，该书当完成于1602年前后，《通志》主体内容极可能在中荷首次交往（1601年）的次年就已完成，因而称其"首记"夷酋游处会城，当无误。

不过，郭棐却不是记录中荷首次交往的第一人。万历二十九年（1601），方上任杭州知府的王临亨赴广东审案，据其见闻作有《粤剑编》一书。随后，王临亨于同年卒于任所，[①] 因而《粤剑编》所记为王临亨亲历，且早于《通志》付梓。《粤剑编》"志外夷"记曰：

> 辛丑九月间，有二夷舟至香山澳，通事者亦不知何国人，人呼之为红毛鬼。其人须发皆赤，目睛圆，长丈许。其舟甚巨，外以铜叶裹之，入水二丈。香山澳夷虑其以互市争澳，以兵逐之。其舟移入大洋后，为飓风飘去，不知所适。[②]

又，万历二十九年（1601）九月十四日夜，王临亨与两广总督戴燿于宴席间谈及此事，王临亨遂作《九月十四夜话记附》（后文简称《记附》），记曰：

> 大中丞戴公，再宴余于衙舍。尔时海夷有号红毛鬼者二百余，挟二巨舰，猝至香山澳，道路传戴公且发兵捕之矣。酒半，余问戴公："近闻海上报警，有之乎？"公曰："然。""闻明公发兵往剿，有之乎？"公曰："此参佐意也。吾令舟师伏二十里外，以观其变。"余问："此属将入寇乎？将互市乎？抑困于风伯，若野马尘埃之决骤也？"公曰："未晓，亦半属互市耳。今香山澳夷据澳中而与我交易，彼此俱则彼此必争。澳夷之力足以抗红毛耶？是以夷攻夷也，我无一镞之费，而威已行于海外矣；力不能抗，则听红毛互市，是我失之于澳夷而取偿于红毛也。吾以为全策，故令舟师远伏以观其变。虽然，于公何如？"余曰："明公策之良善，第不佞窃有请也。香山之夷，盘据澳中，闻可数万。以数万众而与二百人敌，此烈风之振鸿毛耳。顾此二百人者，既以互市

① 王临亨：《粤剑编》"点校说明"，中华书局，1987，第1~2页。
② 王临亨：《粤剑编》，第92页。

至，非有罪也，明公乃发纵指示而歼之，于心安乎？倘未尽歼，而一二
跳梁者扬帆逸去，彼将纠党而图报复。如其再举，而祸中于我矣。彼犬
羊之性，安能分别泾渭，谓曩之歼我者非汉人耶？不佞诚效愚计，窃谓
海中之澳不止一香山可以互市，明公诚发译者好词问之，果以入市至，
令一干吏，别择一澳，以宜置之。传檄香山夷人，谓彼此皆来宾，各市
其国中之所有，风马牛不相及也，慎毋相残，先举兵者，中国立诛之。
且夫主上方宝视金玉，多一澳则多一利孔，明公之大忠也。两夷各释兵
而脱之锋镝，明公之大仁也。明公以天覆覆之，两夷各慑服而不敢动，
明公之大威也。孰与挑衅构怨，坐令中国为池鱼林木乎哉！"戴公曰：
"善。"遂乐饮而罢。①

　　细读以上两段文字，前一条当为王临亨事后对整个事件的完整回顾，故而
会记"其舟移入大洋""不知所适"等语，后一条则可能作于九月十四日夜谈后
不久。然则，两条所记只字未谈及税使李凤召酋入会城、游处一月之事。②

　　继王临亨、郭棐之后，对中荷首次交往有所记载的明代文献，还有万历
三十年（1602）的朱吾弼《参粤珰勾夷疏》，刊于万历后期的沈德符《万历
野获编》，天启年间的曹学佺《湘西纪行》，崇祯年间的茅瑞征《皇明象胥
录》、陈仁《皇明世法录》等诸多传世文献。③然而所述大多寥寥数语，仅
朱吾弼所记较详，记曰：

　　　或曰：香山濠镜澳，有三巴和尚者巨富。李凤亲往需索，激变黑

---

①　王临亨：《粤剑编》，第103~104页。
②　汤开建先生认为王临亨"志外夷"所记"西洋之人、深目隆准，秃顶虬髯……税使因余行
部，祖于海珠寺，其人闻税使宴客寺中，呼其酋十余人，盛两盘饼饵、一瓶酒以献"中，
"西洋之人"正是税使李凤召进广州的荷兰人，"税使宴客""呼其酋十余人"正对应游处
会城的场景（汤开建：《明代澳门史论稿》下卷，第552~553页）。此说有误。第一，正如
王临亨随后写道"西洋之人往来中国者，向以香山澳为舣舟之所"，显然说明此处所指西
洋人是葡萄牙人或西班牙人；第二，"秃顶虬髯"指剃发的多明我会、方济各会等修会会
士，新教教士并不秃顶。参见王临亨《粤剑编》，第91页。
③　朱吾弼：《参粤珰勾夷疏》，《皇明留台奏议》卷十四，《四库全书存目丛书》史部第75册，
齐鲁书社，1996，第27~28页；沈德符：《万历野获编》，中华书局，2015，第782页；曹学
佺：《湘西纪行》下卷，日本内阁文库藏明万历三十四年叶向高序刊本，第47~48页；茅瑞
征：《皇明象胥录》，《四库禁毁书丛刊》史部第10册，北京出版社，2000，第621页；陈
仁：《皇明世法录》，吴湘湘主编中国史学丛书，台湾：学生书局，1986，第2169页。

夷，干戈相向，不得志而归。……上年八月，突有海船三只，其船与人
之高大皆异常，而人又红发红须，名曰红毛夷，将至澳行劫，澳夷有
备，执杀红夷二十余人而去。皆谓李凤深恨澳夷，曾遣人唣之以利，勾
来灭澳，此实澳门前所未有。李凤仍遣船追送不及，澳夷且日惧红夷，
必怀报复，再拥众至矣。①

朱吾弼，时任南京御史，如其疏中所言，他的信息"得之风闻，意不
其然，乃详质之官于广商"，因而所述难免有误，将中荷交往的时间"九
月"误记为"八月"。② 另外，他也提到李凤与此事的关系，然而只称其
勾夷灭澳，并未说及招引荷兰人进入广州游历。虑及万历时期税监与士
人之间的关系高度紧张，以及该疏本意在弹劾税监勾夷，若李凤确曾敢
于招引外夷游处内地，朱吾弼等士人当不会轻易放过就此多做发挥的
契机。③

综合以上所述，清修《明史》对"夷酋游处会城事"的记载仅见于郭
棐的《通志》，并无其他中文古籍可资佐证，实为孤证，不可尽信。

二　作为反证的西文史料

在中文史料之外，关于中荷的首次交往，荷兰文、葡萄牙文等西文史料
亦有所载，且更为详尽。

1600 年 6 月 28 日，雅克布·范·内克（Jacob van Neck）率领 6 艘船只
向东印度群岛出发，开启了他的第二次东方之旅。翌年 3 月，因其中 4 艘船
只执行其他航行任务，范·内克仅带领其中 2 艘船只（阿姆斯特丹号、高
达号）向摩鹿加群岛航行。在第多列（Tidore）攻打葡萄牙要塞失败后，
1601 年 7 月 31 日，范·内克又带领新加入的 1 艘船只，合计 3 艘船前往北
大年。然而此时西南季风猛烈，加之补给有限，范·内克最终决定驶往
中国。④

---

① 朱吾弼：《参粤珰勾夷疏》，第 27 页。
② 实际上，郭棐所记"万历二十九年冬"亦不准确，其时尚未立冬。
③ 又如万历三十二年（1604）林秉汉所上疏文，亦未提及此事。林秉汉：《乞处粤珰疏》，吴亮
辑《万历疏抄》卷二〇，《续修四库全书》第 469 册，上海古籍出版社，2002，第 7~8 页。
④ Leonard Blussé, "Brief Encounter at Macao," *Modern Asian Studies*, Vol. 22, No. 3 (1988), p. 651.

关于此后的航行，范·内克旗舰船只上的勒洛夫斯（Roelof Roeloffsz）有详细记录。勒洛夫斯称，船队在 1601 年 8 月 19 日抵达菲律宾群岛的库约岛（eylandt Coyo）附近，8 月 22 日抵达菲律宾群岛的长发岛（Lanckhayrs）海域。① 随后的记录显示，经过十余日的南海航行后，荷兰人在 9 月 20 日抵达中国海域：

> 9 月 20 日下午两点左右，荷兰人靠近中华帝国的岛屿，就地抛锚。范·内克派遣划手和船员去打探是否可以向前航行。途中小船遇到一艘渔船，于是他们向渔民询问上川岛（eylandt Sant Juan）的位置。……9 月 27 日，在围绕岛屿航行时，他们看到一个类似西班牙城市风格的大城市。他们很吃惊，在离城半里格的地方停下。一小时后，他们看到两条中国船，每条船上有一户人家：夫妻和两三个小孩。这些人告诉他们，这个城市就是澳门。……荷兰人喜出望外，马上派出一艘小船和两位懂马来语和西班牙语的人去打探城中消息。小船当天没有返回。第二日早上……水手们担心登陆的同伴惨遭杀害……又派出一艘较大船只……还是被掠获。……10 月 3 日，荷兰人最终决定前往北大年去寻求营救同胞的办法……下午三点回到最初在中国海域停靠的地方。……范·内克决定召集所有船员，讨论营救同胞的办法，没有人想出主意，范·内克让所有人作证，证明大家已经为营救同胞尽力了。（后来，荷兰人捕获了一艘葡萄牙船只，从船上缴获的信件可知，在澳门被捕的 20 名荷兰人中，有两名重要人员

---

① 勒洛夫斯的记述，首次刊载于 1606 年的《小旅行》（Petits Voyages）一书，后又先后收入 16 世纪后的多种文本中。2004 年席尔瓦（Maria Manuela da Costa Silva）将其翻译成英文，2010 年尚春雁又在此基础上翻译成中文。不过席尔瓦和尚春雁所译文本只是摘译，仅从 9 月 20 日的内容开始，并未记载范·内克船队在菲律宾群岛的情况。本文此处参引的内容，出自 1898 年和 1980 年的两个荷兰文版本。后文所引 1601 年 9 月 20 日之后的内容，则在荷兰文版本的基础上，参照了席尔瓦和尚春雁译文，并对尚春雁的中译文本略有调整。Roelof Roeloffsz, "Jacob van Neck's Fleet on the China Coast, 1601," trans. Maria Manuela da Costa Silva, *Review of Culture*, Vol. 12 (2004), pp. 56-57;〔荷兰〕鲁洛夫·勒洛夫斯著《1601 年在中国海岸的雅克布·范·内克船队》，尚春雁译，《文化杂志》中文版第 75 期，2010；W. P. Groeneveldt, *De Nederlanders in China, De eerste bemoeiingen om den handel in China en de vestiging in de Pescadores（1601-1624）*, 's Grevenhage: Martinus Hijhoff, 1898, pp. 6-8；H. A. Van Foreest and A. de Booy, *De Vierdee Schipvaart der Nederlanders naar Oost-Indië onder Jacob Wilkens en Jacob van Neck（1599-1604）*, Vol. 1, 's-Gravenhage, 1980, pp. 248-249。

被移交给果阿，其他的在澳门被杀害。)①

据事件亲历者勒洛夫斯所记，自 9 月 27 日抵达澳门海域，至 10 月 3 日范·内克带领其他未被俘虏的成员离开中国海域，荷兰人逗留中国海域前后共计 8 日。在这期间，荷兰人从未进入广州城，更无暇游历一月之久。

范·内克本人在《航行日记》中的记录也印证了这一点。虽然他没有明确记录自己抵达中国海域的时间，却清晰地指出自己在 10 月 3 日带领船员悻然离开。② 不但如此，范·内克作为此次来华的荷兰"酋长"，因为未能登岸，对事件的认知也产生了偏差，在日记中抱怨道：

> 从对待我们的态度看来，我认为中国人习俗野蛮。若他们仅是警告我们远离其国土，那么这尚且可以谅解。但是，我们远道而来，他们尚且不了解我们来此的目的，就在毫无警示的情况下羁押我方人员，这实在不是什么人道之举。更何况，我们都不知道他们是否杀害了我们的人。我们不得已在毫不知情的情况下离开了这个国家。③

从以上陈述看，范·内克全然不了解澳中情形，不知道被俘的同胞是否被杀害，反将此种遭遇归罪于明政府。

作为事件的另一重要参与方，葡萄牙人亦提供了直接证据。耶稣会士费尔南·格雷罗（Fernão Guerreiro）在 1605 年的《东印度耶稣会神父的年度报告》中称，澳门城经历暴风雨和船只受损后不久，又有 3 艘陌生船只驶近，澳门居民很快意识到前来的是敌人。敌人的旗舰上放下了一艘小船，随后驶近澳门城。该船和 11 名船员俱被葡人截获扣押，其中两名荷兰人称他们此行是"为了与当地贸易而来"。第二日，敌人又派出一艘船只探路，船

---

① 〔荷兰〕鲁洛夫·勒洛夫斯著《1601 年在中国海岸的雅克布·范·内克船队》，尚春雁译，《文化杂志》中文版第 75 期，2010；H. A. Van Foreest and A. de Booy, *De Vierdee Schipvaart der Nederlanders naar Oost-Indië onder Jacob Wilkens en Jacob van Neck（1599-1604）*, Vol. 1, pp. 249-251。

② H. A. Van Foreest and A. de Booy, *De Vierdee Schipvaart der Nederlanders naar Oost-Indië onder Jacob Wilkens en Jacob van Neck（1599-1604）*, Vol. 1, p. 213.

③ H. A. Van Foreest and A. de Booy, *De Vierdee Schipvaart der Nederlanders naar Oost-Indië onder Jacob Wilkens en Jacob van Neck（1599-1604）*, Vol. 1, p. 213; Leonard Blussé, "Brief Encounter at Macao," *Modern Asian Studies*, Vol. 22, no. 3（1988）, p. 653.

只和 9 名船员也被捕获。最终敌人的旗舰船起锚逃离，荷籍俘虏被判死刑。^① 据以上记录，葡方的记录与荷方记录完全吻合，事件前后仅历数日，20 名荷兰人被俘虏，其余荷兰人则未能登陆，选择离开中国海域。

那么，是否有可能登陆被俘的 20 名荷兰人中，部分成员后来辗转进入广州城，以此才有了相关记载？作为被俘的 20 名成员之一，马丁·阿佩（Marten Ape）后来得以侥幸逃脱死刑返回欧洲，他在事后的证词否定了这种可能性。

在荷兰当局调查该事件时，阿佩在 1604 年 10 月 18 日提供了一份长达十余页的证词。与未能登陆的勒洛夫斯和范·内克不同，阿佩作为第一批被俘成员，深度参与了事件的全过程，证词的细节更为丰富，亦更具说服力。被俘后，阿佩被葡萄牙人带往澳门的一处修道院，他记录道：

> 在修道院无所事事等待一个半小时后，唐·博图加尔和两个中国官员带着大批葡萄牙人到来。他们带来了能流利翻译葡萄牙语的中国通事，想从我这里了解我们是哪国人，什么身份，此行什么目的。我回答称，我们是荷兰人、商人和商人代理，船上装满了珍贵的货物。
>
> 广东总督（Gouuerneur van Canton）从数名中国人处得知有外国船只抵达澳门海域，并有登岸人员为葡人所捕。于是，他派出一名地位颇高的宦官（Cappado）为特使，偕诸多人员赴澳勘察。方抵达澳门，这位宦官立刻以总督名义要求葡萄牙人将外国人全数移交。由于害怕总督禁止他们参加即将到来的广州集市，葡萄牙人不敢拒绝，为避免惹出事端，交出了 6 名不会葡萄牙语的水手。
>
> 特使之前已知道被囚禁的外国船员不止 6 人，命令葡方将剩余人员悉数交出。而葡方承认确实捕获不止 6 人，但说其他囚犯都因失血过多死亡。6 名被交出的船员跪在特使面前，特使通过一名葡萄牙语翻译询问他们是哪里人，来此目的是什么等一系列问题。但由于语言不通和害怕，这些船员没能做出任何有用的回答。这也正是葡萄牙人希望的结果。他们正是出于这样的谋划才在所有囚犯中特意挑选了 6 名不会葡语的囚犯。……特使未能获得任何有用之信息，遂将整个经过记录在案，而我

---

① Fernão Guerreiro, *Relaçam annal das cousas que fezeram os padres da Companhia de Iesus nas partes da India Oriental*, Vol. 2, Em Lisboa: Per Iorge Rodrigues impreβor de liuros, 1605, fl. 2.

们的船员们又全被葡人带回监狱。特使则于次日返回广州报告总督。

作为澳门商人的代表，在广州的葡商听闻总督对这份不详实的报告十分不满，希望将囚犯转移到广州，便立即派出一个人回到澳门将此紧急情况转达澳门商人，让他们采取相应措施，要不惜一切代价阻止荷兰人被带到广州，因为这样会令葡萄牙人的贸易活动蒙受巨大损失。

澳门的葡商得到消息后很是震惊，因为广东当局的反应完全出乎他们的意料，于是他们觉得除了尽快处决这些囚犯，已无他法可以阻止囚犯被带到广州。因此，在理事官的带领下，所有商人面见唐·博图加尔，坚决要求在 24 小时内处决窃犯，并请他当面签署判决书。……在葡萄牙商人的一再坚持下，唐·博图加尔同意并签署了判决书。

于是，次日早上 7 点，葡人来到监狱，将 6 名毫不怀疑自己已经身处死亡边缘的船员带走。我们的船员被当众处死。就如我所说的那样，他们只宣布 6 人的死刑，而不知道如何处置我们这些剩余的人。为了不致狠毒的阴谋败露，当夜 12 点至凌晨 1 点期间，他们又从监狱提走 11 人，将石头拴在他们脖子上，沉入大海。……第二天夜晚，我和 2 名年仅 17 岁的水手被放逐到马六甲。[①]

或因事后回忆，阿佩的证词中已无事件发生的具体日期，记载仅精确到月份。但是，因所处环境特别、遭遇离奇，回忆中反而保留了个别情节发生的精确时刻，诸如"次日早上 7 点"等。

据其证词，荷兰人登岸不久，澳门的"守澳官"迅即察知，带领通事前往译审。[②] 随后，可能是因为守澳官的汇报，抑或经由中国商人报信，"红毛夷"抵达澳门的消息很快为两广总督戴燿和税监李凤知晓。宦官

---

① 与勒洛夫斯的文献一样，马丁·阿佩的证词在 2004 年由博斯（Arie Pos）自荷兰文翻译为葡文，2010 年王鲁又将葡文翻译为中文。本文在参照 1883 年和 1980 年两个荷兰文版本的基础上，对译文略有调整。Martinus Apius, "Incidente em Macau, 1601," trans. Arie Pos, *Review of Culture*, Vol. 12 (2004), pp. 61-67;〔荷兰〕阿皮乌斯著《1601 年澳门事件》，王鲁译，《文化杂志》中文版第 75 期，2010，第 35～40 页；Pieter Anton Tiele, *Documenten voor de Geschiedenis der Nederlanders in het Oosten*, Bijdr. en meded. van het Historisch genootschap te Utrecht, 1883, pp. 14－16；H. A. Van Foreest and A. de Booy, *De Vierdee Schipvaart der Nederlanders naar Oost-Indië onder Jacob Wilkens en Jacob van Neck (1599-1604)*, Vol. 2, pp. 279-290。

② 关于明代"守澳官"，参见汤开建《明代在澳门设立的有关职官考证》，《明代澳门史论稿》上卷，第 273～310 页。

（Cappado）李凤随即下澳勘察。① 然而，在葡人的精心安排下，李凤所能接触到的只有 6 名不懂葡萄牙语的荷兰水手。在当时没有荷兰语通事，葡人又从中作梗的情况下，李凤几乎未能获得任何可用信息。询问毕，6 名水手仍为葡人扣押，李凤则于次日返回广州，未从澳门带走任何荷兰人。因此，尚不论朱吾弼所奏"勾夷灭澳"说是否能成立，至少郭棐所言"夷酋游处会城"是没有依据的。

　　另外，还需考虑到，每年的 9～10 月是一年两度广州"交易会"的重要时间段，在广州的葡萄牙商人会在这期间集中采办运往印度地区的货物，若采购中出现问题，葡人的损失动辄近 10 万两白银。② 加之，该年 9 月澳门已经遭受台风，自印度驶来的商船所载 40 万帕尔德乌（pardaos）白银沉没海底，③ 部分澳门葡商已几近破产。因而，若说此时一批为贸易而来的荷兰人在广州招摇过市、游处一月而未被葡萄牙人察知，这是绝无可能的。阿佩的证词也提到，风声鹤唳的澳门葡人容不得荷兰人染指中国的贸易，甚至不得已违规擅自处决 17 名荷兰人，以此阻绝荷兰人与中国官方的接触。④

---

① 阿佩称李凤乃两广总督派遣，这与当时总督与税监的职权关系并不匹配。此处记载或与实情不符。

② 同时期滞留于澳门的意大利商人卡莱蒂（Francesco Carletti）在其《游记》（1600 年）中声称，广州每年举办两次交易会，9～10 月交易送往东印度的商品，送往日本的商品在 4～5 月买卖。Francesco Carletti, *My Voyage around World*, trans. by Herbert Winstock, New York: A Division of Random House, 1964, pp. 139-140. 1598 年底西班牙赴广东求市，导致葡萄牙马六甲和果阿两地海关损失达 10 万帕尔德乌。参见李庆、戚印平《晚明崖山与西方诸国的贸易港口之争》，《浙江大学学报》（人文社会科学版）2017 年第 3 期。

③ Fernão Guerreiro, *Relaçam annal das cousas que fezeram os padres da Companhia de Iesus nas partes da India Oriental*, Vol. 2, fl. 1v.

④ 1602 年 4 月，荷兰船长赫姆斯克（Jacob van Heemskerck）在爪哇擒获的葡萄牙船只上找到一封书信，信中称：葡萄牙人吊死了 17 名荷兰水手，免得要引渡给中国政府。赫姆斯克在此后发出的另一封信件中也提及此事："葡人试图让中国人对这 20 名荷兰人的身份产生怀疑，于是指控他们和所有荷兰人都是罪恶、污秽和不可理喻的。然而，即便中国人是异教徒，对基督一无所知，还是没有相信葡萄牙人的言辞，仍打算从葡人手中解救、保护我们的人。得知消息后，葡人立即假正义之名审讯荷兰人，或用吊刑、或用绞刑，处死了 17 人，又将两个男孩和那位代理人押解果阿。"〔荷兰〕包乐史：《中荷交往史》，庄国土、程绍刚译，路口店出版社，1999，第 35 页；Peter Borschberg ed., *The Memoirs and Memorials of Jacques de Coutre, Security, Trade and Society in 16ᵗʰ and 17ᵗʰ century Southeast Asia*, Singapore: NUS Press, 2014, p. 286。荷兰人截获的书信原文，参见 H. A. Van Foreest and A. de Booy, *De Vierdee Schipvaart der Nederlanders naar Oost-Indië onder Jacob Wilkens en Jacob van Neck (1599-1604)*, Vol. 2, pp. 290-293。

三 误载文本的可能来源

一般而言，时代越靠后的文本，往往越会有"层累"的可能，这就要求我们追溯文本生成过程中不断叠加的历史投射，尽可能去接近文本演变的真相。殿本《明史》和《通志》所载"夷酋游处会城事"虽为孤证，且为西文史料证伪，但这段记述非郭棐凭空捏造，可能只是误植了其他事件。回顾相关时间点，李凤始入广东监税在 1599 年，《通志》首记"夷酋游处会城事"约在 1602 年。因此，若事件的主角仍为李凤，且存在史事误植的可能，那么被植入的事件极可能发生在 1599~1602 年。稽考该时段的中西关系史，可以发现确曾有一批非葡籍的西方人在广州待过一段时间，又与李凤有直接往来。不过这批西方人不是荷兰人，而是来自西属菲律宾的西班牙人。

1598 年 9 月，西属菲律宾总督派遣萨穆迪奥（Don Juan Zamudio）率船前往广东崖山附近，试图寻找与中国通商的机会，后与澳门葡萄牙人发生武力冲突。[①] 1599 年底，最后一批西班牙人准备撤出崖山之时，依惯例必须向广东当局请示并获得通行许可方能离开。为此，迪奥戈·杜阿尔特（Diego Aduart）受命在 1599 年 10 月初前往广州申办相关文书。杜阿尔特在其著作中记载了他的广州之行：

> 抵达广州，我们下榻在郊区的一所房舍，外国人不可以在城内居住，即便是入城也得从管事的法官那里获得许可。为此，所有城门都有守卫，无入城文书的人皆不得进入。
>
> 此时，有一个来自京城的太监在城内，巡视整个省。在中国宫廷，皇帝仅由太监侍奉，为符合侍奉皇帝的条件，许多人都被阉割了。……然后来讲述我的不幸。我落入了一位太监的手中，他被称为李凤（Liculifu），负责监管广东。他以巡视之名，迫不及待地压榨这个地区的人民。此外，他还负责监管"海南湾"（gulf of Haynao）的珍珠、渔业。……李凤根据自己获得的消息，在我们抵达（广州）的一两天后

---

① 李庆、戚印平：《晚明崖山与西方诸国的贸易港口之争》，《浙江大学学报》（人文社会科学版）2017 年第 3 期。

就将我们召到他面前。①

据杜阿尔特所记，因没有相关文书，抵达广州城外郊区后他们并未能立即进入广州城内，而是被一位称为 Liculifu，主管海南珍珠、渔业的宦官召进城内。这位宦官显然就是所谓的“钦差总督广东珠池、市舶、税务兼管盐法太监”李凤。

此后杜阿尔特在广州城的经历可谓不幸，他在著作中记录下自己如何送礼，如何被勒索一千两白银，如何惨遭拶刑，又如何被关押在大牢。② 最终，约在1599年11月16日前，杜阿尔特才得以脱离牢狱，紧急逃离广州，与尚在虎跳门附近的西班牙人汇合。③ 随后，杜阿尔特前往澳门，其他西班牙人则在11月16日离开虎跳门，返回菲律宾。④

据以上信息，西班牙人杜阿尔特在10月初抵达广州不久就被李凤控制，“召到他面前”；最后离开广州的时间在11月16日前，大约已过“立冬”之期；前后合计，杜阿尔特的“广州之行”历时正好一月余。以上三个环节皆暗合《通志》和《明史》中“召酋入城”“游处一月”“冬”的三处记载。

因此，如若《明史》的确误植事件，那么很可能是因为中荷首次交往与杜阿尔特事件发生的时间较近，加之郭棐编纂《通志》的“红毛夷”一条又紧随“吕宋”之后，这才导致编纂者将两者混淆误植，而后王鸿绪在利用《通志》编修《明史稿》时，又未能明察，以致以讹传讹。⑤

---

① Don Fray Diego Aduarte, *Historia de la Provincia del Sancto Rosario de la Orden de Predicadores en Philippinas*, *Iapon*, *y China*, Manila: En el Colegio de Sãcto Thomas, 1640, pp. 235-236.

② Don Fray Diego Aduarte, *Historia de la Provincia del Sancto Rosario de la Orden de Predicadores en Philippinas*, *Iapon*, *y China*, pp. 236-240.

③ Don Fray Diego Aduarte, *Historia de la Provincia del Sancto Rosario de la Orden de Predicadores en Philippinas*, *Iapon*, *y China*, p. 240.

④ Carta de Pablo de Portugal a L. P. Mariñas e Información, Diciembre 13, 1599, Archivo General de Indias, Filipinas, 6, R. 8, N. 134.

⑤ 此亦非孤例。又如，殿本《明史》误将崇祯十年（1637）英国人求市事件（“十年，驾四舶，由虎跳门薄广州，声言求市。其酋招摇市上，奸民视之若金穴，盖大姓有为之主者。当道鉴壕镜事，议驱斥，或从中挠之。会总督张镜心初至，力持不可，乃遁去。”）误植入《和兰传》。此亦可归咎于王鸿绪的《明史稿》。参见王鸿绪《明史稿》卷三〇四，第22页；张维华《明史欧洲四国列传注释》，第118~119页；万明《明代中英第一次直接冲突与澳门——来自中、英、葡三方的历史记述》，“16~18世纪的中西关系与澳门”国际学术研讨会，澳门，2003年11月，第56~69页。

余 论

借由"夷酋游处会城"失实的讨论，可以进一步梳理、比勘相关中西文献，对中荷首次交往的记载做更多剖析。

无论殿本抑或万斯同和王鸿绪的《明史稿》，在记述荷兰人船只时皆模糊称"驾大舰"，未指出确切数字。不过，郭棐记之为"二三大舶"，王临亨记为"二夷舟""二巨舰"，朱吾弼记为"海船三只"。此种文本内容上的差异，与文本生成的内在历史逻辑直接相关。

王临亨的文本与事件发生的时间最为接近，所载信息也最不完整。"九月十四夜话"发生时，广东当局明确得知的消息为两艘荷兰船只抵达澳门，并不知晓澳门海域外还停靠着范·内克的船只，故而才称"二夷舟""二巨舰"。这一点也可以从总督戴燿未晓荷兰人来华目的，推测称"亦半属互市耳"得到印证。其后，郭棐所记较晚，所得信息亦较为完整，但也未能获知准确信息，所以才将来华荷兰船只混记为"二三大舶"，同时还误记荷兰人为满剌加"遮杀殆尽"；而到万历三十年（1602）朱吾弼起草疏文时，尘埃落定，广东当局不但察知来华船只数量为三艘，甚至已经识破谎言，察知澳门葡人"执杀红夷二十余人"。就此而言，后出文献或许会出现所谓"层累"的问题，但所记信息也可能更完整、更贴近史实，因而也不可武断否定后出文献的价值。

然而，以上对传统文献的讨论仍基于一个重要的前提，即晚明以后的中西交往过程中存留有大批细节颇丰的西文史料。仅就明清中外关系史而言，这些西文史料无论是在考据传统文献记载的真伪、还原历史事件的因果，还是在深入辨析互有差异的中文记载上，皆有着无可替代的作用。

在处理早期的中西文本时，中西历法是一个尤需注意的问题。王临亨所记"九月十四夜"，是目前所见中文文献中唯一明确记载的日期。按照普遍的认知，简要查照中西历法对照表，即可以判定万历二十九年九月十四日对应格里历（Gregorian Calendar）"1601 年 10 月 9 日"。[①] 然则，这种处理方法忽视了荷兰的不同地区采用格里历各有不同的历史事实。实际上，荷兰的不少地区迟至 18 世纪才采用格里历，而即便某些地区在 1582 年就已采用新

[①] 关于历法变化及换算，参见陈垣《二十史朔闰表》，中华书局，1962，第 3、182 页。

历法，当地的很多文本也不一定就使用新的计时系统。

　　若按照格里历换算，戴燿与王临亨的对话会发生在荷兰人离开澳门海域（10 月 3 日）六日之后，这显然与《记附》所载信息不匹配。因为，若对话发生在六日之后，两人关于荷兰人"入寇乎？互市乎？"的讨论就不会发生，更无须再讨论中方的应对之策。合理的解释是，范·内克一行所使用的计时系统不是格里历，而是传统的儒略历，因此，"万历二十九年九月十四日"对应到范·内克一行的文书计时系统时应减去 10 日，为"儒略历 1601 年 9 月 29 日"。9 月 28 日是荷兰人第二艘船只被捕之时，次日消息传至广州，从而才有了戴燿与王临亨的夜话。

Some Notes on the Records of Ming History on the First Encounter between China and Dutch

Li Qing

Abstract：During the process of compilation of *Ming History* in the early Qing dynasty, there are some different records of the first encounter between China and Dutch among different versions. Youdong and Wan Sitong's versions only offered brief and similar narrations. On the basis of the previous two versions, Wang Hongxu adopted some records of Guofei's *A General History of Guangdong*, and added a sentence "Tax envoy Li Dao summoned the chief to the city, and travel for a month there" to *Biography of Dutch*. Latter this record was accepted and kept in Zhang Tingyu's version. But according to the western documents, this record is erroneous. Guofei probably mistakenly planted the Spanish friar Diego Aduart's travel in Guangzhou in 1599 into his records of *Hongmao Gui*.

Keywords：Ming History；China；Dutch；First Encounter

（执行编辑：申斌）

关于葡王柱的商榷

金国平[*]

图1 上川岛"石笋"

2006年，黄薇在《Tamão上川说新证——关于上川岛新发现"石笋"的考察》[①]中提出了一些新颖的观点，试图以"新发现"的"石笋"（见图1）来"新证""Tamão"是上川。笔者在拜读该文的过程中，发现其中关于"石笋"即"葡王柱"的提法和定论大有可商榷之处。笔者不揣鄙陋，对她"新发现""石笋"和"石笋"即"葡王柱"的说法进行商榷，希望有助于对这两个问题的正确认知。

黄说出现后，上川岛上"创造"出了一个新历史—文化—旅游景点，甚至还把它视为古代"海上丝绸之路"的重要节点而列入了申遗内容。

*　作者金国平，暨南大学澳门研究院教授。

①　黄薇：《Tamão上川说新证——关于上川岛新发现"石笋"的考察》，澳门历史研究会出版《澳门历史研究》2006年第5期，第3~6页。类似论文还有黄薇、黄清华《广东台山上川岛花碗坪遗址出土瓷器及相关问题》，《文物》2007年第5期，第78~88页。

一　石笋村与"石笋"

关于石笋村的"石笋"，黄薇在《Tamão 上川说新证——关于上川岛新发现"石笋"的考察》一文中认为："2003 年笔者在对上川岛进行调查时发现（见图 1），在上川岛中部有一根奇特的石柱，高出地面约 185 厘米。花岗岩质，质地较疏松。石柱露出地面部分，表面风化严重，断面呈不规则性的形状，上下粗细不一，从石柱底部看，几乎菱形，似为人工有意打削而成。观其四周地望，石柱如同在空旷的田野中拔地而起的春笋，故当地人俗称之'石笋'。石笋周围全是农耕沙地，距离石笋最近的山脉也有近 1 公里之遥，可以排除石笋是来自山脉的延伸的可能，应是人工所为。"[①]

黄薇声称是她"发现"或"新发现"了"石笋"。她是"发现者"吗？

石笋村因"石笋"而得名。在中国的地图上，多有标示。如果黄薇难以得见二图，在上川研究中常用且易得的《苍梧总督军门志》和《粤大记》海图中都标有"石笋"。"石笋"早已存在，石笋村也因它而得名。村民难道还要等到 2003 年，由她来"发现"或"新发现"？应该说，她是 2003 年加以了报道。即便是报道，黄薇也不是第一人。

西方人也早就涉及过石笋村的"石笋"。德国来华耶稣会传教士庞嘉宾于 1700 年到过上川，并于当年以拉丁文出版的书中，有这样的描述：

> 由此往东海岸行，在一德哩的距离内，出现第四个名叫石笋（Xesonn）的村寨。它之所以有此称是因为在田野上可以看到两根石质笋柱，其高度超过 10 腕尺。实乃大自然的造化。据说，此村亦有居民约六十户。
>
> Inde uersus orientale littus progresso, distantiâ unius milliaris Germanici, quartus occurrit pagus, Xesonn dictus à juncis faxeis, qui bini in eius campis, decem etiam et ampliùs cubitorum altitudine, mirô naturae artificiô, confpiciuntur, et hîc pariter fexaginta fere familiae habitare

---

① 黄薇：《Tamão 上川说新证——关于上川岛新发现"石笋"的考察》，第 3 页。

dicuntur. （见图 2）①

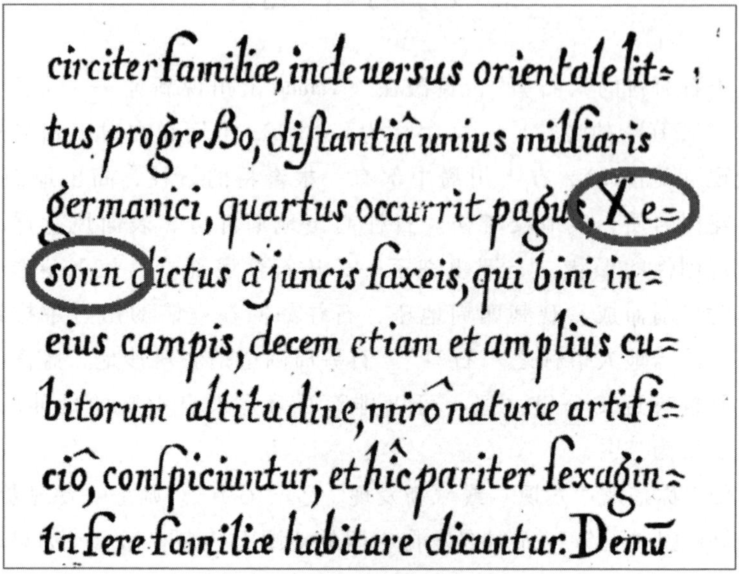

图 2　Gaspar Castner, *Relatio sepulturæ magno Orientis apostolo S. Francisco Xauerio erectæ in insula Sanciano anno sæculari MDCC*，廿三 b（原有页码）。

黄薇只"发现"了一根，可庞嘉宾明确说是两根。遍查葡萄牙海外地理大发现时代的档案及书籍，从未见关于在一个地方同时并排设立两个发现碑的记载。两根便可证明不是葡萄牙人"人工所为"。

黄薇一再说："……从石柱底部看，几乎菱形，似为人工有意打削而成。……石笋周围全是农耕沙地，距离石笋最近的山脉也有近 1 公里之遥，可以排除石笋是来自山脉的延伸的可能，应是人工所为。"

庞嘉宾的目击录斩钉截铁："实乃大自然的造化。"孰是孰非？我们来做一辨析。

---

① 在 Thierry Meynard & Gerd Treffer, *Sancian als Tor nach China：Kaspar Castners Bericht über das Grab des Heiligen Franz Xaver*, *Sancian，Gate to China：Kaspar Castner's Account of the Grave of Saint Francis Xavier*,（上川，通往中国之门：庞嘉宾关于圣方济沙勿略之墓的报告），Regensburg：Schnell & Steiner，2019，p. 95，有译文："距离东海岸约 1 德国英里［7 公里］，是第四个村庄石笋（Xe sonn），意思是像笋一样的石头。在这个村庄的田地里，我们看到两个高度超过 10 尺［3.5 米］的'石笋'，这确实是一个自然奇观。据说这个村子有近六十户人。"暨南大学澳门研究院也正在出版一个沙勿略的史料集。引文由我们从拉丁文译出。

黄薇说："石柱露出地面部分，表面风化严重，断面呈不规则性的形状，上下粗细不一，从石柱底部看，几乎菱形，似为人工有意打削而成。"

首先，从葡萄牙海外地理大发现时代遗留下来的"纪念碑"实物来看，仅见圆或方，或上方下圆的制式，无"上下粗细不一……几乎菱形"的式样，因此，从制式上来讲无先例。

其次，在自然界的风化中，无论风化的程度多么严重，风化作用只能改变物体的大小，而不能改变物体的形状，因此，有可能将圆或方，或上方下圆的物体风化为"不规则性的形状，上下粗细不一……几乎菱形"的形状来吗？

再次，现存的发现纪念碑，日期有在上川"葡王柱"之前的，也有之后的，上面的文字及图案都依稀可见，形状依旧，而唯独上川的"葡王柱"不见任何人工刻制的痕迹。按理说，考虑到其他碑所在的地区，不但气温高于上川，雨水也多于上川，应该风化得更厉害，但是为什么原来的图文得到了保留，而上川的则无任何痕迹呢？

实际上早在 2017 年，吉笃学便对"葡王柱"提出了质疑，并加以否定。

> 1965 年，广东省博物馆朱非素首次发现该遗址。2004 年，台山市博物馆蔡和添等在《中国文物报》介绍了上川岛花碗坪外销瓷的发现概况。2007 年，黄薇、黄清华将 1514 年葡萄牙人欧维士（Jorge Alvares）抵达 Tamão 和 1557 年葡萄牙人最终定居澳门等作为时间节点，将该遗存的年代推定在 1514~1557 年的正德、嘉靖时期。2011 年，林梅村认为上川岛即是 1513 年欧维士首航到达中国的 Tamão 荒岛，岛上石笋村口竖立的石笋即为欧维士当年所立的发现碑。然而，该石笋既无文献描述的"葡萄牙王国的纹章"，也无确切的纪年铭文，因此，将该石笋与欧维士所立之发现碑联系起来或许只是一种推测，"要确证'石笋'的性质还有待日后考古工作的展开"。而且，据史料记载，欧维士在七年之后（即 1520 年）再一次访问中国时病故，他本人也就葬在这根石柱下面。但是，2014 年广东省文物考古研究所在此进行的考古勘探并未发现任何墓葬遗迹。因此，将石笋作为欧维士首航至该岛的依据并不充分。……历史文献和以石笋为代表的实物证据均不支持"川岛说"，那么花碗坪遗存会不会是早期葡萄牙人到达上川岛后留下的遗迹呢？[1]

行文至此，我们以为无须再做更多考辨了。

---

[1]　吉笃学：《上川岛花碗坪遗存年代等问题新探》，《文物》2017 年第 8 期，第 59 页。

二　"葡王柱"属臆说

"葡王柱"是一个有个人印记的"新词"，或许是"葡萄牙国王柱碑"之简称。这个概念，在葡萄牙文中作"Padrão dos Descobrimentos"（发现纪念碑）。根本就不用"葡王"这个定语，因此，"葡王柱"是个不知葡萄牙语的生造词。

"padrão"有两个词源。一为拉丁语"patronus"。由此派生出"标准""花样"等词义。二为葡萄牙语"pedrão"的变体，是"pedra"的指大词，意思是"大石头"。由此派生出"发现碑""纪念碑""里程碑"等词义。常用词义如下。

（一）发现纪念物——石柱或木制十字架之类纪念物

海外地理发现伊始，葡萄牙人便在所到之处竖立了发现碑，从西非海岸，到好望角，再到东非海岸，然后进入印度。

在迪奥戈·科（Diogo Cão）探险大西洋的阶段，发现碑由里斯本及其周围地区的石匠打造，所使用的是特茹北部所产的石灰石（时称"lioz"石）。然而，并不总是石质。在殷皇子（Infante D. Henrique）时期，如在发现巴西时，就使用木质十字架，并将铭文刻在附近的树上。十字架象征着教皇的教谕和葡萄牙人在大西洋的航行权，因而象征着传播福音的意志和占有权。然后，才用更坚固的石头制作，因而更能经风雨，更持久。其制式也从一个单独十字架变为有十字架的石碑。

1482 年，葡萄牙航海家迪奥戈·科开始发现非洲海岸，在刚果（或称扎伊尔）河口竖立了第一个发现碑，因此，在葡萄牙语中，将该河命名为"Río do Padrão"（发现碑河）（见图 3）。

1511 年葡萄牙占领马六甲后，石碑开始在马六甲就地取材制作和备用。换言之，在马六甲以东地区竖立的发现碑已经不是在葡萄牙制造，随船而来的欧洲制品。其形制基本上与在里斯本制作的相同。就材质而言，有两种主要的质地。欧洲用石灰石制作，马六甲制造的则用花岗岩。

澳门现有两块"发现碑"的复制件。一是殷皇子逝世 500 周年纪念石碑，此碑于 1960 年纪念殷皇子逝世 500 周年时竖立。原立于"殷皇子国立中学"旧址内。后因校舍被清拆，碑被移至苏亚利斯博士大马路（见图 4 左）。因该处较为隐蔽，不易被人发现，影响其庄严性，遂迁移至区华利前地的欧维士像右侧的一处空地。二是欧维士及"发现碑"塑像（见图 4 右）。

图 3　迪奥戈·科于 1483 年竖立的圣奥斯丁（Santo Agostinho）
碑之 1930 年复制件正、反面，里斯本地理学会博物馆藏

图 4　殷皇子逝世 500 周年纪念碑（左），
澳门南湾区华利前地的欧维士及"发现碑"塑像（右）

此外，在印度尼西亚国家博物馆也保存有一方万丹"发现碑"（见图5）。

发现碑的意义一是神权和君权的象征。发现者的冒险精神和进取精神与神权和君权是一致的。十字架代表神权，王徽则代表君权。发现碑的竖立见证了葡萄牙人将上帝的圣律和君主的命令传播到了新发现之地。二是体现葡萄牙人对发现的土地拥有在他们看来的主权的物质载体，同时也是对他们对该地区所拥有的传教权和保教权的物质体现。三是对一新地的地理发现、商业利用和精神征服的标志。

图5　万丹"发现碑"（padrão de Banten），1522年，印尼国家博物馆藏

发现碑的主要功能一是作为航海者宗教信仰的祭品和许愿品：天主教徒的航海者敬献给天主和为平安许下的愿。二是作为地理和航海坐标及制图标识：出现在地图、地图集和航海图中。三是作为历史和编年史的重要内容：作家、编年史家和历史学家在他们的著作中，对何人、何时及何地设立发现碑做了叙述和记载。四是作为一种政治宣传：1940年，在葡萄牙建国和复国的双庆中，主办"葡萄牙语世界展览"（Exposição do Mundo Português）时，制定了在葡萄牙人所到之处，曾经竖立过发现碑的地方重新设立"新发现碑"（Padrões novos）的计划。[①]

————————

① Arquivo Histórico Ultramarino, Caixa 536, processon° 4/63.

（二）纪念碑

1960 年，葡萄牙为纪念航海家殷皇子逝世 500 周年，建起了恢宏的东方广场发现纪念碑（见图 6）。

图6　里斯本东方广场发现纪念碑（Padrão dos Descobrimentos）

世界其他地区也有一些相关历史纪念遗迹保存至今。如广东上川岛沙勿略墓园中有一方墓碑：

> 1646 年 2 月 22 日，七位神父启程离开澳门……当月 24 日，他们出现在三洲岛前面，从船上向日本和东印度使徒沙勿略去世地致敬。从海上望去，那个地方竖立着一块巨大的墓碑（padrão），上面刻有汉字和葡萄牙文。这是亚马勒（Gaspar de Amaral）神父在其日本省会长任内命令制作和竖立的。①

此外还有"标准图"：里斯本几内亚和东印度仓库国王标准图（padrões d'el-Rei de los Armazéns da Guiné e Índia de Lisboa）和塞维利亚贸易之家标准图（Padrón Real de la Casa de la Contratación de Sevilla）。

---

① Antonio Francisco Cardim, *Batalhas da Companhia de Jesus na sua Gloriosa Provincia do Japão*, Lisboa: Imprensa Nacional, 1894, p. 99.

里程碑：里程碑（padrão）——古葡萄牙语——古罗马人放置于他们军道上的军事里程碑，用来表示一英里（约两公里）的距离。此为其名之来源。此物在葡萄牙仍存，主要分布于米纽省和后山省，其中许多保存尚好。在多处有此物，里程碑（Padrão，单数）或里程碑（Padrões，复数）一名源于此。①

结　论

300 多年前在中国境内出版的拉丁文资料证明，黄薇并不是"发现"石笋的第一人。所谓的"葡王柱"是天然石柱，而且在其底部进行的考古挖掘也未见任何埋葬遗迹，因此，"葡王柱"不过是个小故事，大误说。在欧洲地理大发现时代，葡萄牙航海家每新"发现"一地，暂作停留时，都会欢呼雀跃，竖起一块"发现碑"作为纪念，以宣示天主教世界和葡萄牙国王对该处的"主权"。除了宗教—政治象征意义和纪念他们的功绩，还具有航海地标的作用。笔者认为：在未充分占有中外文献的基础上，尽可能地不要过早做出结论，否则极容易陷入主观臆断，误己误人，影响学术的健康发展。

A Discussion of Two Points on "Portuguese King's Pattern" —A Brief Description of Portuguese's "Discoveries Pattern"

Jin Guoping

Abstract：There has been a wave of research that the "monolith" village in St. John is verified as the "portuguese king's pattern" in the Age of Discovery since 2006. Through the investigation of foreign materials, it is clear that "monolith" is a natural stone pillar. The "discoveries pattern" erected by Portuguese navigators has

---

① Portugal, Antigo e Moderno: Diccionario Geographicao, Estatistico, Chrogaphico, Heraldico, Archeologico, Historico, Biographico e Etymologico de Todas as Cidades, Villas e Freguezias de Portugal e de Grande Numero de Aldeias se Estas Sao Notaveis, por Ser. [Place of publication not identified]: [publisher not identified], 1875, Vol. 6, p. 405.

its fixed shape. In addition to its political symbolic significance (that is, declaring the Catholic world and the Portuguese king's " sovereignty" over the place of discovery) , it also serves as a maritime landmark.

Keywords: St. John; Monolith; Erect; Portuguese King's Pattern

（执行编辑：王潞　徐素琴）

明清时期航海针路、更路簿中的海洋信仰

李庆新[*]

明清时期中国沿海地区一些从事海洋活动的民众，或对海洋活动感兴趣而有所体验、有所见闻的人士，编制一些简单而实用的航海指南性质的文本，记录海上航行的方向、道里、风候、海流、潮汐、水道、沙线、沉礁、泥底、海底、海水深浅、祭祀等内容，时人称之为《针谱》《罗经针簿》《更路簿》《水路簿》等，虽名目篇幅有异，内容功用则大致相同。此类起源于民间、流行于民间的涉海文书，适用于特定人群，或靠耳口相传，或凭抄本传世，往往不为主流社会所关注重视，难见于经传，不为官家文库所认同收藏，坊间印本、手抄秘本主要靠民间收藏传世。

流落至海外、收藏于英国牛津大学鲍德林图书馆（Bodleian Library）的《顺风相送》与《指南正法》，即属此类民间文书，20世纪50年代末经向达先生整理，以《两种海道针经》之名出版，始为学界所知见。[①] 70~80年代，韩振华、刘南威、何纪生等先生在海南地区渔民手上收集到一批世代相传的《更路簿》《水路簿》），并进行整理和研究，取得初步的研究成果，揭示了以往另一类不为学界关注、散落海南民间的以南海交通与经济活动为主体的记录历史记忆的手抄文本。[②] 在此基础上，周伟民、唐玲玲多年来致力于收录清代、民国时期海南《更路簿》，集成《南海天书——海南渔民

---

　* 作者李庆新，广东省社会科学院历史与孙中山研究所（海洋史研究中心）研究员。

　① 向达校注《两种海道针经》，中华书局，1961，第3页。

　② 广东省博物馆编《西沙文物——中国南海诸岛之一西沙群岛文物调查》，文物出版社，1974；韩振华主编《我国南海诸岛史料汇编》上册，东方出版社，1988。

〈更路簿〉文化诠释》，达 28 种之多，并加以点校解读，为目前国内最全的《更路簿》整理研究成果。[1] 90 年代以来，陈佳荣、朱鉴秋、王连茂先生等海峡两岸的 20 余位专家学者通力合作，将秦至清代海路官方出使、高僧传教、民间贸易、舟子针经、渔民捕捞等航行记载乃至航海图录，包括《针路簿》《水路簿》《更路簿》等民间文献近 60 种，汇集编成《中国历代海路针经》（上、下册），凡 180 万言，洋洋大观，[2] 对研究中国古代海洋经略与经济开发、民间航海活动、海洋知识与海洋信仰等具有重要史料价值。

作为沿海地区与涉海人群一种世代相传的实用性海洋文献和历史记忆形式，明清时期此类航海《针路簿》《更路簿》真实记录了涉海人群的海洋意识、海洋知识、航海活动历史记忆，构成中国传统海洋文化的重要组成部分。本文通过前人整理出版的民间航海文献，探讨倚海为生的涉海人群的宗教信仰活动及其文本书写方式，展示中国传统文化中海洋文化的多样化、草根性、复杂性。这些民间信仰具有凝聚涉海人群、整合海洋社会、传承海洋文化之社会功能与价值，具有多方面研究价值和意义。

一　名目繁多的海洋神灵

传统中国奉行万物有灵意识，流行多神崇拜现象。茫茫海洋被人们视为有灵性之所在、有神灵掌管的空间。《尚书》记载大禹治水已经有"四海"之说，时人把海洋看成有灵性之所在。《山海经》记载东西南北四海"有神"。《太公金匮》明确记载了"四海之神"：南海之神曰祝融，东海之神曰句芒，北海之神曰玄冥，西海之神曰蓐收。春秋战国时期，人们观念中的海神已经多样化了，并出现先河后海的祭祀礼仪。汉晋以降，海洋信仰受佛教、道教影响，海神越来越多，出现"四海神君""四海龙王"诸说，南海观音菩萨也以航海保护神的角色出场了。

清人全祖望云："自有天地以来即有此海，有此海即有神以司之。"[3] 沿海地区和涉海人群崇拜、敬畏那些专司海洋的神灵。海洋神灵名目繁多，既

---

①　周伟民、唐玲玲编著《南海天书——海南渔民〈更路簿〉文化诠释》，昆仑出版社，2015。

②　陈佳荣、朱鉴秋执行主编《中国历代海路针经》，广东科学技术出版社，2016。

③　《清朝续文献通考》卷一百五十八《群祀考》二，王云五主编《万有文库·十通第十种》，商务印书馆，1936，第 9126 页。

有陆地社会流行的佛、道、民间诸神，更有沿海乡村社会与涉海人群独创独有的本地神灵，占据着沿海地区和海洋空间的信仰体系和精神空间，构成了沿海地区和涉海人群信仰文化的核心和崇拜圈。这在目前所见的明清民间航海文献中随处可见。

20 世纪 50 年代末，向达先生对原藏英国牛津大学鲍德林图书馆的抄本《顺风相送》《指南正法》进行整理。这两份珍贵的民间航海文献记录了 16 世纪前后到清初中国东南沿海民众航海针经，其中《顺风相送》开篇《地罗经下针〔请〕神文》，其实是一篇航船起航前祭神的程序化祝文，所列神灵甚多，抄录如下：

> 伏以神烟缭绕，谨启诚心拜请，某年某月今日今时，四直功曹使者，有功传此炉内心香，奉请历代御制指南祖师、轩辕黄帝、周公圣人，前代神通阴阳仙师、青鸦白鹤仙师、杨救贫仙师、王子乔圣仙师、李淳风仙师、陈抟仙师、郭璞仙师，历代过洋知山、知沙、知浅、知深、知屿、知礁、精通海道、寻山认澳、望斗牵星古往今来前传后教流派祖师，祖本罗经二十四向位尊神大将军，向子午酉卯寅申巳亥辰戌丑未乾坤艮巽甲庚壬丙乙辛丁癸二十四位尊神大将军，定针童子、转针童郎、水盏神者、换水神君、下针力士、走针神兵、罗经坐向守护尊神，建橹班师父、部下仙师神兵将使、一炉灵神。本船奉七记香火，有感明神敕封护国庇民妙灵昭应明著天妃，暨二位侯王、茅竹筊仙师、五位尊王、杨奋将军、最旧舍人、白水都公、林使总管，千里眼、顺风耳部下神兵，擎波、喝浪一炉神兵，海洋、屿澳、山神、土地、里社正神，今日下降天神、纠察使者，虚空过往神仙、当年太岁尊神，某地方守土之神，普降香筵，祈求圣杯，或游天边，戏驾祥云，降临香座，以蒙列坐，谨具清樽。伏以奉献仙师酒一樽，乞求保护船只财物，今日良辰下针，青龙下海永无灾，谦恭虔奉酒味，初伏献再献酌香醪。第二处下针酒礼奉先真，伏望圣恩常拥护，东西南北自然通。弟子诚心虔奉酒陈亚献。伏以三杯美酒满金钟，扯起风帆遇顺风，海道平安，往回大吉，金珠财宝，满船盈荣，虔心美酒陈献。献酒礼毕，敬奉圣恩，恭奉洪慈，俯垂同鉴纳。伏望愿指南下盏，指东西南北永无差。朝暮使船长应护，往复过洋行正路。人船安乐，过洋平善。暗礁而不遇，双篷高挂永无忧。火化钱财以退残筵，奉请来则奉香供请，去则辞神拜送。稽首皈

依，伏惟珍重。①

　　船上祭神，总是与航海及船舶相关，船舶远航，不仅要祈求海不扬波，风平浪静，还要行走正路，平安顺达，大凡日常生活想象得到的各路神灵，无不在罗拜之列，所以较之其他行业，航海请神文或祭神文要祭祀的神灵更多。②《地罗经下针［请］神文》中之各类神仙，包括"古往今来、前后流派、今日当年"的神仙，林林总总，五花八门，体现了中国传统民间信仰系统中崇拜神灵的驳杂性和多样性，真实反映了"万物有灵"的特征。按其神格、神通，这些神仙大体区分为四类：一是各流派仙师、祖师，为海洋祭祀中最高神格者，如轩辕黄帝、周公、杨救贫、王子乔、李淳风、陈抟、郭璞等；二是本船守护神灵，如罗经二十四向位守护大将军、向子午酉卯寅申巳亥辰戌丑未乾坤艮巽甲庚壬丙乙辛丁癸二十四位尊神大将军，定针童子、转针童郎、水盏神者、换水神君、下针力士、走针神兵、罗经坐向守护尊神，建橹班师父、部下仙师神兵将使、一炉灵神等；三是各类海洋保护神，如天妃，侯王、茅竹笨仙师、五位尊王、杨奋将军、最旧舍人、白水都公、林使总管等；四是其他神灵，即所谓"今日下降天神、纠察使者，虚空过往神仙"，等等。

　　每一次祭祀都是一次涉海人群用心设计的规范化、仪式化的"神仙盛会"，被安排参与盛会的神灵既有地方性神灵，也有全国性神灵，甚至有国际性神灵，大大小小，林林总总，五花八门。《地罗经下针［请］神文》之"海神"，有些是传统的海陆共奉之全国性大神，如轩辕黄帝、周公、观音、关帝、北帝等，这些神灵具有多重属性、多种功能，更多的是沿海涉海人群所专属的神灵，如本船各守护尊神、本地各地方神灵，体现了沿海涉海人群信仰的海洋性、草根性及专属性。

　　清代《指南正法》也记录了一份《定罗经中针祝文》，祈求目的、所请之神大体一致，文字略为简略，可与《地罗经下针［请］神文》诸神相参证。③福建泉州海外交通史博物馆在石狮市蚶江镇石湖村收集到老船工郭庆隆所藏的《石湖郭氏针路簿》，收录于《中国历代海路针经》下册，其中有

①　向达校注《两种海道针经》，第23页。
②　刘义杰：《〈顺风相送〉研究》，大连海事大学出版社，2017，第310~316页。
③　向达校注《两种海道针经》，第109页。

《外洋用针仪式》，为行船启用罗盘时举行祭祀仪式的祝文，所祭神灵也有祖师、先师、罗经神将、大将，童子、天官，本船圣母、龙神等。

> 初即三上香，献酒、果或牲、帛，次读今抛处。
>
> 大清国〇省〇府〇县〇姓弟子驾〇船往〇处生理者，祈大吉利市。幸因今日开针放洋，谨备牲仪礼拜，请祖师轩较【辕】皇帝，文王、周公，阴阳先师，暨古圣贤积【神】通玄粤【奥】先师，鲁班部下神将，知屿、知港、知礁、知水深浅、通山识海各位先师，罗经贰拾肆字神将，上针大将，下针大神，定针童子，转针童郎，招财童子，利市天官，本船天上圣母，千里眼将军，顺风耳将军，本船龙神君。各人随带香火神明，伏乞会赐降临，观瞻监察，庇佑本船往回平安，人家法泰，顺风相送。①

收藏于大英图书馆的清代民间道教科仪书抄本《［安船］酌献科》和《送船科仪》记载的海上神灵多达 22 种（后详）。据介绍，这批道教科仪书抄写年代最早为乾隆十四年（1749），最迟为道光二十九年（1849），其中第 15 册《送船科仪》又称《送彩科仪》抄于乾隆三十四年（1769），为一份送"王爷船"的禳瘟科仪书，内附《送王船》，所请神灵有海澄县城隍、州主唐将军陈公（陈元光），因而这批科仪书有可能来自福建漳州海澄。②

目前所见与海洋活动相关的道教科仪书，其实都是中国传统民间道教相关礼仪文本在海洋信仰领域的延伸和翻版，是民间传统信仰活动在海洋信仰领域的另类表现和表演方式。此类道教科仪从祭祀理念、祭祀仪式、崇拜神灵到文本书写、文书格式与一般科仪书大同小异，祭祀活动的目的也十分明确，无非求神保佑而已，达致人神相通，人与海洋和谐，行舟致远，如《石湖郭氏针路簿》"外洋用针仪式"所言："伏乞会赐降临，观瞻监察，庇

---

① 王连茂、王亦铮点校泉州《石湖郭氏针路簿》，陈佳荣、朱鉴秋执行主编《中国历代海路针经》下册，广东科技出版社，2016，第 818 页。

② 两件文书编号分别为 OR12693/15、OR12693/18，香港中文大学科大卫教授在提交给 1994 年"海上丝绸之路与潮汕文化国际学术研讨会"的论文《英国图书馆藏有关海上丝绸之路的一些资料》中做了详尽介绍，经厦门大学连心豪先生点校，收入陈佳荣、朱鉴秋执行主编《中国历代海路针经》下册，第 867~873 页。

佑本船往回平安，人家法泰，顺风相送。"①

如同陆地社会一样，沿海地区涉海人群也将海洋视为神灵所宅，海洋现象为神灵所为，海港岛礁乃至水族，被赋予神性，拥有神力，一些地方的民众把与海洋信仰相关的神灵和海暴风候联系起来，冠以神灵名字。张燮《东西洋考》"占验"条谓："六月十一二，彭祖连天忌。""逐月定日恶风"条谓："正月初十、廿一日，乃大将军降日，逢大杀，午后有风，无风则雨"；"十月十五、十八、十九、廿七日，府君朝上帝，卯时有大风雨"。②《顺风相送》"逐月恶风法"所记"正月""十月"条同，增加了"七月初七、初九日神杀交会……八月初三、初八日童神大会……有大风雨"。③ 据林国平先生考证，到了清代，舟师们将海上定期发生的大部分风暴冠以神灵名称，有些冠以节庆、时令之名。清初王士祯《香祖笔记》、程顺则《指南广义》等均有相当详尽的记录。之所以选择这些神灵命名风暴，一方面是因为这些神灵的诞辰正好在这一天，另一方面也因为这些神灵在民间有较大影响力。④

清道光年间，广东高州人窦振彪曾为金门镇总兵和福建水师提督，熟悉海道，留心海事，写下了颇有价值的《厦门港纪事》一书，记述厦门港地理环境、潮汐情况、往周边里程航路，抄录了《诸神风暴日期》两篇，可见沿海民众把一年里每个月的海上风雨潮暴都与天地各界诸神联系起来，人们的海事活动必须遵循神意：

> 正月初八，十三等日，乃大将下降（大杀午时，有无即防，妙者）。
>
> 二月初三，九，十二、七，乃诸神下降（交会酉时，有无即防，妙者）。
>
> 三月初三，十，十七，廿七，乃诸神下降（星神，但午时，潢有风雨）。

① 王连茂、王亦铮点校泉州《石湖郭氏针路簿》，陈佳荣、朱鉴秋执行主编《中国历代海路针经》下册，第818页。

② 张燮著，谢方点校《东西洋考》卷九《舟师考》，中华书局，1981，第187、189页。

③ 向达校注《两种海道针经》，第26页。

④ 林国平：《〈指南广义〉中风信占验之神灵名称考》，福建师范大学中琉关系研究所编《第九届中琉历史关系国际学术会议论文集》，海洋出版社，2005，第206~219页。

四月初八，九，十，十六、七，廿三、七，乃诸神下降（会太白星，午时有风雨）。

五月初五，十，十九，廿九，天上朝上界（及天神玉帝，酉时后有风雨）。

六月初九，十二、八，廿七，卯时注有风雨，可防。

七月初七，九，十三、廿七，午时注有风雨，可防。

八月初二，三、八，十五、七，廿七，注有大风雨，可防。

九月十一、五、七，凡注有大风雨，可防。

十月初五，十五、六、九，廿七，乃真人朝上界，卯时有大风雨，可防。

十一月初一、三，十三、九，廿六，注有大风雨，可防。

十二月初二、五、八，十一，廿二、六、八，注有大风雨，可防。①

另一份《诸神风暴日期》抄本记录了一年里各种风暴，基本上以诸神命名：

正月初三日真人暴，初四日接神暴，初九日天公暴，十三日关帝暴，十五日上元暴，十八日捣灯暴，廿四日小妾暴，廿五日六位王暴，廿八日洗炊笼暴，廿九日乌狗暴，

一年风信以此为应，此暴有风则每期必应，若无则不应。

二月初二日土地公暴，初七日春期暴，初八日张大帝暴，十九日观音暴，廿九日龙神朝天暴，一曰廿九陈风信。

三月初一日真武暴，初三日玄天大帝暴，初八日阎王暴，十五日真人暴，十八日后土暴，廿三日妈祖暴，廿八日东岳暴，又诸神朝上帝暴。

四月初一日白龙暴，初八日佛仔暴，十四日纯阳暴，廿三日太保暴，廿五日龙神、太白暴，十二日苏王爷暴。

五月初三日南极暴，初五日屈原暴，初七日朱太尉暴，十三日关帝

---

① 窦振彪：《厦门港纪事》，陈佳荣、朱鉴秋执行主编《中国历代海路针经》下册，第902~903页。

暴，十六日天地暴，十八日天师暴，廿一日龙母暴，廿九日咸显暴。

六月初六日崔将军暴，十二日彭祖暴，十八日池王爷暴，十九日观音暴，廿三日小姨暴，廿四日雷公暴，极崔，廿六日二郎暴，廿八日大姨暴，廿九日文丞相暴。

七月初七日乞巧暴，十五日中元暴，十八日王母暴（又曰神煞交会暴），廿一日普庵暴，廿八日圣猴暴，九、六、七多有风台，海上人谓六、七、八、九月防之可也。

八月初五日九星暴，十五日中秋暴，又伽蓝暴，二十日龙神大会暴。

九月初九日中阳暴，十六日张良暴，十七日金龙暴，十九日观音暴，廿七日冷风暴。

寒露至立冬止为九月节，乍晴乍雨，谓之九降，又曰九月乌。

十月初五日风神暴，初六日天曹暴，初十日水仙王暴，十五日下元暴，廿日东岳朝天暴，廿六日翁爷暴。

十一月初五日淡帽佛暴，十四日水仙暴，廿七日普庵暴，廿九日南岳朝天暴。

十二月初三日乌龟暴，廿四日送神暴，廿九日火盆暴。[①]

面对海洋风暴等自然现象，沿海涉海人群自然无力加以改变，唯有顺天敬神，下足功夫，做足礼仪，而沿海及海上岛域建起了无数的大大小小的庙宇，成为涉海人群祭祀海洋神灵的场所。

二　海洋神灵的祭祀空间

沿海涉海人群在"万物有灵"观念主导下，认为神灵无所不在，主宰着海洋的一切事物，海上仙山、海底洞府、海鱼之神、人类海难者的魂魄等，都是神灵的意象化符号。民众对海洋充满敬畏与恐惧，举凡制造船只、出海渔猎、越洋经商、返回家园、维修船只等重要事项，均举行或繁或简的各种祭祀仪式，毕恭毕敬，奉献牺牲，祈求多福，保佑平安。

---

① 窦振彪：《厦门港纪事》，陈佳荣、朱鉴秋执行主编《中国历代海路针经》下册，第 903~904 页。

　　各种仪式化的祭祀酬神活动，或在宫观寺庙等固定场所举行，或在船上设神龛，置神像，时时祈请；或在某一海况复杂险要之处，或骤遇海上巨浪狂风之时，祈求神灵保护，化险消灾。这些固定的陆上或海上的祭祀海洋神灵的场所，成为海洋信仰活动的基本空间。

　　渔民商众驾船出海，出发、归航必做祭祀酬神仪式，一般有专人主理祭祀，称为"香公"。万历年间，张燮《东西洋考》在《舟师考》中介绍了福建舟师在航海过程中祭祀的三位神灵：一为协天大帝（关帝），二为天妃，三为舟神：

> 　　以上三神，凡舶中往来，俱昼夜香火不绝。特命一人为司香，不他事事。舶主每晓起，率众顶礼。每舶中有惊险，则神必现灵以警众，火光一点，飞出舶上，众悉叩头，至火光更飞入幕乃止。是日善防之，然毕竟有一事为验。或舟将不免，则火光必扬去不肯归。①

　　这位专门"司香"的船员，"不他事事"，保证"昼夜香火不绝"。清代海船上的人员，有舶主、水手、财副、总杆、火长、择库、香公等名目，香公专司祭神，"朝夕焚香楮祀神"。② 闽南流传的《送船科仪》、日本文献《增补华夷通商考》《长崎土产》等，③ 皆有关于"香公"的记录。

　　所谓启行之时为之祈，回还之日为之报。收藏于大英博物馆的乾隆三十四年所抄《送船歌》，为闽南民众举行酬神送神"放彩船"仪式的祝文，全文如下：

> 　　上谢天仙享醮筵，四凶作吉永绵绵；诚心更劝一杯酒，赐福流恩乐自然。
> 　　彩船到水走如龙，鸣锣击鼓闹宣天；诸神并坐同歆鉴，合社人口保平安。

---

① 张燮著，谢方点校《东西洋考》卷九《舟师考》，第186页。
② 黄叔璥：《台海使槎录》卷一"海船"，《台湾文献丛刊》004，台湾银行经济研究室，1959，第17页。
③ 陈佳荣、朱鉴秋执行主编《中国历代海路针经》下册，第866页；《增补华夷通商考》《长崎土产》，引自〔日〕大庭修《〈唐船图〉考证》，朱家骏译，福建泉州海外交通史博物馆编"海交史研究丛书"（一），海洋出版社，2013，第38~40页。

造此龙船巧妆成，诸神排列甚分明；相呼相唤归仙去，莫在人间作祸殃。

一谢神仙离乡中，龙船到此浮如龙；鸣锣击鼓喧天去，直到蓬莱第一宫。

二送诸神离家乡，街头巷尾无时场；受此筵席欢喜去，唱起龙船出外洋。

三送神君他方去，歌唱鼓乐乐希夷；亦有神兵火急送，不停时刻到本司。

锣鼓声分闹葱葱，竖起大桅挂风帆；装载货物满船去，齐声喝噉到长江。

锣鼓声分闹纷纷，殷勤致意来送船；拜辞神仙离别去，直到蓬莱入仙门。

红旗闪闪江面摇，画鼓咚咚似海漂；圣母收毒并摄瘟，合社老少尽逍遥。①

此件科仪书抄录时间落款"乾隆己丑年［三十四年］季冬穀旦"，采取七言诗歌形式，语言通俗易懂，展现了祭祀时锣鼓喧天、彩旗猎猎的热闹场面。内容是答谢诸神，祈请诸神搭乘"彩船"回归仙宫洞府，莫留乡间祸害乡民，同时祈求神灵保佑平安。此科仪书还提到"圣母收毒并摄瘟"，保佑乡民不罹疾病。

渔民商众出海，出发前必举行祭祀酬神仪式。创建于隋代的广州南海神庙，就是进出珠江口、往来南海航路的航船的主要祭祀场所。广州番坊的光塔，为唐宋时期广州城江边的航标，为阿拉伯、波斯番商祈风礼拜的场所。宋人方信孺《南海百咏》谓怀圣寺内有番塔，唐时怀圣将军所建。"轮囷直上，凡六百十五丈，绝无等级。其颖标一金鸡，随风南北。每岁五、六月，夷人率以五鼓登其绝顶，叫佛号，以祈风信。下有礼拜堂。"② 泉州九日山至今保存多处宋代为航海贸易而祈风的记事石刻，包括《九日山西峰祈风摩崖》《淳熙元年虞仲房等祈风石刻》《淳熙十年司马伋等祈风石刻》《淳熙十五年林栟等祈风石刻》《嘉泰元年倪思等祈风石刻》《嘉定十六年章棫

---

① 陈佳荣、朱鉴秋执行主编《中国历代海路针经》下册，第 872 页。

② 方信孺撰，刘瑞点校《南海百咏》"番塔"条，广东人民出版社，2010，第 15 页。

等祈风石刻》《淳祐三年颜颐仲等祈风石刻》《淳祐七年赵师耕祈风石刻》
《宝祐五年谢埴等祈风石刻》《宝祐六年方澄孙等祈风石刻》《咸淳三年赵希
侂等祈风石刻》等①。

明初郑和七下西洋，其中第五次出发前在泉州祭祀天妃，祈求祷告。创
作于 15 世纪末的杂剧《奉天命三保下西洋》还描述了天妃庙庙官代郑三保
（郑和）诵读祝文的场景，该祝文为：

> 维永乐十七年，岁在戊午四月癸卯朔，内直忠臣郑三保等，谨以清
> 酌庶品之奠，敢昭告于天妃神圣之前。今遵敕命，漂海乘舟，西洋和
> 番，顺浪长流，神灵护祐，异品多收，早还本国，满载回头，三献酒
> 醴，众拜相求，伏惟尚飨！②

《奉天命三保下西洋》虽为文学作品，却反映了历史的真实。永乐十五
年（1417）郑和下西洋出使忽鲁谟厮，五月十六日到泉州灵山圣墓行香，
留下了一方碑刻，保留至今。③

沿海商民到海外贸易，船身、桅杆等破损不可避免，因而需要进行维
修，或在到港后，或在离开前，在动工前均需要举行祭祀海神、船神仪式。
《长崎名胜图绘》卷二记载：

> 唐船维修都是在到达长崎后与出发前进行的。出现破损时，必须向
> 官府提出要求……他们动工前，都要选择吉日良辰，在码头边上焚烧纸
> 箔冥衣，供献三牲（猪、鸡、羊，或猪、鸡、鱼）及果饼、香烛，在
> 船上的妈祖龛前也要供上香烛。据说要待船主、伙长、总官礼拜，并把
> 修补破损之事向海神、船魂神祷告后，始可动工云云。④

---

① 吴文良原著、吴幼雄增订《泉州宗教石刻》（增订本），科学出版社，2005，第 612~
631 页。
② 《奉天命三保下西洋》第二折，《孤本元明杂剧》，商务印书馆，1941。关于这个剧本的研
究，参见 Roderich Ptak, *Cheng Hos Abenteuer im Drama und Roman der Ming-Zeit. Hsia Hsi-yang：Eine Übersetzung und Untersuchung. Hsi-yang chi：Ein Deutungsversuch*, Franz Steiner
Verlag Wiesbaden GmbH, 1986。
③ 吴文良原著，吴幼雄增订《泉州宗教石刻》（增订本），第 52 页。
④ 引自〔日〕大庭修《〈唐船图〉考证》，朱家骏译，第 57 页。

需要特别注意的是，一些海域处在海上交通要冲，海况比较复杂，渔民商客视为畏途，航行至此，往往会祭祀一番。张燮记载当时舟船航行到广东南亭门海域时要祭祀"都公"。传说都公跟随郑和远航，回程中在南亭门死去，后为水神，"庙食其地"，所以"舟过南亭必遥请其神，祀之舟中。至舶归，遥送之去"。① 这里的"遥请其神"，应该就是大英博物馆藏《［安船］酌献科》中反复出现的"招神"。如何"遥请"及如何"遥送"，司香者自然要做一番仪式。张燮记载"西洋针路""乌猪山"条："上有都公庙，舶过海中，具仪遥拜，请其神祀之。回用彩船送神。"② 航海针路《顺风相送》"各处州府山形水势深浅泥沙地礁石之图""南亭门"条亦指出："南亭门，对开打水四十托，广东港口，在弓鞋山，可请都公。""乌猪山"条亦谓："乌猪山，洋中打水八十托，请都公上船往，回放彩船送者［神］。"③

明清时期琉球"黑水沟"、七洲洋、交趾洋、昆仑洋等处洋面处在东亚海域交通航路之要冲，为渔民商众举行祭祀海神的重要区域，也是东亚海域海洋信仰的最著名的祭祀空间。中国往返琉球必经东海黑水沟，亦称"分水洋"，为中外之界，舟人过此，常投牲致祭，并焚纸船。康熙二十二年（1683）六月，汪楫奉命出使琉球，从福建南台登船，谕祭海神，海行过赤屿，"薄暮过郊（或作沟），风海大作，投生猪羊各一，泼五斗米粥，焚纸船，鸣钲击鼓，诸军皆甲露刃，俯舷作御敌状，久之始息。问郊之义何取？曰中外之界也"④。乾隆二十一年（1756），册封使周煌曾作《海中即事诗》四首，其四注曰："舟过黑水沟，投牲以祭，相传中外分界处。"⑤

七洲洋古来即为南海交通的要区，为一海难频发区域，产生许多鬼怪传说与恐怖故事。吴自牧《梦粱录》谓："去怕七洲，回怕昆仑。"⑥《岛夷志略》谓："上有七州，下有昆仑，针迷舵失。"⑦ 明人黄衷《海语》记载：

---

① 张燮著，谢方点校《东西洋考》卷九《舟师考》，第 186 页。

② 张燮著，谢方点校《东西洋考》卷九《舟师考》，第 172 页。

③ 向达校注《两种海道针经》，第 32、33 页。

④ 汪楫：《使琉球杂录》卷五《神异》，《中国华东文献丛书》第八辑《妈祖文献》第五卷，学苑出版社，2010，第 200~235 页。

⑤ 周煌：《海山存稿》卷十一，《四库未收书辑刊》玖辑第二十九册，北京出版社，1997，第 738 页。

⑥ 吴自牧：《梦粱录》卷十二 "江海船舰" 条，浙江人民出版社，1980，第 111~113 页。

⑦ 汪大渊著，苏继颀校释《岛夷志略校释》"昆仑"条，中华书局，1981，第 218 页。

万里石塘，在乌潴二洋之东，阴风晦景，不类人世，其产多砗碟，其鸟多鬼车，九首者、四三首者，漫散海际，悲号之音，聒聒闻数里，虽愚夫悍卒，靡不惨颜沾襟者，舵师脱小失势，误落石汊，数百躯皆鬼录矣。①

因而船户航海至此，必举行祭祀，安抚鬼魂。船民或投以米饭，鬼怪即不伤人，这里体现了人们敬畏神灵、向海上孤魂奉献牺牲、获得海洋神灵宽宥的宗教行为与文化意义，这种信仰活动是兄弟公信仰的一个源头。②

越南中南部海域即所谓的交趾洋、昆仑洋，以及暹罗湾至印尼群岛之间的海程，有些洋面相当险恶，舟船至此，需要"招神"祈祷，陈牲馔、香烛、金钱诸祭品，举行"放彩船"仪式，"以礼海神"。张燮《东西洋考》记载舟船到灵山大佛，"头舟过者，必放彩船和歌，以祈神贶"③。航海针经《指南正法》记载，从福建大担航船到暹罗，经过南澳、乌猪洋面，"用单坤十三更取七州洋，祭献。用坤未七更取独猪。……丙午五更取灵山佛，放彩船"④。清唐赞衮《台阳见闻录》记载厦门至巴达维亚航程上的祭祀情况，对七洲洋、烟筒山、昆仑洋等洋面的祭祀介绍尤为详细。⑤

从清代航海针路记载看，此类祭祀海神的特殊空间还有不少，只是没有那么出名罢了。泉州《山海明鉴针路》中"台湾往长（唐）山针路"记载有观音岙、媳妇娘岙、关帝岙、妈祖宫、妈祖印礁、土地公屿，九山岙"番船门用艮寅取北棋，到棋头烧香敬佛祖"。⑥ 泉州《石湖郭氏针路簿》记载普陀山，"如船往回，到处须当焚香奉敬，有求必应"。"厦门往海南针法"记载大星"外用庚酉，一更取鲁万，须用神福"。"尽山往海南针法要外驾"记载涯州尾"用辰巽四更及单巳十五更，见罗山洋屿外，下去是灵

---

① 黄衷：《海语》卷三《畏途》，《中国风土志丛刊》影印本，广陵书社，2003，第36页。
② 李庆新：《海南兄弟公信仰及其在东南亚传播》，《海洋史研究》第十辑，社会科学文献出版社，2017，第459~505页。
③ 张燮著，谢方点校《东西洋考》卷九《舟师考》，第186页。
④ 向达校注《两种海道针经》，第171~172页。
⑤ 唐赞衮：《台阳见闻录》，陈佳荣、朱鉴秋执行主编《中国历代海路针经》下册，第671~672页。
⑥ 王亦铮点校泉州《山海明鉴针路》，陈佳荣、朱鉴秋执行主编《中国历代海路针经》下册，第809页。

山大佛，放彩船，用丙午，五更取伽㑆貌"。① 可见棋头、普陀山、鲁万山、涯州尾、灵山大佛等处，也是渔民、商众祭祀海神的场所。清道光年间广东高州人窦振彪所著《厦门港纪事》一书，其中《敬神》篇罗列了一批南来北往的航船常到之地，均为祭拜神灵之所。②

渔民商众的海洋信仰活动在沿海地区及海岛地名上到处留下深刻的历史印记。据对泉州《源永兴宝号航海针簿》《山海明鉴针路》《石湖郭氏针路簿》的不完全统计，从中国东北到东南各省份的沿海地区及海域，与海神崇拜相关的地名有：庙岛、观音岙、观音山、妈祖宫口、妈宫岙、神前岙、土地公屿、宫仔前岙、妈祖印礁、王爷宫、三宝爷宫、三宝爷宫渡口、观音礁、下沙宫、三官宫、大妈祖宫、新宫前、新宫仔、关帝屿、水仙宫、娘娘坑、妈祖宫仔、关帝印礁、南海普陀山、关帝宫、关帝岙、赤岙庙、上帝庙、新宫前、龙王宫、圣公宫、姑嫂塔、佛塘岙、神山仔、乞食宫、三宝王爷宫、夫人宫、观音大墩山、妈祖宫、西庭岙宫口、横山宫仔、大妈宫、万安塔边宫仔、观音礁、孔使宫、水尾娘娘宫、花子宫、庙门口、龙王宫口岛、三仙岛、大后庙、庙州门、海神庙、媳妇娘岙、宫前、妈宫暗岙、王爷港、白沙娘娇岙、观音山、土地公屿、普陀前、龙头寺、大王庙、大王佛庙、妈祖神福、云盖寺、磁头宫仔前、圣宫庙、王宫前、菩萨屿、无祠宫、妈祖天后宫、娘娘庙、水仙岙、公婆屿、春光祖庙、七姐妹礁、杨府庙、关帝宫洋船岙等。③ 这些以众多神佛之名命名的地方，多与渔民商众崇拜神灵有关，是人们祭祀神灵的场所，往往也是航海补给的站点、神迹传说的生发地点，在海禁时期往往更是海上走私、海盗出没的地点。

三　妈祖（天后）是重要的，但不是唯一的

大英博物馆藏《［安船］酬献科》是清代福建漳州地区商民记录在国内南北方沿海及东南亚海域航海活动中所经历的地名和祭祀海神的道教科仪

---

① 王连茂、王亦铮点校泉州《石湖郭氏针路簿》，陈佳荣、朱鉴秋执行主编《中国历代海路针经》下册，第845、858、849页。

② 窦振彪：《厦门港纪事》，陈佳荣、朱鉴秋主编《中国历代海路针经》下册，第904页。

③ 王连茂点校《源永兴宝号航海针簿》，陈佳荣、朱鉴秋执行主编《中国历代海路针经》下册，第675~740页；王亦铮点校泉州《山海明鉴针路》陈佳荣、朱鉴秋执行主编《中国历代海路针经》下册，第746~816页；王连茂、王亦铮点校泉州《石湖郭氏针路簿》，陈佳荣、朱鉴秋执行主编《中国历代海路针经》下册，第816~867页。

书，集中记录了海洋信仰中的主要海神，空间范围包括“西洋”“东洋”“下南”“上北”诸地域和海域，在一定程度上反映了清代中国商民海洋活动的范围，是一份研究清代海洋信仰的很有价值的民间文献（见表1）。

表1　清代《［安船］酌献科》所记海神

地区	地方/神名
往西洋	本港澳,海门屿,鸡屿,古[鼓]浪屿,太武山,岛尾屿,浯屿澳,大担,小担,镇海湾,六鳌澳,铜山澳,大甘,小甘,宫仔前(天妃娘娘)。 往潮州,广东南澳(顺[济]宫,天妃),外彭山,大尖,小尖,东姜山,弓鞋山,南停门,乌猪山,七州洋,泊水(都功,林使总管)。浊(独)猪山,交址[趾]也(招神)。 外罗,[筊]杯屿,羊屿,灵山大仙,钓鱼台,伽俑貌,占城也(招神)。 罗鞍头,烟同[筒],赤墩[坎],覆鐤山,毛蟹洲,柬埔寨(招神)。 罗鞍头,玳瑁州,失力,马鞍屿,双屿,炼个笠,进峡门,头屿,二屿,五屿,罗山牙,堋橆墩,覆鐤,印屿,下港也(招神)。 罗鞍头,玳瑁州,失力,马鞍屿,双屿,十五屿,浯岐屿,吉凌马,吉里洞,招山,三卯屿,饶洞也(招神)。 白屿,小急水,郎目屿,嘛噠,哩嘛也(招神)。 火山,大螺,小螺,大急水,池汶也(招神)。 [罗]鞍头,昆仑山,地盘,长腰屿,猪州山,馒头屿,龙牙门,七屿,彭家山,蚊甲山,牛腿琴,凉伞屿,旧港(善哪,招也)。 罗鞍头,玳瑁州,昆仑山,吉兰丹,昆辛,大泥(善,招也)。 罗鞍头,玳瑁州,三角屿,绵花屿,斗屿,横山,彭亨(善,招也)。 罗鞍头,玳瑁州,昆仑山,地盘山,东竹,西竹,将军帽,昆辛,罗汉屿,乌玎(善,招也)。 罗鞍头,玳瑁州,大昆仑,小昆仑,真滋,假滋,大横,小横,笔架山,龟山,竹屿,暹罗(善,招也)。 罗鞍头,玳瑁州,昆仑山,地盘,东竹,长腰屿,猪洲山,馒头屿,龙牙门,凉伞屿,占陂(菩【善】,招也)。
往东洋	本港澳,海门屿,圭屿,语屿澳,大担(土地[公]),太武山,前山,辽[料]罗,彭湖(暗湾),打狗也,鸡笼,淡水(善,招也),郊里临(善,招也),北港(善,招也),蚊港(善,招也),沙马头,大港(善,招也),交雁,红荳屿,谢昆美,吉其烟,南閩,文莱也,密雁,美落阁,布投,雁同,松岩,玳珮珮(善,招也)。 磨哩咾,哩银,中卯,吕宋(善,招也),吕房,磨咾英,闷闷,磨哩你,内阁,以宁,恶同,苏落,斗仔兰,蓬家裂,文莱(善,招也)。
下南	娘妈宫(妈祖),海门(妈祖,大道[公]),圭屿(土地[公]),古[鼓]浪屿(天妃),水仙宫(水仙王),曾厝安[垵](舍人公),大担(妈祖),浯屿(妈祖),旗尾(土地公),连江(妈祖),井尾(王公),大境(土地公),六鳌(妈祖),州门(天妃),高螺(土地公),铜山(关帝),宫前(妈祖),悬钟(天后),鸡母澳(土地公),南澳(天后),大蓝袍(天后),表尾(妈祖),钱澳(土地[公]),靖海(土地[公]),赤澳,神前(土地[公]),甲子(天后),田尾(土地[公]),遮浪(妈祖),龟灵(妈祖),线尾(土地[公]),大、小金(土地[公]),福建头(二老爷),幞头门(妈祖),尪香炉(妈祖),大小急水(土地[公]),□女庙(天妃),虎头门(天后),草尾(土地[公]),宝朱屿(土地[公]),广东(河下天后)。

续表

地区	地方/神名
上北	至大担(妈祖),小担(土地[公]),寮[料]罗(天妃),东澳(妈祖),烈屿(关帝),金门(妈祖),围头(妈祖),永宁(天妃),松系[祥芝](土地[公]),大队[坠](妈祖),搭[獭]窟(妈祖),宗[崇]武(妈祖),大小族[岞](土地[公]),湄洲(妈祖),平海(妈祖),南日(妈祖),门扇后(土地[公]),小万安(五帝),沙澳(土地[公]),宫仔前(妈祖),古屿门(妈祖),磁澳(妈祖),白犬门(土地[公]),关童(土地[公]),定海(妈祖),小埕(土地[公]),鸡母澳(妈祖),北胶[茭](九使爷),大西洋(土地[公]),老湖(土地[公]),三沙(妈祖),风火门(土地[公]),棕蓑澳(土地[公]),网仔澳(土地[公]),镇下门(土地[公]),草屿(土地[公]),金香澳,盐田,琵琶屿,凤凰(土地[公]),三盘(妈祖、羊府爷),乌洋(龙王爷),薯节澳(土地[公]),石堂(土地[公]),吊枋(土地[公]),鲎壳澳(土地[公]),网仔安[坡](土地[公]),田招(土地[公]),白带门(土地[公]),牛头门(妈祖、阮夫人),佛头门(佛长公),大急水(土地[公]),泥龙澳(土地[公]),牛平山(土地[公]),浯驱澳(土地[公]),青门(妈祖),连蕉洋(土地公),孝顺门(土地[公]),旗头(土地[公]),舟山(天后),番船潭(土地[公]),龙潭(龙爷),镇海关(招宝寺观音佛),宁波府(妈祖)。 往苏州蟳广澳(土地[公]),乍浦深港澳(妈祖)。 往上海杨山(杨老爷),上海港口(天后娘娘)。 往天津马头山(天后娘娘、六使爷),尽头山(妈祖、土地[公]),养马山(三官爷、土地[公]),朱五乌[岛](土地[公]),清[青]州庙岛(妈祖),天津港口海神庙(海神爷)。 往浙江沙埕,许屿门,朱澳,胶口,白犬,南湾,关潼(北湾),小埕,北茭(五帝爷,从北茭住,入三都金井澳),大洋山,小西洋,鲁湖,大衿,螺壳,风火门,牙城,沙埕(入港),镇下门。

资料来源:陈佳荣、朱鉴秋执行主编《中国历代海路针经》下册,第867~872页。

这份科仪书所记一部分地区为"西洋""东洋",多属东南亚地区,采取"招神"形式祭祀,所招神灵不详;另一部分地区为中国沿海,祭祀的神灵可统计的有22种,可见祭祀神灵之多。当然这不是沿海涉海人群祭祀的所有神灵。

这一"海上神仙谱"中,祭祀妈祖(天后、天妃、天妃娘娘等)的地方最多,有53处;其次为土地(土地公),祭祀地点有52处,其他神灵祭祀地点各1~2处(见表2)。可见妈祖、土地公在清代沿海海洋信仰中占有极重要的地位,受到广泛的推崇。

《[安船]酌献科》出自漳州商民之手,主要反映了闽南涉海人群的海洋信仰状况，所记为漳州商民常到之处，崇拜的神灵自然也是本省神灵为多。妈祖受到漳州商民的广泛崇信，祭祀场所最多，与妈祖信仰起源于福建、受本省民众崇拜有密切关系。

表2　清代《［安船］酧献科》所见商民祭祀海神统计

单位：处

神名	祭祀地点	神名	祭祀地点	神名	祭祀地点	神名	祭祀地点
妈祖（天后、天妃、天妃娘娘等）	53	关帝	2	大道公	1	九使爷	1
土地（土地公）	52	都功	1	水仙王	1	二老爷	1
王公	1	林使总管	1	舍人公	1	阮夫人	1
五帝（五帝爷）	2	羊府爷	1	龙王爷	1	杨老爷	1
佛长公	1	龙爷	1	观音佛	1		
六使爷	1	三官爷	1	海神爷	1		

资料来源：陈佳荣、朱鉴秋执行主编《中国历代海路针经》下册，第867~872页。

　　妈祖信仰自宋元以降在官方、民间及海外华人多方力量的共同推动下，从民间神上升为官方神，从单一神格的地方女神演变成为官民共信甚至在海外华人社会均有影响的多元神格的"天后娘娘""天下妈祖"，从单一神通进化成具有"全能神通"、海陆统管、有求必应的顶级大神。正如德国汉学家普塔克教授所云：妈祖不仅是不同于中国早期历史中"先帝"文学中的人物，而且从宋朝开始，妈祖文化就在不同的层面得到发展：地区性的、跨地区性的、官方的、海外的等。同时，妈祖也被道教和佛教吸纳。妈祖的神力不但体现在护航、击退海盗、保护堤坝等方面，还体现在满足求子等愿望上。随着闽人四海为家、漂洋过海的海洋活动不断向外地传播，还向海外华人区域传播，一个影响极为广泛的全国性乃至国际性民间信仰体系逐步形成。其地位之高、影响之大非一般神灵所能及，恐怕只有西方的圣母玛利亚、非洲西部的 Mami Wata 女神、南美地区的 Iemanja 信仰可以与之比拟。①
　　笔者认为，应该将妈祖信仰分为两大系统——官方系统、民间系统来考

---

①　〔德〕普塔克：《海神妈祖与圣母玛利亚之比较（约 1400~1700 年）》，肖文帅译，《海洋史研究》第四辑，社会科学文献出版社，2012，第 264~276 页。

察，同时还需关注另外一个延伸系统——海外系统。妈祖信仰各个系统有联系也有区别，在仪式化方面有明显的官民分野。官方系统的天妃/天后属官方祭祀众神中之一位，纳入朝廷和地方礼仪系统，每年春秋两致祭，仪注"与文昌庙同"，或视同名宦，或与南海神同祭；天妃/天后法相庄严，高高在上，威仪万千，是护国佑民的高尚神灵，但海神色彩其实并不浓。民间系统的妈祖属于"不主祭于有司者"，没有纳入官府每年的例行祭祀，有些历史时期被视为"淫祀"，受到官府打压或取缔，但拥有深厚的信众基础、贴近民众的神通和亲和力，被当成无所不能的万应神明，祭祀仪式五花八门，异彩杂呈。海外系统的妈祖主要流传于东北亚、东南亚、美洲、大洋洲、非洲等国家华侨社会（主要是闽侨），在越南等国也进入官方系统，成为朝廷祭祀的正神。① 妈祖信仰在海内外各方均得到有力的支持，尤其在民间有深厚广阔的信众基础，受到民间各层面广大涉海人群的崇拜，体现了妈祖信仰的草根性、广泛性。

土地公又称福德正神、社神等，其来历与古代祭天地、社稷中的社、稷之神有关，是一方土地的守护者，虽然地位不高，却是中国传统社会最广泛、最普遍受民间崇拜的神灵，土地庙几乎遍布每个村庄。大英博物馆藏《［安船］酌献科》"众神谱"中土地公祭祀场所众多，出现次数仅次于妈祖，说明涉海人群对土地公的崇拜十分普遍。

《［安船］酌献科》中妈祖（天后）、土地信仰的分布，体现了诸神信仰的地域性特点。妈祖宫庙集中分布在福建、台湾海域，闽台海域是福建商民活动的主要舞台，此外福建商民在"北上""南下"的海洋活动中也带去妈祖信仰，因而远至山东、天津、上海，南及香港、澳门、广东、广西、海南，均有崇拜妈祖的宫庙。而土地公信仰则集中分布在江浙沿海，这些地方的土地公信仰高于妈祖信仰。

比较之下，观音、关帝等传统的全国性影响的大神祭祀场所在《［安船］酌献科》中出现次数不多，原因大概有二：一是《［安船］酌献科》来自漳州，主要反映漳州乃至福建地区海洋信仰的局部现象，而不是全国性现象；二是宋明以降妈祖信仰的影响力持续增长，强势传播，使得其他大神相形见绌。

---

① 李庆新：《再造妈祖：华南沿海地区妈祖信仰再认识》（未刊稿），慕尼黑大学汉学研究所、慕尼黑孔子学院主办"妈祖/天后国际研讨会"论文，2016 年 3 月 18 至 19 日。

观音菩萨信仰起源于印度，在印度婆罗门教和佛经中均有关于观音的内容，佛教传入中国后，观音信仰发展成为最有影响的菩萨信仰之一，也是中国最流行的宗教信仰形态，几乎覆盖中国传统社会所有人群，而在魏晋至唐朝时期佛教世俗化、本土化过程中，观音菩萨形象也经历了由男性向女性转化的过程。东晋时高僧法显前往西天取经，陆路去海路回，两次遇到风暴，法显皆"一心念观世音"，"蒙威神祐"，得以返回汉地。① 唐代天宝年间鉴真和尚多次东渡日本，第五次自扬州东渡，至舟山群岛，风急浪峻，"人皆荒醉，但唱观音"。② 鉴真此次东渡依然不成功，漂流至海南振州，经广州辗转入江南，回到扬州。总之，晋唐以后观音菩萨信仰已经具有海洋神灵功能，被航海人群奉为保护神。

尽管如此，宋元以后妈祖信仰的持续发展成为一种长期趋势，明清时期在官民合力推动下表现得更为强势，妈祖信仰不仅挤占了沿海地区不少本地其他神灵的地盘，同时也出现与一些本地神灵互相渗透、角色置换等包容性兼并和扩张趋势，如在浙江地区妈祖化身为观音，在广东粤西地区妈祖与冼夫人合流，在北部湾沿岸地区妈祖以"三婆"形象出现并流播到港澳地区，妈祖信仰覆盖了伏波将军信仰圈，结果促进了妈祖信仰的进一步传播，造成沿海地区海洋信仰产生结构性改变。浙江舟山普陀山为观音道场所在地，观音是舟山群岛民众最崇拜的海神，但是由于妈祖信仰的传播，舟山群岛几乎每个岛屿都建有天后宫，庙宇数量甚至超过观音寺院。③《［安船］酌献科》反映了宋元以后观音与妈祖两大信仰在人群流动、官府支持等多种因素作用下出现影响力此消彼长的互动过程和发展趋势。

实际上，由于海洋信仰的地域性、差异性、多样性，明清沿海地区民情习俗信仰不一，祭祀的神灵名目甚多，大不相同。《［安船］酌献科》所见商民祭祀的海神还有王公、五帝、都公、龙王爷、佛长公、六使爷、九使爷、二老爷、大道公、水仙王、舍人公、阮夫人、羊府爷、三官爷、林使总管等。还有许多海洋神灵不见于《［安船］酌献科》，在中国海洋信仰中，除妈祖、土地公之外，还有许许多多的神灵存在，构成大大小小的区域性海

---

① 章巽校注《法显传校注》"自狮子国到耶婆提国""自耶婆提国归长广郡界"，中华书局，2008，第142、145页。

② 〔日〕真人元开著，汪向荣校注《唐大和上东征传》，中华书局，1979，第63页。

③ 金涛：《舟山群岛妈祖信仰与天后宫》，时平主编《中国民间海洋信仰研究》，海洋出版社，2013，第65页。

神信仰网络和祭祀圈，在各自海洋小社会中起着不可替代的重要作用。这一点不可不知，也不能不重视。

妈祖是重要的，但不是唯一的。确实如美国海洋史学家安乐博（Robert Antony）教授所说，许多人知道妈祖是讨海人家所供奉的神祇。事实上，她只是讨海人祭祀的许多神祇之一，除了妈祖，还有北帝、龙王、龙母、靖海神、风波神等。更有一些只有当地人才供奉的神祇，比如香港、澳门的洪圣大帝、朱大仙、谭公等；另外，潮汕有三山国王，海南岛、雷州半岛有飓风神。上述神祇中，北帝、龙母、三山国王等，并不是专门保佑"讨海人"的神祇，但至少在中国南方沿海一带，被当作保佑海上平安的神祇。"讨海人"建有专属的庙宇，以别于一些由陆地上的人盖的庙宇。如香港大潭笃的水上人家，他们与拜天后的当地人不一样，他们有自己的两座小庙，较大的庆典活动则到香港岛上，如祭祀洪圣大帝。每个地区的人都有自己崇拜的神明，如大屿山的大澳，渔民原来崇奉天后，但清初当地盐商把持了天后宫，祭祀神灵改为杨侯王。[1]

有学者在海南岛调研发现，本地渔民商众崇拜自己创造的神灵"兄弟公"，而不信仰妈祖。主要是"因为潭门人忌讳女人出海，妈祖作为女性，也不能出海"；另外，"远海作业与近海作业不一样，每次出海人数特别多，路程遥远，像妈祖这样一个女神很难保佑我们的安全；但是兄弟公不一样，兄弟公有一百零八个人，他们人数多，每次都能及时显灵，对我们来讲，兄弟公比妈祖更加管用"。[2] 琼海市潭门港出海打鱼的渔船，每条均设有祭拜神灵的牌位，上书神灵名字。船上插着红旗、黑旗，其中三角彩旗上书写神名，就是该船供奉的神灵。一些外地的渔船，供奉的神灵既非兄弟公，亦非天后，而是南海神洪圣王、伏波将军、华光大帝，以及祖先。如一艘来自儋州的渔船，神位在驾驶舱后壁，以红纸书写"神光普照"，以镜框固定在神台上。供奉神灵有五位，其中包括"左把簿"敕赐洪圣广利大王、敕赐妙惠皇后夫人、敕赐金鼎三倡相公、"右判官"敕赐鲁班等。另两艘渔船船主均为儋州人，供奉堂主，船上彩旗墨书"永清堂，雷霆英烈感应马大元帅，

---

① 〔美〕安乐博：《海上风云：南中国的海盗及其步伐活动》，张兰馨译，中国社会科学出版社，2013，第200页。

② 冯建章、徐启春：《走进排港：海南岛"古渔村"的初步考察》，《海洋史研究》第十四辑，社会科学文献出版社，2020。

一帆风顺，船头旺相"。"永清堂"为船主祖先，马大元帅为伏波将军。①

因此，探究明清时期沿海地区涉海人群的海洋信仰，要加强大大小小的海洋神灵的系统研究与整体研究，避免"攻其一点，不及其余"的局限，用广阔的眼光和视野，搜集利用更多的海洋神灵及其信仰资料，从具体神灵的个案研究做起，明其流变，辨其异同，拓展研究领域，揭示中国海洋信仰的整体面貌。

余论：海洋信仰、海洋知识与海洋历史记忆

明清时期沿海涉海人群的海事活动中，祭祀神灵是一项不可或缺的日常功课，海神信仰包含着涉海人群敬天敬海敬神的宗教意识与信仰情怀，成为人们勇闯沧海、航海贸迁的精神支柱，上文提到的航海针经、《更路簿》等民间文献，是沿海地区民众海洋意识、航海智慧、航海经验与技术的结晶。

这些文本循着大体相同的体例和结构，书写沿海与海上岛屿人群特殊的海洋环境、生存空间、日常生计、宗教信俗等内容。毫无疑问，其知识部分来源于中国传统文化，更多则植根于沿海乡间社会的涉海人群，大多出自见多识广而有声望的老船长、老水手、老渔民之手，以口耳相传形式，或传抄文本形式，叙说、记录、传播久远的历史记忆。虽然在浩如烟海的传统文献中只是沧海一粟，无足轻重，却承载着特定人群的海洋文明历史记忆。

此类乡间文献，大多文笔粗糙，夹杂方言土语，文字俚俗，杂乱无章，非谙熟海事、了解海国民俗者不易释读，堪称"天书"。因而一些对海外见闻、海洋故事感兴趣甚至有猎奇心理的"好事"文人，对其知识素材进行整理吸收，对文本进行改编润色，乡间文本成为编纂海国故事、传播海洋历史记忆的第一手原始资料。明人张燮编著《东西洋考》，广求资料，"间采于邸报所抄传，与故老所诵述，下及估客舟人，亦多借资"。在此基础上重新谋篇布局，"舶人旧有航海针经，皆俚俗未易辨说，余为稍译而文之。其有故实可书者，为铺饰。渠原载针路，每国各自为障子，不胜破碎，且参错不相联，余为镕成一片"②。从而使《东西洋考》成为记载明中后期漳州

---

① 李庆新：《海南兄弟公信仰及其在东南亚传播》，《海洋史研究》第十辑，社会科学文献出版社，2017，第459~505页。

② 张燮著，谢方点校《东西洋考》"凡例"，第20页。

贸易、海上交通的重要著作。清人程泽顺在编著《指南广义》过程中，也有相同经历，包括采访航海老人、年高舵师，参考"封舟掌舵之人所遗针本及画图"，《指南广义》遂成为研究清代中琉关系与海航历史的很有价值的参考书。

在沿海和海岛地区的三教九流中，有一种被认为具有沟通幽明的"通灵"能力，拥有超自然神秘力量的特殊人，通称"巫觋""灵童""道士"。他们或为本地乡民，或为乡间佛道人士。他们掌握着乡村"神话"的话语权，在沿海乡村许多宗教信俗、祭神节庆活动中，他们是不可或缺的角色。20 世纪 70 年代，韩振华先生在海南做调查，收集到文昌县铺前公社七峰大队渔民蒙全洲关于如何书写《更路簿》的有趣记忆，十分耐人寻味：

> 当时去西、南沙一带捕鱼就有《更路簿》，详记各岛、屿、礁、滩的航程。传说文昌县林伍市北山村有一位老渔民会跳神，其神名叫"洪嘴胆"，当时，神被认为是高上的，船开到哪里？都由他吩咐。跳神的说几更船到什么地方？何地何名都由他说。以后记为《更路簿》，这样一代一代传下来，有的传十几代。①

此条资料显示，《更路簿》确实出自老渔民之口，但这位老渔民却是一位具有沟通人间与仙界的通灵神通的"跳神者"。由于他在渔民中声望极高，因而《更路簿》所描述的"各岛、屿、礁、滩的航程"都是他说了算，并由此代代相传。这种由会"跳神"的船长传授、记录、保存下来的海洋知识和历史记忆，不免染上原始巫术色彩，带有古代先民原始自然信仰、崇拜鬼神的古风遗习。

事实上，包括海南在内的南海北岸沿海地区，古为百越之地，底层世俗文化有诸多类同相通之处，文化的深层结构遗传着古风。作为沿海乡村社会沟通人神的特殊群体，"跳神者"无疑是一个活跃的存在。这些人创作的各类海洋信仰、海洋知识的仪式化文本，构成沿海乡村五花八门的"神文化"遗存。今天看来，这些也是传统非物质文化遗产、"民间文献"的一部分。

沿海地区民间信仰植根于乡村社会，具有极强的草根性和遗传性，赓续

---

① 韩振华主编《我国南海诸岛史料汇编》下册，东方出版社，1988，第 404 页。

不断，影响极为深远，对沿海地区海洋历史记忆的书写，海洋文化传统的继承，海洋发展的取向，均具有十分重要的价值导向和路径启示。时下海洋历史文化研究方兴未艾，民间海洋文献当然也值得引起重视，作为一项基础性工作，应该采取宽容开放多元的思维，加强资料收集整理，进行深层次的研究思考。

Maritime Beliefs As Depicted in the *Marine Zhenlu* and *Genglubu of South China Sea* during Ming and Qing Dynasties

Li Qingxin

Abstract：During the Ming and Qing Dynasties, folk texts that spread along the coastal areas of China, such as the *Marine Zhenlu* and the *Genglubu of South China Sea*, recorded maritime knowledge, navigation activities, maritime beliefs and other aspects of historical memory of those people related to the sea. It can be seen that the coastal areas have a rich history of maritime worship, and there are many types of sea gods. People hold various sacrificial ceremonies to pray for the sea gods' blessing on important matters such as constructing ships, fishing, overseas trading, returning home safely, repairing ships, and so on. Certain sea areas, such as the Black Ditch between East China Sea and Ryukyu, the Qizhou Sea in the South China Sea, the Jiaozhi Sea, the Kunlun Sea, and even the gulf of Siam and the Indonesian islands are all important places for fishermen and merchants to sacrifice to the sea gods during their voyages. Historical materials show that Mazu (Tianhou), the Earth God (Tudigong) and other deities occupy an important position in maritime beliefs and they are widely worshiped. At the same time, there are also a variety of other sea gods in many places that are worth our attention. Rooted in the coastal rural society and among the sea-related people, maritime beliefs share strong grass-roots, hereditary, and marine characteristics. Marine vernacular texts, such as *Marine Zhenlu* and *Genglubu of South China Sea*, which are popular in folk culture, have been passed on by word of mouth or by written transcripts. Because they are parts of the folk tradition, they are often ignored by mainstream society and are hard to find in the classics. However, they have a very important historical and cultural value, and a practical significance for the preservation of marine historical and cultural memories; they are important historical writings in coastal areas and are significant factors for the inheritance and development of traditional marine culture.

Keywords: Ming and Qing Dynasties; Zhenlu (Compass-guided Route); *Genglubu*; Maritime Beliefs

（执行编辑：罗燚英）

清前期中缅、中暹贸易比较研究

王巨新[*]

清前期（17 世纪至 19 世纪中叶）的中缅贸易和中暹贸易，是早期全球化时代中国与太平洋-印度洋贸易网络的重要组成部分。学界对此早有关注。1957 年田汝康专门讨论过这一时期中国帆船往返东南亚的贸易活动。[①] 20 世纪 80 年代后，学界围绕清代前期中国与缅甸、暹罗贸易的整体面貌发表多篇论著，[②] 并对雍乾时期的中暹大米贸易展开细致研究。[③] 这些研究已注意到清暹贸易与清缅贸易整体及各自的历史分期、商人主体、主要商品、

---

[*] 作者王巨新，中共山东省委党校党史教研部副主任、教授。

本文系国家社科基金重大项目"清代中国与东南亚国家关系研究暨数据库建设"（19ZDA208）、国家社科基金一般项目"清朝前期海洋法律研究"（18BZS071）、山东省社会规划重点项目"清代朝贡制度实际运行研究"（17BLSJ02）的阶段性成果。

① 田汝康：《17~19 世纪中叶中国帆船在东南亚洲》，上海人民出版社，1957。

② 有关清缅贸易研究，参见孙来臣《明清时期中缅贸易关系及其特点》，《东南亚研究》1989 年第 4 期；吴兴南《清代前期的云南对外贸易》，《云南社会科学》1997 年第 2 期；冯立军《论明至清中叶滇缅贸易与管理》，《南洋问题研究》2005 年第 3 期。有关清暹贸易研究，参见俞云平《十八至十九世纪前期的中暹海上贸易》，《南洋问题研究》1990 年第 2 期；陈希育《清代中国与东南亚的帆船贸易》，《南洋问题研究》1990 年第 4 期；李金明《十八世纪中暹贸易中的华人》，《华侨华人历史研究》1995 年第 1 期；《清代前期厦门与东南亚的贸易》，《厦门大学学报》（哲学社会科学版）1996 年第 2 期；黄素芳《17~19 世纪中叶暹罗对外贸易中的华人》，《华侨华人历史研究》2007 年第 2 期；田渝《16 至 19 世纪中叶亚洲贸易网络下的中暹双轨贸易》，暨南大学博士学位论文，2007。

③ 相关成果如李鹏年《略论乾隆年间从暹罗运米进口》，《历史档案》1985 年第 3 期；公羽《清代前期中遏大米贸易初探》，《东岳论丛》1986 年第 3 期；陈希育《清代前期中泰大米贸易及其作用》，《福建论坛》（文史哲版）1987 年第 2 期；俞云平《十八世纪的中暹大米贸易》，《南洋问题研究》1991 年第 1 期；汤开建、田渝《雍乾时期中国与暹罗的大米贸易》，《中国经济史研究》2004 年第 1 期。

贸易路线等问题，但未对清暹、清缅贸易的差异进行专门比较分析。① 近年来，由于海上丝绸之路历史研究的推进，以及全球史与跨国史研究视角的兴起，学术界也在从更广阔的视野来分析和反思中国东南沿海、西南内陆与中南半岛的跨国家、跨民族、跨文化的贸易流动和商民往来。据此观之，清缅贸易与清暹贸易在贸易方式、路线、主体、主要商品、交易量等许多方面皆存在较大差异。这些差异，不仅同清缅、清暹关系的历史流变交织缠绕，而且影响了中缅、中泰关系的走向及缅甸、泰国华人社会的发展。因此，深入分析清缅、清暹贸易的差异及原因，可以帮助我们深入了解清代中国与东南亚的贸易交流、族群流动、国家关系流变，并探寻早期全球化时代中国与太平洋-印度洋贸易网络的内部逻辑。

一　贸易方式："单轨"与"双轨"

清前期的中外贸易，就贸易方式而言，主要有朝贡贸易和通商贸易两种（不含非法的走私贸易）。而清朝与缅甸之间主要奉行"单轨"的通商贸易，与暹罗之间则是朝贡贸易与通商贸易并行的"双轨"制。

清缅贸易在乾隆中期以前，主要是滇缅边境的陆路通商贸易。不过，由于道路险阻、交通不便等，这一时期的滇缅边境贸易规模不大，"驴驮马载者少，肩挑背负者多"②。云南永昌、腾越和缅甸新街、官屯、木邦都成为边境贸易的重要中转站。为加强贸易管理，清政府还在永昌、腾越设立征税管理机构。相对而言，这一时期关于中国东南沿海与缅甸南部沿海的贸易记载不多。这是清缅海路贸易不及陆路贸易兴盛的真实反映。乾隆三十年（1765），清朝与缅甸雍籍牙王朝（1752～1885）之间爆发了历时 4 年的战争。战争结束后，又经历了近 20 年的紧张对峙。在此期间，清政府关闭滇缅边境贸易，导致两国陆路通商贸易陷入低谷。不过，两国贸易仍变相存续。乾隆四十二年（1777）四月，从两广总督调任云贵总督的李侍尧奏报指出，缅地物产，棉花最多，次则玉石，近年以来云南、广东两省"售卖

---

① 如滨下武志未对清缅贸易进行深入分析，就将其简单纳入朝贡贸易圈的范畴，参见〔日〕滨下武志《近代中国的国际契机——朝贡贸易体系与近代亚洲经济圈》，朱荫贵、欧阳菲译，中国社会科学出版社，1999，第 39 页。

② 《张允随奏稿》乾隆十一年五月初九日奏折，方国瑜主编《云南史料丛刊》第 8 卷，云南大学出版社，2001，第 684 页。

颇多"，皆因官府派遣"土人摆夷"出关办理公务，盘查兵役搜检不严，以致"夹带走私"；另外，近年英印商船到粤，全载棉花，"是缅地棉花，悉从海道带运"。① 这说明，当时清缅两国仍然存在由"土人摆夷"维系的陆路贸易和英印商船承载的海路贸易。乾隆五十五年（1790），随着清缅关系正常化，清廷下谕重开滇缅边境通商，两国陆路边境贸易迅速恢复，海路贸易也日渐繁荣。概言之，清前期中缅两国一直存在通商贸易。

但清朝与缅甸之间一直未发展出朝贡贸易。根据清廷的规定，朝贡使团可以携带商品来华售卖及购买货物带回本国，并享受船货税银减免的优惠政策。这便是朝贡贸易制度。而在实践中，朝贡贸易包括使团入境时的边境贸易、往返北京途中的使行贸易以及京师会同馆贸易三部分。清代朝鲜、琉球、越南、暹罗、苏禄等国使团来华，都有大量的朝贡贸易。缅甸则不然。乾隆末年以前，缅甸东吁王朝（1531～1752）仅有 1751 年一次遣使清朝，两国间未建立封贡关系，自然不存在朝贡贸易。乾隆五十三年（1788）、乾隆五十五年（1790），缅甸雍籍牙王朝国王孟陨两次遣使清朝。乾隆帝于五十五年下谕封孟陨为缅甸国王，并规定缅甸"十年进贡一次"②。这标志着清缅封贡关系的确立。自 1788 年至 1875 年雍籍牙王朝灭亡，缅甸计有 14 次遣使朝贡，均未见朝贡贸易的记录。虽然每次缅甸使团都会带来一些佛教器物、缅甸土产以及欧洲商品作为贡物，清廷也赐予大量丝绸、玉器、瓷器、珐琅器等宫廷用品，但这只是一种外交意义上的礼品交换，并非真正意义上的朝贡贸易。由此可以说，清代中缅两国间并未发展起朝贡贸易。究其根源，主要是缅甸贡期较长及滇缅陆路交通不便使然。清朝规定缅甸十年一贡，贡道经由云南，从缅都曼德勒到云南，路途遥远，坎坷难行。使团往返时已携带大量贡物或赐予物品，根本无力再携带大量货物进行朝贡贸易。

与清缅贸易相比，清朝与暹罗之间则发展起朝贡贸易和通商贸易并行的"双轨贸易"。在朝贡贸易方面，康熙四年（1665），暹罗使团初次入京朝贡；康熙十二年（1673），康熙帝下谕敕封暹罗国王，标志着清朝与暹罗阿瑜陀耶王朝封贡关系的确立。1665～1767 年，暹罗阿瑜陀耶王朝 14 次遣使由海路入贡。而暹罗来华贡船，除了正贡，还有副贡、护贡、探贡、接贡、补贡数种，"初来曰探贡，次来曰进贡，同行曰护贡，又其次者则曰

---

① 《宫中档乾隆朝奏折》第 38 辑，台北故宫博物院，1985，第 308～311 页。
② "中研院"历史语言研究所编《明清史料》庚编，中华书局，1987，第 699 页。

接贡"①。在如此规模下，清暹两国间初步发展起朝贡贸易。1767 年，阿瑜陀耶王朝被缅甸雍籍牙王朝军队攻灭，王朝旧臣披耶达信（中国档案文献称郑昭）很快组织暹罗军民驱逐入境缅军并建立吞武里王朝（1767~1782）。随后，披耶达信先后 7 次派人与清朝联系，希望与清朝延续封贡关系。乾隆四十年（1775）、乾隆四十一年（1776），清廷两次谕准暹罗购买与缅甸交战所需的硫黄、铁锅等物资，② 两国间朝贡贸易初步恢复。乾隆四十六年（1781），吞武里王朝派出庞大的朝贡船队来到广州，清暹朝贡贸易正式恢复。次年，掌握吞武里王朝军政大权的昭披耶却克里发动宫廷政变，处死披耶达信及王子，宣布加冕王位，号拉玛一世，并迁都曼谷，是为曼谷王朝（1782 年至今）。曼谷王朝建立后，拉玛一世以郑昭之子郑华的名义向清朝派出接贡船只，以接载郑昭上年所派朝贡使团回国，并报告郑昭死讯。由此，清暹封贡关系实现平稳过渡。自 1782 年至 1853 年暹罗最后一次入贡，曼谷王朝共有朝贡 35 次，是为清暹朝贡贸易的繁荣时期。总的来看，清暹朝贡贸易经历了从初步发展到暂时中断再到恢复并走向繁荣的过程。

在通商贸易方面，清初即有东南沿海郑氏海商集团与南洋各国包括暹罗的海上贸易。康熙二十三年（1684）清廷下谕开海贸易后，以中国海商往返暹罗及暹罗商船航海来华为主要形式的通商贸易迅速繁荣。道光朝《福建通志》载："商舶交于四省，遍于占城、暹罗、真腊、满剌加、浡泥、荷兰、吕宋、日本、苏禄、琉球诸国，乃设榷关四于广东澳门、福建漳州府、浙江宁波府、江南云台山，置吏以莅之，泉货流通……可谓极一时之盛矣。"③ 另据日本唐船史料《华夷变态》所记，康熙中后期到暹罗贸易的中国商船，1689 年有 14~15 艘，1695 年有 8 艘，1697 年至少 4 艘，1698 年有 7 艘，1699 年有 6 艘，1702 年超过 10 艘。④ 这些资料虽不完整，但可窥见开海贸易后数十年间清暹帆船贸易之一斑。康熙五十六年（1717）至雍正五年（1727），清朝曾有禁贩南洋之法令，但暹罗不在禁航之列，所以中暹帆船贸易未受太大影响。康熙六十一年（1722）六月，康熙帝还谕知暹罗

① 中国第一历史档案馆、澳门基金会、暨南大学古籍研究所合编《明清时期澳门问题档案文献汇编》（一），人民出版社，1999，第 28 页。

② 参见中国第一历史档案馆《乾隆朝上谕档》第 8 册，档案出版社，1991，第 4、489 页。

③ 陈寿祺等撰《福建通志》卷八七《海防·总论》，同治十年（1871）重刊本，台湾：华文书局，1968，第 1760 页。

④ 林春胜、林信笃『華夷変態』東方書店、1958 年、上册 633 頁，中册 1271、1274、1736、1947、1998 頁，下册 2081、2205、2232 頁。

贡使，可运米 30 万石至福建、广东、宁波等处贩卖，并强调此 30 万石米"系官运，不必取税"①。雍正六年（1728）二月，清廷又下谕：嗣后暹罗商船运米来福建、广东、浙江，"米谷不必上税，著为例"②。此后在乾隆十六年（1751）、乾隆二十一年（1756），闽、粤两省分别规定对商民往暹运米回内地者进行奖叙。在这一系列鼓励政策下，雍正至乾隆中期，中暹大米贸易走向繁荣。据统计，乾隆十九年（1754）至二十三年（1758），商船从暹罗运回大米每年 9 万至 12 万余石不等。③ 到乾隆三十年（1765），缅王孟驳率军攻入暹罗，1767 年攻破暹都阿瑜陀耶。这场战争不仅造成阿瑜陀耶王朝灭亡，也给暹罗社会经济带来严重影响，直接导致中暹大米贸易的衰落。不过，吞武里王朝后期和曼谷王朝时期是清暹关系最友好的时期，有大批贡船、商船来往于两国，由中国帆船承载的清暹通商贸易也得以继续发展。直到 19 世纪中叶后，中国帆船才在西方方帆商船和机动轮船的竞争下，逐渐失去在中暹贸易中的主导地位。由此可以说，17~19 世纪中叶，清朝与暹罗间一直存在朝贡与通商"双轨贸易"。

二　贸易路线："两路"与"一路"

在贸易路线方面，清朝与缅甸之间一直存在陆路和海路"两路"贸易。与之相比，清朝与暹罗之间的朝贡贸易和通商贸易，则都是通过海路"一路"进行。两国间虽也存在经由第三国的陆路间接贸易，但其规模基本可以忽略不计。

清朝与缅甸之间的陆路贸易，经历了从开放到封闭再到开放的曲折过程。乾隆中期以前，清政府一直开放滇缅陆路边境贸易，"定例禁止内地民人潜出开矿，其商贾贸易，原所不禁"④。乾隆三十年（1765）十一月，清缅战争爆发，清廷随之封闭滇缅边境，中缅陆路贸易一落千丈。据副将军阿里衮、云南巡抚鄂宁调查奏报，滇缅边境贸易"自用兵以来，概行禁止"。

---

① 《清圣祖实录》卷二九八"康熙六十一年六月壬戌"，《清实录》第 6 册，中华书局，1985，第 884 页。

② 《清世宗实录》卷六六"雍正六年二月壬辰"，《清实录》第 7 册，第 1007 页。

③ 《宫中档乾隆朝奏折》第 25 辑，第 812~814 页。

④ 《张允随奏稿》乾隆十一年五月初九日奏折，《云南史料丛刊》第 8 卷，第 683~685 页。

缅甸新街等处贸易站点已成废墟，"内地货贩，久经断绝"。① 为厉行关禁，清廷还制定商民贩货出缅之罪："嗣后奸民贩货出口，拿获即行正法。隘口兵丁审系得财卖放者，一并正法。失察之文武官弁，查明参革。如能拿获者，即将货物给赏。"② 乾隆三十四年（1769）十一月清缅战争结束后，两国关系并未实现正常化，清廷也数次强调继续严禁边境贸易。直到乾隆五十三年（1788）、乾隆五十五年（1790），缅王孟陨两次遣使入贡，请开关禁以通市易。乾隆帝闻奏，下谕重开滇缅边境贸易，"准其照旧开关通市"③。由此，封闭 20 多年的滇缅陆路贸易得以恢复。根据云贵总督富纲的开关报告，这一时期的滇缅陆路贸易通道有三条：一是自大理经永昌、腾越至缅甸新街；二是自大理经顺宁、耿马至缅甸木邦；三是自普洱、思茅入缅境。④ 清缅陆路边境贸易，自乾隆末年重新开放后，再未封闭。

清缅海路贸易则经历了不断发展并超过陆路贸易的历程。在乾隆中叶以前，已有诸多华人商民从海路往来缅甸。据缅甸学者陈孺性的研究，1755年 5 月雍籍牙王朝军队攻占仰光时，中国船户聚居于当地"唐人坡"一带已相当多，且在江岸自建了一个码头。该码头被称为"中国码头"，因建筑在华人区江岸而得名。当时停泊在江岸的帆船都是来往于闽广与缅甸及南洋各国之间。⑤ 乾隆中后期清廷关闭滇缅陆路贸易期间，中缅两国间的海路贸易仍然存续。前文所述李侍尧对外洋商船运送缅甸棉花到广东贩卖的奏报即是证明。乾隆末年清缅关系正常化以后，特别是英国通过第一次英缅战争（1824~1826）占据丹那沙林和阿拉干后，开始大力发展缅甸南部及英属印度的对华贸易，使得清缅海路贸易迅速崛起。仰光、白古、土瓦成为这一贸易的主要港口。乾隆末年纂修的《滇系·缅考》记："西洋货物聚于漾贡（仰光），闽广皆通。"⑥ 道光时期彭崧毓《缅述》载："蛮幕（暮）、漾贡为南北两大都会。蛮幕（暮）滨江，多滇商，漾贡滨海，多粤商，皆设官，

① 《宫中档乾隆朝奏折》第 30 辑，第 531~532 页。
② 《宫中档乾隆朝奏折》第 31 辑，第 78 页。
③ 《乾隆朝上谕档》第 15 册，第 556 页。
④ 《明清史料》庚编，第 697~698 页。
⑤ 〔缅〕陈孺性：《缅甸华侨史略》，德宏州志编委会办公室编《德宏史志资料》第 3 集，1985，第 94 页。
⑥ 师范纂《滇系》第 12 册《典故四》，光绪十三年（1887）重刊本，台湾：成文出版社，1968，第 49~50 页。

榷其税。"① 意大利传教士圣基曼奴也记述："白古港口优良，本国物产丰富，故能吸引商舶来境，不特自印度各地，且亦自中国与阿拉伯半岛而来。"② 这一时期的中缅贸易有一个重要特点，那就是 19 世纪 20 年代以后，中缅海路贸易规模逐渐超过陆路贸易。美国学者李伯曼（Lieberman）指出：1600 年至 19 世纪 20 年代，滇缅陆路贸易比清缅海上贸易更有活力。在 19 世纪 20 年代前，商人每年运回云南的棉花估计近 7000 吨——这一数字是 17 世纪初的 6 倍；中国商人还大量采购缅甸特产和玉石，价值约为棉花总量的 1/3；中国则以本国手工制品、食品及大量生丝作为交换。但到 19 世纪 20 年代初期，滇缅陆路贸易的年均进出口值约为同时期仰光进出口贸易总值的 67%~107%。③ 这就是说，在 19 世纪 20 年代，清缅海路贸易规模已达到甚至超过陆路贸易。1852 年英国通过第二次英缅战争占领缅甸后，更加重视下缅甸的对华贸易，使得清缅海路贸易规模进一步超越陆路贸易。晚清成书的《缅藩新纪》记录："从前洋船未通，与云南人互市，出入配带货物，以骡马驮之。自英人经营仰光，轮船如织，云南一隅通商渐少矣。"④《腾越乡土志》也记载：乾嘉时期，华商贩运珠宝、玉石等缅甸货物，"皆由陆路而行"；乾嘉以后，随着"海舰流通"，商旅"均由新嘉坡、槟榔屿行经漾贡直达缅甸……此商务之一大变也"。⑤ 这也反映出清缅海路贸易规模超过陆路边境贸易。

与清缅贸易相比，清朝与暹罗之间因陆路边界并不相接，其朝贡贸易和通商贸易都通过海路进行。清朝规定，暹罗贡道由广东。因此，清暹朝贡贸易主要是暹罗来华贡船在广州的入境贸易和出境贸易。正、副贡使乘坐正、副贡船到广州后，粤省督抚题奏请示是否准予入京。如清廷准令赴京，则贡船在广州商行出售压舱货物、购置中国货物后先行回国。贡使往返北京，一般历时半年多，贡船（有时是暹王再派的新船）恰好可以载货再来中国接

① 彭崧毓：《缅述》，丛书集成初编本，商务印书馆，1937，第 1~2 页。

② William Tandy D. D. , *A Description of the Burmese Empire, Complied Chiefly from Native Documents by the Rev. Father Sangermano, and Translated from His Ms.*, Rome：Joseph Salviucci and Son, 1833, p. 169.

③ Victor Lieberman, *Strange Parallels, Southeast Asia in Global Context, c. 800 - 1830*, New York：Cambridge University Press, 2003, p. 170.

④ 阙名：《缅藩新纪》，王锡祺辑《小方壶斋舆地丛钞》第 10 帙，上海著易堂易光绪十七年（1891）铅印本，第 877 页。

⑤ 寸开泰：《腾越乡土志》，国家图书馆编《乡土志抄稿本选编》（八），线装书局，2002，第 721 页。

载贡使回暹。由此，一只朝贡船可有两次往返、四次装载压舱货物，这些均属朝贡贸易。在通商贸易上，一方面中国商船由潮州、闽南、海南等地前往暹罗，另一方面则是暹罗商船来到粤省海南、高州、肇庆、广州、潮州，福建漳州、泉州、福州，浙江宁波，江苏上海、苏州以至直隶天津等地。① 乾隆二十二年（1757）后，清廷限定广州一口通商，禁止外国商船北上福建、浙江等省贸易。这对中国商船入暹贸易和暹罗商船来粤贸易影响不大，却冲击了暹罗商船北上福建、浙江等省的贸易。为此，乾隆四十六年（1781）暹王披耶达信特意向乾隆帝具禀提出要求，"欲往厦门、宁波伙贩"，对此清廷予以拒绝。② 而实际上，此后仍有暹罗商船北上到闽浙沿海贸易。据泰国宫廷档案的记载，1813 年暹罗往华商船有 7 艘到广州，5 艘到潮州，3 艘到东陇港，1 艘到南澳，7 艘到宁波，4 艘到上海，3 艘到天津。拉玛二世后期，暹罗商船总吨位达 24562 吨，其中吨位最大的 8 艘船前往广东贸易，略小的 30 多艘船前往福建、浙江、江南贸易。③

当然，清朝与暹罗之间也存在少量由云南经缅甸或老挝到暹罗的间接陆路贸易，特别是云南思茅（今普洱）经车里（今西双版纳）至缅甸、老挝和暹罗，历来是云南对外交通的重要路线，也是茶马古道的重要支线。具体而言，从思茅出发，经车里出境，先入缅甸或老挝，两国皆有商路通泰北的清迈；自清迈向南，又可至暹都曼谷和缅甸南部港口毛淡棉。但由于此路线瘴疠盛行、山路艰险，其贸易规模几乎可以忽略不计。甚至在 1897 年思茅设立海关后，其自暹罗进口洋货额、出口暹罗土货额也远低于缅甸、老挝和越南。思茅口对外贸易在清末云南蒙自、思茅、腾越三海关中居于次要地位，其对暹贸易又居于次要地位。

三　贸易主体：三省为主与两省为主

17~19 世纪中叶的中缅贸易和中暹贸易，都有华侨商民的广泛参与。但从华侨商民原籍看，清缅陆路贸易的主体是滇省华人，海路贸易的主体是

① Jennifer Wayne Cushman, *Fields from the Sea: Chinese Junk Trade with Siam during the Late Eighteenth and Early Nineteenth Centuries*, New York: SEAP Publications, 1993, pp. 17-19, 22.

② 《乾隆朝上谕档》第 10 册，第 603~604 页。

③ Sarasin Viraphol, *Tribute and Profit: Sino-Siamese Trade, 1652-1853*, Cambridge, Massachusetts: Council on East Asian Studies, Havard University, 1977, pp. 268-269, 186-187.

闽、粤两省华人，形成滇、闽、粤三省为主格局；清暹贸易的主体则是闽、粤两省华人，呈现两省为主态势。

早在清初，便有很多内地民人经云南陆路入缅从事采矿、种植及相关商业。如滇缅边境的茂隆银厂，"打矿、开嵌及走厂贸易之人……约有二三万人，俱系内地各省人民"。缅甸所属木邦，由于"土性宜棉，而地广人少"，所以沿边内地民人"受雇前往，代为种植，至收成时，客商贩回内地售卖，岁以为常"。① 这些都是经云南陆路进入缅甸的华商，其中以滇籍人居多。乾隆中后期，清缅战争爆发以及清政府厉行关禁，导致由陆路出关贸易居留者数量大减，曾经比较繁荣的缅甸边贸城镇新街、蛮暮也成为废墟。至于缅都阿瓦，则仍有华人商民，"街上多系腾越州人贸易"②，他们当是在清缅战争爆发前就已安居阿瓦城内。

乾隆末年清缅关系正常化以后，由陆路和海路入缅的华商数量大增。他们的聚居地，一是上缅甸的阿瓦、阿摩罗补罗、八莫（新街）、蛮暮等主要城镇。彭崧毓《缅述》记载阿瓦情况时言："商民居之，有街有市。内地之商于彼者，自成聚落，曰汉人街。"③ 王芝《海客日谭》记录：在阿摩罗补罗，"滇人居此者四千余家，闽、广人百余家，川人才五家"；在新街，有"汉人街"，"滇人居此者约千余，腾越人居其九"。④ 1826 年出使缅甸的英国人克劳福德（Crawfurd）记载，阿摩罗补罗有华人 3000 人，阿瓦和实皆有 200 人，缅甸其他城镇也有一些华人从事贸易或采银工作。在缅华人多来自中国云南，大都从事商业。⑤ 一是下缅甸的仰光、土瓦、毛淡棉等地。《滇系·缅考》记载：仰光有"汉人街"，"择汉人为街长"。⑥《缅述》亦载，仰光为缅甸南部大都会，多粤商，有专设之官征税。⑦ 1852 年英国占领下缅甸后，实行吸引移民政策，大批闽粤商民纷纷来到下缅甸。王芝《海客日谭》记载仰光华人情况时言："广东、福建通商者数万人，浙江、云南

① 《张允随奏稿》乾隆十一年五月初九日奏折，《云南史料丛刊》第 8 卷，第 683 页。
② 冯明珠主编《故宫博物院典藏专案档暨方略丛编：缅档》，台湾：沉香亭企业社，2007，第 887 页。
③ 彭崧毓：《缅述》，第 1~2 页。
④ 王芝：《海客日谭》，光绪丙子（1876）石城刊本，沈云龙主编《近代中国史料丛刊》第 32 辑，台湾：文海出版社，1966，第 109、82 页。
⑤ John Crawfurd, *Journal of an Embassy from the Governor General of India to the Court of Ava, in the Year 1827*, London: Henry Colburn, 1829, pp. 471-472.
⑥ 师范纂《滇系》第 12 册《典故四》，第 49~50 页。
⑦ 彭崧毓：《缅述》，第 1~2 页。

商人亦间有之。"① 黄懋材《西辐日记》亦云："闽、粤两省商于此者不下万人，滇人仅有十余家。"② 可见仰光华人商民主要来自闽、粤两省。在仰光以外，据西方人记述，1855～1856 年土瓦有华人 1024 名，墨吉有 955 人，毛淡棉有 539 人。③ 总的来看，上缅甸主要是陆路来的滇籍华侨，下缅甸主要是海路来的闽、粤籍华侨，即"迤北陆路，则滇人居多；迤南海滨，则闽、粤尤众"④。19 世纪 20 年代以前，陆路滇籍商民是入缅华人主力，以后闽、粤商民沿海路入缅者益众，渐呈滇、闽、粤三省为主格局。

　　与清缅贸易相比，由于清暹陆路贸易不畅，清暹贸易的主体是海路闽、粤籍华人，且闽、粤商民基本垄断了清代前期暹罗的对华朝贡贸易和通商贸易。在朝贡贸易方面，暹罗遣使访华，常雇华人管驾贡船。如康熙六十年（1721）暹罗入贡，贡船内有郭奕逖等 156 名，系福建、广东人。⑤ 雍正二年（1724）暹罗入贡，来船梢目徐宽等 96 名，系广东、福建、江西等省人。⑥ 在通商贸易方面，中国闽粤商船前往暹罗的贸易自然由闽、粤籍华人负责，即使暹罗商船的来华贸易亦主要由闽、粤籍华人经理。暹罗对外贸易由王室垄断，暹王室为此特别设立两个专门机构，一是皇家货物仓库，负责处理货物收售事务；二是港口厅（侨民政务司），负责处理对外贸易事务。港口厅又分左、中、右三个分厅，左港厅（华民政务司）负责对华贸易，右港厅负责对印度、阿拉伯、爪哇及马来亚贸易，中港厅负责对西方贸易。左港厅任务最为繁重，组织也最为庞大，内部人员几乎全是华人。如此，暹罗对华贸易实际由华人经营管理，华人出任各种职务，包括船长、大副、通事、司账、舵手等。⑦ 据泰国史料的记载，泰沙王在位时，授权一名叫王兴全的潮州商人每年装备数艘船到中国贸易。波隆摩葛王时期，此任务由王兴全之子王来胡担任。⑧ 1767 年吞武里王朝建立后，身为潮州华人后裔的披耶

---

① 王芝：《海客日谭》卷三，第 5～6 页。

② 黄懋材：《西辐日记》，王锡祺辑《小方壶斋舆地丛钞》第 10 帙，上海著易堂光绪二十三年（1897）铅印本，第 992～993 页。

③ Christopher Tatchell Winter, *Six Months in British Burmah: or, India beyond the Ganges in 1857*, London: Richard Bentley, 1858, p. 37.

④ 黄懋材：《西辐日记》，王锡祺辑《小方壶斋舆地丛钞》第 10 帙，第 994 页。

⑤ 《清圣祖实录》卷二九五，"康熙六十年十月壬午"，第 6 册，第 864 页。

⑥ 《清世宗实录》卷二五，"雍正二年十月己亥"，第 7 册，第 397 页。

⑦ 参见张仲木《中古泰中经贸中华侨华人的角色》，华侨崇圣大学泰中研究中心编《泰国华侨华人史》第一辑，华侨崇圣大学泰中研究中心，2003，第 28～29、33～34 页。

⑧ Sarasin Viraphol, *Tribute and Profit: Sino-Siamese Trade, 1652-1853*, p. 160.

达信更加信任华人，并重用潮州人为其服务，由此造成大批闽、粤籍华人特别是潮州人涌来吞武里城。曼谷王朝建立后，拉玛一世留用许多达信时期雇用的华人。拉玛二世即位后，继续重用华人从事对外贸易，其中潮州人最多，其他广东人和福建人亦得聘用。由此可以说，在阿瑜陀耶王朝时期，福建人和广东人一直是暹罗华人的主体。吞武里王朝和曼谷王朝时期，暹罗王廷对潮州商民的优待政策，促使潮州人在暹罗华人人口中的比重有了惊人的提高。以后到19世纪80年代，由于海口、汕头与曼谷间定期班轮的开通，海南人和客家人在暹罗华人中的比重也有了很大提高，而同一时期福建人和广东人所占比重则有了显著下降。据美国学者施坚雅研究，在19世纪末20世纪初，暹罗华人的比例是潮州人占40%，海南人占18%，客家人和福建人各占16%，广东人占9%。① 尽管在暹华人群体的内部结构发生变化，但其原籍仍然属于广义上的闽、粤两省。

四　主要进口商品：棉花、玉石与大米、苏木

在贸易商品方面，清朝出口缅甸、暹罗的商品种类较多，其中大宗商品都是丝、丝织品和其他日用品等。但清朝从缅甸、暹罗进口的主要商品则大有不同：从缅甸进口的主要商品是棉花和玉石，从暹罗进口的主要商品是大米和苏木。

在清缅陆路贸易方面，乾隆中期以前从缅甸进口的主要商品是棉花、玉石和其他缅甸土产。如乾隆十一年（1746）云南总督张允随向乾隆帝奏报时提出，棉花为民用所必需，但滇省素不产棉，滇西棉花主要来自缅属木邦，且主要是内地商民前往代为种植，成熟后贩回内地。② 乾隆三十三年（1768）五月，阿里衮、鄂宁奏报清缅战争爆发前边境贸易情况时指出：缅甸所产"珀玉、棉花、牙角、盐鱼，为内地商民所取资"③。乾隆末年滇缅陆路贸易恢复开放后，棉花、玉石更成为贸易商品大宗。这一时期编纂的《腾越州志》载："今商客之贾于腾越者，上则珠宝，次则棉花。宝以璞来，棉以包载，骡驮马运，充路塞道。今省会解玉坊甚多，碴沙之声昼夜不歇，

① 〔美〕施坚雅：《泰国华人社会：历史的分析》，许华等译，厦门大学出版社，2010，第58页。
② 参见《张允随奏稿》乾隆十一年五月初九日奏折，《云南史料丛刊》第8卷，第683页。
③ 《宫中档乾隆朝奏折》第30辑，第531~532页。

皆自腾越至者。其棉包则下贵州，此其大者。"① 这一时期出使缅甸的英国
使节也注意考察滇缅陆路贸易路线和主要商品。1795 年代表英国东印度公
司出使缅甸的西姆斯（Symes）记述：缅都阿瓦与中国云南间存在大量贸
易，从阿瓦输出的主要商品是棉花。棉花一般用大船沿伊洛瓦底江上运至八
莫，在普通市集售与华商，后者走水路或陆路将棉花运回中国。除了棉花，
也输出琥珀、象牙、宝石、干果和东部群岛运来的食用燕窝等。② 1826 年出
使缅甸的克劳福德记述：从缅甸运往中国的商品包括原棉、装饰用的纺织
品、食用燕窝、象牙、犀角、鹿角、宝石，以及一些英国毛织品。其中原棉
是最大宗商品，每年运出总量最少时 730 万磅，最多时 2080.5 万磅，平均
1400 万磅。③ 到 19 世纪中叶，棉花仍然是缅甸输入清朝的最大宗商品。1855
年考察上缅甸的英国人亨利·尤尔（Henry Yule）统计了 1854 年的滇缅贸易
量：缅甸运往中国的棉花为 400 万维司，总价值 22.5 万镑，加上其他商品价
值约 1 万镑，出口总值为 23.5 万镑；缅甸从中国进口的丝超过 4 万捆，总价
值 12 万镑，加上其他商品价值约 6.75 万镑，进口总值为 18.75 万镑。④ 由此
可见，棉花和玉石始终是滇缅陆路贸易的最主要商品。

　　在清缅海路贸易方面，从下缅甸直航广州的商船资料不多。不过，在英
国东印度公司档案和粤海关档案资料中，有西方各国对华贸易的较详细记
载。从这些记载可以看到，自乾隆初年起，棉花就成为英国东印度公司出口
广州的重要商品。乾隆四十年（1775）后，由公司商船和散商船承载的棉
花超过毛织品成为英国输华第一大货品。⑤ 由于英属印度与缅甸的特殊关
系，运往广州的棉花应该包括缅地所产。乾隆四十二年（1777）四月，清
政府以港脚船大量进口棉花造成行商之累，下令沿海各将军、督抚严行查

①　屠述濂纂修（乾隆）《腾越州志》卷三《山水·物产》，光绪二十三年（1897）重刊本，
　　台湾：成文出版社，1967，第 28~29 页。

②　Michael Symes, An Account of an Embassy to the Kingdom of Ava, Sent by the Governor-General of
　　India, in the Year 1795, London: W. Bulmer and Co. Cleveland-Row, St. James's, 1800, p. 325.

③　John Crawfurd, Journal of an Embassy from the Governor General of India to the Court of Ava, in the
　　Year 1827, pp. 436-437.

④　Henry Yule, A Narrative of the Mission Sent by the Governor-General of India to the Court of Ava in
　　1855, with Notices of the Country, Government, and People, London: Smith, Elder, and Co.,
　　1858, pp. 144-149.

⑤　参见郭卫东《印度棉花——鸦片战争之前外域原料的规模化入华》，《近代史研究》2014 年
　　第 5 期。

禁，"如有装载棉花船只，概不许其进口"①。这一禁令实行月余即被废止，但可看出这一时期棉花已经由海路大量进口到广东。1826年第一次英缅战争结束后，英国不仅占据丹那沙林和阿拉干，而且获准商船可以免税进入缅甸港口，由此缅产的棉花更成为清缅海路贸易的大宗商品。

与清缅贸易相比，清暹贸易中暹罗输入中国的商品种类亦多，但最大宗商品是大米和苏木。在朝贡贸易中，暹罗贡船除了携带贡物，常载有大米、苏木等货作为压舱货物。在通商贸易中，清朝初年暹罗输入中国的商品种类较多，但以苏木最为常见。如1655年，有福建商人李楚、杨奎奉台湾郑氏命令往暹贸易，李楚船载回货物3398担，其中数量最多的是苏木1500担；杨奎船载回货物2553担，其中数量最多的是苏木1129担。②

雍正至乾隆中期，由于清廷鼓励进口暹罗大米，中暹大米贸易兴盛一时，大米迅速超过苏木，成为最大宗进口商品。如雍正六年（1728），有暹罗陈宇、柯晃商船飘到崖州，载米5000石、苏木400石、乌木100余石、海参100余石、铅锡50石、油麻600余斤。次年，有暹罗李万受商船到琼州，载米3000石及压舱苏木等货。乾隆七年（1742），有暹罗薛士隆商船到厦门，载米10050石及压舱铅、锡等货；次年，又载米6000石并货物到厦门。正是从这一年开始，清廷规定：凡外洋商船载米来闽、粤等省贸易者，酌免船货税银。此后，来华暹罗商船及所载货物主要有：乾隆九年（1744）余明衷商船载米8000石并货物；乾隆十一年（1746）方永利商船载米4300石并苏木、铅、锡等货，蔡文浩商船载米3800石并苏木、铅、锡等货；乾隆十四年（1749）沈泰商船载米5494石并苏木、铅、锡等货；乾隆十六年（1751）王元正商船载米1941.4石并苏木、铅、锡等货，另一商船载米4000石；乾隆十八年（1753）苏辉商船载米7020余石、苏木500担、黑铅30担等货；乾隆二十一年（1756）金洪商船载米5007.56石并苏木、锡等货。另外，从乾隆八年（1743）起，开始出现内地商船往暹买米运回以及内地商民往暹造船买米运回的事例。如乾隆八年（1743）有沈世泽商船载米1030石、李长益商船载米700石运回；乾隆九年（1744）有林捷亨买米3100石运回，谢冬发买米造船运回；乾隆十年

---

① 《宫中档乾隆朝奏折》第38辑，第730~731页。
② "中研院"历史语言研究所编《明清史料己编》，中华书局，1987，第5本，第408页。

（1745）有阮腾凤、金万鉴、徐长发、金长丰等买米造船运回；乾隆十一年（1746）有谢长源、徐芳升、陈绵发、金丰泰、万发春、魏隆贶、王元贞、王丰祥、陈恒利、林发兴等买米运回；乾隆十三年（1748）有何景兴买米1000石运回；乾隆十四年（1749）有金万镒、叶日高、陈绵发、阮腾凤各在暹罗造船，装米15000余石运回；乾隆十七年（1752）有林权买米5100余石并其他货物运回。① 据统计，乾隆十九年（1754）至二十三年（1758），各商买运洋米进口，每年9万至12万余石不等。不过，随着暹缅局势紧张，自乾隆二十二年（1757）、乾隆二十三年（1758）后，中暹大米贸易开始减少，每年回棹商船仅带运米1万至6万余石不等，"较前渐见减少"。到乾隆三十年（1765）前的几年间，"尤属无多，以致漳、泉一带少此米粮接济，民食不能充裕"②。兴盛一时的中暹大米贸易在乾隆中后期走向衰落。

大米贸易衰落后，苏木、胡椒、蔗糖等成为暹罗输华的最主要商品。英国人克劳福德记载，在19世纪20年代，暹罗每年向中国输出胡椒6万担、糖3万担、紫梗1.6万担、苏木3万担、象牙1000担、豆蔻500担，其他如皮毛、角和其他狩猎产品、铁和铁制品、锡、生丝、大米、漆、贵重木材、籽棉，也是暹罗对华重要出口项目。③ 19世纪30年代初，传教士郭士腊（Gutzlaff）记述：暹罗物产蔗糖、苏木、海参、燕窝、鱼翅、藤黄、靛青、棉花、象牙等，吸引来很多华商，中国帆船每年二、三月和四月初，从海南、广州、汕头、厦门、宁波、上海等地开来，又于五月底至六七月间离开暹罗。④此外，泰国宫廷档案中存有1844年派往中国的三艘中国帆船和一艘方帆大船所载货物清单，四船所载货物均以苏木、胡椒、红木为大宗。⑤

---

① 参见王巨新《清代中泰关系》，中华书局，2018，第278~285页。

② 《宫中档乾隆朝奏折》第25辑，第812~814页。

③ John Crawfurd, *Journal of an Embassy from the Governor-General of India to the Courts of Siam and Cochin-china*, London: H. Colburn & R. Bentley, 1830, Vol. 2, p. 161.

④ Charles Gutzlaff, *Journal of Three Voyages along the Coast of China, in 1831, 1832, &1833, with Notices of Siam, Corea, and the Loo-Choo Islands*, London: Rrederick Westley and A. H. Davis, 1834, p. 94.

⑤ Jennifer Wayne Cushman, *Fields from the Sea: Chinese Junk Trade with Siam during the Late Eighteenth and Early Nineteenth Centuries*, Appendix B., pp. 159-169.

余 论

由上可知，清缅、清暹贸易在贸易方式、贸易路线、贸易主体、主要商品等方面存在较大差异。为何会出现如此大的差异？

首先是地缘交通和物产因素。从地缘交通看，清朝与缅甸既有陆路边界相接，亦有经过马六甲海峡的海上丝绸之路相通。特别是英国 1824 年取代荷兰控制马六甲，1826 年将马六甲与之前开埠的槟城、新加坡组成海峡殖民地（Straits Settlements），以及同年英国强迫缅王同意英商船可以免税进入缅甸港口后，从下缅甸经马六甲海峡至广东的海路贸易交通更为顺畅。这是清朝与缅甸陆路、海路"两路"贸易路线形成的重要基础。与之相比，清朝与暹罗陆路边界并不相接，但中国东南沿海至暹罗湾的海路交通却非常方便和发达，这是清朝与暹罗海路贸易兴盛的重要基础。从物产因素看，中国东南地区生产的生丝、丝织品以及其他手工业品一直是出口东南亚的重要商品，而缅甸盛产的棉花、玉石，暹罗盛产的大米、苏木、胡椒、蔗糖等，又是中国云南及东南沿海所需，这就自然形成了中国生丝、丝织品、手工业品大量出口东南亚市场，而缅甸棉花、玉石以及暹罗大米、苏木、胡椒、蔗糖等东南亚物产大量进入中国市场的局面。

其次是清朝对缅甸、暹罗贸易政策因素。缅甸、暹罗同为清朝朝贡国家，但清廷规定缅甸十年一贡，贡道由云南；暹罗三年一贡（1839 年改为四年一贡），贡道由广东。缅甸贡期较长，滇缅陆路交通不便，导致清缅两国间未发展起朝贡贸易。同时，清朝对缅甸的边境贸易政策，也深刻影响了清缅贸易的发展变化。与之相比，暹罗贡船相对较易装载大量货物借助东南季风往返广州。而且，清朝对于暹罗贡船以及从事暹中大米贸易的商船商民实行优待政策。如对于暹罗贡船，清廷于康熙二十四年（1685）开海设关后规定："外国进贡定数船三只内，船上所携带货物停其收税。"① 对于暹罗来华商船，清廷于乾隆八年（1743）制定外国商船运米来闽、粤等省贸易者，酌免船货税银之例："嗣后凡遇外洋货船来闽、粤等省贸易，带米一万石以上者，着免其船货税银十分之五，带米五千石以上者，免其船货税银十

---

① 梁廷枏总纂《粤海关志》卷八《税则一》，沈云龙主编《近代中国史料丛刊续编》第 181 册，台湾：文海出版社，1883，第 538 页。

分之三。"① 对于内地商民往暹运米回国，闽、粤两省分别于乾隆十六年（1751）、乾隆二十一年（1756）制定奖叙政策。这些政策在很大程度上刺激了清暹贸易的发展。此外，乾隆二十二年（1757）后清廷实行广州一口通商政策，也在一定程度上影响了暹罗商船到闽、浙等省的贸易，否则也不会引起披耶达信致函乾隆帝请求准许暹罗商船北上贸易。

再次是缅甸、暹罗对华贸易政策因素。可以说，清朝前期缅甸政府对于华人商民的优待政策不及暹罗政府。甚至在乾隆末年以前，清缅两国都未实现政治关系正常化。虽然在滇缅边境及阿瓦、仰光等地，也聚集了很多华商民，但缅甸政府并未采取有力措施招引。与之相比，暹罗政府的对华贸易政策一直比较优惠，清暹贸易的发达也在很大程度上归因于暹罗政府的吸引华人商民政策。阿瑜陀耶王朝时期，暹罗政府就允许华人商民广泛参与暹罗对外贸易特别是暹中贸易。吞武里王朝建立后，暹王披耶达信特别照顾他本属的华人，由此造成大批华人商民特别是潮州人涌来吞武里城。对此克劳福德记述："达信的同乡们是在他的大力鼓励下才这么大批地被吸引到暹罗来定居的。华人人口的这一异常扩张，几乎可以说是该王国数百年来所发生的唯一重大变化。"② 曼谷王朝时期，继续对华人商民实行优待政策。暹政府允许并鼓励华人商民经营暹中贸易，大大促进了暹中贸易的发展。

最后是清朝与缅甸、暹罗双边关系发展演变。清朝初年，因南明永历政权逃入缅甸，清军曾入缅追剿永历君臣，其后缅甸"不通中国者六七十年"③。虽然东吁王朝曾于乾隆十六年（1751）遣使清朝，但次年即被南部孟族军队攻灭，清朝与东吁王朝并未形成封贡关系。受此影响，清朝初年清缅贸易规模一直不大。乾隆中后期是清缅政治关系的非正常化时期，由于清廷关闭边境贸易，中缅贸易陷入低谷。乾隆末年清缅政治关系正常化以后，两国之间陆路边境贸易得以恢复，海路贸易也迅速发展。与清缅关系相比，清朝与暹罗自清朝初年就建立起和平交往的封贡关系。虽然在吞武里王朝初期有暂时中断，但随着披耶达信数次向清朝表示友好，两国很快恢复并保持了封贡关系的持续发展。有清一代，清缅封贡关系存续近100年，缅甸共有15次遣使清朝；清暹封贡关系存续近200年，暹罗共有50次遣使清朝。清

---

① 《乾隆朝上谕档》第 1 册，第 875 页。

② John Crawfurd, *The Crawfurd Papers*, Bangkok：Vajiranana National Library, 1915, p. 103.

③ 屠述濂纂修（乾隆）《腾越州志》卷十《边防·缅考》，第 49 页。

朝与缅甸、暹罗双边关系的不同，必然也导致两国贸易关系的差异。

综上所述，17～19 世纪中叶，清缅、清暹贸易在多方面存在差异。这些差异说明，中国华南与中南半岛的贸易往来，虽然一直存续发展，但实际却有不同时期的发展变化和国别地区差异。从全球史的视角看，我们既要分析中国华南与中南半岛贸易往来的内部差异和发展变化，也要讨论这些差异变化的形成原因及带来的影响。

Comparative Analysis of Sino-Burmese Trade and Sino-Siamese Trade during the Early Qing Dynasty

Wang Juxin

Abstract: There were great differences in terms of trade modes, routes, subjects and main commodities between the Sino-Burmese trade and the Sino-Siamese trade during the early Qing Dynasty. The trade between the Qing Dynasty and Burma was mainly commercial trade, which was usually conducted by the merchants from Yunnan, Fujian and Guangdong provinces through both land and sea routes. And its biggest selection of commodity was cotton and jade. The trade between the Qing Dynasty and Siam included tribute trade and commercial trade, which were usually conducted by the merchants from Fujian and Guangdong provinces through sea route. And its biggest selection of commodity was rice and Sapan-wood. These differences are not only directly related to the geographical communications and products of the three countries, but also closely connected to the bilateral trade policies and diplomatic relations between the countries. And from these differences we can see that the trade relations between the Qing Dynasty and tributary countries were actually different in different periods and regions.

Keywords: the Qing Dynasty; Burma; Siam; Tribute Trade

（执行编辑：周鑫　徐素琴）

从安南到长崎

——17 世纪东亚海域华人海商魏之琰的身份与形象

叶少飞 *

魏之琰（1617～1689）是 17 世纪东亚海域交流史中留下浓墨重彩的人物。他生于福建，行九，字尔潜，号双侯，人称林九使，或林九官，娶林氏，生长子永昌（1640～1693）。之后前往日本长崎，与兄长魏之瑗（尔祥，号毓祯，1604～1654）从事与安南的海贸生意，并常住安南东京（今越南河内），娶武氏（1636～1698），生子魏高（谱名永时，日本名钜鹿清左卫门，1650～1719）和魏贵（谱名永昭，日本名钜鹿清兵卫，1661～1738）。1654年魏之瑗在安南去世，魏之琰全面接手长崎和东京的生意。1672 年，魏之琰携武氏所生二子自东京渡海来长崎，定居日本，未再返回安南和福建，1689 年去世，埋骨长崎。魏高和魏贵称"钜鹿氏"，繁衍至今。安南武氏夫人后改嫁黎氏，生子黎廷相，女黎氏琮，1698 年去世，葬于安南国清化省绍天府古都社（今越南清化省绍化县绍都社古都村）。魏永昌的长子承裕等

* 作者叶少飞，红河学院越南研究中心教授，研究方向：越南古代史学、中越关系史。

基金资助：2017 年国家社会科学基金艺术学项目"魏氏乐谱之曲源寻踪及海外传承研究"（17BD087）；2018 年国家社科基金重大项目"越南汉喃文献整理与古代中越关系研究"（18ZDA208）。

本文得以完成，首先要感谢漆明镜博士，她研究《魏氏乐谱》十余年，钩沉探询魏之琰事迹，芳踪及于中国、日本、越南魏之琰所履之地，赠送《〈魏氏乐谱〉凌云阁六卷本总谱全译》及《〈魏氏乐谱〉解析：凌云阁六卷本全译谱》，介绍考察经历，分享研究成果及文献资料；泉州海外交通史博物馆薛彦乔先生考订了郑开极所撰魏之琰元配林太孺人和儿媳郑宜人墓志铭全文，并赠给墓志铭拓片；早稻田大学硕士研究生黄胤嘉先生提供了相关的日语文献；《魏氏乐谱》诸序多有书法字体，南京大学陈波教授拨冗识读；鲁浩、魏超、韩周敬、宗亮对初稿提出了相关建议。笔者在此谨致谢忱！

人为在世的祖母林太孺人做寿藏，并为亡母郑宜人（1641～1680）作墓志铭，1702 年由林氏姻亲郑开极（1638～1717）撰《皇清待诰赠国学生双侯魏先生元配林太孺人寿藏男候补州同知芑水公媳郑宜人合葬墓志铭》。魏之琰到日本后，曾以自携明朝乐器为天皇演奏。魏贵之孙魏皓（钜鹿民部，1718～1774）精通音律，传习家传明朝音乐，与门人编辑成《魏氏乐谱》，传明代歌诗二百余首。这是少见的流传至今有板有眼的曲谱，是长崎明乐的鼻祖，当代回流中国，引发研究热潮。广西艺术学院漆明镜博士经十余年的研究和实践，2017 年 6 月推出《〈魏氏乐谱〉凌云阁六卷本总谱全译》，[①]2019 年 4 月 1 日又将十一首选曲搬上舞台，明代歌诗再次唱响中华大地，笔者幸与其会。魏之琰身处明清鼎革之际，操舟海外，历中国、日本、安南三国，其人其事在 17 世纪和之后历史的发展中，经过流传和演变，或显扬，或湮没，在中、日、越三国形成了不同的历史形象。[②]

一 "舸舰临邦"：再论《安南国太子致明人魏九使书》

按照魏之琰的生平经历来看，他应该在 1650 年武氏生子魏高之前已经到达安南东京。自 1627 年开始，安南国实际分裂为南阮、北郑两方势力，南阮所在广南、顺化一代惯称"广南"，又称"南河""内路"，阮氏称"阮主""阮王"；北郑挟持黎氏皇帝，以王爵自领国政，称"郑主""郑王"，所辖称"东京"，又称"北河""外路"。郑阮双方均大力发展海外贸易，整军备战，至 1672 年双方大战七次，随后休战多年，直至 18 世纪后期郑阮双方被西山阮朝摧毁。

魏之琰常住安南东京，当在河内以及外商云集的宪庯（Phố Hiến，在今越南兴安省）。现在越南尚未发现魏之琰留下的相关文献记载和碑刻，但在数代学者的努力下，借助藏于世界各地的史料，魏之琰在安南的贸易活动逐渐清晰起来，其中以 2009 年饭冈直子（Naoko Iioka）的博士学位论文《学者与豪商：魏之琰与东京和长崎的丝绸贸易》（*Literati Entrepreneur: Wei Zhiyan in the Tonkin-Nagasaki Silk Trade*）研究最为深入有力。2014 年，饭冈

---

① 漆明镜：《〈魏氏乐谱〉凌云阁六卷本总谱全译》，广西师范大学出版社，2017。
② 本文所述魏之琰行年生平，根据园田一龟、宫田安、饭冈直子、漆明镜、薛彦乔的研究综合分析整理而来，未依一家之论。

直子又发表了《魏之琰与日本锁国政策的突破》（*Wei Zhiyan and the Subversion of the Sakoku*），展现了魏之琰在日本锁国前后的海外贸易中的重要地位和作用。[1] 作为实力雄厚的海商，魏之琰与东西方多国贸易商展开竞争，在 17 世纪越南的丝绸和白银贸易中占据重要地位。[2] 此外，郑、阮交战的局势，也使得魏之琰不能完全置身事外，亦由此可见他在安南的势力和影响。

　　魏之琰在越南隐于青史，事迹难以钩沉，但日本保留的一封 1673 年《安南国太子致明人魏九使书》的信却跨越历史时空，分别呈现、塑造了魏之琰不同的形象。

（一）"有道治财"

　　1673 年，魏之琰渡海到达长崎一年后，接到一封"安南国太子"写来的信。1942 年园田一龟曾发表论文对此信与涉及的相关内容做过考证，确认安南国太子为广南贤主阮福濒（1648～1687 年在位）的长子阮福演（1640~1684），并据此论定魏之琰与广南阮氏贸易，且趁安南内战之时"舶载武器等军需品至安南获巨利"，1666 年携子赴日本。[3] 陈荆和沿用了园田一龟关于魏之琰生平的考证，认为其 1654 年至 1666 年在会安定居，阮福演寄信给魏之琰即是与之有贸易往来，并将其作为广南的华商代表人物予以介绍。[4] 1979 年，宫田安利用钜鹿氏家谱等多种资料，详细介绍了魏之琰

---

[1] Fujita Kayoko, Momoki Shiro, and Anthony Reid eds., *Offshore Asia: Maritime Interactions in Eastern Asia before Steamships*, Singapore: ISEAS Publishing, 2013, pp. 236~258.

[2] 〔澳大利亚〕李塔娜:《贸易时代之东京: 16～17 世纪越南北部海外贸易与社会变化初探》，黄杨海译，北京大学亚洲-太平洋研究院编《亚太研究论丛》第 8 辑，北京大学出版社，2011。

[3] 〔日〕园田一龟:《安南国太子致明人魏九使书考》，罗伯健译，《中国留日同学会季刊》第 3 卷第 2 期通卷第 7 号，新民书馆股份有限公司，1944，第 50 页。日语原文为園田一龜「安南國太子から明人魏九使に寄せた書翰に就いて」『南亞細亞學報』1 號、1942 年、49~70 頁。

[4] 陈荆和:《十七十八世纪之会安唐人街及其商业》，《新亚学报》（香港）第 3 卷第 1 期，1957，第 297~298 页。苏尔梦接受了陈先生的观点，并据此确认会安明乡社萃先堂中碑文提及的"吾乡祠奉祀魏、庄、吴、邵、许、伍十大老者，前明旧臣"中的魏氏与魏之琰有联系（〔法〕苏尔梦:《碑铭所见南海诸国之明代遗民》，罗燚英译，《海洋史研究》第四辑，2012，社会科学文献出版社，第 120~122 页）。张侃和壬氏青李采用苏尔梦的观点，又介绍了魏之琰和魏之瑷的情况，但没有考证萃先堂的"魏"氏究竟为谁；且在陈荆和与苏尔梦的基础上，仍认定魏之琰居住在会安，并从会安抵达长崎。尽管其所引文献已经提到魏之琰为"东京舶主"，但并未意识到"东京"乃是安南北方郑主辖地的名称（张侃、〔越〕壬氏青李:《华文越风: 17~19 世纪民间文献与会安华人社会》，厦门大学出版社，2018，第 92~94 页）。

的生平事业，确认其是来往于长崎和安南国东京的海商舶主，从事生丝和丝绸贸易，1672 年携二子及仆人魏喜渡海来长崎，另外宫田安又记录了 20 世纪 20 年代远东学院牧野丰三郎所说安南国太子可能为郑根之子的观点，但牧野表示此观点仍需查证。① 随着文献的不断发掘，饭冈直子最终确认魏之琰是与越南北方郑主管辖的东京开展贸易，主要经营生丝、丝绸及白银，是日本和安南东京海外贸易的代表人物，拥有很大的势力和影响。她认可园田一龟考证的安南太子即阮福演的观点，但并未对此信内容做过多分析。②

园田一龟所处的时代，日本和越南的相关研究尚处于起步阶段，文献难征，时经多年，此文观点需重新考证。与北方郑主贸易的魏之琰何以收到一封来自南方敌对势力首领之子的书信？因信中所涉信息较为隐晦，故笔者逐条解释如下：③

安南国太子达书于大明国魏九使贤宾。

首先阮福演自称"安南国太子"，广南阮氏在阮福源（1613～1635 年在位）时期就已经自称"安南国王"，④ 因此阮福演自称太子亦可，他在信中自称"不穀"，这是先秦时期诸侯王的自称，老子曰："贵以贱为本，高以下为基，是以侯王自谓孤、寡、不穀。"⑤ 这样的文书格式在现存广南阮氏发至日本的文书中可见，1688 年阮福溙（1687～1697 年在位）文书开头"安南国国王　达书于　长崎官保文官阁下"，⑥ 阮福溙正是阮福演之弟，在其去世后获得继承权。关于"大明国魏九使"，清朝建立之后，最初开放海外贸易，后因郑成功的活动，1661 年至 1683 年平定台湾期间，执行严厉的海禁政策。因而在此期间到达广南的华人多与郑氏集团有关，自认为明朝之

① 宫田安『唐通事家系论考』長崎文献社、1979 年、964～979 頁。

② Naoko Iioka, "Literati Entrepreneur: Wei Zhiyan in the Tonkin-Nagasaki Silk Trade," PhD dissertation, National University of Singapore, 2009, pp. 115-116.

③ 信件正文为笔者据〔日〕园田一龟《安南国太子致明人魏九使书考》（第 51 页）和藤田励夫「安南日越外交文书集成」（『東風西聲』第 9 號、「國立九州博物館紀要」、2013 年、27 頁）誊录，并据饭冈直子博士学位论文第 117 页所附彩色原件校对。

④ 蓮田隆志、米谷均「近世日越通交の黎明」第四部分「書式に見る日越関係」、『東南アジア研究』56 巻 2 號、2019 年、139～143 頁。

⑤ 朱谦之：《老子校释》，中华书局，1984，第 158～159 页。

⑥ 藤田励夫「安南日越外交文書集成」、54 頁。

人，广南阮氏亦应承认其事。① 虽然不清楚魏之琰与郑成功集团是否有关联，但其人来自福建，因而亦被视为大明国人。至康熙三十五年（1696），大汕和尚到达广南会安时，"至方言中华，皆称大明，惟知先朝，犹桃源父老止知有秦也"②，中国仍被称为"大明"。

> 平安二字，欢喜不胜，盖闻王者交邻，必主于信，君子立心，尤贵乎诚。

这是惯用的外交辞令，也常见于阮潢发给德川家康的文书之中。

> 曩者贤宾遥临陋境，自为游客，特来相见，深结漆胶之义，未历几经，再往通临日本，不榖于时口嘱买诸货物，以供其用，深感隆恩，自出家赀代办，一一称心，希望早来，得以追还银数。怎奈寂无音信，其愿望之情愈切，却念自前犹蒙殊恩见及，未副寸怀。

阮福演这一段话说明魏之琰曾经来过广南，之后即到日本未再履临。阮福演信口所言请魏之琰购买货物自用，未曾想对方按照要求办理，自己出钱购买并送达阮福演。结果是阮福演既没有付钱，魏之琰也没有收钱。阮福演对此念念不忘，希望魏之琰能够来到广南，并送上钱款。这显然是魏之琰的政治经济投资，阮福演则是借此事拉近关系。

> 且贤宾见我父主一日万机，不亲细务，委任执事，以体柔怀之德。岂意弊员不能为情，以绝远人之望。

魏之琰到广南的时间不明，应该是要拜见贤主阮福濒商谈通商事宜，但却没有见到，且被执事官员拒绝，因此阮福演说"弊员不能为情，以绝远人之望"。日本朱印船贸易时代，阮主方面曾发文要求日本禁止商船前往北方贸易。③ 从 1650 年武氏生子到 1672 年魏之琰离开安南，南阮北郑皆在整

---

① 蒋国学：《越南南河阮氏政权海外贸易研究》，厦门大学博士学位论文，2009，第 37~42 页。
② 释大汕著，余思黎点校《海外纪事》卷二，中华书局，2000，第 46 页。
③ 郑永常：《会安兴起：广南日本商埠形成过程》，郑永常主编《东亚海域网络与港市社会》，台湾：里仁书局，2015，第 128~130 页。

军备战，阮福濒很可能是因为魏之瑗与魏之琰兄弟通商东京，所以拒绝其贸易要求。魏之琰虽然没有见到贤主，却见到了太子阮福演，说明阮主并没有完全堵上通商的路子。魏之琰之后到日本，通过其他商船将阮福演需要的物品送去。魏之琰来南方的具体时间无法考证，阮福演生于1640年，能够主事，年龄则不应该太小，应在12岁左右或者更大一些。魏之瑗当在1650年武氏夫人的长子魏高出生之后、兄长魏之瑗1654年去世之前某个时间前往广南。据信件内容，魏之琰可能是从日本来广南，之后再返回日本，综合考量，魏之琰1653年前后见到阮福演的可能性比较大。一旦魏之琰接替其兄成为东京大舶主，势必不能"自为游客，特来相见"。尽管南阮北郑均开港通商，但主事人来往于敌对双方，毕竟有很大的风险。

　　贤宾义宁不屈，致使裹足多年。自此我怀深想，虽隔千里，皆如面谈。其商客往返，每将薄物以访贤宾，未曾见遇，每念不忘。幸后逢机遭会，再得休期，早早挂帆，乘风临境，一以报知遇之恩，一以叙宾主之义。

魏之琰离开广南之后，没有再来，应该也没有开通与广南的贸易。阮福演深刻想念魏之琰，多次托往返客商带礼物给魏之琰，始终没有见到，致其耿耿在心。因此迫切希望魏之琰能再赴广南，一叙深情。阮福演是政治人物，魏之琰为大海商，绝不会因为些许礼物挂记于心，此言当是阮福演进一步拉近关系的客套话。

　　兹者不穀，时方整阅戎装，修治器械，日用费近于千金，遥闻贤宾有道治财，营生得理，乃积乃仓，余财余力，姑烦假以白银五千两，以供需用。却容来历时候，舸舰临邦，谨以还璧，岂有毫厘差错。如肯放心假下，当谨寄来商艚主并吴顺官递回。

据《大越史记全书》记载，1672年，北方郑柞（1657～1682年在位）四月开始祭告天地，准备征伐阮福濒，六月亲扶黎嘉宗御驾亲征，以世子郑根为统兵元帅出征，直到十二月方撤军还师。[①] 之后郑氏不再来攻，双方开

---

① 陈荆和编校《大越史记全书》（下），本纪卷之十九，日本东京大学东洋文化研究所出版，1986，第994～996页。月份换算会跨越公历年份，所以用汉字表示，与史料对应。

始了事实上的停战，并未议和。1673 年五月，郑阮战争刚刚停息数月，阮福演"整阅戎装，修治器械，日用费近于千金"，防备郑主再次来攻。

阮福演花销巨大，因魏之琰财雄势大，特地借银五千，并等魏之琰来的时候还上。阮福演对此非常重视，派遣安南出生的日本人船主吴顺官传话，并带回银两。根据当时阮氏政权以绢代税的情况，[①] 阮福演应该是打算等魏之琰到时以绢代偿，并由此开展与魏氏的商贸。

> 有甚明言，泥封附后。迩于客岁翰来说道，略无花押，因此见另，理固当然。颇宾客往来，络绎不绝。何不知来寸楮，以释情怀。

这段话表明阮福演之前已经和魏之琰写信联系过借钱之事，但被魏之琰以"略无花押"即无印信凭据为由拒绝，阮福演对此表示理解，"理固当然"，并希望魏之琰经常来信，加强联系。

> 今特使吴顺官赍来薄物，聊寓寸忱。且天地之大，父母之量，我则体诸。而金石之坚，仁义之重，聊可念也。如此则溟泰难移，永永无穷矣。谨书。（墨色印章）
> 　　计
> 　　　绢税贰匹
> 岁次癸丑年仲夏拾壹日
> 　　书（黑印）

阮福演托吴顺官带来礼物"绢税贰匹"，正是阮氏政府的货物，已有交魏之琰查验物品质量的意思。并盖上葫芦形印信（印文不辨），加盖阮氏政权的"书"黑印。

表面上看，这封信是阮福演向魏之琰借钱，但背地里却是南阮北郑的双方博弈。据饭冈直子研究，魏之琰与东京郑主政权的丝绸和白银生意极为兴盛，阮福演以敌对方的继承人身份向魏之琰借款，无论借与不借，都是非常麻烦的事情。魏之琰先以无花押为名加以拒绝，未曾想阮福演再次写信借款，且明言是扩充军备。此事若为郑主一方得知，必然使魏之琰陷入很大的

---

① 蒋国学：《越南南河阮氏政权海外贸易研究》，厦门大学博士学位论文，2009，第 136 页。

困扰之中。饭冈直子研究，自 1667 年直至 1689 年去世，魏之琰一直和林于腾从事长崎与东京之间的丝银贸易，因此应该不会借款给阮福演。

而对于阮福演一方而言，写这封信给魏之琰，无论其是否借款，自己都是赢家。倘若魏之琰借款，自有钱财进入弥补空缺，届时以绢税酬还即可。魏之琰不借款，自身也无损失，若将此消息传入郑主一方，使其产生嫌隙，亦是断敌方财路之举措。

倘若阮福演此信情实皆真，那就反映出一个很严峻的情况，即在 1672 年的战争中，阮氏一方亦只是堪堪守住而已，损失惨重，财政窘迫，负责军备的阮福演期望"远水解近渴"，不惜再次向万里之外、仅见过一次的魏之琰借款。

无论是何种情形，通过阮福演的借款信件，我们都可以感受到魏之琰是安南和日本海洋贸易中的豪雄人物，在郑阮南北开战的历史背景中，是东京政权重要的财赋输纳者，其海商大豪的形象由此可见一斑。

（二）"大明义士"

1924 年，记者楚狂在《南风杂志》第 81 期刊登了《本朝前代与明末义士关系之逸事》一文，录入《安南国太子致明人魏九使书》，以及安南武氏夫人再婚之子黎廷相报告母亲去世的信件和魏高魏贵兄弟的回信。饭冈直子指出这是三封书信第一次公布于世，原因在于 20 世纪 20 年代初钜鹿氏后裔钜鹿贯一郎曾经以三封信求教任职于河内远东学院的牧野丰三郎，并询问武氏夫人墓地。后者将其公布出去，又为楚狂所报道。① 楚狂开篇写道：

> 魏九官，名之琰，字双侯，号尔潜，明福建福州钜鹿郡人也。家世为明臣，明末之乱奔插于我国，志图恢复，与本朝英宗孝义皇帝有密切之关系，虽当时事实不见诸史，然据其□太子时，所寄与九官函，则关系之颠末，殊有研究之价值。又九官久客我国，曾娶我国人武氏为妻，生下二男，长永时，次永昭。魏氏父子后皆往日本国居住，见清人势力日盛，明祚决无重兴之望，遂入日本籍，以郡名钜鹿为姓，现子孙

---

① Naoko Iioka, "Literati Entrepreneur: Wei Zhiyan in the Tonkin-Nagasaki Silk Trade," p. 116. 饭冈直子指出黎仲咸又将安南国太子书载入记录阮朝历史的《明都史》之中。

繁衍，族姓昌大。①

楚狂名黎懆（Lê Du',? ~1957）是越南 20 世纪上半叶著名的文化学者和记者，早年曾参加潘佩珠领导的东游运动以及东京义塾，游历中国、日本，投身越南民族革命。② 楚狂的写作虽早于园田一龟，但也认为魏之琰与广南开展贸易，写安南国太子为"英宗孝义皇帝"即阮福溙，显示其并未进行细密考证。

但楚狂却从三封信中得出魏之琰是从事反清复明事业的人物，"志图恢复"，最后"见清人势力日盛，明祚决无重兴之望，遂入日本籍"。魏之琰长期从事海外贸易，发妻林氏来信言"自别夫君二十余载……且妾一生一男一女"，"抛妻离子三十余载，在外为何故也"，其妹言"哥自出门离家，二十余年"，③ 其离家之后似未再返回福建，具体离家时间不明，当在 1650 年武氏夫人生魏高之前。魏之琰是否从事反清复明活动，现在没有文献可以直接证明。不过，当时海域控制权为台湾郑氏集团所有，魏之琰要穿梭于海域，必然要与郑氏集团交好。这是正常的商业活动，即便输款给郑氏，也不能说魏之琰是与郑氏一样从事反清复明的政治活动。

大张旗鼓从事反清复明活动的朱舜水《答魏九使书》言："弟与亲翁同住长崎者五年，相去区区数武，未尝衔杯酒接殷勤之余欢，忘贫富申握手之款密。"④ 显示他与魏之琰同在长崎五年却没有交往。因日本收紧外国人居留政策，朱舜水希望魏之琰帮助取得留日居住权，所以去书请求帮助，朱舜水生于 1600 年，浙江余姚人，长魏之琰 17 岁，所谓"亲翁"当并无真实关系，而是拉近关系的称呼。此信为"答"，显然二人之前已经有一次书信往来。从朱舜水之事来看，魏之琰与明面上反清复明势力的交往应该较为谨慎。

楚狂关于魏之琰是从事反清"大明义士"的说法自然不能成立，但其观点却是基于越南"明乡人"的历史得出的，在越南历史研究的起步阶段

---

① 〔越〕楚狂：《本朝前代与明末义士关系之逸事》，《南风杂志》第 81 期，1924，第 47 页。
② 关于楚狂黎懆的文章事业，参见罗景文《爱深责切的民族情感——论二十世纪初期越南知识人黎懆在〈南风杂志〉上的文史书写》，《文与哲》第三十二期，2018，第 351~382 页。该文直接采用了楚狂关于魏之琰的观点认识。
③ 转引自〔日〕园田一龟《安南国太子致明人魏九使书考》，罗伯健译，第 56 页。
④ 朱舜水：《答魏九使书》，朱谦之整理《朱舜水集》，中华书局，1981，第 48~49 页。

有此看法实属正常。明清鼎革之际，部分明朝人不愿臣事清朝，逃身海外来到广南阮主辖地，称"明香人"，阮朝明命七年（1826）改为"明乡人"。其中以1671年南投的广东雷州人郑玖和1679年的明军杨彦迪、陈胜才残部最为著名，在之后阮主政权和阮朝历史中均发挥了巨大作用。[①] 义不事清的"明香人"记载于阮朝史书之中，自然为楚狂所知，因此他根据明乡人的情况想当然得出魏之琰是"大明义士"的结论。

《安南国太子致明人魏九使书》跨越二百五十年的岁月，在不同的历史情境中赋予了魏之琰海商大豪和大明义士两个不同的形象，引起世人的无限遐想。

二 乘桴海外：魏之琰在日本

根据宫田安的研究，魏之琰1672年抵达日本之后，没有再返回安南东京。至于他为何抛下武氏夫人携子东渡，因文献不足，已经难以确知。饭冈直子研究魏之琰到日本后，直到1689年去世前，仍与郑主贸易，可见其海洋贸易的事业并未改变。但在情境的发展中，魏之琰的形象与其海商大豪的身份逐渐脱离，成为"乘桴海外"的高士。

魏之琰本人流传至今的作品仅有写给隐元禅师（隐元隆琦，1592~1673）的两首七律，即1662年的《魏之琰祝隐元七十寿章》和1665年的《赠隐元和尚至普门寺》诗，皆保存于隐元之手。[②] 现在各方披露的钜鹿氏家族文献多是他人寄赠魏之琰，似乎并无魏之琰本人的手笔。[③] 这使得我们难以了解魏之琰的思想和观点，仅能根据文献探讨他人眼中的魏之琰形象。

---

① 陈荆和：《河仙镇叶镇鄚氏家谱注释》，《文史哲学报》（台湾）第7期，1956，第78~139页；《清初郑成功残部之移殖南圻》（上、下），《新亚学报》（香港）第五卷第1期，1960，第433~459页，第八卷第2期，1968，第418~485页。另可参看李庆新教授关于明清之际南下遗民的系列论文。

② 陈智超、韦祖辉、何龄修编《旅日高僧隐元中土往来书信集》，日本黄檗山万福寺藏，中华全国图书馆文献缩微复制中心，1995，第282~285页。

③ 1788年司马江汉访问钜鹿氏，第五代钜鹿祐五郎说魏氏凌云阁曾发生火灾，了无一物。但园田一龟对此表示怀疑，因为1809年钜鹿祐五郎还能将祖先传下书画古器两大箱，贡献给幕府，这是火灾二十一年之后的事情。见〔日〕园田一龟《安南国太子致明人魏九使书考》，罗伯健译，第57~58页。

（一）“衍瑞东南”

1. 朱舜水《答魏九使书》

1659 年冬至 1665 年六月，朱舜水寓居长崎，之后受德川光圀之礼聘，遂迁居江户。在长崎期间，因日本紧收外国人居留政策，朱舜水曾谋求魏之琰的帮助，以获得居住权。《答魏九使书》曰：

> 远惠书问，足纫厚谊，二千道里，峛伻跋涉，良非易事！“风波目前，进退无门”等语，一言一泪。来年事成，必住长崎，甚为长算。至于识时务、晓南京话一人，弟与之往复议论，商其可否。台谕“人心不同如其面焉”，此真历练世故之言，但谓“一纸书贤于十部从事”，为计固已疏矣。此亲翁自为耳，绝不为弟计虑也。弟与亲翁同住长崎者五年，相去区区数武，未尝衔杯酒接殷勤之余欢，忘贫富申握手之款密。一旦举秦人越人，而责以葭莩、姻娅、朋友之谊，谓为不弃菅蒯，无乃言之而过乎？
>
> 留住唐人既数十年未有之典，而近日功令更加严切。欲留一人，比之登龙虎之榜，占甲乙之科，其难十倍。而亲翁视之藐如也，无异俯拾地芥。宰相上公如此款诚待弟，长崎所闻者，不过什佰中之一二耳。弟忍以一言欺之耶？况弟平生无一言欺人也。万一弟力所能为，尚当审量交游，有敬爱者，有亲密者，或略有往还，识知其为人者，其事先定，而后得徐议亲翁之去就。若忘素交，而遽为亲翁缓颊，亲翁虽得之，亦应且憎矣。万一大概得留，亦必不独置亲翁于风波中也。施恩不忘报，乃君子之义；然救人而从井，亦仁人所深疾。幸勿讶其唐突。
>
> 来金五两，藉手附璧。弟本不启封，特恐长途差误，故令来伻自启之耳。或有晤期，统容面悉，挥冗率复，不能详婉，惟希崇照。①

朱舜水讲“弟与亲翁同住长崎者五年”，此事当发生在 1664 年前后，不会晚于 1665 年。从信中所见，朱舜水对于能否留住日本极为心焦，因而向同住长崎五年却“未尝衔杯酒接殷勤之余欢，忘贫富申握手之款密”的魏之琰求助。此信之前，朱舜水已去信，魏之琰回复了具体情形，并派人送

---

① 朱舜水：《答魏九使书》，朱谦之整理《朱舜水集》，第 48~49 页。

至，因此朱舜水说"远惠书问，足纫厚谊"。

此时朱舜水处境应极为艰难，因此四处谋托，并曾找到"宰相上公"德川光圀的大通事刘宣义（1633～1695），刘宣义小朱舜水33岁，为通事中声名最著者，其家世为唐通事，称"彭城氏"。[①] 信中朱舜水自称"弟"乃是惯用谦称，却称刘宣义为"老兄"，可见其心焦之态。[②]

朱舜水的答信中，述及魏之琰原信中的几句话，"'风波目前，进退无门'等语，一言一泪"，此言是魏之琰回信中的话，激起了朱舜水的感伤。彼时郑成功已去世，故友袍泽多就义凋零，自己孤身在此，亦不知何处依托，既是真实处境，亦是复明大业被挫无着的彷徨忧伤。

魏之琰能够写出"风波目前，进退无门"，应该是对朱舜水的境况表示理解。魏之琰信中说"人心不同如其面焉"，朱舜水亦表示理解，"此真历练世故之言"，接着明确"一纸书贤于十部从事"，表示完全信任魏之琰，期望其为之奔走。

1662年，"春，长崎大火，先生侨屋亦荡尽，因寓于皓台寺庑下，风雨不蔽，盗贼充斥，不保旦夕"，得安东守约救助。[③] 魏之琰知晓朱舜水处境艰难，在其因留居求援之时，赠予资财，朱舜水深知办事不易，因而"来金五两，藉手附璧"，将赠金与信一起交由来人带回。朱舜水找魏之琰帮忙，应该是找对了人，"欲留一人，比之登龙虎之榜，占甲乙之科，其难十倍。而亲翁视之藐如也，无异俯拾地芥"，此言虽是恭维，但魏之琰身为德川光圀看重的权势人物，说话做事自然极有分量。至于朱舜水说自己"宰相上公如此款诚待弟，长崎所闻者，不过什佰中之一二耳"，可能亦是实情，但其留居日本则仍要求助于魏之琰。

1665年六月，朱舜水受德川光圀礼聘，之后前往江户居住。梁启超在《明末朱舜水先生之瑜年谱》中多记日本友人帮助留居，未载魏之琰之事。2015年3月3日东京中央拍卖会"中国古代书画"拍卖，图册第158页第0835号拍品为朱舜水书法条幅，高104厘米，宽31厘米，内容为"微云澹河汉"，钤"霜溶斋""朱之瑜""楚玙"三方印章，来源为"万福寺供养

---

① 宫田安『唐通事家系論考』、165页。宫田安没有记载朱舜水写信给刘宣义之事。

② 朱舜水：《答魏九使书》，朱谦之整理《朱舜水集》，第49～50页。

③ 梁启超：《明末朱舜水先生之瑜年谱》，台湾商务印书馆，1971，第48页。

人魏之琰家族旧藏"。① 此条幅书写云淡风轻，志向高洁，虽不排除是魏之琰后人购入收藏，但极有可能是朱舜水受礼聘之后，赠予魏之琰的作品。

2. 隐元禅师《复魏尔潜信士》

魏之琰与黄檗僧人来往密切，现在仅存的两件文献即是赠隐元禅师七律。1654 年隐元禅师抵达长崎弘法，1673 年圆寂。隐元禅师《复魏尔潜信士》全文如下：

> 何居士至，接来翰种种过褒，当之殊愧也。闻足下在崎养德，以遂身心，是最清福。然此时唐土正君子道消之际，贤达豪迈之士尽付沟壑，唯吾辈乘桴海外得全残喘，是为至幸。惟冀足下正信三宝为根本，根本既固，生生枝叶必茂矣。原夫世间之事，水月空花，寓目便休，不可久恋于中，恐埋丈夫之志。谁之过欤？更冀时时返照自己身心，必竟这一点灵光何处栖泊，不可错过此生。到头一着，谁人替代？纵有金玉如山，子女满堂，总用不着。可不惧欤？嘱嘱。②

饭冈直子考证此信当写于 1664 年。③ 隐元说魏之琰"闻足下在崎养德，以遂身心，是最清福"，应是客套话，魏之琰彼时尚亲自从事与安南的贸易，鲸波万里，自非易事。隐元接着说"然此时唐土正君子道消之际，贤达豪迈之士尽付沟壑，唯吾辈乘桴海外得全残喘，是为至幸"，1662 年永历帝在昆明被吴三桂所杀，郑成功亦在当年病逝，郑氏集团虽然依旧从事反清复明事业，但形势极为严峻，仅能自保而无力扩张。隐元与魏之琰相识日久，视其为乘桴浮海的同道中人，中土道消，豪杰尽死，流落海外，孤身何栖。

1662 年隐元和尚七十寿辰，魏之琰祝寿诗云：

> 中岳巍巍接彼丘，岁寒松柏始知周。潜成龙虎翻无异，藏满烟霞吐

---

① "东京中央拍卖"官网，https：//www.chuo－auction.co.jp/ebook/cat_2015_03_05/index.html#p=159。
② 陈智超、韦祖辉、何龄修编《旅日高僧隐元中土往来书信集》，第 285 页。笔者转引的《复魏尔潜信士》为该书参考资料，编者注明出自《太和集》卷二，〔日〕平久保章编著《新纂校订隐元全集》，日本开明书院，1979，第 3287 页。
③ Naoko Iioka, "Literati Entrepreneur: Wei Zhiyan in the Tonkin-Nagasaki Silk Trade", p. 105.

不休。

随喜拈来黄檗果，因缘种落扶桑洲。开花结实千年事，才长而今七十秋。①

诗言志，只言片语尽显深意，首联道尽隐元禅师岁寒而松柏不凋的风骨，再颂扬隐元禅师东渡弘法的伟业。1665 年八月，隐元离开长崎前往富田普门寺，众人赠诗，魏之琰诗云：

正喜东来更向东，司南直启普门风。凭兹一杖轻如苇，其奈孤踪转似蓬。

鹤发老荄霜顶白，莲装光傍日边红。经年席坐何曾暖，又赴华林许结丛。②

"凭兹一杖轻如苇，其奈孤踪转似蓬"写出隐元禅师海外弘法，天涯漂泊的感慨，席不暇暖，即又起身再赴他方弘法。魏之琰赠隐元禅师的两首诗，均可感受到其中的孤寂之意，显然视自己与隐元和尚为乘桴浮海的同道中人。

3. 刘宣义《祝魏之琰七十寿章》

朱舜水曾经求助的刘宣义之后与魏之琰结成儿女亲家，其女嫁给武氏夫人所生第二子魏贵为妻。1686 年，魏之琰七十寿辰，刘宣义送寿章一副，其文如下：

奉祝姻家尊亲潜翁魏老先生七衮（帙）寿诞，敬披粒诚，汗甲缀言，少伸华封之庆。窃以乾乾不息，故行健以永寿；生生靡已，乃含弘而延康。其有君子，体乾履霜，中立遗品，而三才躴位；万古弗渝，可参于天地。宜赞夫化育，岂非寿之永而康之延乎哉？谁其方之，咸曰宜之。其于潜翁魏老先生，实式有之。恭惟老先生麟产福清，鹰扬闽越，冠缨代传而敷德，绥绥世出以联芳，注文章而源泗

---

① 陈智超、韦祖辉、何龄修编《旅日高僧隐元中土往来书信集》，第 285 页。笔者转引的《魏之琰祝隐元七十寿章》为该书参考资料，编者注明出自《黄檗和尚七帙寿章》，平久保章编著『新纂校订隐元全集』、5351～5352 页。

② 陈智超、韦祖辉、何龄修编《旅日高僧隐元中土往来书信集》，第 282 页，第 284～285 页。

水，权儒业以扇邹风，懿德所远，百福攸归。乃于明季轮舆弗挽，四海荡于波起，三山溃于霾扬，而老先生昆仲忠以立心，孝以全节，矢怀屑已，不渍腥氛，乘桴之志固确，浮海之私始炎，而游漾数十年，以至于今。发全容正，以畅厥衷。而故国诒厥孙谋，允协苗裔，东方永锡尔类，克谐德业。故其朴忠而可移之大孝，亘今古之所稀，跨东南而实罕。兹逢从心之诞，簇庆蟠会之期，况当春风乍动，淑气初临，膺斯嘉庆，能不膏己而腴人乎？耆寿景福，悉届良辰，君子万年，固其参天地而赞化育者也。妄端秃颖，异瞻老人之星敬布；荒唐用类，嵩高之祝诞焉盛矣。亶乎懋哉！诗曰：

一气通天接地舆，谁知君子莅其墟。寿垣常倚三台立，福履遂由积德居。身隐两朝耆会在，年邻九老逸仙如。扶桑采药徐公后，却到于今謦有余。

贞亨叁年岁旅柔兆摄提格端月穀旦辱姻眷末刘宣义顿首拜撰。[①]

刘宣义小魏之琰 16 岁，1664 年朱舜水谋住日本时，刘宣义为大通事，魏之琰是德川光圀重用之人，即以此年论，至魏之琰七十寿辰时，两人已经相交二十多年，又结成姻亲，关系更为紧密。此寿章为刘宣义所撰，相识日久，必然是根据魏之琰的言行以及自己的认识来写，当与真实情况差距不大。寿章写成，赠予之琰，得其首肯，子孙宝之，方能历三百年岁月传承至今。

刘宣义写魏之琰习儒家之业，"注文章而源泗水，权儒业以扇邹风"，与兄长当"明季轮舆弗挽，四海荡于波起，三山溃于霾扬"，即农民军和清军攻灭明朝之时，"忠以立心，孝以全节，矢怀屑已，不渍腥氛"，魏之琰忠孝立志，不愿受满族建立的清朝统治，因而"乘桴之志固确，浮海之私始炎，而游漾数十年，以至于今"，纵舟海外数十载，"发全容正，以畅厥衷"，保持了大明发式和肃正容服，忠孝情怀保持至今。道不行，君子乘桴浮于海，大隐隐于朝，中隐隐于世，小隐隐于野，魏之琰"身隐两朝耆会在"，乘桴浮海于安南和日本两朝，堪称大隐。"其朴忠而可移之大孝，亘今古之所稀，跨东南而实罕"，遍历东方日本和南方的安南两国，其德行古今罕见。

---

① 寿章正文为笔者据饭冈直子博士学位论文第 135 页所附彩色原件誊录。

刘宣义为德川幕府的大通事，自然知晓魏之琰从事海洋贸易积累巨富，但在其笔下，海商大豪的形象尽去，乘桴浮海的高士形象跃然而出，[①] 这一形象也与当时不愿事清东渡日本的明遗民群体的形象相符。[②] 1689 年，魏之琰去世，享年 73 岁，仅有墓碑而无碑文，灵位之外，有"衍瑞东南"四个大字，[③] 这恰当地概括了魏之琰一生奔波安南和日本的事业历程。

（二）"抱乐器而避乱"：《魏氏乐谱》塑造的魏之琰形象

魏之琰去世之后，东来遗民也逐渐凋零殆尽。魏之琰生前声名虽盛，但并无立言著作传世，且以高士形象示人，故其人其事渐隐。然而到了魏贵之孙魏皓之时，因《魏氏乐谱》的传播，魏之琰的形象重新显现于世。魏皓善书画，精音律，传家传音乐于世。宝历九年（1759）魏皓为《魏氏乐器》作序曰：

> 余之先西来桴上所携明代乐器，其所传歌曲之相受，楢（犹）尚存焉，于吾吾思我祖而不忘，未尝不日习也，音之不可掩，无索邻妪不寝之诗，而名亦随之。以故人之闻有斯乐者，遇必同其器，余隆不倦，拟议言因不尽物也，乃图其用之大者，以代其不尽。顷者从余学此曲者数辈，欲梓以大行，且为之序，余辞而不得，遂亦题。[④]

魏皓在此明言所用乐器为先祖携带到日本的明代乐器，魏皓祖父是出生于安南东京的魏贵，因而能够携来明代乐器的只能是曾祖父魏之琰。魏皓生于 1718 年，祖父魏贵于 1738 年去世，"吾思我祖而不忘，未尝不日习也"，因而教授魏皓音乐的应是其祖父魏贵。1673 年，魏之琰曾进京到皇宫演奏

---

① 饭冈直子在博士学位论文第 178 页记录了一幅出自《光风盖宇》（三浦实道编、福济寺出版、1925、51 页）的图，介绍内容为魏之琰与二子魏高和魏贵在船上奏乐，绘制时间不详。笔者检索《光风盖宇》之后，只见图像，未见相关题词，图中人物吹长箫，与童子所乘并非普通船只，而是高士所乘的仙槎，上置一枚硕大仙桃。若图中人物确是魏之琰，其形象当是乘桴浮海的高士了。
② 请参看韦祖辉《海外遗民竟不归——明遗民东渡研究》，商务印书馆，2017。
③ 〔日〕园田一龟：《安南国太子致明人魏九使书考》，罗伯健译，第 57 页。2018 年 10 月漆明镜博士再访魏之琰墓时，"衍瑞东南"题刻已经不知去向。
④ 转引自成澤勝嗣「鉅鹿民部（魏皓）の畫業」，『早稻田大学大学院文学研究科紀要』第 3 分册 55、2009 年、94 页，手迹影印部分在第 95 页。

明乐，被御赐酒和糕点。① 就现在所知，魏贵一生没有到过中国，其所习之乐当是携带乐器到日本并且在御前演奏的魏之琰所传授。

明和五年（1768）《魏氏乐谱》刊刻，选入乐曲50首，题"魏子明氏辑"，此刻本有三序一跋，除了论及魏皓及其音乐，其先魏之琰的形象也重新清晰起来。伏水龙公美因子世美雅好音律，作《魏氏乐谱叙》，言其子"学朱明之乐于魏子明氏"，"盖子明其先系明家之大□氏也，崇祯之末抱其乐器而避难于吾大东琼浦之地，而不复西归，子孙因为吾邦之人也"。

浪华关世实《魏氏乐谱序》曰："魏氏之先，钜鹿郡人。当朱明失驭，天下云扰，效夫□□、系磬二子所为，抱其器而东入于海。遂来寓于我长崎。居恒操其土风，□□不忘旧□。君子弗兼，而子孙肆（肆）其业不衰，三世于□矣。虽然，若夫长崎，一弹丸地，且僻在我西陲，则纵令甚有意传其音而又得其人，亦仅仅数辈。"

海西宫奇《书魏氏乐谱后》言："魏君长崎人也，其曾祖名双侯，字之琰，仕明为某官，后避乱来寓长崎，遂家焉，尤善音乐，故其家传习不坠以至君。君妙解音律，自谓此乐惟吾家传之，终为泯灭，不亦惜乎？乃携乐器入京授之同好，人从学者稍进。"

平安平信好师古跋曰："魏氏乐谱，长崎人魏皓字子明氏所辑也。子明氏者其先明人，世传习明朝乐，向者来于京师，未传其乐于人，卷而怀之。余初通刺以学焉，自是一二同志亦从而学焉耳。"②

魏皓于1774年去世，此《魏氏乐谱》在其生前刻印，三序一跋应经其寓目，表明其先祖魏之琰为明朝人，因明末之乱来日本，其家传习明朝音乐至魏皓。伏水龙公美言魏之琰乃"明家之大□氏也"，海西宫奇言"仕明为某官"，平安平信好师古则未置一词，显示三位作序者对魏之琰的身份皆不了解。安永九年（1780）魏皓门人浪华筒井郁景周刻《魏氏乐器图》，作《君山先生传》述其生平事业，先介绍家传音乐的来历，言及魏之琰：

> 先生姓魏，名皓，字子明，号君山。以其先住赵钜鹿郡，为钜鹿氏。四世祖，双侯字之琰，明朝仕人也，通朱明氏之乐。崇祯中，抱乐器而避乱，遂来吾肥前长崎而家焉，传习至先生。先生自幼妙解音律，

① 宫田安『唐通事家系論考』、966页。
② 明和五年《魏氏乐谱》刻本，东京艺术大学藏，三序一跋引文皆出自此本。

其家所传之乐，无不穷尽其技矣。慨其传之不博，一旦飘然东游京师，授之同好，人稍知有明乐者，一时翕然，声名籍甚。凡居京殆十余年，其从而学者，先后百余人[①]

筒井郁景周综合了明和五年《魏氏乐谱》三序一跋的认识，采用了伏水龙公美和平安平信好师古的说法，即魏之琰"通朱明氏之乐"，"抱乐器而避乱"，却也如平安平信好师古一般不言及魏之琰的具体身份。"通朱明氏之乐"即魏之琰通晓明朝音乐，这与专门的乐师不同。几人应该都不知道魏之琰是否在明朝为官，而实际上魏之琰生前没有以任何官职名称示人，也没有在明朝获取功名。即便魏皓熟知家中所藏文献，因隔膜于明季制度文化，于魏之琰往来书信中，亦难得其实。

据漆明镜考证，魏皓所传乃明朝学校演习的音乐，因此多陶冶性情、家国天下之作。[②] 刘宣义寿章言魏之琰"注文章而源泗水，权儒业以扇邹风"，显示其受过儒学教育，郑开极所撰墓志铭言其"父熙万公，又以廪饩积资登天启岁贡"，魏之琰则"以屡困棘闱，有飘然长往之志"，乾隆十六年（1751）福清《钜鹿魏氏族谱》记述"之琰公，字尔潜，号双侯，序九，光宗公之四子也，妣东瀚林氏，生一男永昌"，[③] 这都表示魏之琰确实没有功名。因而魏之琰在明朝的身份当为一位在学校接受儒学教育的学生，所以通晓此类演习于学校教育的乐曲。

儒家学说有很强的教育功能，既能让学生矢志科举，博取功名，也能让其产生"道不行，乘桴浮于海"的想法。魏之琰功名受挫，遂往投其兄，最初是否就要以此为终生事业，或仅是观风海外效司马迁壮游天下，已难以知晓。但在魏之瑗亡故之后，则不得不主持魏氏家族事业，加之中国大乱，遂一去不归。

现存魏之琰友人的相关文献，并无人提及魏之琰通音律，可能魏氏并不以此示人。1771 年刻印的《笠翁居室图式》作者不详，自序记载曾到访魏氏后人的宅所，见到魏之琰当年构造的亭台：

---

① 《魏氏乐器图》，松寿亭藏板，漆明镜《〈魏氏乐谱〉凌云阁六卷本总谱全译》附录一，广西师范大学出版社，2017，第 58 页。
② 漆明镜：《〈魏氏乐谱〉解析：凌云阁六卷本全译谱》，上海音乐学院出版社，2011，第 25~32 页。
③ 此信息由魏氏宗亲魏若群先生提供。

余往昔游长崎，尝观豪族彭城氏之居，有客亭一基，及木石假山，自言其祖为明人魏九官，航海来于长崎。爱玩风土，遂兹卜居，什器重物，一一赍来，所有之客亭假山，皆是明世之旧物。选后几岁，数般修葺，皆尽依倚乎旧样，不加些增损。①

魏贵娶刘宣义之女，并继承钜鹿氏家主之位，其第九孙继承了刘宣义家的唐通事职务，因此改姓分家，称彭城清八郎（1746～1814）。② 序中言所到彭城氏之居，即是魏之琰生前所居之处。魏之琰携带乐器渡海扶桑，耗费巨资运载旧物构造故国亭台，在家中教授二子明朝学校音乐，弦歌不辍，遥想少年时期的风采。此情此景，家国之情，溢于言表。然而这一切都已飘然远去，唯有梦中依稀可见。通过《魏氏乐谱》的刻印和传播，魏之琰以一位明末渡海来归、抱乐器避乱的高士形象重现，至于他在明朝的身份，为之作序跋之人亦难以明了，虽多以音乐的典故相喻，但均肯定魏之琰并非乐师，而是一位在明朝通晓音乐之人。

三　"为王人师"：郑开极撰墓志铭中魏之琰的形象

2015 年福建省泉州海外交通史博物馆征集到一方寿藏墓志铭，正是魏之琰原配夫人林氏及长子永昌之妻郑宜人的合葬墓铭，撰者为姻亲郑开极。③ 因婆媳二人事迹有限，因此郑开极撰写了大量关于魏之琰的内容，文中所述与魏之琰在安南和日本的事迹迥然有异。

林氏夫人曾写信给魏之琰，"抛妻离子三十余载，在外为何故也"，④ 魏之琰虽未再返回中国，但长子永昌成年后曾至日本探望父亲。⑤ 郑开极为顺治十八年（1661）进士，曾为康熙皇帝的伴读，后受聘编撰《福建通志》，

① 佚名《笠翁居室图式》，明和八年（1771）刻本。书籍信息见左海书屋网站：http://book. kongfz. com/206287/860844196/。
② 宫田安『唐通事家系論考』、983 頁。
③ 薛彦乔、陈颖艳：《魏之琰生平及相关史事考》，《文博学刊》2019 年第 4 期，第 80～87 页。本文所引墓志铭内容系笔者誊录作者已考订之文，并根据薛彦乔所赠拓片校对而来。
④ 转引自〔日〕园田一龟《安南国太子致明人魏九使书考》，罗伯健译，第 56 页。
⑤ 宫田安『唐通事家系論考』、975 頁。

于 1684 年完成，共 64 卷，是功名事业两全的名儒。① 墓志铭落款为"年家姻眷弟郑开极顿首拜撰文"，据年龄推算，郑开极应该是永昌妻子郑宜人的哥哥，故而以姻眷身份为在世的林太孺人和亡妹撰写寿藏墓志铭。魏永昌生于 1640 年，墓志铭中记载其"甫冠，受知于宋璞菴文宗，以恩选考职候补州同知"，男子二十而冠，永昌得到"候补州同知"应在 1660 年更后一些，长子得了大清的官职，生于前明的父亲魏之琰也一同蒙受君恩。

1682 年，魏之琰将 1654 年逝于安南的兄长魏之瑗迁葬长崎，1689 年魏之琰卒后，魏高与魏贵将父亲与伯父合葬，墓碑书：

> 　　　承应三岁次甲午十月初九日卒
> 明　故伯毓祯魏公六府君
> 　　故考双侯魏公九府君　墓道
> 　　　元禄二岁次己巳正月十九日卒
> 　　　　孝男永昌　清左卫门永时　清兵卫永昭　同百拜立②

墓碑大书"明"于两位逝者之名的中上。魏高、魏贵为父亲和伯父立碑，二人没有到过中国，应该对明朝之事极为隔膜，仍写父亲为明人，当是魏之琰生前以明人自居。兄弟二人因长久生活在日本，且已拥有日本名并担任唐通事，故而使用日本年号，亦可知晓魏之琰在到达日本之后即为二子的人生做好了谋划。永昌为嫡长子，列名第一位，此年已经 59 岁，根据郑开极碑文所述永昌遗嘱之言"王祖远殁异土，吾生不获躬亲问，亲殁不获执绋跣迎，戴天履地，罪悔何极"，永昌应该并未亲自到日本参与葬父立碑之事。

郑开极写传已在魏之琰身后，这与魏之琰在日本展现的乘桴浮海的高士、明遗民形象大相径庭。郑开极身为当世名儒，沐浴大清皇恩，而魏之琰则是没有功名的儒生，为了赞美其人，故而题为"皇清待诰赠国学生双侯魏先生"，既非"故明"，亦不能书写"故明"。魏永昌曾到日本探望父亲，应该知晓父亲的事业和行迹。对于长子，魏之琰所言亦应不会太过离谱。魏

---

① 朱方芳、郑双习：《郑开极、谢道承、沈廷芳、陈寿祺与〈福建通志〉》，《福建史志》2006 年第 4 期，第 46~48 页。

② 宫田安『唐通事家系論考』、969 頁、975 頁。

永昌应该将父亲的行迹讲述于妻兄郑开极，郑开极听在耳中，波澜自生。魏永昌于 1693 年已经去世，1702 年郑开极撰写墓志铭，一代名儒挥动如椽之笔，塑造了一个儒家理想中的魏之琰。郑开极首先叙述了对游历的理解：

> 易传曰：诚能动物，物从而化。文中子曰：忠信可格异类，孝敬能感神明，谓其精神所注，无远弗届，靡幽不通也。史称司马子长，历游名山大川，能以文字被宠遇，西□□□□出大宛，穷河源，能以远役胙茅土，此皆中国人。

《史记·五帝本纪》曰："余尝西至空桐，北过涿鹿……南浮江淮矣。"[1]《大宛列传》曰："大宛之迹，见自张骞。"[2] 因此碑文残缺处当为"西至空桐，迹出大宛"。司马迁壮游天下，成为后世文人的楷模，郑开极亦极其仰慕，故写于易传和文中子的格言之后。他接着写道：

> 主论材授爵，表识非常，未有如吾闽之双侯魏先生之奇闻、奇遇、奇材、奇识，于万里外，邂逅相迁，立谈倾盖，使异域之□□□师傅，敬若神明，出寻常臆计之外者，及其倾心投契，不异家庭燕处，骨肉聚欢。如遇好山佳水，卧游其地，津津不置，与大化而同归也。噫！亦异矣哉。

文中残缺处，据魏之琰经历及朱舜水《安南供役纪事》的行文语气，可补为"使异域之人口称师傅"。魏之琰一生经历，堪称传奇，令人畅想万里。郑开极亦是惊奇万分，认为"出寻常臆计之外者"。对于魏之琰海外不归，郑开极认为是"大化而同归"。然而被异邦人敬若神明，欢聚如家人，并非魏之琰真实经历，当是郑开极听闻魏永昌所言魏之琰为德川光圀所看重，自我想象而来。郑开极接着述魏氏家世祖先，至之琰：

> 幼有奇志，出语惊人，长熟经史，于山川风土，无不淹洽。以屡困棘闱，有飘然长往之志。适友人操贾海外，招趣散怀，一日，骎风倏

---

① 司马迁：《史记》卷一，中华书局，1959，第 46 页。
② 司马迁：《史记》卷一二七，第 3157 页。

发，漂入东洋国土。会乡人有善国王者，言先生中土伟人，经济长材，学无不窥，典无不娴，天纵好风，以遂见闻。

在郑开极笔下，魏之琰熟习经史，有经天纬地之才，但时运不济，科榜未名，因而有壮游之志。因友人之招，飘入东洋国土，乡人将之推荐给国王，盛赞其才。这部分所言已经与魏之琰操舟海外的情况差别极大，对其才干的描述也是传统的经邦济世之能。东洋国王果然礼敬，魏之琰遂一展抱负于异域：

> 王喜，郊迎，敷席布币，以礼先生。叹羡山川平衍，人物蕃庶，舟车辐辏，水陆珍奇毕会，一方天府也。抚内安外，得上佐圣天子，渐被暨讫，海不扬波，中国圣人之诵，补助教化，自吾王今日始，王及陪臣倾听，以先生达国体，柔远人，为边徼，倚赖先生，嘉礼遇之隆，适馆授粲。

这部分功绩的赞颂不可谓不高，但魏之琰的服务对象并非东洋国王，而是"上佐圣天子"，助天子教化异邦，此地国王及陪臣倾听中国圣人之诵，怀柔远人，自为边徼。这段描述绝非魏之琰的真实经历，已是郑开极的自我想象，即魏之琰以经世儒者教化异域。

> 燕处有年，乃倦飞知还，以老谢归。王造庐，谆请曰：向者先生不远数万里，惠教远人，方赖输丹，□慕章表悃忱，且贡献以时，庭实充汞，上荷朝廷宠赉，较职方所隶，荒服诸国，为特隆议者。言先生光□以来，国人知崇尚礼教，风俗丕变，殊眛之舞不接于目，靡靡之声不入于耳，格顽效顺，何其过化存神有若斯乎。今遽言返棹，纵先生长弃远人，其如不舍。

郑开极接着写魏之琰年老思乡，国王恳留，并指出其国在魏之琰辅佐之下，天朝宠异，在诸藩国之中特受优待，本国移风易俗，崇尚礼教，为何要弃远人而去？消息传出，邑民纷至挽留，魏之琰不得已留居斯土：

> 何数日诸岛屿之执守臣僚，及远迩民庶，咸扶杖担簦，拳手擎跪，

以留先生，不得已暂处息壤，以待归汛。恒示家训，诏诸子孙曰：吾去乡日远，魂魄犹依依故土也，生平手折经史，服袭玩好，当为珍藏，归见故物，犹亲故人也。

魏之琰暂留异邦，将故物留于子孙，使其如见音容。魏之琰生性好施，不蓄家财：

> 先生性好施予，不特居家而然，其在异域，凡东西南商贾，资斧莫谋，风汛非候，流落愁苦者，为之措设，附便而归，人人感诵弗置。

这是传统士大夫重义持家的典范。魏之琰继续留在日本，"且冀归航东发，不意先生染疾，卒于东洋国中。王念先生勤劳国事，忠信明敏，以师傅典礼葬于高原，穹碑神道列焉"。郑开极行文虽然堂皇，但却与魏之琰和魏之瑗兄弟合葬墓的真实情况不符。

郑开极又记述之后魏永昌效法古人，为父亲在家乡设衣冠冢。郑开极在叙述完林太夫人及子孙事宜之后，敬为铭曰：

> 英雄天纵，拔起风尘，四海为家，天涯比邻。丰姿伟貌，烨然神人，如麟游薮，如龙在田。得时则驾，云雨天津。倚我魏公，忠信谦穆。为王人师，于秉国钧。臣顺教忠，来享来庭。厥功振振，礼葬高埋。兹偕元配，设主附窆。乔梓同穴，体魄相依。天造地成，叶德凝休，仁寿之域，其数无垠。桐山高岳，川辉泽媚，凤仪轩舞，文明日新。

最后是"不孝男永昭、永时，孙男承裕、承诏、承镐、承楷、承华、承美、承顺、承武、承安、承光，仝泣血勒石"。魏之琰长子永昌已经去世，在日本的永昭和永时依例列名诸孙之上。碑文记载："儿时先生客东洋，纳何氏为同室，生二子，永昭、永时"，"次永昭，娶何氏，三永时，娶刘氏，何孺人出，今流寓东土"，武氏夫人误为何氏，永时即年长的魏高，永昭即年幼的魏贵，兄弟次序亦误，应该是仅有故去的永昌知晓其实，他人难明。

郑开极在铭中总结了魏之琰的人生事业，将其描述为一位经邦济世、教化异域的儒者，与真实的魏之琰并无关联。然而"为王人师，于秉国钧"的形象却被另一位儒者在异域坚持不懈地追求。

1657年，流寓安南的朱舜水被割据南方的阮氏政权阮福濒征用，自二月初三开始，至四月二十一日结束，朱舜水特作《安南供役纪事》一卷纪其事。朱舜水坚持参见时不拜，且提出"徵士不拜"之礼，以死相争。广南文武大臣怒欲杀之，但其不参拜的礼仪要求被阮主接受，阮主礼遇舜水，以太公佐周、陈平佐汉为例，希望出仕，朱舜水虽然拒绝，但又与阮主商讨军国大事。后朱舜水因阮主视其为词臣而辞别，其真正的理想是王之师友，即太公、管仲的地位。在历经波折之后，朱舜水居于日本，被德川光圀礼聘为宾师，终于达成心愿。然而只能坐而论道，于施政则无能为力。①

结　论

明清之际奔走海外的明朝士人中，武功最盛者是郑成功，文名最高者乃朱舜水，二人以反清复明为号召，赢得生前身后名。魏之琰一介儒生，继承亡兄之业，卷入17世纪东亚世界和明清鼎革的历史大潮中，去国离家，际遇离奇，身份隐秘，在中国、日本、越南形成了多重形象，展现了东亚世界的现实和理想的秩序。

万历朝鲜战争之后，日本与安南的贸易活动兴盛，1639年幕府锁国，其自行主持的朱印船贸易亦随之结束，由华人接手，魏之琰与其兄魏之瑗即是此中翘楚，并在郑主治下的东京与各国商人展开竞争，因而在安南展现出海商大豪的实际身份，是安南南北双方争取的对象。然而魏之琰在史书中不显，因而1673年的《安南国太子致明人魏九使书》现世之后，各方学者根据17世纪的历史形势进行解读，楚狂认为信件为阮福溙所写，魏之琰与广南阮氏贸易，是反清复明的义士，其解最早且最谬，但却是结合越南明乡人的历史进行的推断。

魏之琰为德川光圀所倚重，但朱舜水与之同住长崎五年却无交往，在日本留居政策紧缩之后方寻求魏之琰帮助，这显示了魏之琰与大张旗鼓反清复明人士的交往较为有限，与政治上反清复明的行为有很大区别。魏之琰虽不

---

① 叶少飞：《朱舜水安南抗礼略论》，刘迎胜主编《元史及边疆与民族研究》第35辑，上海古籍出版社，2019，第169~179页。

从事反清复明活动，但曾在明朝习儒学，通音律，面对明清鼎革的天地巨变，虽无力挽狂澜的决心和行为，但家国之情却难隔绝。东来禅僧隐元法师自感中土沦丧，乘桴海外，魏之琰亦同辈中人。刘宣义写给魏之琰的寿章即认为其操舟海外，遍历东南，未染腥氛，发全容正，为乘桴海外的高士，魏之琰对此应该亦予以认可，即与东渡的明遗民为同道中人。魏之琰携带明朝乐器东来，弦歌不辍，传于魏贵，再传魏皓，由魏皓编辑行世，在各类刻本的序跋中，魏之琰成为抱乐器避难的明朝人士，此形象与刘宣义所写魏之琰乘桴海外的高士形象重合。

魏氏姻亲郑开极根据魏之琰长子永昌所述，将魏之琰的事迹自然套入中华皇帝—藩属国王的朝贡体系之下。郑开极将魏之琰塑造为"为王人师，于秉国钧"佐圣天子教化海外的儒家理想形象，这亦是奔波海外的朱舜水的终生追求。这一思想认识超越了明清的代际之别，是儒家修齐治平的共同追求。

17 世纪的历史情境中，中华天子仍是东亚世界的主宰和秩序的核心，虽跨越明清鼎革亦未改变，而周边各国却已有自己的发展态势，海洋贸易使之相互勾连，经济往来密切。魏之琰操舟海外，遍历诸国，对安南和日本的政治情势有清晰的理解，因而能够顺时而动，积累巨富，名重一时。中国士人在巨大的历史惯性中，对魏之琰的海外经历，以儒家理想进行塑造，虽然光辉神圣，却脱离事实。东亚世界秩序的理想与现实在魏之琰身上碰撞、切磋、分裂之后，又隐于青史。魏之琰在当代的重新回归，却是因为其寄思家国之情的明代学校音乐，真正不朽的还是那个笙歌风雅的少年身影。

A Study on the Identity of the Chinese Maritime Trader Wei Zhiyan in the East Asian Seas in the 17th Century

Ye Shaofei

Abstract：In the 17th century one Chinese merchant Wei Zhiyan who came from Fujian province engaged in silver and silk trade between Annam and Japan, he accumulated huge wealth and had considerable influence on Trinh lords in northern Vietnam and Nguyen lords in southern Vietnam. In the year of 1672,

Wei Zhiyan settled in Nagasaki with his two sons whose mother was Vietnamese, holding his identity that was the adherent of Ming dynasty. At his hometown, Zheng Kaiji wrote the epitaph for Wei Zhiyan's first wife whose family name was Lin, and represented Wei Zhiyan as an ideal of Confucian who counseled the king with Confucianism in Japan. During the turn of Ming and Qing dynasties, Wei Zhiyan moved from China to Vietnam and Japan. He had presented distinct identities and images in the different historical fields, showing the ideal and reality of East Asian order for us.

Keywords: Wei Zhiyan; Chinese Merchant; East Asian Seas; Identity and Image

（执行编辑：罗燚英）

越南阮朝对清朝商船搭载
人员的检查（1802~1858）

黎庆松[*]

 1802 年，阮福映建立越南最后一个封建王朝阮朝，建元嘉隆。阮朝基本承袭阮主政权的入港勘验制度，并根据形势发展进行完善。对商船搭载的人员进行检查是阮朝勘验入港清朝商船的必经环节，目前学界对此已有研究。孙建党与王德林撰写的《试析越南阮朝明命时期的禁教政策及其影响》一文注意到明命时期阮朝严查入港外国商船以限制西洋传教士由海路入越。[①] 郑维宽在《论清代中国商人入越开发对越南社会的影响》一文中提及明命时期阮朝对入港清船搭客[②]的勘验情况。[③] 笔者亦曾撰文对阮朝入港勘验点目簿进行初步探讨。[④] 此外，越南学者陈重金在《越南通史》一书中关

＊ 作者黎庆松，中山大学历史学系博士研究生，研究方向：东南亚史、越南史、中越关系史。本文系中山大学高校基本科研业务费——重大项目培育和新兴交叉学科培育计划项目"有关中越关系史越南稀见汉文文献整理与研究"（19wkjc02）的阶段性成果。本文在写作过程中，得到了红河学院叶少飞教授、广西民族大学韩周敬博士、郑州大学成思佳博士的热情帮助。在此向诸位学者谨致谢忱！

① 孙建党、王德林：《试析越南阮朝明命时期的禁教政策及其影响》，《河南师范大学学报》（哲学社会科学版）2001 年第 3 期，第 67、68 页。

② "呼海船中附载之客曰'搭客'。"参见蔡廷兰《海南杂著》，台湾：大通书局，1987，第 6 页。

③ 郑维宽：《论清代中国商人入越开发对越南社会的影响》，《云南大学学报》（社会科学版）2019 年第 1 期，第 77、78 页。

④ 黎庆松：《越南阮朝对清朝商船的入港勘验（1820~1847）》，《"ASEAN+3"：首届全国东盟-中韩日人文交流广州论坛论文集》，广东外语外贸大学，2018 年 12 月；黎庆松：《嗣德初年越南阮朝对广东商船的入港勘验——以嗣德元年的一份朱本档案为中心》，《"广船的技艺、历史与文化"学术研讨会论文集》，广州航海学院，2019 年 4 月。

注到明命时期阮朝对进出越南港口的外国商船进行检查与阮朝禁教之间的关系。① 张氏燕论文《19 世纪阮朝与华商》及其主编的《越南历史》（第 5 卷）均提及入越清船带来的人员流动。② 在《越南阮朝商业经济》一书中，杜邦使用明命、绍治时期和嗣德前期的部分阮朝朱本档案初步探讨了阮朝检查入港清船随船人员的情况。③ 本文尝试在前人研究的基础上，探讨法国入侵前阮朝对入港清船搭载人员的检查活动。

一　点目簿：对清朝商船搭载人员进行检查的文本依据

"点目簿"，又称"点目册"，是阮朝勘验人员在对进出越南港口的外国商船所搭载的人员进行检查前饬令船户或船长撰修的纸质文本材料。

早在嘉隆初年，阮朝点目簿就已初具雏形，只是当时可能未被称为"点目簿"。自嘉隆四年（1805）起，阮朝开始对外国商船随船人员的信息采集做出规定。"（嘉隆）四年议准：诸商船入港，船户据舵工、水手及搭载人数详开名、贯，纳在地方官。"④

此后，阮朝将外国商船随船人员信息采集对象转向商船负责人：

嘉隆六年准定：凡受纳港税通商，诸船户、其船主或委借别人看坐者，备将姓名、年、贯记结申详。⑤

（嘉隆）十年议定：凡申纳港税通商，船主写单二张，具开姓名、年贯，点指。其有委借别人看坐者，并明白申到。⑥

---

① 〔越〕陈重金：《越南通史》，戴可来译，商务印书馆，1992，第 342 页。

② Trương Thị Yến. *Nhà Nguyễn với các thương nhân người Hoa thế kỷ 19*, Nghiên cứu Lịch sử, số 3, 1981, tr 60. Trương Thị Yến (chủ biên). *Lịch sử Việt Nam*, Tập 5, Nxb Khoa Học Xã Hội, 2017, tr 409.

③ Đỗ Bang. *Kinh tế thương nghiệp Việt Nam dưới triều Nguyễn*, Nxb Thuận Hóa, 1997, tr 46, Tr 85, tr 86.

④ 阮朝国史馆编《钦定大南会典事例》第二册，正编，户部十三，卷四十八，西南师范大学出版社、人民出版社，2015，第 746 页。

⑤ 阮朝国史馆编《钦定大南会典事例》第五册，正编，刑部七，卷一百八十五，第 2979 页。

⑥ 阮朝国史馆编《钦定大南会典事例》第五册，正编，刑部七，卷一百八十五，第 2979 页。

采集的商船负责人信息包括姓名、年龄和籍贯。该二张"单"可能是专门记载船主、"委借别人看坐者"信息的、类似点目簿的纸质文本材料。"点指"，系越南的一种画押方式。据曾于道光十五年（1835）随遭风清船漂入越南中部广义省思义府菜芹汛的清人蔡廷兰所撰之《海南杂著》记载，伸出"左手中指印纹纸上，谓之'点指'"。①

嘉隆前期，阮朝对入越外国人的管理趋于规范化。那么，阮朝"点目簿"究竟成型于何时呢？史载嘉隆十年（1811）议准："诸船来商，地方官饬该船户详开舱口簿，所载货项数干——开列，用下本号船钤记夹纸呈纳。"② 舱口簿是阮朝勘验人员对外国商船搭载入越的货项进行检查的重要依据，记载随船人员信息的可能就是"点目簿"。也就是说，点目簿有可能成型于嘉隆十年，但不会早于该年。

可以确定的是，阮朝"点目簿"成型的时间不晚于嘉隆十五年（1816）。

（嘉隆）十五年旨：凡商船来商，例有奉纳上进坤德宫礼，着为皇太子礼。嗣后，钦修表文正、副二封，启文一封，并舱口簿、点目簿甲、乙、丙每簿三本，与抄录船牌，并明乡通言结认单一纸，并递奉纳。③

根据这道圣旨，点目簿须撰修甲、乙、丙三本，说明其呈纳对象有三个。然而，由于阮朝史籍缺乏更详尽的记载，且笔者目前所掌握的阮朝朱本档案亦未提及嘉隆末年的点目簿规定，因此我们无法确定这三本点目簿具体分纳何处。笔者推测，点目簿甲本随地方政府奏报勘验情况的奏折一同呈纳户部，再由户部呈递皇帝，最后返回户部存照，乙本纳所在地方官检认，丙本则留于汛口员处，便于其在外国商船回帆时对随船人员进行核查。至于阮朝饬令清船撰修点目簿的目的，在于通过文本材料确认随船人员信息，为进

① 蔡廷兰：《海南杂著》，第6页；戴可来、于向东：《蔡廷兰〈海南杂著〉中所记越南华侨华人》，《华侨华人历史研究》1997年第1期，第42页；郑维宽：《论清代中国商人入越开发对越南社会的影响》，《云南大学学报》（社会科学版）2019年第1期，第78页。

② 阮朝国史馆编《钦定大南会典事例》第二册，正编，户部十三，卷四十八，第754页。

③ 阮朝国史馆编《钦定大南会典事例》第二册，正编，户部十三，卷四十八，第747~748页。

一步检查、登籍受税、后续管理提供依据。

在经历了嘉隆时期近二十年的休养生息之后，阮朝经济逐渐恢复，① 前往越南贸易的清朝商船日益增多。明命帝即位后，开始着手点目簿制度改革。明命元年（1820），入港勘验点目簿须修两本。如阮朝朱本档案记载："臣等遵体征收税礼，依例谨具表文与递伊艚舱口簿二本、点目簿二本、具报单一张、船牌抄一纸一体进奏。"② 明命三年（1822），则只需修一本。③ 勘验完毕，点目簿须递回奉纳。④ 其奉纳对象为中央部门，确切地说是户部。

通过一份明命初年清朝商船回帆时缮修的出港点目簿所记载的内容，我们大概可以推测入港勘验点目簿的一些信息。其内容如下：

> 广东琼州府琼山县船户林顺发、船长林德兴
>
> 申计：
>
> 一、承开由：兹年愚船投来商买，今至期回唐。承据内船所载客数、姓名、年庚、贯址，兹承开点目簿投纳，具陈于次：
>
> 一、内船客数该
>
> 船长林德兴　年庚四十六岁　　潮州府人
>
> 财副黄钟　　年庚四十岁　　　惠州县人
>
> 舵工王禄　　年庚四十三岁　　漳州府人
>
> 水手三十二名
>
> 李乐　年庚四十一岁　漳州府人
>
> 谢科　年三十二岁
>
> 郑香　年庚三十六岁
>
> 吴美　年庚三十七岁
>
> 周雅　年庚二十九岁
>
> 云云

---

① 梁志明：《阮初经济恢复与中越经贸文化关系的发展（1802～1847）》，《南洋问题研究》2009年第2期，第77、78页。

② 明命元年十二月二十八日直隶广南营留守范文信、记录胡公顺、该簿阮金追奏折，阮朝朱本档案，越南第一档案馆藏，明命集，第1卷，第114号。

③ 明命三年十一月十一日北城总镇黎宗质奏折，阮朝朱本档案，明命集，第1卷，第222号。

④ 明命四年三月十五日乂安镇阮文春、阮金追、阮有保奏折，阮朝朱本档案，明命集，第6卷，第51号。

搭客五拾名

顺发祥　年庚四十四岁　福建府人

顺成号　年庚三十五岁

福珍号

顺利号

泉元号

云云

明命四年七月初　日申

船长林德兴记①

该出港勘验点目簿的内容涉及五个方面：申计人、撰修缘由、船内客数、撰修时间、撰修人。其中，申计人列明了船户姓名、籍贯；撰修缘由是商船即将返航，开具船内人员信息供勘验；船内客数包括船长、财副、舵工、水手和搭客人数、姓名、年龄、籍贯，但并没有逐一详细记载，尤其是水手、搭客人数众多，仅记总人数及个别人信息；撰修时间为出港勘验时间；撰修人为船长。该船在驶入越南港口时所撰修之入港勘验点目簿应该也涉及上述五个方面。但相对于出港勘验点目簿而言，入港勘验点目簿所记载的随船人员信息应该更详尽。因为根据阮朝对入越清人的管理规定，清人随船入越后须由所在帮长结领，愿意寓居者则登籍受税，不愿寓居者则在商船回帆时须一并返回。入港勘验点目簿所记载的随船人员的详细信息为阮朝对其在越南期间的管理提供重要依据。

需指出的是，簿中注明林顺发籍贯为广东琼州府琼山县，然而一份明命七年（1826）七月十七日吏部的奏折记载："明命六年，在京商舶司册一本见著一款'琼州府文昌县船户林顺发、船长邓用光船一艘，横十三尺四寸，情愿纳从广东税例。'"② 从时间间隔及籍贯信息可推断，该奏折记载的林顺发应该就是上述出港勘验点目簿中的林顺发。至于为何其籍贯信息不完全吻合，笔者认为可能系笔误。

进入明命中期后，鉴于入越贸易清船日益增多，阮朝专门出台了针对清船的点目簿规定。"（明命）十年议准：嗣凡清船来商，即将船内人口并登

---

① 《商艚税例》，越南汉喃研究院藏，编号：A.3105。

② 明命七年七月十七日吏部奏折，阮朝朱本档案，明命集，第18卷，第203号。

点目册，纳在所入之汛口员，汛口员转纳所在官。"① 对于清船常往贸易之嘉定城，"（明命）十年议准：嘉定城嗣凡清船来商，即将船内人口并登点目册，纳所在地方官"②。这两则廷议均指明点目册纳所在地方官，说明仅需缮修点目册一本。

阮朝出台的点目簿规定对入越清人的管理起到了重要作用。然而，清船搭客数多而登籍受税少的问题逐渐显现，其中嘉定城较为突出。明命十三年（1832）八月，权领嘉定总镇印阮文桂并诸曹臣以"城辖自明命十年至本年四月底，清舶带来搭客为数颇多，而诸镇登籍受税者无几"为由，奏请在嘉定城范围内推行新的点目簿规定，获明命帝准允。

> 请嗣凡清舶来商，于入汛之始，汛守饬据舶上人口修点目册三，明注姓名、贯籍。一纳之所在地方官，一留城，一送部备照。……帝然之。③

阮文桂等人请求在清船入港之际即由汛守根据随船人员撰修三本点目册，其内需注明随船人员姓名、籍贯信息，分别纳于所在地方官、嘉定城和户部，强化对入越清人的管理，扩大登籍受税人数范围。

至明命末年，阮朝点目簿制度进一步改进。明命二十一年（1840）议准，诸省勘验入港清商船时饬令船户缮修点目簿一本，所递之点目簿"须有糊纸、青皮钉护"，"该省员亦须照依议定章程加心检察，身亲看阅，务期周妥。若或有违条例及失于觉察，致有奸弊别情，一经觉出即行参揭"。④这样，阮朝除了在全国范围内统一点目簿撰修数量以及对点目簿装订办法加以规范，还将勘验人员与在省官员之间的责任连带关系列入点目簿制度改革的重点。显然，阮朝逐渐收紧清人入越政策。

绍治朝基本沿袭明命末年的点目簿制度，清船入港时仅需修点目簿一册，勘验事清后地方政府将其呈递户部备照。如相关奏折记载："船户原开

---

① 阮朝国史馆编《钦定大南会典事例》第二册，正编，户部十三，卷四十八，第754页。
② 阮朝国史馆编《钦定大南会典事例》第二册，正编，户部九，卷四十四，第679页。
③ 阮朝国史馆编《大南实录正编第二纪》卷八十二，阮朝国史馆编《大南实录》（七），日本庆应义塾大学言语文化研究所，1973，第337~338页。
④ 阮朝国史馆编《钦定大南会典事例》第二册，正编，户部十三，卷四十八，第756页。

舱口簿、点目簿各一本"①，"除该船户等原开舱口、点目与情愿驶往河省单及船牌抄本一并附递由臣部备照"。②　然而，也存在此类奏折未记载点目簿撰修、递纳情况的特例。如绍治三年（1843），一艘载有42名随船人员的清船驶入广南大占汛，当地政府的勘验奏折记载，"再饬收该船舱口册一本，并抄出船牌一张，一并发递由户部奉纳"③，却只字未提点目簿一事。笔者认为，其可能系漏载。因为绍治年间阮朝对搭乘商船入越清人的检查仍然非常严格，勘验人员应该饬令该船船户缮修了点目簿。

嗣德初年，阮朝规定"凡清船来商，抄船牌、点目簿"④。嗣德前期的阮朝朱本档案亦有关于入港勘验点目簿撰修、递纳的记载，如"船内人口并货项各若干另已据实详开舱口、点目册奉纳"⑤，"原开舱口簿、点目簿该八本并抄出船牌四张另由户部奉纳"⑥，"除抄录船牌一张、点目册一本发递奉纳外"⑦　等。由此观之，嗣德前期阮朝的入港勘验点目簿制度依然延续明命末年的做法。

二　从阮朝朱本档案看清朝商船搭载人员

在饬船户或船长撰修好点目簿后，勘验人员随即据该簿对商船搭载的人员进行检查。勘验结束后，地方政府上报勘验情况的奏折通常会记载入港清船搭载人员的身份、人数等信息，通过这类奏折我们可以了解商船随船人员的基本情况。因嘉隆朝史料缺乏，在此仅讨论明命、绍治和嗣德前期入港清船搭载的人员情况。

通过梳理相关阮朝朱本档案，我们可将入港清船搭载的人员分为两类：固定人员、流动人员。固定人员是指商船固定编制人员，如船户（船主）、船长、板主、财副、舵工、水手等。流动人员是指其他随船人员，如搭客、亲

---

① 绍治元年闰三月十二日署平富总督邓文和奏折，阮朝朱本档案，绍治集，第4卷，第170号。
② 绍治六年十二月初六日户部奏折，阮朝朱本档案，绍治集，第39卷，第259号。
③ 绍治三年正月初九日权护南义巡抚关防署广南按察使阮文宪奏折，阮朝朱本档案，绍治集，第25卷，第4号。
④ 《国朝典例官制略编》，越南汉喃研究院藏，编号：A.1380。
⑤ 嗣德元年七月十六日署定边总督阮德活奏折，阮朝朱本档案，嗣德集，第4卷，第157号。
⑥ 嗣德元年十二月十六日平定巡抚护理平富总督关防黎元忠奏折，阮朝朱本档案，嗣德集，第8卷，第96号。该奏折记载的是勘验4艘入港清船的情况，故每艘船修舱口簿、点目簿各1本，共计8本。
⑦ 嗣德四年八月初五日户部奏折，阮朝朱本档案，嗣德集，第30卷，第193号。

丁等。其中，亲丁可能是商船固定人员的亲戚或朋友。

自 1820 年至 1858 年，阮朝的鼓励政策吸引了众多清船驶入越南各港口，形成了大规模海上人员跨国流动，明命时期掀起高潮。

从表 1 可看出，多数船户籍贯为广东省，仅有 2 名船户为福建人。多数商船还附载搭客。有 2 艘商船遭风难而驶入越南港口，其中 1 艘搭载 240 人的福建商船出现了重大人员溺死、落失事故。这 20 艘清船搭载的 862 人驶入越南北部、中部港口。其中，自广州永宁分府（1 艘）、琼州府（7 艘）放洋的商船搭载的 215 人驶入栳汛；5 艘自虎门（1 艘）、潮州府澄海县（1 艘）、琼州府乐会县（1 艘）、广州永宁分府（1 艘）、泉州府晋江县（1 艘）放洋的商船搭载的 234 人驶入大占汛；1 艘自潮州府澄海县放洋的商船搭载的 28 人驶入会汛；1 艘自厦门放洋的商船搭载的 240 人驶入小压汛；1 艘自潮州府饶平县放洋的商船搭载的 14 人驶入灵江汛；3 艘自潮州府潮阳县黄冈口（1 艘）、琼州府文昌县清澜港（1 艘）、琼州府陵水县陵水口（1 艘）放洋的商船搭载的 64 人驶入施耐汛；1 艘自琼州府文昌县铺前港放洋的商船搭载的 67 人驶入菜芹汛。可见，商船搭载的人员主要从广东省驶入越南港口，其大多数是广东人。

表 1 中清船搭载的人员信息仍不够具体，比如缺少水手、搭客的姓名、年龄等信息。一份明命十一年（1830）三月三十日广平镇关于勘验入港清船情况的奏折记载了随船人员的姓名、年龄、籍贯信息。据该奏折记载，明命十一年三月二十四日，广平镇灵江汛守御陈文庄报称明命十一年三月二十三日籍贯为潮州府饶平县的船主陈德理带同舵工、水手、搭客驶入汛口。① 随船人员信息如表 2 所示。该船搭载的人员共计 14 人，籍贯均为潮州府。值得一提的是，该奏折只字未提点目簿撰修及呈递一事，只在奏折中罗列随船人员信息。

1840 年，中英第一次鸦片战争爆发，但中越海上贸易并未被这场战争切断，整个战争期间及之后仍有清船搭载人员、货物进入越南。

在表 3 中，商船搭载的人员基本来自广东，均从广东出洋驶入越南港口。船户籍贯均为广东省。有 4 艘商船因风难泊入越南汛分，其中 1 艘船户为陈世香的清船出现重大随船人员溺死事故。这 9 艘商船搭载的 799 人驶入越南中部、南部港口。其中，2 艘自潮州府澄海县、潮州府黄冈口放洋的商

---

① 明命十一年三月三十日广平镇阮文恩、黄仕广等人奏折，阮朝朱本档案，明命集，第 41 卷，第 151 号。

表 1　阮朝朱本档案所载明命时期入越清船及其搭载人员信息

奏报时间	投入港口	始发地	船户（船主）		商船搭载人员	
			籍贯	姓名	固定人员	流动人员
明命元年（1820）六月初七日①	山南下镇柝汛	广东省广州永宁分府	一	一	艚长（潘西记）、舵工、水手共21人	一
明命元年（1820）十二月二十八日②	直隶广南营大占汛	虎门	广东省琼州府文昌县	琼顺利	船户、舵工、水手共27人	搭客34人
明命三年（1822）十一月十一日③	山南下镇柝汛	广东省琼州府琼山县	广东省琼州府琼山县	吴长兴	船户、舵工、水手、亲丁、搭客共34人	
明命四年（1823）三月十五日④	义安镇会汛	广东省潮州府澄海县	广东省潮州府澄海县	陈永春	船户、舵工、水手、搭客共28人	
明命五年（1824）十月二十八日⑤	南定镇柝汛	广东省琼州府	一	王长发	客数共22人	
				张永兴	客数共27人	
				潘自原	客数共25人	
明命六年（1825）六月十四日⑥	南定镇柝汛	广东省潮州府	广东省琼州府詹州新英埠	刘兴利	客数共19人	
明命七年（1826）三月十二日⑦	直隶广南营大占汛	广东省潮州府澄海县	广东省潮州府澄海县	陈合原	船户、船长、舵工、水手共19人	搭客5人
明命八年（1827）正月二十五日⑧	直隶广南营大占汛	广东省琼州府乐会县	广东省琼州府乐会县	琼福兴	船户、船长、财副、舵工、水手共31人	搭客47人
		广东省广州永宁分府	广东省广州永宁分府	洪泰利	船户、船长、版主、财副、舵工、水手共17人	搭客25人
明命十年（1829）五月二十九日⑨	南定镇柝汛	广东省琼州府琼山县	一	吴鸿顺	从船人数28人	
			（广东省）琼州府琼山县白沙埠⑩	陈广成	从船人数39人	

续表

奏报时间	投入港口	始发地	船户（船主）籍贯	姓名	商船搭载人员	
					固定人员	流动人员
明命十一年（1830）二月二十二日①	广南镇小庄汛（商船遭风难泊人，原往暹罗国）	厦门	福建省泉州府同安县	陈德（船主）	船主、板主（林栽）、舵工、水手，240人（溺死6人，失落92人，存活142人）	—
明命十一年（1830）三月二十三日②	广平镇灵江汛	广东省潮州府饶平县	广东省潮州府饶平县	陈德理（船主）	船主、舵工、水手共7人	搭客7人
明命十五年（1834）二月二十一日③	平富施耐汛	广东省潮州府潮阳县黄冈口	广东省潮州府潮阳县	陈万丰	船户、舵工、水手18人	—
		广东省琼州府文昌县清澜港	广东省琼州府文昌县	琼合益	船户、舵工、水手、搭客共32人	—
明命十九年（1838）正月二十一日④	广义莱芹汛（商船遭风难泊人）	广东省琼州府陵水县陵水港	广东省潮州府饶平县	陈万胜	船户、舵工、水手、搭客14人	—
		广东省琼州府文昌县铺前港	广东省琼州府文昌县	叶金利	船户、舵工、水手、搭客共67人	—
明命十九年（1838）四月初四日⑧	广南大占汛	福建省泉州府晋江县	福建省泉州府晋江县	陈德兴	船户、财副、舵工、水手共24人	搭客5人

① 明命元年六月初七日钦差北城副总镇黎文丰奏折，阮朝朱本档案，明命集，第1卷，第53号。

② 明命元年十二月二十八日直隶广南营留守范文信、记录胡公顺、该簿阮金追奏折，阮朝朱本档案，明命集，第1卷，第222号。

③ 明命三年十一月十一日北城本营阮宗质奏折，阮朝朱本档案，明命集，第6卷，第51号。

④ 明命四年三月十五日北城义安镇阮文春、阮有保奏折，阮朝朱本档案，明命集，第9卷，第169号。

⑤ 明命五年十月二十八日北城总镇黎宗质、户曹段日元奏折，阮朝朱本档案，明命集，第13卷，第36号。

⑥ 明命六年六月三十四日北城总镇黎宗质、户曹段日元奏折，阮朝朱本档案，明命集，第15卷，第151号。

⑦ 明命七年三月十三日直隶广南营该簿陈干载、著记录黎宗瑞奏折，阮朝朱本档案，明命集，第21卷，第71号。

⑧ 明命八年正月二十五日直隶广南营陈登仪、黎宗珖奏折，阮朝朱本档案，明命集，第21卷，第71号。

表2 明命十一年（1830）三月二十三日广东省潮州府饶平县陈德理商船随船人员信息

身份	姓名	年庚	籍贯
船主	陈德理	40岁	潮州府
舵工	袁卖广	42岁	
水手（5人）	翁苏利	36岁	
	林振宜	38岁	
	陈志合	27岁	
	陈阿寻	34岁	
	陈红发	25岁	
搭客（7人）	萧长利	36岁	
	陈得利	48岁	
	黄元利	32岁	
	李明合	28岁	
	吴有合	26岁	
	林朝利	29岁	
	张宜和	25岁	

根据明命十一年三月三十日广平镇阮文恩、黄仕广等人奏折整理而成，参见：阮朝朱本档案，明命集，第41卷，第151号。

⑨ 明命十年五月二十九日北城副总镇潘文潭、户曹吴日福会奏折，阮朝朱本档案，明命集，第30卷，第230号。

⑩ 明命十年六月十九日北城副总镇潘文潭奏折，阮朝朱本档案，明命集，第30卷，第246号。

⑪ 明命十一年二月二十三日广南镇潘范光元无。

⑫ 明命十一年三月三十日广平镇阮文恩、黎仕广等人奏折，阮朝朱本档案，明命集，第40卷，第215号。

⑬ 明命十五年二月二十一日广平富春督降一级留任武春谨奏折，阮朝朱本档案，明命集，第52卷，第144号。

⑭ 明命十九年正月二十一日广义又富布政使俸降一级留任，记录三次邓春降，权掌布政印务降一级，阮朝朱本档案，明命集，第64卷，第117号。

⑮ 明命十九年四月初四日护理南义巡抚关防，广南按察使，广南按察使，记录一次阮仲元阮降，阮朝朱本档案，明命集，第64卷，第26号。

表 3　绍治时期入越清船及其搭载人员信息

奏报时间	投入港口	商船始发地	船户（船主）		商船搭载人员	
			籍贯	姓名	固定人员	流动人员
绍治元年（1841）正月二十七日①	平富施啊汛	广东省潮州府澄海县	广东省琼州府文昌县	陈合	船户、舵工、水手共31人（籍贯都是琼州府）	搭客20人（搭客在潮州府登船）
绍治元年（1841）二月十五日②	河仙省金屿汛	广东省琼州府	广东省琼州府文昌县	新顺发	船户、舵工、水手共35人	搭客15人
绍治元年（1841）闰三月十二日③	平富施啊汛（商船遭风触礁泊入，原住下洲营商）	广东省潮州府黄冈口	广东省潮州府饶平县	金宝兴	船户、舵工、水手、搭客共29人（籍贯都是潮州府饶平县）	—
绍治二年（1842）正月二十四日④	顺庆潘切汛	广东省高州府	广东省高州府电白县	郭合利	船户、舵工、水手共23人（籍贯都是高州府）	—
绍治三年（1843）正月初八日⑤；绍治三年（1843）二月十二日⑥	广南大压汛（商船遇暗沙着浅，波涛撞打船身，汤破泊人，原住下洲商卖）	汕头港	广东省潮州府	陈世香	船户、板主、财副、舵工、水手、搭客共333人（存活232人，101人淹死）	
绍治三年（1843）正月初九日⑦	广南大占汛	广东省潮州府庵埠港	广东省潮州府澄海县	陈财原	船户、船长、财副、舵工、水手、搭客共42人	—

续表

奏报时间	投入港口	商船始发地	船户（船主）		商船搭载人员	
			籍贯	姓名	固定人员	流动人员
绍治七年（1847）正月初六日⑧	承天府未买汛（商船遭风难泊人，原住屯叻洲）	汕头港	广东省潮州府饶平县	金永兴	船户、舵工、水手共14人	搭客152人
绍治七年（1847）正月二十六日⑨	广平省灵江汛	广东省潮州府饶平县	广东省潮州府饶平县	金合发	船户、舵工、水手共23人	—
绍治七年（1847）二月初六日⑩	广南大占汛（商船遭风难泊人）	海南	广东省惠州府海丰县	陈四合（船主）	船户、财副、舵工、水手、搭客共82人	

① 绍治元年正月二十七日署平富总督邓文和奏折，阮朝朱本档案，绍治集，第2卷，第37号。
② 绍治元年二月十五日权河仙巡抚黄敏达奏折，阮朝朱本档案，绍治集，第1卷，第21号。
③ 绍治元年闰三月十二日署平富总督邓文和奏折，阮朝朱本档案，绍治集，第4卷，第170号。
④ 绍治二年正月二十四日署顺庆巡抚尊寿德奏折，阮朝朱本档案，绍治集，第1卷，第294号。
⑤ 绍治三年正月初八日权护南义巡抚关防署广南按察使阮文宪奏折，阮朝朱本档案，绍治集，第25卷，第6号。
⑥ 绍治三年二月十二日署南义巡抚魏克循奏折，阮朝朱本档案，绍治集，第25卷，第31号。
⑦ 绍治三年正月初九日权护南义巡抚关防署广南按察使阮文宪奏折，阮朝朱本档案，绍治集，第25卷，第4号。
⑧ 绍治七年正月初六日承天府尊室懬、阮公著奏折，阮朝朱本档案，绍治集，第46卷，第45号。
⑨ 绍治七年正月二十六日广平布政使张登第、按察使阮仲元奏折，阮朝朱本档案，绍治集，第46卷，第30号。
⑩ 绍治七年二月初六日南义巡抚阮廷兴奏折，阮朝朱本档案，绍治集，第46卷，第19号。

船搭载的 80 人驶入施耐汛；2 艘自潮州府庵埠港、海南放洋的商船搭载的 124 人驶入大占汛；1 艘自琼州府放洋的商船搭载的 50 人驶入金屿汛；1 艘自高州府放洋的商船搭载的 23 人驶入潘切汛；1 艘自汕头港放洋的商船搭载的 333 人驶入大压汛；另 1 艘自汕头港放洋的商船搭载的 166 人驶入朱买汛；1 艘自潮州府饶平县放洋的商船搭载的 23 人驶入灵江汛。在 9 艘商船中，仅有 2 艘商船未搭客。

嗣德前期，仍有清船源源不断地前往越南贸易，即使是在第二次鸦片战争爆发后至 1858 年法国人侵前，仍有清船驶入越南各港口。

在表 4 中，船户均为广东人，有 4 艘商船遭风难泊入越南汛分，其中船户林两顺的商船搭载的人员中有 1 人溺死。这 8 艘商船搭载的 295 人驶入越南中部、南部港口。其中，4 艘自高州府放洋的商船搭载的 136 人驶入潘切汛；1 艘自琼州府琼山县海口放洋的商船搭载的 33 人驶入大古垒汛；1 艘自琼州府文昌县放洋的商船搭载的 20 人驶入菜芹汛；1 艘自琼州府琼山县海口放洋的商船搭载的 32 人驶入顺安汛；1 艘自潮州府放洋的商船搭载的 74 人驶入大占汛。值得注意的是，有 5 艘商船均无搭客。从商船始发地均为广东省来判断，商船搭载的人员主要是广东人。

三　检查清朝商船以加强入越随船人员管理

阮朝检查入港清船搭载的人员是在全国行使国家管理权力的一种重要体现。对入港清船随船人员的检查涉及点目簿撰修、船上核验、公堂讯问、明乡帮长结领、征税等内容，是对随船人员加强管理的具体实施过程。

从史料记载来看，鲜有清船固定人员在回帆日留居越南的情况。其原因除了船长、舵工、水手作为被雇用者角色，更与阮朝对其严格管理有关。如明命十年（1829）八月，廷臣"请嗣有来商者，柁工、水手悉登之点目册，及回汛守照点放去，毋使一丁遗漏"①。明命末年，阮朝更是让船户充当舵工、水手等人的担保人。明命十九年（1838）三月二十日，权掌定边总督关防黄炯等人向朝廷奏报勘验入港福建省漳州府海澄县船户金捷报商船的情况，其奏折记载了这种担保关系：

---

① 阮朝国史馆编《大南实录正编第二纪》卷六十一，阮朝国史馆编《大南实录》（七），第 4 页。

表 4　嗣德前期入越清船及其搭载人员信息

奏报时间	投入港口	商船始发地	船户		商船搭载人员	
			籍贯	姓名	固定人员	流动人员
嗣德元年（1848）十二月十三日①	顺庆潘切汛	广东省高州府电白县	广东省高州府电白县	刘兴发	船户、舵工、水手共31人（籍贯都是广东省高州府电白县）	—
嗣德二年（1849）正月十三日②	顺庆潘切汛	广东省高州府电白县	广东省高州府电白县	新发利	船户、舵工、水手共39人（籍贯都是广东省高州府电白县）	—
嗣德二年（1849）正月十三日③	广义省大古垒汛（商船遭风难泊入）	广东省高州府	广东省高州府吴川县	陈秦来	船户、舵工、水手共37人	—
		广东省高州府	广东省高州府电白县	李福安	船户、舵工、水手共29人	—
嗣德二年（1849）四月初六日④	广义省莱芹汛（商船遭风难泊入）	广东省琼州府琼山县海口	广东省琼州府琼山县	林胜春	船户、舵工、水手、搭客共33人	—
		广东省琼州府文昌县	广东省琼州府文昌县	张长发	船户、舵工、水手共20人	—
嗣德四年（1851）十二月二十七日⑤	承天府顺安汛（商船遭风难泊入）	广东省琼州府琼山县海口	广东省潮州府澄海县	林两顺	共32人（其中1人溺死）	
嗣德十年（1857）十二月二十一日⑥	广南省大占汛（商船遭风难泊入）	广东省潮州府	广东省潮州府	金合财	船户、财副、水手等共74人	

① 嗣德元年十二月十三日署顺庆巡抚阮抚阮蕴登奏蕴奏折，阮朝朱本档案，嗣德集，第1卷，第17号。
② 嗣德二年正月十三日署顺庆巡抚阮蕴登奏折，阮朝朱本档案，嗣德集，第1卷，第31号。
③ 嗣德二年正月十三日广义省布政使阮德护、按察使阮文谋奏护、按察使阮文谋奏折，阮朝朱本档案，嗣德集，第9卷，第174号。
④ 嗣德二年四月初六日权掌广义省布政印篆、按察使阮文协奏折，阮朝朱本档案，嗣德集，第13卷，第264号。
⑤ 嗣德四年十二月二十七日户部奏折，阮朝朱本档案，嗣德集，第36卷，第273号。
⑥ 嗣德十年十二月二十一日户部奏折，阮朝朱本档案，嗣德集，第82卷，第195号。

金捷报原船牌四十七名，外牌给增雇水手八十二名，搭货客一百十八名，合共二百四十七名。……至如该船牌、给增雇水手等名，饬令该帮长张儒结领。再钦遵前谕，饬催该船户到堂问明。据称"船内柁工、水手仅足护把船内装载货项来商，至回清日返回足数，无有穷乏空手情愿留居之人。倘后有留居自一名以上，觉出则该等甘受重罪"等语。①

该船停留越南期间，所有舵工、水手均交帮长张儒结领。让船户保证回帆时"返回足数"及若有留居则船户一并受重罚，则是通过在商船固定人员之间建立担保、责任连带关系来强化对其管理。

一份嗣德四年（1851）八月初五日户部奏折也记载了对清船固定人员的管理："至如船主并舵、水、搭客等名，业饬帮长陈显结领、管束。何日登纳税例事清回帆，饬令携回扫数。"② 可见，明乡帮长在入越清人结领、管束和登籍受税方面发挥着重要作用。

相对于商船固定人员而言，入港清船搭载的流动人员为增加阮朝税收提供可能，故阮朝对其管理更为严格。阮主时期，出于政治、经济双重利益考量，阮主对中国人入越采取了较为宽松的政策，嘉隆时期阮朝仍鼓励清人寓居越南。嘉隆四年（1805）议准，外国商船"至日回帆，或何名愿留本国，或增搭干名，再行开列呈纳"③，其"愿留"者即按例登籍受税。至明命中期，日渐增多的清船搭客导致了不少社会问题，其中尤以嘉定城为最：

（明命十年八月）又向来清船搭客岁至数千，今间居城辖者十之三四。间或诓诱吾民盗吃鸦片，或逞凶恣横为窃、为强，累累在案，其弊亦不可长。④

（明命十年八月）又言前间米价甚贱，一方不过五六陌。近来，虽

---

① 明命十九年三月二十日权掌定边总督关防黄炯等人奏折，阮朝朱本档案，明命集，第60卷，第49号。
② 嗣德四年八月初五日户部奏折，阮朝朱本档案，嗣德集，第30卷，第193号。
③ 阮朝国史馆编《钦定大南会典事例》第二册，正编，户部十三，卷四十八，第746页。
④ 阮朝国史馆编《大南实录正编第二纪》卷六十一，阮朝国史馆编《大南实录》（七），第4页。

丰稔之年，而价亦不下一缗者，盖由狡商盗买者众及清船搭客聚食太繁故也。①

嘉定城臣认为，众多清船搭客的到来给当地带来诸多问题，甚至将"清船搭客聚食太繁"视为嘉定城米价暴涨的重要因素之一。米价涨跌历来深受阮朝统治者关注，为确保国内米价稳定和谷米正常供应，阮朝向来严禁外国商船尤其是清朝商船盗买谷米。外国商船来越经营期间，阮朝只允许其购买足充日常食用之谷米，至回帆时，阮朝亦要求其按照随船人员数量限额购买谷米。众多居城的搭客势必会消耗城内大量粮米，从而引起粮米供应不足，致使米价上涨。

针对搭客给嘉定城带来的问题，明命十年八月，阮朝廷臣奏请有条件地允许其入越：

> 至如清人瞻我乐土，咸愿为氓，岂可一概禁止？请嗣凡清船初来者，所在照点目册催问之，有愿留者，必有明乡及帮长保结，登籍受差，使之有所管摄，余悉放回，则留居者有限。既省聚食之费，而顽弄之风亦可革矣。从之。②

廷臣认为不能因噎废食，仍请求对愿寓居之清人敞开大门，但需设置寓居的门槛条件。清船入港即据点目簿催问有无愿寓居者，以必须有明乡、帮长担保且"登籍受差"为条件，达到减少留居者、"省聚食之费"及净化社会风气之目的。

明命十年（1829），阮朝对清船流动人员留居越南的条件及执行办法做出了更具体的规定：

> 所在官照（点目）册内除柁工、水手外间有带随搭客者，即催来该船户过堂饬谓。从前清人投来本国者并听留居受税，现成簿籍。今有带来搭客日聚多人，理该不许留寓，但业有情愿留寓者，必须有现在投寓之明乡帮长保结［潮州人则潮州帮长结领，广东人则广东帮长结领

---

① 阮朝国史馆编《大南实录正编第二纪》卷六十一，阮朝国史馆编《大南实录》（七），第3页。
② 阮朝国史馆编《大南实录正编第二纪》卷六十一，阮朝国史馆编《大南实录》（七），第4页。

之类]，俾有着落。仍照例登籍受税方听留居，不然则扫额带回，毋得一人留者。俾该船户通饬船内诸搭客咸令知悉，余仍饬该船户一并带回。再据该船内人口现有保结留居数干并应带回搭客数干分项开载，咨交各汛口员照数查点，符合，仍放回，违者解到所在官严行惩办。①

对"有带随搭客"的清船，阮朝地方官即催船户到公堂上"饬谓"，再由船户将留居条件告知"船内诸搭客"，不愿留居者则在商船回帆时均由船户带回。在此之前，愿留居越南之清人只需"受税"即可，然而随着入越清人增多，留居越南的条件更加严苛，除了受税，"情愿留寓者"还须有与其同籍之明乡帮长做担保。将有保结留居的人数及应带回的搭客数分列记载，则是便于汛口员在该船出港时依此核查，违者严办。

对驶往嘉定城贸易的清船，明命十年阮朝亦做出类似规定："除舵、水外，间有带随搭客有情愿留寓者，必须有现在投寓之明乡社及各帮长保结，仍照例登籍管税方听留居，不然则扫额带回。"② 情愿留寓嘉定城之搭客须同时有明乡社及帮长担保，这说明搭客寓居条件因寓居地不同而异。

在严管清船搭客的同时，阮朝着手制定全国统一的清人税例：

> （明命十一年七月）定诸地方清人税例。先是平顺请籍在辖清人而征其税。准户部议定，以有无物力为差。有物力者岁征钱六缗五陌，如嘉定始附清人税额，无物力者半之，均免杂派。年十八出赋，六十一而免。无物力者，三年帮长一察报，已有产业者将项全征。平和以北亦照此例行。至是，嘉定城臣奏言，城辖清人前经奏准有锱基者全征，穷雇者免，较与部议颇差。帝谕内阁曰："清人适我乐土，既经登籍，即为吾民，岂应断以长穷永无受税之理？城臣前议未为全善，嗣户部分别有无物力酌定全半征收，却不并将城议改定。只就平顺以北而言，又非所以示大同而昭画一。"乃令廷臣覆议。准定：凡所在投寓清人，除有物力者全征，其现已在籍而无力者折半征税，统以三年为限照例全征。不必察报，以省繁絮。间有新附而穷雇者，免征三年。限满尚属无力，再

---

① 阮朝国史馆编《钦定大南会典事例》第二册，正编，户部十三，卷四十八，第754～755页。
② 阮朝国史馆编《钦定大南会典事例》第二册，正编，户部九，卷四十四，第679页。

准半征，三年后即全征如例。①

　　制定清人税例的起因是"平顺请籍在辖清人而征其税"，户部议定以有无物力作为划分标准，"无物力者半之"，而嘉定城则是"穷雇者免"，与户部议定"颇差"。为此，明命帝令廷臣覆议，将清人税例征收标准确定为：有物力者全征，已入籍但无物力者半征，三年后全征，为省烦琐，无须察报；新入籍但"穷雇者"则先免征三年，满限后若仍无力则"再准半征"，三年后即如例全征。

　　此后，各地均照此例执行。明命十三年（1832）八月，针对清船搭客多而登籍受税少的情况，嘉定总镇官员奏请对寓居搭客加强税收管理：

　　　　其留来搭客，责令诸帮长、里长等盘查现数，分别有无物力，会修帮簿，依例征税。仍常加察核，凡有遗漏即报官续著。若敢用情容隐者，照隐漏丁口律问拟，地方官及总目失察亦并科罪。帝然之。②

　　先由各帮长、里长盘查搭客之人数，区分其有无物力，再列入帮簿，依例征税。为避免遗漏，需常加察核，遇有遗漏者即报官登籍受税。对于故意容隐者，则依照隐漏丁口律问罪，所在地方官及总目若疏于察觉亦一并受罪。通过对搭客入籍前后的严格管理、强化登籍受税过程中相关人员的责任连带关系，可以在较大程度上解决搭客登籍受税少的问题，故嘉定城臣的建议获明命帝准允。

　　然而，在该征税措施推行一段时间后，嘉定地区又面临新的问题。明命十五年（1834）三月，藩安省③臣奏报两艘入港清船搭客人数众多且搭客均欲留居船上的特殊情况，明命帝专门就此事谕之。

　　　　嘉定有清船二艘来商，搭客多至八九百，诘之，皆愿仍留在船，省

---

① 阮朝国史馆编《大南实录正编第二纪》卷六十八，阮朝国史馆编《大南实录》（七），第122页。
② 阮朝国史馆编《大南实录正编第二纪》卷八十二，阮朝国史馆编《大南实录》（七），第337~338页。
③ 明命十三年（1832）十月，阮朝罢嘉定城，改藩安镇为藩安省，嘉定成为藩安省城。直至明命十七年（1836），改藩安省为嘉定省。

臣以奏。帝谕曰："去年逆儴造反，清人多有阿附，自蹈刑诛。今此搭客投来，已无帮长责令结认。可传旨船户等：此番初误，朝廷姑免深责。嗣宜胥相报告，如有来商物力者方得搭乘兑卖；若多载无赖游棍盈千累百，或致惹出事端，必将犯者正法，船户亦从重治，船、货入官。兹限四月内回帆，倘故意姑留搭客，或上岸滋事，其船户必斩首不赦。"①

对此，明命帝首先联想到 1833 年有清人参与黎文儴造反一事，显然，这些搭客的到来引起其高度警惕。对搭客而言，留居船上既能解决栖身之所，又不受帮长管束，行动较自由，但这也意味着阮朝失去可能的征税机会，从而再次陷入搭客者多而登籍受税少的尴尬处境。更让阮朝担忧的是，不受帮长结领、管束的这些搭客无疑会给嘉定的社会治安带来诸多隐忧。为此，阮朝做出规定：有物力者方得搭乘商船前来贸易，若船户"多载无赖游棍"之徒，或其惹出事端，则犯者与船户一同严办，并将商船、货物充公。尽管最终阮朝鉴于二船系"初误"而未予深究，但要求其在限定时间内返航，且若船户故意遗留搭客，或是搭客有"上岸滋事"者，则将船户问斩。

明命十六年（1835）初，有四艘清船来嘉定经商，阮朝则索性禁止其搭客登岸。

（明命十六年春正月）嘉定有清商船四艘投来芹藤海口，省臣以闻。帝谓户部曰："彼等自远而来，盖以此地易于生业，断无他意。朝廷柔怀远人，亦所不禁。但水手、搭客多是贫乏无赖之徒。可传谕省臣，听他就近三岐江照常兑卖，严禁搭客无得一人登岸，仍期以四、五月间各放洋还。"②

尽管明命帝仍允许清船在越贸易，但鉴于"水手、搭客多是贫乏无赖之徒"，故严禁搭客上岸。从这段史料看，水手并未受此限制，其应该是由所在帮长管束。需指出的是，此时黎文儴造反事件尚未平定。显然，阮朝对

---

① 阮朝国史馆编《大南实录正编第二纪》卷一百二十二，阮朝国史馆编《大南实录》（九），日本庆应义塾大学言语文化研究所，1974，第 117~118 页。
② 阮朝国史馆编《大南实录正编第二纪》卷一百四十二，阮朝国史馆编《大南实录》（十），日本庆应义塾大学言语文化研究所，1975，第 8~9 页。

人越清船搭客的管理日趋严厉与此前清人参与黎文傀造反一事具有重大关联。

至于绍治时期阮朝对清船搭客的管理，因目前我们尚未掌握相关资料，无法得出确切的认识，但其应该基本承袭明命末年的做法。嗣德前期，清船搭客亦交由帮长结领管束，"何日登纳税例事清回帆，饬令携回扫数"①。嗣德八年（1855）十二月，庆和省臣奏请对投来清人加强管理：

> 又请嗣凡清人投来，无论投寓是何处所，必须有所在帮长保结、纳税方许居住生涯；若无帮长结认，即逐回唐，不许居住，免碍；有敢窝隐，即照律治罪。②

清人寓居越南的首要条件依然是必须有所在帮长担保，若无则被驱逐回国，有帮长担保者则仍需纳税后方可居住。值得一提的是，这种管理办法适用于欲投寓越南的所有清人。嗣德帝准其请，且"又以该等初来未有家产，听全年纳税银五钱，俟三年后照明乡例征收"③。

此外，阮朝制定的清朝商船停泊条禁也有助于我们了解其对清船搭客的管理。嗣德八年（1855）十二月，阮朝制定《清船停泊条禁》：

> 嗣凡清船来商停碇何汛洋分，欠柴水者假五日，采取帆、樯裂者假十日，补办限销即令起碇。何辖清船来商数多，查检事清，量择空旷之地饬令停泊成帮，以便巡防。至如来商嘉定、定祥、永隆诸辖，每省限十二艘。倘过此数，即由省臣逐令转往他辖商买。④

对于补充柴、水和帆、樯等特殊情况的清船，阮朝只允许其在汛口短暂停留，补办完毕即饬起碇离去，其目的是杜绝随船人员长期停留而造成各种问题。对往嘉定、定祥、永隆经商的清船数量加以限制，超过限额即被逐令

---

① 嗣德四年八月初五日户部奏折，阮朝朱本档案，嗣德集，第 30 卷，第 193 号。
② 阮朝国史馆编《大南实录正编第四纪》卷十三，阮朝国史馆编《大南实录》（十五），日本庆应义塾大学言语文化研究所，1979，第 301 页。
③ 阮朝国史馆编《大南实录正编第四纪》卷十三，阮朝国史馆编《大南实录》（十五），第 301 页。
④ 阮朝国史馆编《大南实录正编第四纪》卷十三，阮朝国史馆编《大南实录》（十五），第 301 页。

往他省贸易，可以间接减少寓居该三省的搭客人数，缓解因搭客聚食引发的粮米涨价压力。

四　检查清朝商船以遏制天主教向越南渗透

在强调这种检查活动的主要作用的同时，我们也不能忽视它与其他方面的联系，要把它放在一个系统的层面进行考察。但目前限于资料，只能留待后文探讨。在此，我们先讨论其在阮朝禁教方面发挥的作用。具体而言，阮朝在全国各港口对入港清船搭载的人员进行检查还可以遏制天主教依托洋人，尤其是西方传教士由海路向越南渗透。

嘉隆时期，阮朝对法国人在内的洋人持友好态度，允许其在朝廷担任官职和在越传教。然而明命帝即位后，这一情况开始发生转变。尤其是进入明命中期，发生了多起涉及天主教的事件，如明命十三年（1832）五月的"承天阳山社事件"①、明命十四年（1833）西方传教士和越南教徒参与嘉定地区叛乱，②使明命帝对天主教的态度变得异常强硬。

明命末年，阮朝制定了更为严厉的入港勘验禁令，严禁清船夹带洋人、洋书入港，从而将禁教前沿推进至全国各港口。明命二十年（1839）议准，清船来商者，仍饬开列舱口簿，其内取具船户甘结"'若敢有夹带鸦片禁物与异样人、异样书者，甘受死罪，并将一切船内货项入官无悔'等字样"，取结事清，由派出"所在府县或属省佐领何系廉明强察者一员"，"详加查检，除检获鸦片即行拿解由该地方官按照刑部原议问罪外，其有洋人、洋书，临辰由地方官具奉候旨惩办"。③与携带鸦片入港的处理办法不同，阮朝对携带洋人、洋书的清船的处置由地方官上报朝廷定夺惩办，足见阮廷对此事之慎重。明命二十一年（1840）又议准，"诸省接报清船来商"，"饬令船户缮修舱口及点目簿各一本，其舱口簿内取具船户甘结'如有检获藏匿鸦片、洋人、洋书及隐减货项即将该船户分别治罪'"④。从年份的特殊性

---

① 阮朝国史馆编《大南实录正编第二纪》卷八十，阮朝国史馆编《大南实录》（七），第305、306页。

② 郑永常：《血红的桂冠——十六至十九世纪越南基督教政策研究》，台湾：稻乡出版社，2015，第188页。

③ 阮朝国史馆编《钦定大南会典事例》第二册，正编，户部十三，卷四十八，第755页。

④ 阮朝国史馆编《钦定大南会典事例》第二册，正编，户部十三，卷四十八，第755、756页。

来看，1839 年正处于中国禁烟节点，而 1840 年又是中英第一次鸦片战争爆发之际。阮朝在关键时期接连出台这两项规定，其禁教的目的更明显。

至绍治时期，阮朝并未放松对入港清船搭载人员的检查。驶入越南汛口的清船只有在诸如"珠、玉、锦、缎各项贵货及炮器、鸦片禁物与西洋人、西洋书并无"①、"无有夹带洋人、洋书诸禁物"②、"无有洋人、洋书、鸦片诸禁物"③ 的情况下才获准开舱发兑，否则相关人员即被究办。然而，在实际操作中又留有余地：

> （绍治二年）又旨：清船投来南省间有夹带洋人、洋书颇属有违禁例。姑念该船此次因风泊入才抵汛面，随即以事报，勘究无隐匿别情，尚可原谅。业经该省验许开舱发兑，兹加恩不必深究。至如洋人二名，听于铺面同与清商等名就近驻寓，仍交所在帮长严行管束，勿许往来乡村。其洋书并零星字纸者，听留置在船，不屑收贮。④

该船预定目的地并非广南省，只是遭风难才泊入广南洋面，并能如实交代，故获准贸易，免于深究。洋人亦交由所在帮长严加管束，禁止其往来于农村地区，则是为了避免其外出传教。从目前我们所掌握的资料看，该次清船夹带洋人、洋书事件是绍治年间仅有的一次。

嗣德帝即位后，阮朝禁教态度尤为坚决。嗣德元年（1848）六月，嗣德帝同意阮登楷等奏请"耶稣条禁"。⑤ 嗣德四年（1851）三月，嗣德帝谕领南义督臣尊室弼："沱瀼关要地，宜加意防之，不可少忽。耶稣邪教当善为开诱，使之革心，庶不负为尊室中人。"⑥ 嗣德七年（1854）七月，"申定耶稣条禁"。⑦ 嗣德十年（1857）六月，刑科给事中张懿请正风俗以辟邪

---

① 绍治三年正月初九日权护南义巡抚关防署广南按察使阮文宪奏折，阮朝朱本档案，绍治集，第 25 卷，第 4 号。

② 绍治六年九月十九日户部奏折，阮朝朱本档案，绍治集，第 35 卷，第 454 号。

③ 绍治七年正月初六日承天府尊室懋、阮公著奏折，阮朝朱本档案，绍治集，第 46 卷，第 45 号。

④ 阮朝国史馆编《钦定大南会典事例》第二册，正编，户部十三，卷四十八，第 750 页。

⑤ 阮朝国史馆《大南实录正编第四纪》卷二，阮朝国史馆编《大南实录》（十五），第 66 页。

⑥ 阮朝国史馆《大南实录正编第四纪》卷六，阮朝国史馆编《大南实录》（十五），第 148 页。

⑦ 阮朝国史馆《大南实录正编第四纪》卷十一，阮朝国史馆编《大南实录》（十五），第 244 页。

教，① 十月"科道阮德著奏请嗣凡容隐耶稣道长照例罪之，又必籍没家产以严其禁"②，嗣德帝从之。这种对天主教采取的高压态势延伸至各港口，入港清船被严查有无夹带西洋人、西洋书。③

尽管如此，嗣德前期阮朝对违规之清船仍宽以待之：

（嗣德元年二月）给风难清商船［广东船泊入广平洋分，内有洋人一名］，船主愿纳西洋铁炮五辆。收之，赐钱三百缗。④

（嗣德九年二月）给风难清商船［一福建船泊永隆汛分，内有洋八人，一潮州船泊边和洋分］，寻命随便搭船回唐。⑤

阮朝对搭载洋人的两艘清船均未予追究的共同原因是二船均系遭风难泊入越南洋分，其预定目的地可能并非越南。再者，广东船船主愿纳之西洋铁炮为数颇多，而当时阮朝又较为缺乏此类重型武器，故在免于追究之列，还获阮朝赐钱。

此外，一份嗣德八年（1855）四月十四日户部奏折记载了雇用洋人为舵工的清船驶入嘉定省汛分一事：

嗣德八年四月十四日
户部奏：
本月初二日，接嘉定省臣黎文让等咨叙，有侨寓新洲庯清商金福兴船投来情愿入港居商受税，再该船有雇玛瑶人即沙文为柁工，乞降该名

① 阮朝国史馆编《大南实录正编第四纪》卷十六，阮朝国史馆编《大南实录》（十五），第377页。
② 阮朝国史馆编《大南实录正编第四纪》卷十七，阮朝国史馆编《大南实录》（十五），第393页。
③ 嗣德元年七月十六日署定边总督阮德活奏折，阮朝朱本档案，嗣德集，第4卷，第157号；嗣德元年十二月十六日平定巡抚护理平富总督关防黎元忠奏折，阮朝朱本档案，嗣德集，第8卷，第96号；嗣德二年正月初八日广义省布政使阮德护、按察使阮文谋奏折，阮朝朱本档案，嗣德集，第9卷，第136号；嗣德二年正月十二日广义省布政使阮德护、按察使阮文谋奏折，阮朝朱本档案，嗣德集，第9卷，第174号。
④ 阮朝国史馆编《大南实录正编第四纪》卷一，阮朝国史馆编《大南实录》（十五），第45页。
⑤ 阮朝国史馆编《大南实录正编第四纪》卷十四，阮朝国史馆编《大南实录》（十五），第308页。

留交在汛，俟回帆日照领携回等语。该省经察，情辞属实，另饬将该船所雇玛瑞人一名交芹蒢汛管束，俟该船回日再交该船主照领带回。……再奉查之例定，凡清船投来，不得夹带洋书、洋人，盖防其潜来诱惑左道。惟金福兴船去年来商，曾有雇带柁工沙文入港，愿将该名留交在汛事经臣部声叙，经奉准允在案。兹该船来商，亦有携带该名以资柁水，究无别状。[①]

金福兴船雇用洋人为舵工两次驶入芹蒢汛实属有违夹带洋人入港的禁令。之所以金福兴未受阮朝严惩，主要在于其主动提出将洋人交由该汛管束并承诺回帆日带回该洋人。"凡清船投来，不得夹带洋书、洋人，盖防其潜来诱惑左道"则道出了阮朝通过检查清船搭载的人员，从而构筑一道以全国各港口为据点的海上防线，阻断天主教借助洋人由海路向越南渗透的真正意图。

结　论

阮朝点目簿肇始于嘉隆初年，是阮朝对进出越南港口的外国商船搭载的人员进行检查前饬令船户或船长撰修的纸质文本材料，其内容涉及随船人员的人数、身份、姓名、年龄、籍贯等信息。它是阮朝对入越清船搭载的人员进行检查的重要文本依据，其生成与传递的具体过程反映出中央管理地方事务的运作机制。明命时期，阮朝从点目簿撰修数量、呈递对象、装订办法以及勘验人员与在省官员之间的责任连带关系等方面对点目簿制度进行改革。绍治时期、嗣德前期，阮朝承袭了明命末年的点目簿制度。从检查结果来看，入越清船以广东商船为主，其搭载的人员主要是来自广东的船户、船长、财副、板主、舵工、水手等固定人员以及搭客、亲丁等流动人员。这些人共同构成了自广东乘船进入越南的清人的主体，且两次鸦片战争均未能阻止其入越步伐。从实施成效来看，该检查活动的主要作用是可以加强对清船随船人员的管理，突出体现为点目簿的撰修与传递以及明乡帮长对随船人员的结领与管束。在阮朝禁教的背景下，该检查活动还可以遏制天主教依托洋人由海路向越南渗透。

---

① 嗣德八年四月十四日户部奏折，阮朝朱本档案，嗣德集，第 52 卷，第 133 号。

Vietnamese Nguyen Dynasty's Inspection of Personnel on board of Qing Dynasty Merchant Ships Entering the Ports (1802-1858)

Li Qingsong

Abstract: The inspection of personnel on board was an important part of Nguyen Dynasty's inspect to Qing merchant ships entering the ports. The formation and improvement of Nguyen Dynasty's Sổ điểm mục was closely related to this inspection activity. The merchant ships entering the ports were mainly from Guangdong, and the personnel on board were composed of fixed and floating personnel who were mainly from various counties of Guangdong. The main role of this inspection activity was to strengthen the management of the personnel on board, and also to prevent Catholics to penetrate Vietnam by sea with the help of westerners. Examining Nguyen Dynasty's inspection activities on the ships entering the ports before the French invasion helps us to deepen our understanding of China's cross-border movement of people on board in Vietnam's maritime trade, Nguyen Dynasty's management of people from Qing Dynasty entering Vietnam, and Nguyen Dynasty's prohibition on Catholics religion.

Keywords: Nguyen Dynasty of Vietnam; Qing Merchant Ships; Personnel on Board; Archives of Nguyen Dynasty

（执行编辑：罗燚英）

宗族、方言与地缘认同

——19 世纪英属槟榔屿闽南社群的形塑途径

宋燕鹏[*]

1786 年槟榔屿开埠，属于英属东印度公司管辖之下，1826 年和马六甲、新加坡组成海峡殖民地（Straits Settlements），隶属英属印度马德拉斯省。1867 年，海峡殖民地才改为皇家直辖殖民地（Crown Colony），由英国殖民地部直接管理。伴随着槟榔屿开埠，华人迅速涌入，在 19 世纪初就在乔治市东南沿海处形成聚居区，这些建筑成为今日槟城世界文化遗产的重要组成部分，而这里的华人就成为马来西亚华人史重要的研究内容，本文所描述的大背景，就是 19 世纪的槟榔屿乔治市。

海外华人史研究，既要考虑个人在大历史的环境下的调适，更要着眼于华人社群在海外异文化的社会状况之下，是如何集聚并形成组织的。这些华人社群的形塑都不是一蹴而就的，而是经过历史发展演变而成的。因此对相关华人社群的历史研究就成为应有之义。日本学者今堀诚二在 20 世纪 60 年代的时候，就提到在华人商业"基尔特"（gild）的形成过程中，血缘、地缘和业缘是重要的指标。[①] 其中对以方言群为代表的地缘关系的研究，长期被人们重视，尤其以麦留芳（Mak Lau Fong）的"方言群认同"[②] 为标志。"帮"的概念，由新加坡陈育崧（Tan Yeok Seong）在 1972 年最早提出。[③]

---

* 作者宋燕鹏，湖南科技学院人文与社会科学学院教授，中国社会科学出版社编审。

① 〔日〕今堀诚二：《马来亚华侨社会》，刘果因译，槟城嘉应会馆扩建委员会，1974。
② 〔新加坡〕麦留芳：《方言群认同：早期星马华人的分类法则》，"中研院"民族研究所专刊乙种第十四号，1985。
③ 〔新加坡〕陈育崧、〔新加坡〕陈荆和编著《新加坡华文碑铭集录》，香港中文大学出版社，1972。

以"方言群"和"帮"的范式来分析槟榔屿华人社会的，20世纪80年代以来还有黄贤强、张少宽、张晓威、吴龙云、高丽珍等学者。[①] 但对"方言群"或"帮"内部的宗族因素关注的却不多。较早对新马地区宗亲组织加以阐述的是颜清湟（Yen Ching Hwang），他曾专章论述了新马地区宗亲组织的结构和职能，[②] 有开创之功。最近笔者也仅见陈爱梅（Tan Ai Boay）以槟城美湖村为例，说明广东陆丰上陈村陈氏同宗的移民，以凝聚同宗族人为优先，在联盟结构上出现差距格局的现象。[③]

　　一般认为，在中国传统文化中，最重要的人际关系还是血缘，因此宗族往往成为中国社会结构的基础，这一点在闽粤农村尤其重要。马来西亚华人早期多数来自闽粤两省，同一宗族姓氏南来的所在皆有，但是形成宗族组织，并在当地华人社会产生重大影响的，马来亚地区以槟城为盛。19世纪50年代英殖民地官员胡翰（J. D. Vaughan）就已经注意到槟城"福建土著"（natives of Fukkien）主要以"姓"（Seh）为组成单位。[④] 这些姓氏人数众多，具有很强的经济实力，成为19世纪槟城华人史不可忽视的现象。相对于槟城姓氏宗族的风光，长期以来对其研究却并不太多。具体到槟榔屿邱氏，以马来西亚学者为主，如朱志强（Choo Chee Keong）、陈耀威（Tan

---

① 〔新加坡〕黄贤强（Wong Sin Kiong）的系列论文有：《客籍领事与槟城华人社会》，《亚洲文化》1997年第21期，第181~191页；《槟城华人社会领导阶层的第三股势力》，氏著《跨域史学：近代中国与南洋华人研究的新视野》，厦门大学出版社，2008；《客籍领事梁碧如与槟城华人社会的帮权政治》，见徐正光主编《历史与社会经济》，"中研院"民族学研究所，2000；《清末槟城副领事戴欣然与南洋华人方言群社会》，《华侨华人历史研究》2004年第3期。〔马来西亚〕张少宽（Teoh Shiaw Kuan）：《槟榔屿华人史话》，吉隆坡燧人氏事业有限公司，2002；〔马来西亚〕张少宽：《槟榔屿华人史话续编》，南洋田野研究室，2003；〔马来西亚〕张晓威（Chong Siou Wei）：《十九世纪槟榔屿华人方言群社会与帮权政治》，《海洋文化学刊》（台湾）2007年第3期，第107~146页；〔马来西亚〕吴龙云（Goh Leng Hoon）：《遭遇帮群：槟城华人社会的跨帮组织研究》，新加坡国立大学中文系、八方文化创作室，2009；高丽珍：《马来西亚槟城地方华人社会的形成与发展》，台湾师范大学博士学位论文，2010；等等。

② Yen Ching-hwang, *A Social History of the Chinese in Singapore and Malaya, 1800–1911*, Singapore：Oxford University Press, 1986. 中文版《新马华人社会史》，粟明鲜等译，中国华侨出版公司，1991。

③ 〔马来西亚〕陈爱梅：《马来西亚福佬人和客家人关系探析：以槟城美湖水长义山为考察中心》，《全球客家研究》（新竹）2017年第9期，第183~206页。

④ J. D. Vaughan, *The Manners and Customs of the Chinese of the Straits Settlements*, Singapore：Oxford University Press, 1854, pp. 76–89.

Yeow Wooi）对槟城龙山堂邱公司的建筑和历史的概述，[①] 陈剑虹（Tan Kim Hong）对邱氏等五大姓为主构成的福建公司的研究，[②] 最近黄裕端（Wong Yee Tuan）对槟城五大姓在 19 世纪的商业网络的研究，[③] 都是典型代表。但上述作品皆对邱氏宗族内部组织结构和建构过程较少关注。中国学者的研究，笔者仅见刘朝晖对厦门海沧区新坡邱氏侨乡的研究，其中涉及对槟城邱氏的叙述，但因重点在侨乡，所以对槟城部分叙述略显薄弱。[④] 上述论著对 19 世纪槟榔屿五大姓宗族组织的再建构和福建社群的形塑途径皆少涉及。

　　本文主要针对五大姓在离开原乡后，在英属槟榔屿如何进行宗族组织建构进行分析，以此透视作为血缘因素的宗族组织，在 19 世纪英属槟榔屿时期福建社群的形塑过程中所起到的作用。因早期南来槟城的福建省人主要来自闽南地区，因此在英国殖民政府的人口调查中，称闽南话为福建话，相应地称闽南人为福建人。附带说明的是，从 2013 年 11 月迄今，笔者曾多次赴槟城乔治市进行田野考察，也曾在厦门海沧区对五大姓原乡进行田野调查工作。本文所使用的资料，除了标注出处者，皆为笔者田野调查所获。

一　1786 年槟榔屿开埠后英国人统治下的华人社会

　　1786 年槟榔屿开埠，归东印度公司孟加拉参政区（Residency）管辖。而在 1805 年就升级为一个同加尔各答、马德拉斯和孟买相同的行政区，只隶属于印度大总督（Governor General）的统一指挥。[⑤] 最初开辟者莱特船长（Captain Francis Light）为了维持治安，执行一般监禁和其他一般刑罚。但对于谋杀和英国人的案件却无权处理。亚洲各族的领袖处理各自内部同族的案件。直到 1807 年，槟榔屿才有一套正式的司法制度。1805 年，政府头目有一个总督、三个参政司、一个上校、一个牧师，还有五十名或五十名以上

① 〔马来西亚〕朱志强、〔马来西亚〕陈耀威：《槟城龙山堂邱公司：历史与建筑》，槟城龙山堂邱公司，2003。

② 〔马来西亚〕陈剑虹：《槟城福建公司》，槟城福建公司，2014。

③ Wong Yee Tuan, *Penang Chinese Commerce in the 19th Century: The Rise and Fall of the Big Five*, Singapore: ISEAS-YusofIshak Institute, 2015. 该书原为其澳大利亚国立大学博士学位论文，已经被翻译为中文出版。即〔马来西亚〕黄裕端《19 世纪槟城华商五大姓的崛起与没落》，〔马来西亚〕陈耀宗译，社会科学文献出版社，2016。

④ 刘朝晖：《超越乡土社会：一个侨乡村落的历史文化与社会结构》，民族出版社，2005。

⑤ Andrew Barber, *Penang under the East India Company 1786-1858*, AB&A, 2009, pp. 63-64.

的其他官员。① 1826年马六甲归英国后，英国将槟榔屿、马六甲和新加坡合并为海峡殖民地，首府槟榔屿，直属驻扎在加尔各答的印度总督管辖。此时，海峡殖民地的地位是参政区。但由于财政负担过重，1830年，东印度公司将它归为孟加拉参政区所属辖区，最初设置参政官（Resident）管辖，1832年改为总督（Governer），总督府设于新加坡。到了1851年，海峡殖民地升级，改为直属英国驻印总督。1867年，海峡殖民地才改为皇家直辖殖民地，由英国殖民地部直接管理。②

槟榔屿开埠初始，执行的是不征进口税的自由贸易，以及让定居者占有他们所能开垦的土地而且允许将来给予地契的政策，这些措施使这个几乎无人居住的岛屿有了庞大而多种族的人口。伴随着槟榔屿开埠，华人迅速涌入，在19世纪初就在乔治市东南沿海处形成聚居区（见表1）。

表1 槟榔屿早期华人人口数据一览

年份	华人人数	槟榔屿总人数	华人比例(%)
1786	537	1283	41.86
1810	5088	13885	36.64
1818	3128	12135	25.78
1822	3313	13781	24.04
1830	6555	16634	39.41
1840	17179	39681	43.29
1850	27988	59043	47.40
1860	50043	80792	61.94
1871	36382	133230	27.31
1881	67820	190597	35.58
1891	87920	235618	37.31
1901	98424	248207	39.65

注：1871年、1881年的华人人数和总人数包括槟榔屿岛和威斯利省。

资料来源：Nordin Hussin, *Trade and Society in the Straits of Melaka: Dutch Melaka and English Penang, 1780 - 1830*, Singapore: NUS Press, Copenhagen: NIAS Press, 2007, pp.185 - 192; L. A. Mills, *British Malaya: 1824-67*, Kuala . Lumpur: MBRAS, 1961, pp.250-251; PP. Courtenay, *Population and Employment in the Straits Settlements, 1871-1901*, 4th Colloquium of the Malaysia Society, Australian National University, 1985, pp.3-4; *Census of the Straits Settlement*, 1891, pp.95-97.

---

① 〔英〕理查德·温斯泰德：《马来亚史》（下），姚梓良译，商务印书馆，1974，第365~368页。

② C. M. Turnbull, *The Straits Settlements 1826 - 67: Indian Presidency to Crown Colony*, London: Oxford University Press, 1972, pp.55-58.

表 1 中 1786~1881 年的统计情况是英殖民政府将华人视为一体来统计。我们通过早期槟榔屿的碑刻捐款名单可一窥华人内部势力。1800 年创建于槟榔屿椰脚街（Pitt Street）的广福宫，是槟榔屿最早的华人神庙，香火之盛，槟榔屿无出其右者，在早期承担了槟城华人最高协调机构的功能，为闽粤两省华人共同捐赠所建。[①] 统计创建碑记的捐款名单可知，福建人居于绝大多数，可证早期槟榔屿华人以福建人在人数和经济实力上占优势地位。现存最早的按照华人内部方言群来统计人数的是 1881 年的人口调查。1881 年时在槟榔屿的 45135 名华人中，福建人有 13888 名（30.8%），广府人有9990 名（22.1%），客家人有 4591 名（10.2%），潮州人有 5335 名（11.8%），海南人有 2129 名（4.7%）及土生华人（峇峇）有 9202 名（20.4%）。假如把多数祖籍福建的峇峇也纳入的话，则福建人（51.2%）已占华人比例的一半多了。显然槟岛的福建人占多数已多年。[②]

对于槟榔屿华人的内部结构，英殖民地官员胡翰在 19 世纪中期的时候已经有所观察，他把华人区分为"澳门人"（Macao men）和"漳州人"（Chinchew）两大类。"澳门人"就是广东人，因为香港 1841 年为英割占，在 19 世纪上半叶尚未崛起，之前广东下南洋者皆从澳门出海。漳州人主要来自漳州府和邻近地区，分为"福建土著"（natives of Fuhkien）以及福建省西北部的移民，主要以"姓"（Seh）为组成单位。较大的"姓"有"陇西堂"姓李公司、"龙山堂"姓邱公司、"九龙堂"姓陈公司、"宝树堂"姓谢公司。[③]

从胡翰的叙述中，我们大体上可以发现，广东人基本上都是地缘组织，而福建人则基本上都是姓氏组织。19 世纪福建人移民以姓氏团体来组织社群，源于在福建移民中，漳泉的占绝大多数，而其中又以漳州人为主流，尤其是来自清代属于漳州海澄三都一带的乡民。那些属于九龙江下游滨海而居的福建人，早在明末西方殖民者到东方争夺香料贸易伊始，就随着东南亚商港一个个启运，大规模地跟进货殖或迁寓他乡。在槟城 19 世纪初就有属于

①　陈铁凡：《槟城广福宫及其文物》，氏著《南洋华裔文物论集》，台湾：燕京文化事业股份有限公司，1977，第 112~113 页。

②　力钧：《槟榔屿志略》，聂德宁点校整理，陈可冀主编《清代御医力钧文集》，国家图书馆出版社，2016，第 304 页。

③　J. D. Vaughan, "Chinese in Penang," *Journal of the Indian Archipelago and Eastern Asia*, Vol. Ⅷ, 1854, pp. 1-27.

漳泉的谢、陈、曾、邱、林、辜、甘等姓较早在社会上建立了个人或群体的地位。

随着槟榔屿商业贸易的发展和个人财富的增加，到 19 世纪二三十年代，五个以同乡姓氏为认同根源的群体逐渐崭露头角。到了 19 世纪中叶，他们不只在社会组织上建立了内在联系，也在土地上占据一方，结集成为强宗望族，这人多势众的群体就是槟城的"五大姓"。从港仔口到社尾街之间，五大姓族人聚资购下大块街廓地段，建构起宗族聚居的围坊。①

二　19 世纪槟榔屿以五大姓为代表的闽南
宗族组织的兴盛

南来的福建漳州社群，在槟榔屿 19 世纪的历史发展过程中，占有极其重要的一环，他们大抵聚族而居。陈育崧先生对此有论："我们也发觉槟城华人社会结构的一些特征，例如帮的发展带有极其浓厚的宗亲观念，所谓五姓邱、杨、谢、林、陈等宗亲组织，其中四姓是单姓村移民……只有陈姓是从各地来的。……这种以宗亲组织为基础的帮的结构，槟城以外找不到。"②

在一个移民社会中，汉人宗族组织的出现并不是一蹴而就的，都是要积累到一定家族成员才能完成。人类学家庄英章对台湾竹山移民社会进行考察之后认为："竹山移民初期的社会是以地缘关系为基础，而非以血缘关系为基础，一些主要的聚落都是先有寺庙的兴建，直到移民的第二阶段，由于人口的压力增加，汉人被迫再向山区拓垦，同时平原聚落的姓氏械斗经常发生，宗族组织因而形成。由此可见，宗族组织的形成并非边疆环境的刺激所致，而是移民的第二阶段因人口增加，血亲群扩大而形成的。"③ 说明移民社会，首先是要有寺庙，而后随着宗族成员的增加，才会形成宗族组织。槟榔屿来自漳州的姓氏社群，基本上也是走了这一条发展道路。在 19 世纪上

---

① 〔马来西亚〕陈耀威：《殖民城市的血缘聚落：槟城五大姓公司》，〔马来西亚〕林忠强、〔马来西亚〕陈庆地、庄国土、聂德宁主编《东南亚的福建人》，厦门大学出版社，2006，第 175、191 页。

② 〔新加坡〕陈育崧、〔新加坡〕陈荆和编著《新加坡华文碑铭集录》绪言，第 16 页。

③ 庄英章：《台湾汉人宗族发展的若干问题——寺庙宗祠与竹山的垦殖型态》，"中研院"《民族学研究所集刊》1974 年第 3 期，第 136 页。

半叶，槟榔屿闽南社群充斥着宗族势力。但是随着时间推移，有的宗族愈发强大，有的就衰落了。下面对愈发强大的五大姓宗族的情况做一分析。

建立宗族组织，首先要有宗族观念。这些南来槟榔屿的邱氏成员，他们在新江老家的时候，对自己的房支和宗族祭祀活动，都是非常熟悉的，到槟榔屿以后，也因宗族观念而聚集起来。邱氏在原乡围绕正顺宫进行大使爷的祭祀，下南洋的邱氏宗族成员，也会将大使爷祭祀带到移居地。槟榔屿的邱氏宗族成员，就首先建立了大使爷的祭祀组织。在 1818 年海澄新江原乡重修正顺宫的时候，捐款排名第一的是"大使爷槟城公银百式元"。[①] 说明在槟城 19 世纪初就已经围绕祭祀大使爷，有了"公银"即公共祭祀基金。海五房邱埈整"为人公平正直，轻财尚义，乡人推为族长，在槟榔屿倡率捐资建置店屋，以为本族公业"[②]。可见在槟榔屿的邱氏宗族成员，仿照原乡，也推举了族长作为自己的领袖。海五房邱埈益"公素重义，在屿募捐公项，族人利赖，公实倡之"[③]，从而形成邱氏宗族组织的雏形。邱氏宗族原乡的大宗祠是诒毂堂，槟榔屿邱氏宗族不可能每年都回到原乡祭祖，因此想来在槟榔屿的邱氏宗族只能暂居本族店屋祭祖，因此邱氏大宗祠在槟榔屿有必要建立起来。"槟城诒毂堂者，经始于道光乙未之秋也。初我族人捐赀，不过数百金，上下继承，兢兢业业，分毫不敢涉私，至是遂成一大基础。"[④] 而后随着第二代土生邱氏族人和原乡南下邱氏族人不断增加，1851 年龙山堂的大宗祠最终建立起来，并于 1891 年 8 月 20 日注册为合法社团。[⑤] 邱氏同时在同治二年（1862）续修族谱，从族产、族谱、祠堂三个角度完成了槟榔屿邱氏宗族组织的再建构。原乡的邱氏宗族按照五派、九房头、十三房、四大角来辨别房支[⑥]，南下槟榔屿的邱氏宗族也依此来辨别世系亲疏。与槟

---

① 邱威敬：《重修正顺宫碑记》，碑镶嵌于厦门市海沧区正顺宫右侧碑廊。录文可参见许金顶编《新阳历史文化资料选编》，花城出版社，2016，第 19 页。
② 《新江邱曾氏族谱（续编）》，2014，第 734 页。
③ 《新江邱曾氏族谱（续编）》，第 725 页。
④ 《诒毂堂碑记》，〔德〕傅吾康、陈铁凡编《马来西亚华文铭刻萃编》第一卷，马来亚大学出版社，1985，第 860 页。
⑤ *Straits Settlements Goverment Gazette*，May 26，1916，p.1835.
⑥ 五派：宅派、海派、墩后派、田派、岑派。九房头：宅派、海派、门房、屿房、井房、梧房、松房（榕房）、田派、岑派。十三房：宅派房、海长房、海二房、海三房、海四房、海五房、门房、屿房、井房、梧房、松房（榕房）、田派房和岑派房。四大角：（1）岑房、田房、松房（榕房）；（2）门房、屿房；（3）梧房、宅房、井房；（4）海墩角。参见《新江邱曾氏族谱（续编）》，2014，第 46 页。

榔屿大宗组织——龙山堂成型的同时，随着邱氏各房人数的不断增加，小宗组织的建构也在进行。海塯房文山堂最先建立，此外由松、屿、门、井、梧房即另三大角内的五房合组槟榔屿邱氏敦敬堂公司，又称五角祖。梧房、宅房、井房又另立绍德堂邱公司。进入 20 世纪前后，各房头的小宗祠也陆续建立，如海五房的追远堂、门房的垂统堂、宅派的澍德堂、岑房的金山堂、井房的耀德堂、梧房的绳德堂、屿房的德统堂等都先后成立。反映出在宗族人数与日俱增的情况下，槟榔屿邱氏宗族架构开始完全向原乡宗族形态靠近。

　　谢氏来自海澄县三都石塘社，据《谢氏家乘》记载，肇始祖铭欣公号东山，在南宋绍定六年（1233）迁居三都石塘社。[①] 明代万历时期谢氏就已经有葬在海外的记载。最早葬在槟榔屿的是谢于荣，于嘉庆四年（1799）葬在岛上。[②] 以后不断有谢氏族人葬于槟榔屿，说明石塘谢氏南下的宗族成员不断增加。1810 年创建谢氏福侯公（张巡和许远）的祭祀组织，1828 年以"二位福侯公"名义，购置乔治市第 20 区内的土地作为族产。1828 年谢清恩、谢（寒）掩和谢（大）房联合以"谢家福侯公公司"名义，购买了今天谢公司的土地。1858 年是石塘谢氏在槟榔屿发展的重要一年，17 世的谢昭盼、18 世的谢绍科和 19 世的谢伯夷，团结族人，动用积存的族产租项12367 元，在公司屋业土地上建造起宗祠，称宗德堂谢家庙，常年供奉两位福侯公，完成宗祠和祖庙合一。[③] 1862 年原乡《谢氏家乘》编修完毕，以世序带出南下槟榔屿的族人谱系。1891 年 8 月 20 日，由谢允协领导正式注册为谢公司，[④] 并由石塘谢氏西山、水头、霞美、前郊、后郊、河尾、顶东坑、下东坑、庵仔前、涂埕下厝十个角头的后代共 14 人组成信理委员会，负责一切活动事务。[⑤]

　　杨氏族人嘉庆年间有上瑶社杨文正、文贤和大埕等南下槟榔屿，因南来族众颇多，于是在望卡兰（Pengkalan）设立四知堂，作为议会之所，并为

---

① 《厦门海沧石塘谢氏后裔迁台资料》，海沧石塘社世德堂谢公司提供，2017 年 3 月 27 日。

② 傅衣凌：《厦门海沧石塘〈谢氏家乘〉有关华侨史料》，《华侨问题资料》1981 年第 1 期。

③ 〔马来西亚〕陈剑虹：《槟城福建公司》，第 52~53 页。

④ *Straits Settlements Goverment Gazette*，May 26，1916，p. 1835.

⑤ 《谢公司历史》，参见 http：//cheahkongsi.com/history/。笔者 2017 年 3 月海沧区田野调查发现，槟城谢公司的十个角头与如今海沧谢氏世德堂华侨联谊会的角头名称有些许出入。现行槟城世德堂谢公司的章程是：每个角头出 2 名信理员。这已经与原乡按照人数多寡来分配理事名额的做法不同。参见《石塘谢氏世德堂福侯公公司章程》，1999，第 4 页。

贫病失业同乡提供基本生活福利，也供奉原乡保护神使头公神像，后移到乔治市区。① 南来各社皆有家长，上瑶社家长杨叔民、商民、杨秀苗，后溪社家长杨百蚶、文迫，浮南桥郑店社家长杨清合，厦门家长杨月明，潮州郡家长杨源顺等，每逢六月十八日迎神，各社轮流帮理。公项皆由霞阳社杨一潜掌管。杨一潜去世后，公项为霞阳社族人依人多势众而霸占。为此其他社族人还曾向华民护卫司状告此事。此事记录在《三州府文件修集》，没有具体年份落款。② 华民护卫司1877年方在新加坡设立，想必此事发生在1877年之后。如今霞阳社应元宫最早出现的记录是在1886年《创建平章会馆碑》中，霞阳社独占杨氏祭祀公项，应该也在此年之前，即1877~1886年。可知19世纪上半叶杨氏并非一般认为的都来自海澄三都霞阳社，而是在共同的始祖元末杨德斌派下各地，上瑶社属同安县，③ 后溪社亦属同安县，④ 浮南桥郑店社属漳州南靖县，⑤ 加上厦门和潮州的杨氏族人，可见槟榔屿的杨氏在19世纪上半叶属于郑振满教授所说的合同式宗族。直至1877年之后方排除三都以外的杨氏族人，单独成为只有霞阳社成员的杨公司。1891年8月19日注册为合法社团。⑥ 槟榔屿的霞阳社杨氏，承继三都世系，分为四房，大房一角，二房七角，总称桥头，三房一角，四房九角二社。

　　林氏九牧派裔孙莆田林让，元末明初迁居海澄县三都鳌冠社，后裔共分宫前、下河、石椅、竹脚、红厝后、山尾六个角头，前两个角头组成勉述堂，六个角头又共组敦本堂祭拜祖先晋安郡王林禄和天上圣母妈祖林默娘，也属于祠堂和神庙二合一。⑦ 自1821年起，来自中国福建省漳州府海澄县三都鳌冠社的林姓族人先后往返槟城与鳌冠社之间经商谋生。1863年，原籍鳌冠社的族长林清甲在槟城组设敦本堂及勉述堂，他们在槟城港仔口街门牌164号恒茂号附设联络处。到1866年林氏九龙堂建成之后，两堂才迁入

① 〔马来西亚〕陈剑虹：《槟城福建公司》，第71~72页。

② G. T. Hare ed., *A Text Book of Documentary Chinese*, *Selected and Designed for the Special Use of Members of the Civil Service of the Straits Settlments and the Protected Malay States*, Singapore: Government Printing Office, 1894, pp. 17-19.

③ 《重修辉明仙祖宫碑记》，郑振满、〔美〕丁荷生编纂《福建宗教碑铭汇编·泉州府分册》（下），福建人民出版社，2003，第1227页。

④ 同安县地方志编纂委员会编《中华人民共和国地方志·同安县志》（上），中华书局，2000，第616页。

⑤ 林殿阁主编《漳州姓氏》（下），中国文史出版社，2007，第1470页。

⑥ *Straits Settlements Goverment Gazette*, May 26, 1916, p. 1835.

⑦ 2017年3月笔者田野调查所获。

九龙堂内。1891 年 8 月 20 日，九龙堂林公司注册为合法社团。① 与原乡鳌冠社敦本堂只是六个角头后裔相比，林氏九龙堂接纳来自福建省漳州海澄三都的林姓族人为会员。敦本堂的会员则皆来自福建省漳州府海澄县三都鳌冠社的六个角头。勉述堂的会员则是其中两个角头，即宫前及下河的林氏后裔。虽然这三个组织同处一个屋檐下，但他们拥有各别的管理机构，并各自处理堂务。② 林氏九龙堂内主祀天上圣母，每年农历三月廿三举行隆重祭奠欢庆妈祖诞辰。可知林氏九龙堂在鳌冠社林氏的基础上，扩大到三都的林氏宗亲。此点与邱、谢、杨三姓仅限原乡单一村社宗族成员有明显不同。

陈氏来源复杂，并非来自海澄县三都。1801 年的一张地契说陈圣王公司在大街 13 号购买了一个单位的土地，③ 证明陈公司是五大姓里最早成立的。嘉庆十五年（1810），一份《公议书》记载了陈氏宗亲对陈圣王的祭祀情况。

> 盖闻公业虽借神之所建，夫蓄积必因人而所成，惟值事之人，秉公方能有成。前我姓陈名雅意者，有置厝一间，因其身故无所归著，是以众议将此厝配入为圣王公业，收取税银以为逐年寿诞庆贺之资并雅意之忌祭。亦不致缺废，是使神龟具有受享，皆我同宗之义举也。然已年久且又同姓众多，贤愚不一，恐公业废弃无存。再议此厝不得胎借他人银两，如逐年值事之人，著有殷实之人保认，方得收此厝字，再待过别值事，则收厝字交付其收存，至费用之账，若有存项，公议借与他人则可聚而不散，方为绵远，年年轮流，周而复兴。④

1831 年，槟榔屿陈氏正式创建威惠庙，奉祀开漳圣王陈元光。1837年陈秀枣将大街三间屋业，从个人信托转换为陈圣王公司。陈元光是北宋以来闽南各地威惠庙所祭祀的神明，被闽南陈氏奉为始祖。1878 年的《开漳圣王碑》正式将开漳圣王庙定位为陈氏的家庙。⑤ 槟榔屿筹建家庙

---

① *Straits Settlements Goverment Gazette*, May 26, 1916, p. 1835.
② 乔治市世界遗产机构编印《慎宗追远：乔治市的宗祠家庙》，2015，第 32 页。
③ 《"被遗忘"地契证明成立年份颍川堂陈公司"身世"大白》，《星洲日报》（吉隆坡）2014 年 3 月 22 日。
④ 转引自〔马来西亚〕张少宽《陈公司的〈公议〉书为历史解开谜团》，《光华日报》（槟城）2017 年 5 月 6 日，第 C6 版。
⑤ 〔马来西亚〕陈剑虹：《槟城福建公司》，第 57~60 页。

的陈氏族人多来自同安县。光绪戊寅年（1878）颍川堂陈公司重修，在光绪四年（1878）和光绪五年（1879）捐赠匾额的乔治市区的陈氏裔孙的籍贯是：同邑莲花社，泉郡同邑集美社、内头社、郭厝社、岑头社，琼州府，泉郡南邑十五都溪霞乡、龟湖乡，泉郡南邑，潮州府。[①] 来自同安县的有莲花社，集美社、内头社、郭厝社、岑头社，后四社在同安县南部，集美社、岑头社属今厦门市集美区，内头社属翔安区，郭厝社属同安区。另外还有南安县，琼州府和潮州府的陈氏裔孙。可知槟榔屿陈氏来源复杂。陈公司是在想象的共同始祖陈元光的名号之下，聚集起来的宗族组织。陈公司于 1890 年 9 月 11 日注册为合法社团。[②]

　　通过上述可知，五大姓都经历了 19 世纪上半叶的积累，在 50 年代前后完成了宗族组织的建构。最终五大姓的宗族组织模式，可以分为三类：第一类是邱、谢、杨三姓的单纯宗族，都来自中国海澄县三都村社（新江社、石塘社、霞阳社）；第二类是林氏的跨村社宗族组织，林氏以鳌冠社为主体，吸收了三都其他村社的成员；第三类是陈公司以虚拟祖先陈元光为血缘联系纽带而建立的跨地域宗族组织。19 世纪中期以来成立的闽南宗族组织还有海澄三都钟山社的蔡氏[③]，紧邻三都的同安祥露庄氏、鼎美胡氏[④]、南安叶氏[⑤]等，尤其是庄氏在 19 世纪后期的建德堂领导层也多有人物，他们在泰南通扣坡、马来亚吉打州和槟榔屿进行商业活动，经济实力不容小觑。[⑥] 五大姓并不是在 19 世纪初就取得压倒性的优势，在咸丰六年（1856）之后，伴随建德堂的影响，才具体地在帮群内积极地参加活动，并树立起他们独特的形象，客观地反映当时福建帮在华人社会中所扮演的领导角色。

---

① 笔者 2015 年 4 月 5 日槟城田野调查所得。

② *Straits Settlements Goverment Gazette*, May 26, 1916, p. 1835.

③ 蔡氏建立水美宫作为宗族祭祀活动的场所，见《水美宫碑记》，〔德〕傅吾康、陈铁凡编《马来西亚华文铭刻萃编》第一卷，第 877 页。

④ 1863 年，来自中国福建省同安县鼎美村之胡氏族人召集同乡的宗亲组织胡氏宗祠，并依据故乡祖庙，将宗祠定名为鼎美胡氏教睦堂，以提醒后人不忘原籍。参见槟城帝君胡公司编印《第二届星马胡氏恳亲大会暨槟城帝君胡公司 144 周年纪念特刊》，2008，第 71~72 页。

⑤ 南安叶氏宗祠和供奉惠泽尊王的慈济宫是一体的。可知叶氏早期亦是围绕家乡神的崇拜而组织起来的。

⑥ 有关槟榔屿和吉打州同安庄氏的研究，笔者仅见吴小安教授有专门论述。参见 Wu Xiaoan, *Chinese Business in the Making of a Malay State, 1882-1941, Kedah and Penang*, London: Routledge, 2003.

三　槟榔屿福建社群形塑途径在 19 世纪前后期的变化

槟榔屿五大姓宗族组织的建构，是 19 世纪前期福建人内部宗族成员众多、宗族势力强大的反映。不仅邱氏，谢、杨、林三姓也都陆续建立了自己的同源于海澄县三都始祖的宗族组织。陈氏则以开漳圣王陈元光为共同的神明建立了联宗组织。庄氏、叶氏、王氏等来自漳州的闽南宗族组织都建立起来了。这些在 19 世纪上半叶就已经存在的宗族组织，给宗族成员以庇护，形成福建人内部自我管理的小团体。影响所及之处，福建人没有自己的整体社群组织。上述宗族组织的建立，反映的是 19 世纪上半叶漳州人宗族势力的兴盛，同时对 19 世纪前期和后期槟榔屿福建人社群的形塑也有很大影响。

（一）闽南社群边界——福建公冢

槟榔屿福建人社群的形塑，主要集中于闽南社群，因此大马所谓福建话就是闽南话。1786 年开埠一段时间内，闽南人居于槟榔屿华人社会的绝大多数，从前述广福宫创建碑记的捐款名单就能看出。相比之下，嘉应会馆的前身仁和社在 1801 年就拿到了殖民政府颁发的永久地契。颜清湟教授曾说：地缘会馆出现得越早，说明人数越少，越产生不安全感，越需要地缘组织的保护。[①] 闽南人相对没有竞争对手，故而仅仅依靠福建公冢来维系相对于广东社群的边界。来自一个地区的人群越多，越倾向于内部的血缘认同。来自漳州为主的闽南人，则在宗族组织建构上，走在广东社群前面。而作为地域认同的漳州或者闽南，则仅仅体现在方言认同上，并不需要地缘组织的存在。

闽南人社群认同的基本表现，早期主要是福建公冢。五大姓族人在 18 世纪末就已经葬在此地。1805 年，因前人所建公冢范围狭小，因此另购日里洞地一段以为新公冢，其中邱氏族人就积极参与捐赠，如邱太阳以四十大圆居第 7 位，邱夏观以三圆居第 23 位，邱奕章以三圆居第 26 位。[②] 此即如今的福建联合公冢之峇都兰章（Batu Lanchang）公冢。福建公冢的建立，

---

① 〔澳大利亚〕颜清湟：《新马华人社会史》，第 38~39 页。
② 《福建重增义冢碑记》，〔德〕傅吾康、陈铁凡编《马来西亚华文铭刻萃编》第一卷，第 713 页。

源于闽南方言意识的形成，促使闽南社群意识的出现，由此福建公冢从一开始就排斥了福建境内的汀州客家，以及漳州境内诏安县客家，致使从一开始汀州客家和诏安客家就和广东人连在一起，义山都被称为"广东暨汀州公冢"。1828 年广东社群捐款买公冢山地，名单首为潮州府，其次为新宁县、香山县，而后就是汀州府、惠州府、增城县、新会县、嘉应州、南海县，而后就是诏安县和顺德县、从化县、清远县、番禺县、大埔县。① 隶属福建省的汀州府和漳州府诏安县因南来者皆为客家人，而被排除在福建公冢之外，虽然 1888 年李丕耀主政槟榔屿福建公冢时，开放给汀州府和诏安县的客家人，但直至 1939 年两地的客家人还习惯向广汀公冢提出公冢用地的申请。② 虽然福建公冢容纳了漳州和泉州的闽南人，但是漳州人占有绝对的优势，张少宽先生曾统计 1841~1892 年福建公冢职员 57 名中，38 名为漳州人，其中31 人属于五大姓。③

我们可以发现，邱氏宗族和其他四姓首先在 19 世纪五六十年代组成福建公司④，虽然名为"福建"，却排斥其他闽南社群乃至五姓以外的其他社群。而清和社、同庆社等祭祀组织容纳了其他来自闽南地区的姓氏。据殖民地档案记载，在 1840 年前后清和社和同庆社就已经存在，被殖民地官员列入"和平社团"（Peaceable Society）。以同庆社为例，有据可查的 1888 年以来的社长，多数是海澄三都人，当然也有同安的李丕耀和安溪的林文虎。⑤

私会党建德堂是 19 世纪福建帮的第一秘密会党，1844 年在梧房邱肇邦的领导下，退出跨方言群的义兴公司，另立山头。1854 年以后，在海五房的邱天德领导下，建德堂成为福建商人、侨生、下层小商贩、文员和农工艺匠的强大聚合力量，冲出槟榔屿和马来半岛，在缅甸、暹罗南部和苏门答腊北部建立分舵，采取纵横联合、分裂和整合的不同手法，组成强大的联合军事集团，与敌对秘密会党互相争夺各地的政治、人力和经济资源。另一方

① 《捐题买公司山地碑》，〔德〕傅吾康、陈铁凡编《马来西亚华文铭刻萃编》第一卷，第689 页。
② 〔马来西亚〕郑永美：《槟城广东第一公冢简史（1795）》，〔马来西亚〕范立言主编《马来西亚华人义山资料汇编》，马来西亚中华大会堂总会（华总），2000，第 42 页。
③ 〔马来西亚〕张少宽：《槟榔屿福建公冢暨家冢碑铭集》，新加坡亚洲研究学会，1997，第13 页。
④ 〔马来西亚〕陈剑虹：《槟城福建公司》，第 84 页。
⑤ 〔马来西亚〕陈耀威：《槟城同庆社研究》，未刊稿，2003，第 10~14 页。

面，邱氏族人，乃至五大姓也因建德会硬实力的扩张而取得不争地位。① 建德会成为闽南人在宗族组织和神庙组织之外的最大组织。建德堂的成立源于闽南方言的认同，又促成了五大姓势力在整个闽南社群势力支持下的进一步巩固。英海峡殖民地政府 1889 年颁布《社团法令》之后，1890 年即宣布建德会等私会党为受禁会党，由于建德会的领袖同时也是福德正神庙的领袖，因此建德会被取缔后，财产就转移到了福德正神庙。而清河社和同庆社、宝福社等闽南人组织的祭祀组织也转移到福德正神庙，福建公司和清和社、同庆社、宝福社等就共同组成福德正神庙的下属团体。福德正神庙在 19 世纪末就成为漳州闽南人的最大神庙组织。

而在五大姓为代表的漳州社群之外，在槟榔屿的泉州南安、安溪、永春等籍贯社群，则建立了凤山社的祭祀组织，供奉广泽尊王。1864 年槟榔屿凤山寺《广泽尊王碑》："福建凤山社藉我泉属董事：永郡 孟承金，南邑 梁光廷，安邑叶合吉，爰我同人等公议建立庙宇于描仑文章山川胜地，崇奉敕封广泽尊王，威镇槟屿。国泰民安，名扬海内；则四方之民，罔不咸赖神光赫显垂祐永昌。"② 永春虽然当时是永春州，下辖永春、德化二县，但永春州原本就是从泉州中划分出来的，因此被漳州宗族组织排斥的泉州社群只好以广泽尊王为号召，建立凤山社作为自己的组织。广泽尊王是源于南安县的地方神明，可以想见在凤山社的社员中，南安人应该居于主导地位。

槟榔屿广福宫早在 1800 年成立之初，就是广东福建两省皆参与的神庙，参与者以闽南人为主。但是由于私会党的发展，尤其是义兴公司和建德会的成立，广福宫失去了华人社群调解的功能。在 19 世纪中期纷繁的槟城华人社会，关系错综复杂，原乡宗族的血缘认同和海澄县三都的地域认同，闽南话的方言认同，成为五大姓宗族认同的几个层次。层层相扣的认同准则和社会网络，是五大姓宗族在 19 世纪中期活跃于槟城华人社会的主要资本。

（二）19 世纪上半叶闽南社群内部宗族血缘认同相对高于漳州和闽南地域认同，延缓了福建省级社群组织在槟榔屿的出现

18 世纪以来华人下南洋，最容易寻找庇护的认同，首先是血缘，然

---

① 〔马来西亚〕陈剑虹：《槟城福建公司》，第 43~44 页。
② 《广泽尊王碑》，〔德〕傅吾康、陈铁凡编《马来西亚华文铭刻萃编》第一卷，第 565 页。

后才是方言群，再次才是地缘会馆。地缘会馆往往和方言群重合。与新加坡福建籍地缘会馆——福建会馆 1840 年就已经出现不同，槟榔屿福建会馆迟至 1959 年才成立，隶属福建省范围内的县份地缘会馆在 19 世纪末才陆续成立。而包含邱氏宗族在内的漳州会馆在 1928 年成立，这也是迄今全马来西亚唯一一个漳州会馆。闽南人内部的分裂倾向为何在 19 世纪末开始出现？因为五大姓从来都不是铁板一块，黄裕端博士对此曾有精彩的评述：

> 五大姓自然并不总是铁板一块而没有任何内部冲突或竞争的。更确切的说，他们更多的是作为一个利益体而存在；将他们结合在一起，是他们在以槟城为中心的区域中所共同追求的经济利益。作为一个利益群体，他们不论是身为马来属邦的少数族群，还是面对英国殖民统治时，都准备为彼此间的差异做出妥协、通融和协商，以缔结有助于取得或维持商业控制权的联盟。差异，一如竞争、冲突和对立，在这五大姓中的每一个家族内部，或是在五大姓家族之间，又或是在五大姓与其他家族之间，都并非不寻常。①

清末的中国华南各地，时局动荡不安，盗匪骚乱。1881 年，远在槟城的邱、谢、杨三个公司组成"三魁堂"，将购置房屋出租的租金，寄回"唐山"家乡，资助组织地方性质的"护村队"，保护家乡。三魁堂至今仍然存在，由每个公司轮流管理三年。② 三姓都位于海澄三都的三魁岭周围，这是以三魁岭地缘为认同组成的小团体。同时"三魁堂"也属于另一个扩大范围的保乡团体——槟榔屿三都联络局。三都联络局 1896 年由福建省漳州海澄县内 108 社（村）所组成，槟榔屿的是 1900 年成立的分局。③ 同时槟城三都乡贤在"1928 年进一步发扬这种互助，互相扶持的精神，决定联合槟城漳州府 7 县人士共创办南洋漳州会馆（现改为槟榔屿漳州会馆），促成了漳州府人的大团结"。④

---

① 〔马来西亚〕黄裕端：《19 世纪槟城华商五大姓的崛起与没落》，第 13 页。
② 刘朝晖：《超越乡土社会：一个侨乡村落的历史文化与社会结构》，第 128 页。
③ 〔马来西亚〕朱志强、〔马来西亚〕陈耀威：《槟城龙山堂邱公司：历史与建筑》，第 41 页。
④ 陈景峰：《槟城三都联络局及漳州会馆文献》，张禹东、庄国土主编《华侨华人文献学刊》第一辑，社会科学文献出版社，2015，第 269 页。

在 19 世纪前半叶，南来槟榔屿的闽南人多属于漳州海澄县以及同安县，其他县份的人数较少，还没有形成气候，尤其是在邱氏等大姓垄断槟城的鸦片饷码和锡矿贸易的情况下，各个姓氏宗族组织成为族人寻求庇护的主要场所。黄裕端博士曾论证五大姓经济实力的衰落正好在 19 世纪末。殖民地当局 1889 年颁布的《社团法令》，以及 1895～1911 年一系列与劳工有关的法令，消灭了五大姓的鸦片饷码所赖以有效运作及获利的私会党和实物工资制。1904～1907 年的经济衰退进一步削弱了五大姓的生存能力。结果鸦片饷码生意被压垮，五大姓及其盟友拖欠政府巨额租金，最终宣告破产。[①] 而这个时间，也正是其他福建县份华侨南下的主要时间点。

通过表 1 我们还可以发现，槟榔屿的华人在 19 世纪后期与日俱增，以五大姓为首的闽南人已经无法掌控整个槟榔屿华人社群，尤其是客家人在 19 世纪后期的崛起，成为抗衡闽南人的重要力量。1881 年平章会馆建立，广东和福建各 7 名董事，成为槟榔屿华人最高机构，福建帮的代表由五大姓出任则反映了五大姓在福建社群内部占压倒性优势。

19 世纪末期，以五大姓为代表的福建人，面临着所谓槟榔屿"第三股"势力的崛起，那就是客家人在槟榔屿异军突起。[②] 清朝 1893 年在槟榔屿设立副领事，首任副领事是张弼士，为大埔客家人，其后张煜南、谢荣光、梁廷芳、戴春荣也都凭借客家同乡和姻亲的关系先后继任槟城副领事，形成了槟榔屿后来居上局面的客家社群领袖。[③] 形成这种局面的前提，是在槟榔屿的福建人和广府人之外，19 世纪后期客家人开始大量进入。这一批在荷属东印度崛起的客家华商，在进入槟榔屿后，借由清朝直接任命的槟榔屿副领事的职务，获得了相对具有优势的政治资源。围绕着客属的槟榔屿副领事，客家富商也多有联合，比如极乐寺 1904 年的功德碑上，六大总理都是客家人。

---

① 〔马来西亚〕黄裕端：《19 世纪槟城华商五大姓的崛起与没落》，第 245 页。笔者曾于 2016 年 5 月在槟城与黄博士交流过为何槟榔屿福建会馆在 20 世纪才出现的问题，都得出了是因为五大姓衰落的结论。

② 〔新加坡〕黄贤强：《槟城华人社会领导阶层的第三股势力》，氏著《跨域史学：近代中国与南洋华人研究的新视野》，厦门大学出版社，2008。

③ 参见〔新加坡〕黄贤强《客籍领事与槟城华人社会》，《亚洲文化》（新加坡）1997 年第 21 期；《客家领袖与槟城的社会文化》，周雪香主编《多学科视野中的客家文化》，福建人民出版社，2007，第 217 页。

表 2　1906 年极乐寺功德碑六大总理

姓名	官衔	捐银数目
张振勋	诰授光禄大夫、商务大臣、头品顶戴花翎、侍郎衔、太仆寺正卿	三万五千元
张煜南	覃恩诰授光禄大夫、赏换花翎、头品顶戴、候补四品京堂、前驻扎槟榔屿大领事官、大荷兰国赏赐一号宝星、特授大玛腰、管辖日里等处地方事务	一万元
谢荣光	钦加二品顶戴、布政使衔、槟榔屿领事、尽先选用道	七千元
张鸿南	覃恩诰授荣禄大夫、赏戴花翎、二品顶戴、江西补用道、大荷兰国赏赐一号宝星、特授甲必丹、管辖日里等处地方事务	七千元
郑嗣文	花翎二品、封职候选道、加四级	六千元
戴春荣	钦加二品衔、赏戴花翎、候选道	三千元

资料来源：极乐寺《功德碑》（一），〔德〕傅吾康、陈铁凡编《马来西亚华文铭刻萃编》第二卷，第 652 页。

通过表 2，可见在 1900 年前后，客家人因方言而形成一股不可忽视的势力。英国人的调查以方言为依据，凸显了客家人的存在，但是在客家人的意识里，自己还是广东人，极乐寺的碑刻署名中，1904 年时张煜南还署"广东张煜南"。[①] 此时在平章会馆的董事名额分配上，也是广、福两帮平均名额，客家人也是在广东人的大旗下开展活动，他们更多地被认为是广东人，并非被看作独立的客家帮群。极乐寺不仅是南洋第一座汉传佛教寺院，它的创建也是广东社群尤其是客家社群的一次力量整合。面对外部社群的崛起，五大姓为首的闽南人开放福建公冢给福建省籍者，不仅给汀州和诏安县客家，也给兴化人、福州人，就是这种外部压力加大的表现。闽南人如果不整合福建省的力量，就无法与广东社群相抗衡。

同时，在闽南人内部，五大姓所面临的压力也与日俱增。19 世纪末 20 世纪初来自泉州的晋江人、惠安人等社群开始崛起，无论是从经济实力还是社会实力，都给五大姓造成了空前的挑战。最先成立的福建省籍的县份会馆，都是被漳州社群排斥的泉州籍——南安会馆（1894 年）、安溪会馆（1919 年）、晋江会馆（1919 年）、惠侨联合会（即惠安人，1914），可见都是原本被漳州社群排斥的泉州凤山社成员。福州会馆在 1929 年也成立了。[②] 五大姓只有参与组建漳州会馆，才可以和泉州其他县份社群相颉颃。

---

① 〔马来西亚〕张少宽：《槟榔屿华人史话》，第 297 页。

② 上述会馆建立年份，分见《槟榔屿福建会馆成立五十三周年纪念特刊》，槟榔屿福建会馆，2013，第 105、149、117、113、137 页。

可以想见，以五大姓为代表的漳州宗族组织的兴盛，延缓了福建省籍地缘会馆在槟榔屿出现的步伐。省级行政区划上的地缘认同组织——槟榔屿福建会馆，在槟榔屿迟至 20 世纪中期才最终形成，远远落后于新加坡和马六甲，甚至也落后于吉隆坡。槟榔屿的闽南人长期依赖于福建公冢作为地域认同的边界，虽然在 19 世纪末开放给福建省籍，但是公冢作为省级地域认同的功能在此时已经不能适应 20 世纪初巨大的社会变革。尤其是相比槟榔屿的广东省籍地缘会馆——槟榔屿广东暨汀州会馆在 19 世纪初就已经存在的现实，20 世纪初槟榔屿福建省籍社群认同的松散，着实令人感叹。

余　论

本文重点分析了 19 世纪槟榔屿闽南五大姓如何进行宗族组织的建构，以及对槟榔屿闽南人社群的影响。从中可以发现，槟榔屿闽南宗族组织不是一蹴而就的，每个阶段都经历了数十年的积累才得以进入下一阶段。以五大姓为代表的闽南宗族都经历了相似的阶段，但由于内部结构的不同，也各有特色。如谢、林和邱氏一样都来自海澄三都，在原乡就是同一宗族，在槟榔屿进行了和邱氏类似的建构。而杨氏和陈氏宗族由来自不同区域的同姓氏组合起来。最后杨氏排除三都以外的同姓，成为单一血缘的宗族组织。无论是单一血缘的邱、谢、林宗族，还是联宗的杨氏宗族，抑或拟制血亲的陈氏宗族，都把宗族组织作为自身在槟榔屿安身立命的庇护之所。以上都是闽南方言内部的宗族整合，相比之下，单一血缘宗族组织在广东社群中就出现很晚，直至 19 世纪中期才出现了跨方言群的联宗组织。

郑振满教授对福建宗族的类别划分，对中国汉人宗族的研究影响深远。[①] 但是对于海外华人的宗族建构来说，却并不完全适用。带着强烈地方观念的华人个体离开家乡，到一个异文化的新地方，首先用方言群来寻找庇护，如果同一方言人群占一地绝对优势，则进一步通过地缘来划分内部边界，如果来自同一地宗族成员的人数不少，则倾向于用血缘宗族组织

①　郑振满教授将福建汉人宗族分为继承式宗族、依附式宗族与合同式宗族。见氏著《明清福建家族组织与社会变迁》，湖南教育出版社，1992，第 62~118 页。

来寻求庇护。我们考察槟榔屿五大姓宗族组织建构时所着眼的，就是早期槟榔屿占华人人数绝对优势的闽南方言群，用福建公冢来划定闽南区域的边界，又通过宗族组织来划分血缘边界；以及在经过几十年的发展之后，面对广东社群和闽南内部社群的竞争，五大姓走到一起创建了福建公司，排斥了同属闽南社群的泉州人（同安人除外）①。随着属于广东社群的客家人在 19 世纪后期异军突起，外在广东社群给予五大姓的压力越来越大，最终在 19 世纪末的时候，福建公冢开放给漳州泉州以外所有的福建省籍华人，以促成同省力量的团结。所谓基于血缘性的宗族认同或者方言群内部的地缘认同，都是槟榔屿华人个人在不同外在压力的情境之下所做的生存选择。离开中国原乡的生存环境，更多元化的生存策略就成为个人的不二选择。

Clan，Dialect and Geopolitical Identity：Formation of the Minnan Community of the British Penang during the 19th Century

Song Yanpeng

Abstract：Represented by the Big Five，the Minnan clans of Penang were able to complete the construction of clan organizations after experienced decades of accumulation in the middle of the 19th century. In the first half of the 19th century，the borders of the Minnan community were maintained by the Hokkien Cemeteries. The clan bloodline identity within the community was relatively higher than that of the Zhangzhou and Minnan regions，which in turn delayed the emergence of Fujian provincial community organizations in Penang. The clan bloodline and the Minnan dialect became the main symbols of the borders of the Minnan community in the 19th century. The so-called kinship-based clan identity or the geo-identity within the dialect group are the survival choices of the Chinese

---

① 漳州社群不排斥同安人，缘于清代同安县与海澄县三都相邻，关系紧密。此点为槟城张少宽先生提示，谨致谢忱。

people in Penang under different external pressures.

Keywords：19th Century；British Penang；Minnan；Community；Shaping Path；the Big Five

（执行编辑：吴婉惠）

茶、茶文化景观与海上茶叶贸易

姜　波[*]

　　茶、咖啡和巧克力，并称世界三大植物饮料（非酒精饮料）。其中被誉为"东方神叶"的茶，堪称自然进化和人类培育的杰作。云南普洱发现的古茶树化石、浙江田螺山遗址出土的人工栽培茶树遗存，以及唐长安城西明寺遗址出土的石茶碾，约略勾画出中国早期茶的发展史。与此同时，水下沉船考古资料与海洋茶叶贸易档案，也可以帮助我们追溯中国茶叶西传欧洲的历史。由此观之，茶叶不仅影响了人类的生活方式，还促进了种植园经济的推广，加速了造船与航运业的发展，推动了东西方文明之间的交流；甚至，诸如喜马拉雅山区第一条铁路的修建、[①] 跨太平洋大帆船贸易的开通、[②] 美国独立战争的爆发[③]等重大历史事件，背景之下都潜藏着茶叶贸易的影响因素，从这个角度上讲，茶叶谱写了一部独特的世界史。

　　本文试图从中国早期茶的考古发现、古人饮茶方式的演变和沉船考古所见的茶叶贸易史入手，探究茶的种植与发展史，解读茶叶贸易为世界文明进程带来的深刻影响。

　　*　作者姜波，山东大学历史文化学院特聘教授。
　　　　本文为国家社科基金中国历史研究院重大历史问题委托专项——中国考古学专题项目"水下考古与中华海洋文明史研究"（21@ wtk004）研究成果之一。
　　①　印度西孟加拉省西里古里通往大吉岭茶场的山地铁路，1881 年开通，1999 年列入世界遗产名录，称"大吉岭喜马拉雅铁路"（Darjeeling Himalayan Railway），被誉为环山铁路工程的杰作，也是印度最早的铁路之一。
　　②　"西班牙大帆船贸易"，航线由菲律宾的马尼拉至墨西哥的阿卡普尔科港，持续存在 250 年（1565~1815），茶叶是这条航线上重要的大宗贸易产品。
　　③　1773 年 12 月 16 日发生的"波士顿倾茶事件"，被公认为美国独立战争的导火索。

一　"茶的考古学"：化石证据、人工栽培与用茶器具

一般认为，茶树起源于中国西南的横断山脉地区。众所周知，由于山地垂直气候带的丰富变化，横断山脉是世界上生物多样性最为突出的地区之一。20世纪70年代以来，我国科学家在云南普洱地区相继发现了茶树始祖化石——距今3540万年的宽叶木兰化石和距今2500万年的中华木兰化石，这是有关茶树进化的化石证据。

我国先民培育茶树的历史非常悠久。2015年，考古工作者在浙江田螺山遗址（属河姆渡文化）发现了距今6000年左右的山茶属树根，经多家专业机构分析检测，被认定为山茶属茶种植物的遗存，这是迄今我国境内发现的、年代最早的人工种植茶树的遗存。① 无独有偶，2001年，考古工作者在杭州萧山跨湖桥遗址发现了茶果遗骸，与橡子、陶器一同出土，属于古人的采集物，而非自然遗存。② 跨湖桥遗址距田螺山遗址不算太远，同一地理区域两次发现有关早期茶的遗存，可以看作是史前人类培育茶树的实证。

进入历史时期，有关饮茶的考古证据绵延不断，其中所谓"茶托子"的发现尤为引人注目。③ 1957年，陕西西安市曾出土七枚银胎鎏金茶托子，自铭"浑金涂茶拓子"，铭文标记的铸造时间是唐大中十四年（860）。④ 湖南考古学者在发掘著名的唐代长沙窑遗址时，亦有底书"茶埦"的长沙窑产品。⑤ 1987年，陕西扶风县法门寺地宫出土一件"瑠璃茶椀拓子"（见图1）。⑥这些都是自铭为茶具的考古实物资料。

其实，此类茶具的考古年代还可以向前追溯。2002年5月，江西南昌

① 〔日〕铃木三男、郑云飞等《浙江省田螺山遗址木材的树种鉴定》，余姚市茶文化促进会编《田螺山遗址茶属植物遗存成果论证会资料汇编》，2015年3月。此材料承蒙浙江省文物考古所孙国平、陈明辉先生提供，谨此致谢。

② 参阅浙江省文物考古研究所编《跨湖桥》，文物出版社，2004。

③ 关于茶托子的考古资料，参阅吴小平、饶华松《论唐代以前的盏托》，《华夏考古》2013年第2期。

④ 马得志：《唐代长安城平康坊出土的鎏金茶托子》，《考古》1959年第12期。

⑤ 周世荣：《中国古代名窑系列丛书·长沙窑》，江西美术出版社，2016，第13页。

⑥ 陕西省考古研究院等编著《法门寺考古发掘报告》（上、下），文物出版社，2007；图版参阅国家文物局编《惠世天工——中国古代发明创造文物展》，中国书店，2012。

图1　唐代法门寺地宫出土玻璃茶托子*

*873 年封存，国家文物局编《惠世天工——中国古代发明创造文物展》，中国书店，2012。

县小蓝乡曾经出土一套南朝时期洪州窑青釉碗托与茶碗。① 2004 年 4 月，南昌县富山乡柏林工地又出土一套南朝洪州窑青釉碗托与碗。② 这种以盏和托相组合的"茶托子"，从六朝开始，到唐代，渐成饮茶的标准器具。考古所见，唐朝境内各处陶瓷窑址均已开始烧造此类茶具。这不禁让人联想到唐人陆羽的名作《茶经》，该书特别提及了唐代各窑口烧造茶具的情况，《茶经》的《四之器》载：

> 若邢瓷类银，越瓷类玉，邢不如越一也；若邢瓷类雪，则越瓷类冰，邢不如越二也；邢瓷白而茶色丹，越瓷青而茶色绿，邢不如越三也。……越州瓷、岳瓷皆青，青则益茶，茶作白红之色。邢州瓷白，茶色红；寿州瓷黄，茶色紫；洪州瓷褐，茶色黑……③

上述考古证据与文献记载均已表明，到隋唐时期，饮茶习俗已经日渐流行。文人雅集，用"茶托子"品茶的方式开始取代用"羽殇"行酒的做法，王羲之《兰亭集序》［东晋永和九年（353）］所记曲水流觞、"一觞一咏"的场景开始淡出人们的生活。这种饮酒所用的"羽殇"，就是考古发掘所常见的"耳杯"，最典型的莫过于马王堆汉墓所出漆耳杯，上面

---

① 洪州窑青瓷博物馆编《洪州青瓷》，江西人民出版社，2012，第 92 页。
② 洪州窑青瓷博物馆编《洪州青瓷》，第 91 页。
③ 陆羽撰，宋一明译注《茶经译注》，上海古籍出版社，2014，第 29 页。

有"君幸酒"三字（见图 2）。从马王堆汉墓的漆"羽殇"到唐代法门寺的玻璃"茶托子"，正好反映了两个时代饮食文化从器具到内涵、风格的变化。

图 2　马王堆一号汉墓出土"君幸酒"漆羽觞

到了宋元时期，茶饮之风已经渗透到社会各个阶层，茶园经济随之崛起，茶叶税收成为国家的重要财政收入。宋徽宗《大观茶论》所提及的福建建安"北苑"茶庄，据美国学者贝剑铭（James A. Benn）研究，993 年，此处茶庄数目已达 25 个之多，制茶的"小焙"也已有三四十个。这些茶庄沿建溪分布，绵延 20 里，可见茶场规模之大。因茶叶采制讲求，北苑庄主开始雇用熟练茶工，形成专业化、规模化的生产模式。至南宋淳熙年间（1174~1189），北苑茶工人数已达数千人之多。这些茶工的身份，与西方近代种植园聘用的合同工（Contract Labor）相似，他们的薪资待遇，据考证为日薪七十钱，伙食免费。[①] 这种种植园式的经营模式与用工制度，与著名的印度大吉岭茶园颇为相似，而后者则是 19 世纪末期英国殖民者开辟的著名茶园。

茶叶贸易给宋王朝带来丰厚的税收。北宋政权与辽、金、西夏设立边境贸易场所——榷场，茶与丝绸、瓷器、铁器、盐成为最主要的输出产品，以换取草原民族的牛马、毛皮等。王安石主政期间也曾在四川与吐蕃交界处设立茶马司，对过往商队征收茶税。与陆地边境贸易相较，宋元时期的海洋贸易，无论是贸易规模与影响深度，都更胜一筹，茶叶更成为海上丝绸之路的重要贸易品。这一时期还出现了泉州这样的远洋贸易港，其贸易线路已经远及东南亚，甚至深入印度洋海域。水下考古所见泉州后渚沉船、[②] 广东上川

---

① James A. Benn, *Tea in China*: *A Religious and Cultural History*, Honolulu: University of Hawaii Press, 2015.

② 参阅福建省泉州海外交通史博物馆编《泉州湾宋代海船发掘与研究》上篇"泉州湾宋代海船发掘报告"，海洋出版社，2017。

岛 "南海Ⅰ号"、① 西沙 "华光礁Ⅰ号"、② 印尼 "鳄鱼岛沉船",③ 均属宋代远洋商船,而且很有可能都是从泉州港出发的。

明清时期,特别是西方大航海殖民贸易揭开历史大幕以后,茶叶开始大规模走出东亚世界,登上世界舞台。而在国内,饮茶之俗风行大江南北,上至皇帝,下至平民,无不喜爱,喝茶已经成为中国人日常生活必不可少的内容。至此,中国传统意义上的茶系与茶区已经形成明确的格局,如浙江西湖龙井茶区、福建武夷山茶区、云南普洱茶区,凡此种种,不胜枚举。

二　古人用茶方式的演变:"煮羹"—"食茶"—"饮茶"

古代中国人的用茶方式,大体经历了 "煮羹"—"食茶"—"饮茶"的演进过程。唐代以前,古人用茶多为 "煮羹",即将采集的茶树叶煮成羹汤后食用。晋人郭璞曾记载,巴蜀人采集一种树叶,煮羹而食,名之 "苦茶"。这种苦茶,属山茶科,味苦而甘,有学者认为就是我们今天所称的 "茶叶"。④ 马王堆汉墓出土 "遣册" 中所提及的 "甘羹",有学者考证为用枣、栗、饴、蜜等调和而成的甜羹,若此说不误,则与茶叶熬制的 "苦羹",应属味道相左的另一种植物羹汤。⑤ 从考古证据来看,"煮羹" 应该是汉晋时期食物烹饪的常见方式。洛阳烧沟汉墓出土的炊厨器具以釜、鼎多见,而盛放食物的陶器上,常有 "××羹"(如豆羹、稻羹、粱米羹等)之类墨书,正是当时饮食习惯的一个印证。⑥ 楚汉两军相争,项羽阵前以烹煮刘邦的父亲刘太公相威胁,刘邦听取谋士之言,以 "分一杯羹" 回应,显

① 参阅国家文物局水下文化遗产保护中心等编著《南海Ⅰ号沉船考古报告之二》,文物出版社,2018。

② 参阅海南省博物馆《大海的方向:华光礁Ⅰ号沉船特展》,凤凰出版社,2011;羊泽林:《西沙群岛华光礁Ⅰ号沉船遗址出水陶瓷器研究》,中国国家博物馆、韩国国立海洋文化财研究所编《第一届中韩水下考古学术研讨会论文集》,中国国家博物馆水下考古研究中心,2011。

③ Abu Ridho and E. Edwards Mckinnon, *The Pulau Buaya Wreck: Finds from the Song Period*, Himpulan Keramik Indonesi, Jakarta, 1998. pp. 4-90.

④ 曹柯平、周广明:《茶托、发酵茶和汤剂——以考古发现切入中国早期茶史》,《中国农史》2019 年第 5 期,第 121~133 页。

⑤ 范常喜:《马王堆汉墓遣册 "甘羹" 新释》,《中原文物》2016 年 5 期,第 54~57 页。也有学者将此词释读为 "白羹"。

⑥ 参阅中国科学院考古研究所编《洛阳烧沟汉墓》第三编第一章第五节 "文字",科学出版社,1959,第 154 页。

示自己破釜沉舟的决心。司马迁《史记》渲染的这个"分一杯羹"的故事，曲射了当时"煮羹"而食的习惯。①

唐宋时期，人们用茶时流行的做法是"食茶"：将茶叶或茶饼碾成茶末，用沸水浇注，用茶时连汤带末一起服用，故有"吃茶""呷茶""食茶"之说。日本荣西禅师（1141~1215）的茶史名作，书名即是《吃茶养生记》（见图3）。笔者的故乡——湖南岳阳，时至今日仍称喝茶为"呷茶"（湖南方言，吃茶之意）；笔者在山区农村见到，一些老人喝茶时，往往会把杯中剩下的茶叶咀嚼以后直接吞服。凡此，都可以看作是"食茶"传统留下的人类学记忆。

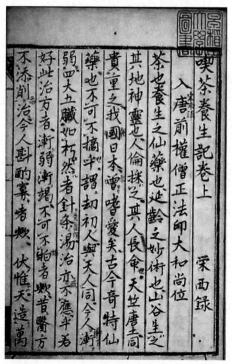

图3　〔日〕荣西禅师撰《吃茶养生记》

资料来源：早稻田大学图书馆藏。

---

① 事见《史记》卷七《项羽本纪》：楚汉两军对峙于广武，"当此时，彭越数反梁地，绝楚粮食，项王患之。为高俎，置太公其上，告汉王曰：'今不急下，吾烹太公。'汉王曰：'吾与项羽俱北面受命怀王，曰约为兄弟，吾翁即若翁，必欲烹而翁，而幸分一杯羹。'项王怒，欲杀之。项伯曰：'天下事未可知，且为天下者不顾内家，虽杀之无益，只益祸耳。'项王容从之"（司马迁：《史记》，中华书局，1982）。

　　最能反映唐代用茶习俗的出土文物，莫过于 1987 年陕西扶风法门寺地宫所出唐僖宗供奉给法门寺的一套制茶、用茶器具：茶笼、茶碾、茶罗子、茶炉、茶托、茶匙、茶盆、茶碗、调料盛器等（见图 4），包括了从茶叶的贮存、烘烤、碾磨、罗筛、烹煮到饮用等全部工艺流程和饮用过程所用器具，令人叹为观止。①

图 4　唐代法门寺地宫出土茶具组合*

* 873 年封存于地宫。

　　1985 年，中国社会科学院考古研究所发掘唐长安城西明寺遗址，出土了一件重要的茶叶加工用具——石茶碾，上书"西明寺石茶碾"，正是唐代用茶方式的生动写照。西明寺曾是寺院僧侣和文人雅士的茶会之所，这里曾经发生过十分有趣的茶饮故事。《太平广记》卷一八〇"宋济"条引卢言《卢氏杂说》记载：唐德宗微服私行，在西明寺偶遇寒窗苦读的宋济，德宗求茶一碗，迂执的读书人让其自便。这里值得注意的是唐德宗与宋济关于用茶的对话：

　　　　上曰："茶请一碗。"济曰："鼎水中煎，此有茶味（应即"茶末"——笔者注），请自泼之。"②

①　陕西省考古研究院等编著《法门寺考古发掘报告》（上、下）；图版参阅国家文物局编《惠世天工——中国古代发明创造文物展》。
②　李昉等编《太平广记》，中华书局，1961，第 1338~1339 页。

其中的茶、味（末）、碗、鼎、煎、泼，言简意赅地勾画出唐代的用茶器具和沏茶方式。这段文字所述帝王逸事，无须考证，但其所反映著录者时代的沏茶方式——"食茶"，应该是可信的。此种风俗，东传日本以后一直延续至今，美国学者威廉·斯科特·威尔逊（William Scott Wilson）在其著作中曾对此作了生动描述，下文将有讨论。

两宋时期，饮茶习俗大为流行，宋徽宗《大观茶论》堪称中国古代茶史经典。南宋刘松年名画《撵茶图》为我们再现了宋代饮茶的生动场景。《撵茶图》以工笔白描的手法，细致描绘了宋代点茶的具体过程。画面分两部分：画幅左侧两人，一人头戴噗帽，身着长衫，脚蹬麻鞋，正在转动石磨磨茶；石磨旁还横放一把茶帚，是用来扫除茶末的。另一人伫立茶案边，左手持茶盏，右手提汤瓶点茶；他左手边是煮水的风炉、茶釜，右手边是贮水瓮，桌上是茶筅、茶盏、盏托以及茶箩子、贮茶盒等用器。画幅右侧共计三人：一僧人伏案作书；另两人端坐其旁，似在欣赏。整个画面布局闲雅，用笔生动，充分展示了宋代文人雅士茶会的风雅之情，是宋代点茶场景的真实写照（见图5）。

图 5　南宋·刘松年《撵茶图》

资料来源：台北故宫博物院藏。

元、明、清时期，简便易行的叶状散茶制作工艺和泡茶方式登上历史舞台，"揉捻冲泡"蔚然成风，用茶方式成为现代意义上的"饮茶"：将揉制好的茶叶，用开水冲泡，喝茶时只是将茶水喝掉，成片的茶叶则弃之不用。饮茶方式的转变，与茶叶制作工艺和饮茶器具的改变是同步进行的，考古所见的器物演变，正是古人茶饮风格转换的生动展示，即："鼎釜"（煮羹）—"茶碾与茶托子"（食茶）—"茶壶与茶杯"（饮茶）。

有意思的是，茶叶西传以后，西方人的品茶口味也经历了一个发展演变的过程。最初运往欧洲的茶叶，以绿茶为大宗。由于海途遥远，航程长达4～8个月，从中国港口装船的"新茶"，抵达欧洲以后已成过季的"陈茶"，而且在漫长的运输途中，船舱闷热潮湿（航行多在热带海域），包装起运时的绿茶，抵达欧洲以后，味道已经发生很大改变：本来未经发酵的茶叶，可能在无意中已经变成了发酵茶了，茶叶颜色也由装船时的青绿色变成了黑褐色，故茶叶西传之初，欧洲人多有"Black Tea 茶"之称（现在"红茶"的英文仍是"Black Tea"，字面意思即是"黑色的"）。为了迎合欧洲人发酵茶的口味，由中国运往欧洲的绿茶比例逐年下降，红茶的比例逐渐上升。反过来，这种消费需求又影响了中国茶叶的生产，中国茶商开始专门生产适合欧洲口味的发酵茶——"红茶"。[①] 故此，远离欧美市场的江浙、两湖以及北方地区，大多延续了本土故有的绿茶传统；与之形成对比的是，东南沿海大力发展海洋茶叶贸易的福建、广东地区，多产发酵的红茶；英国人在印尼、斯里兰卡、印度、肯尼亚、南非等地开辟茶园生产的茶叶，亦遵循英国人的口味，悉数为红茶类型。

三　茶文化遗产景观：茶场、茶庭和茶港

茶的种植、消费和贸易，给人类留下了独特而珍贵的文化遗产景观。从遗产类别的角度来说，大致可分为三大类：与种茶有关的茶场（种植园）景观（Tea Plantation Landscape）、与制茶用茶有关的茶庭景观（Tea Garden Landscape），以及与茶叶贸易有关的茶港景观（Tea Port Landscape）。

（一）茶场景观

茶场是一种典型的文化景观（Cultural Landscape）。基于世界遗产语境，

---

① 据罗伯特·加德拉（Robert Gardella）的统计，1867～1885 年，中国红茶出口量由 1.36 亿磅增长到 2.15 亿磅，增长 58%。见 Robert Gardella, *Harvesting Mountains: Fujian and the Tea Trade, 1757–1937*, University of California Press, 1994, p. 62。

文化景观包含了四个层面的遗产价值：一是土地利用（Land Use）；二是知识体系（Knowledge System）；三是社会组织（Social Structure）；四是宗教与仪式（Religion and Ceremony）。在这方面，云南景迈山茶园堪称一个绝佳的案例：

> 土地利用：茶园选址于白象山和糯岗山半山腰的林间山地，海拔1250～1550米，光照、温度、湿度非常适合茶叶生长；
>
> 知识体系：当地布朗族、傣族村传承了古老的普洱茶种植和加工工艺；
>
> 社会组织：山民村落保持了传统的向心式村寨布局，折射出当地的原生态村社组织结构；
>
> 宗教与仪式：茶王祭坛与茶神树，是活态祭祀传统的见证。

从这个角度上考量，"云南景迈山"是体现世界遗产价值理念的优秀案例，可与已经列入世界遗产名录的哈尼梯田相媲美。①

事实上，中国茶业遗产的田野调查，已有不少优秀成果，典型者如庄灿彰的《安溪茶叶业之调查》，② 吴觉农的《茶经述评》与《中国地方志茶叶历史资料选辑》，③ 罗伯特·加德拉的《大山的收获：1757～1937 年的福建与茶叶贸易》，④ 等等。以庄氏《安溪茶叶之调查》为例，早在 20 世纪三四十年代，研究者已经注意到地理环境、种苗培育、制茶工艺、交通运输、产量税收及社会背景等诸多方面的考察，实属难得。按庄氏所记，其时福建茶叶种植面积已达 4 万亩之多，而以安溪铁观音为著。茶树的选育，已经采用无性繁殖的压条法，培育出不少优良的新品种。安溪茶农已经深度参与海洋茶叶贸易，多有远赴台湾、南洋经营茶庄者，"每年汇款回乡数目颇巨"。⑤

三大植物饮料的种植园，咖啡、可可已经有遗产地列入世界遗产名录，

---

① 参阅国家文物局《普洱景迈山古茶林文化景观》（申遗文本），2019 年 12 月。
② 庄灿彰：《安溪茶叶业之调查》，北京图书馆藏抄本（未注印制时间）。
③ 吴觉农主编《茶经述评》，农业出版社，1987；吴觉农主编《中国地方志茶叶历史资料选辑》，农业出版社，1990。
④ Robert Gardella, *Harvesting Mountains: Fujian and the Tea Trade, 1757-1937*, 1994.
⑤ 见庄灿彰《安溪茶叶业之调查》，第 5 页。

比如古巴东南第一座咖啡园（列入世界遗产名录的名称为：Archaeological Landscape of the First Coffee Plantation in Southeast Cuba）和法国殖民地圣卢西亚的苏福雷尔（Soufriere）可可种植园。酒精类饮料中，葡萄酒庄园更有数十处遗产地已经或预备列入世界遗产名录，其中，法国的圣埃美隆（Saint-Emilion）于1999年被联合国教科文组织列入世界文化遗产名录，成为首个入列的葡萄酒庄园；意大利普罗塞克（Prosecco）葡萄酒庄园于2019年被列入名录，成为最新的一处葡萄酒庄园世界遗产地。与此形成鲜明对比的是号称世界第一饮料的茶，其茶场景观迄今无一例进入世界遗产名录，实属憾事！在国际古迹遗址理事会（ICOMOS）的倡导和推动下，"茶文化景观主题研究项目"已经在中国、日本、韩国、印度、斯里兰卡等多个国家开展。作为茶文化的宗主国，中国方面也已完成《中国茶文化景观主题研究报告》，对云南普洱、浙江西湖龙井、福建武夷山、四川蒙顶山、湖南安化、贵州湄潭六个重点茶区的茶文化景观作了初步的梳理。

（二）与制茶用茶有关的茶庭景观

这一类型属于人文建筑景观，类似于文化遗产语境下所说的"Built Heritage"（国内有人译成"建成遗产"），其主要内涵是指"历史性建筑及其环境"（Historic Built Artefacts and Environment）。中国式的茶庭景观，最突出的一点是名山、寺院与茶庄相结合，别具东方神韵，笔者称之为"深山藏古寺，名刹焙新茶"。四川蒙顶山甘露寺茶庭景观，可以看作一个典型的案例。这里的茶园由寺院僧侣和茶农经营，掩映在蒙顶山茶林风光里的甘露寺、甘露泉和石牌坊，成为名山、古寺和茶庄融为一体的典范。

佛寺经营茶业，唐代已经开启先河。陆羽就是在佛寺里长大的，正因为他从小就沉浸在寺院种茶、制茶、品茶的氛围中，耳濡目染，心领神会，才写出了《茶经》这样不朽的名著。[1] 唐代寺院经营茶业的情形，还有考古实证：1985年，中国社会科学院考古研究所发掘唐长安城西明寺遗址，清理出三组院落，建筑遗迹包括殿址、回廊、房址、水井等，出土佛像、残碑、瓷器、玻璃饰件、铜钱等。引人注目的是，该遗址出土了一件重要的茶叶加

---

[1]　James A. Benn, "The Patron Saint of Tea: Religious Aspects of the Life and Work of Lu Yu," in *Tea in China: A Religious and Cultural History*, Honolulu: University of Hawaii Press, 2015, p. 96.

工用具——石茶碾，上书"西明寺石茶碾"，正是唐代寺院制茶的生动写照（见图6）。西明寺是唐长安城的重要寺院，也是皇家御用译经之所，玄奘曾经在此翻译佛经。显庆元年（656），唐高宗敕建西明寺，为疾病缠身的皇太子李弘禳病祈福，并御赐土田百顷。西明寺茶碾的出土，让我们有理由相信，规模宏大的西明寺应该拥有自己的茶园及茶叶加工场所。由此可见，考古发掘出来的长安城西明寺遗址，应该就是一处典型的"寺院+茶园"式的茶庭景观，与普通寺院不同的是，它是一处高级别的皇家寺院。

图6　唐代西明寺遗址出土石茶碾

不仅如此，西明寺还应是僧侣信众和文人雅士的茶会之所，前已述及，这里曾经发生过十分有趣的茶饮故事。《太平广记》卷一八〇"宋济"条引卢言《卢氏杂说》：

> 唐德宗微行，一日夏中至西明寺。时宋济在僧院过夏。上忽入济院，方在窗下，犊鼻葛巾抄书。上曰："茶请一碗。"济曰："鼎水中煎，此有茶味，请自泼之。"上又问曰："作何事业？"兼问姓行。济云"姓宋第五，应进士举。"又曰："所业何？"曰："作诗。"又曰："闻今上好作诗。何如？"宋济云："圣意不测……"语未竟。忽从辇递到。曰"官家、官家"。济惶惧待罪。上曰："宋五大坦率。"后礼部放榜，上命内臣看有济名。使回奏无名，上曰："宋五又坦率也。"[1]

中国大陆地区的饮茶风格，相较唐宋时期已有很大的改变，然礼失求诸野，此段对话所言及的茶具名称与沏茶方式——"茶"、"味"（茶末）、"碗"、"鼎"、"煎"、"泼"，在东传日本以后的茶室仪式中一直延续至今。

---

[1]　李昉等编《太平广记》，第1338～1339页。

唐代以后，寺院与茶庄相结合的茶庭景观，继续得到发扬光大。以南宋都城临安城（杭州）为例，咸淳《临安志》载，临安有四大名茶，曰宝云、香林、白云、垂云，均以所在寺院的名字命名。如"垂云茶"，得名于宝严院垂云亭，苏轼有《怡然以垂云新茶见饷报以大龙团戏作小诗》之作："妙供来香积，珍烹具太官。拣芽分雀舌，赐茗出龙团。"形象生动地描述了宝严院种茶、制茶、品茶的场景，词既雅，茶且香，一时传为佳话。实际上，这种寺院种茶的传统，一直延续到了今天。2017 年，笔者调查海上丝绸之路遗迹，造访东南名刹——泉州开元寺，幸获开元寺主持道源禅师手礼——"开元禅茶"一盒（见图 7）。

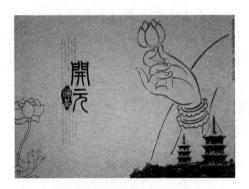

图 7　开元寺禅茶外包装图案

日本的茶庭景观，为古宅、"枯山水"和茶室的组合，承中国余绪，再添特别仪式。一般认为，中国茶东传日本，发端于 814 年日僧空海归国，空海曾在前述出土石茶碾的西明寺研习佛经。他启程归国时，将茶叶与佛经一同携往东瀛。迨及宋代，日本荣西禅师客居中土 24 年，归国之时带回了中国的茶树与茶种。荣西禅师著有《吃茶养生记》一书，开启了日本茶道"禅茶一味"的序幕，禅茶由此风行日本，延续至今。品饮"禅茶"的茶室，美国学者威廉·斯科特·威尔逊在其著作中进行了仔细的描绘：

通过矮小的门，进入茶室，让人惊讶的是，里面空空如也。铺满草席的地板上，安置了一个炭炉，炉子上有一个铸铁的鼎壶、一个陶茶碗、一个小竹匙、一个浇水的勺子，还有一个洗茶碗的陶罐，这些正好象征了饮茶的四个要素：水、火、土、木。茶室虽简，却有一个引人入胜之处，那就是紧贴着一面墙的小龛（Tokonoma）。此等设计，据说仿自十三、四世纪的佛舍，原系佛坛上供奉佛画和花品之所在。在幽明的光线下，可见小龛墙壁上挂着一幅高僧的写卷，上面的文字寓意，正合禅茶的意境。①

关于茶室仪式，威廉·斯科特·威尔逊生动细腻地介绍了自己的禅茶经历，值得在这里作为非物质文化遗产作简要描述。应细川惟起（Hosokawa Tadaoki）先生之邀，他与一位禅师、一位武士，共赴细川先生家作"禅茶之饮"，但见低矮的茶室坐落古宅庭院之中，庭院景观是日本园林"枯山水"的经典样式，沙砾之上还散落着几根松针和枯叶；茶室简朴而古雅，宾主入室、落座、沏茶、清谈……眼光时时停驻在墙上的佛经写卷上——"不管主、客身居何职，在这茶室的氛围里，彼此间的距离已经彻底消融"②。在这里，古宅、枯山水和茶室组成的遗产景观，连同古老的非物质文化遗产——"禅茶"，共同营造出荣西禅师所倡导的"禅茶一味"的氛围，真可谓禅境香茗、意境悠长……③

（三）与茶叶贸易相关的茶港景观

此类遗产属于城市景观类型（City Landscape）。限于篇幅，本文对此不作详细讨论。但需要提及的是，此类与茶叶贸易相关联的港口景观，不少已经列入世界遗产名录，如我国的"澳门历史城区"、马来西亚的"马六甲与乔治城"、越南的"会安古镇"、斯里兰卡的加勒港、沙特阿拉伯的吉达港、英国利物浦"海上商城"（海港贸易市场），等等。未列入世界遗产名录的，还有美国波士顿的茶码头遗迹、荷兰阿姆斯特丹海港（该港口的防波堤坝系统已被列入世界遗产名录）等，在国际上也是久负盛名。我国其实也有不少与茶叶贸易密切相关的港口遗产，如广州十三行、上海外滩洋码头、汉口茶叶码头等，可惜除澳门历史城区之外，迄今尚无申报世界遗产之例。

---

① William Scott Wilson, *The One Taste of Truth*：*Zen and the Art of Drinking Tea*, Shambhala Publications, Inc. Boston, 2012. pp. 19–20. 此段文字为笔者所译。
② William Scott Wilson, *The One Taste of Truth*：*Zen and the Art of Drinking Tea*, pp. 12–13.
③ 关于日本茶道仪式，还可参阅 Dianne Dumas, "The Japanese Tea Ceremony compiled," See *The Vernacular Architecture of Japan*（*Part 4, Pre-Modern & Contemporary*）, Portland State University, Portland, 2011.

四 海上茶叶贸易：茶船、运茶档案与沉船考古新发现

茶叶、咖啡和巧克力，天生就是贸易产品，因为三者都不足以果腹，种植者为了维持生计，必须进行贸易交换才能实现其劳动成果和经济收益。古代中国茶叶输往境外，主要有以下几条线路。一是"陆上丝绸之路"：经河西走廊、西域古国直抵中亚地区，再转运中东及地中海世界。二是"茶马古道"：出云南经缅甸通往印度或东南亚地区。① 三是"万里茶道"：从福建到汉口北上通往蒙古高原，经西伯利亚抵达圣彼得堡，这是西伯利亚铁路开通以前中国茶叶输往欧洲地区的重要路线，汉口则是这一线路上的贸易枢纽。② 四是"海上丝绸之路"，以广州、泉州、宁波等为母港，向南通往东南亚并进入印度洋，远及非洲与地中海世界；向东北输往朝鲜半岛与日本列岛。限于篇幅，本文重点讨论通往东南亚、印度洋乃至欧洲地区的海上丝绸之路。

从古代中国的视角来看海上丝绸之路，茶叶、丝绸、瓷器和铁器，一直是主要的输出贸易品。其中，瓷器和铁器，在沉船考古中屡屡被发现；但茶叶和丝绸，因属有机质文物，在海洋环境里不易保存，沉船考古难得一见。尽管如此，仍有不少令人兴奋的水下考古成果面世，让我们得以目睹海洋茶叶贸易的历史画卷。

（一）瑞典东印度公司"哥德堡号"沉船

1984 年，瑞典潜水员在海港城市哥德堡附近海域，发现了长眠海底的"哥德堡号"沉船。据瑞典东印度公司档案记载，"哥德堡号"曾经三次远航中国，最后一次是 1745 年 1 月 11 日，从广州启碇回国，当时船上装载着大约 700 吨的中国货物，包括茶叶、瓷器、丝绸和藤器等，估值约 2.5 亿～

---

① 参阅 Jeff Fuchs, *The Ancient Tea Horse Road*, Viking Canada, 2008; Michael Freeman, Selina Ahmed, *Tea Horse Road: China's Ancient Trade Road to Tibet*, River Books Press, 2011; 李旭编著《茶马古道》，中国社会科学出版社，2012。该书对"茶马古道"作了学术史梳理，但研究线路上主要专注于通往西藏的贸易线路；另参阅杨绍淮《川茶与茶马古道》，巴蜀书社，2017。

② 参阅 Martha Avery, *The Tea Road: China and Russia Meet across the Steppe*, China International Press, 2003; 武汉市国家历史文化名城保护委员会编《中俄万里茶道与汉口》，武汉出版社，2014。

2.7亿瑞典银币。同年9月12日，"哥德堡号"抵达离哥德堡港大约900米的海面，故乡的风景已经映入眼帘；然而，就在此时，"哥德堡号"船头触礁，旋即沉没，岸上的人们眼巴巴地看着"哥德堡号"葬身大海。1986年，对"哥德堡号"的水下考古发掘工作全面展开，发掘工作持续了近10年，出水瓷器达9吨之多（包括400多件完整如新的瓷器），这些瓷器多有中国传统图案，少量绘有欧洲风格者应属所谓的"订烧瓷"。令人吃惊的是，打捞上来的部分茶叶色味尚存，仍可饮用（见图8）。哥德堡人将一小包茶叶送回了它的故乡广州，并在广州博物馆公开展出，引起轰动，参观者络绎不绝。

图8　瑞典"哥德堡号"沉船出水中国茶叶

瑞典东印度公司不远万里从中国进口茶叶，有两个重要原因。一是茶叶贸易利润丰厚。据报道，"哥德堡号"沉没之初，人们曾经从沉船上捞起了30吨茶叶、80匹丝绸和一定数量的瓷器，在市场上拍卖后竟然足够支付"哥德堡号"广州之旅的全部成本，而且还能够获利14%，由此可见海洋贸易利润之高。另一个原因是，当时英国、荷兰垄断了对华茶叶贸易，英国人还对茶叶课以重税，对中国茶叶望眼欲穿的瑞典人无法从英国市场获得理想价位的中国茶叶，不得不漂洋过海前往东方自行采购。1784年，英国议会通过法案，将茶叶税从119%骤降至12.5%，瑞典人从此可以直接从英国采购中国茶，瑞典与中国的茶叶贸易迅速跌入低谷，但茶文化却已深深扎根于北欧人的生活之中。①

---

① Hanna Hodacs, *Silk and Tea in the North: Scandinavian Trade and the Market for Asian Goods in Eighteenth-Century Europe*, Europe's Asian Centuries, 2016, p. 186.

（二）荷兰东印度公司"凯马尔德森号"沉船

1984 年，英国探险家、海底寻宝人迈克·哈彻（Michael Hatcher）在中国南海发现一条沉船，从沉船中捞起 16 万件青花瓷器和 126 块金锭，沉船出水的瓷器中，有为数众多的青花瓷茶叶罐（见图 9）。这艘沉船，就是著名的荷兰东印度公司商船"凯马尔德森号"（Geldemalsen）。1986 年 5 月 1日，佳士德在阿姆斯特丹将部分沉船打捞品进行拍卖，获利 3700 万荷兰盾，相当于 2000 万美元，引起巨大轰动。此次拍卖会上，中国政府曾经委托故宫博物院陶瓷专家冯先民等携 3 万美元参会，结果颗粒无收，未能竞拍到一件文物。① 有感于此，考古学界联名具信，呼吁发展水下考古，这成为中国水下考古事业起步的一个契机。

图 9　荷兰"凯马尔德森号"出水青花瓷茶罐*

* 1752 年，引自李庆新《海上丝绸之路》，黄山书社，2016，第 286 页。

据荷兰东印度公司档案记载，"凯马尔德森号"是该公司所属的一条远洋贸易船，船长 150 英尺，宽 42 英尺，载货排水量达 1150 吨。1751 年 12月 18 日，"凯马尔德森号"满载中国货物从中国广东驶往故乡荷兰；次年 1月 3 日，在中国南海附近触礁沉没。按照档案记载，货物清单包括以下内容：23.9 万件瓷器，147 根金条，以及纺织品、漆器、苏木、沉香木等，总价值达 80 万荷兰盾。引人注目的是，船货清单中 68.7 万磅茶叶赫然在列，估值约合 40 万荷兰盾，占到船货价值总额的一半。

---

① 近年来，该沉船出水的金锭再度现身于拍卖市场，来自中国的商业机构曾拍得其中的三块金锭（拍卖价格均在 40 万~60 万元）。

迈克·哈彻称他打捞"凯马尔德森号"时，沉船船体和茶叶一类的有机质文物，均已侵蚀殆尽，只剩下了金条、青铜和瓷器。很多考古学家并不相信哈彻的说法。我相信，如果是水下考古学家来发掘这条沉船，作为船货主体的茶叶，应不会了无痕迹。我们之所以作此推测，是因为可以找到与哈彻的说法相反的例子，比如，同在中国南海发现的唐代沉船"黑石号"，年代为唐代宝历二年（826），远早于"凯马尔德森号"沉没的时代（1752 年），却仍可以在沉船瓷罐中发现菱角等有机质文物；[①] 约 12、13 世纪之交的南宋沉船"南海Ⅰ号"，年代也早于"凯马尔德森号"400 余年，同样发现了不少有机质文物，包括各类植物遗骸等。[②] 所以，我们有理由相信，"凯马尔德森号"船舱里的 68.7 万磅的茶叶，若有遗留，有可能已经被哈彻遗弃或损毁掉了（哈彻一直拒绝透露"凯马尔德森号"的准确地点）。

（三）英国茶船"卡迪萨克号"

从事远洋茶叶贸易的帆船中，英国快帆船"卡迪萨克号"（Cutty Sark）最负盛名（见图 10）。[③]"卡迪萨克号"传奇般的经历，代表了茶叶帆船时代的光荣传统，本文详细描述一下其不朽的经历。

图 10　英国"卡迪萨克号"茶船（2017 年，姜波摄）

---

① Reina Krahl, John Guy, J. Keith Wilson, Julian Raby, *Shipwrecked: Tang Treasures and Monsoon Winds*, Smithsonian Institution, Washington D. C. , 2010, p. 18.

② 参阅国家文物局水下文化遗产保护中心等编著《南海Ⅰ号沉船考古报告之二》。

③ Cutty Sark 是苏格兰语，意为"短衫"。这条快速帆船的得名，源自英国文学史上的名作——长篇叙事诗《谭·奥桑特》（*Tam O'Shanter*）。诗中狂追奥桑特的美丽女神名叫南妮（Nannie Dee），其时，她穿着一件 Cutty Sark。观众在"卡迪萨克号"帆船船首看到的女神雕像，就是南妮。这首诗的作者为苏格兰著名诗人罗伯特·彭斯（Robert Berns），即《友谊地久天长》的作者。

19 世纪后期，为了将当年应季茶叶以最快速度运抵欧洲市场，获取高额利润，英国人全力打造了一种全新的快速帆船——"茶叶剪刀船"，"卡迪萨克号"即是其中之一。1877 年 9 月底，正是这艘"卡迪萨克号"快帆船，第一次把当年应季新茶从上海运抵伦敦。①

"卡迪萨克号"是一艘铁肋木壳的"茶叶剪刀船"，船长 85.34 米，宽 10.97 米，满载排水量达到 2133.7 吨，24 小时平均时速可达 15 节，最高航速记录为 17.5 节（相当于时速 32.4 公里）。1869 年下水时，是世界上最大的巨型帆船之一，造价 16150 英镑。"卡迪萨克号"在上海—伦敦的单程运茶最快纪录是 117 天、平均为 122 天［当时最快的纪录由"万圣节号"（Hallowe'en）创造，时间为 90 天］。1872 年，英国人举办了一场举世瞩目的帆船竞赛，两艘当时最著名的茶叶快帆船——"卡迪萨克号"与"塞姆皮雷号"（Thermopylae），在上海—伦敦的航线上竞速对决。6 月 18 日，两船同时从上海启航，驶往英国伦敦。这场比赛持续了整整 4 个月，英国《泰晤士报》作了连续追踪报道，一时成为新闻热点。"卡迪萨克号"在印度洋航线上曾经一度处于遥遥领先的地位，但后来船舵被巨浪打掉，靠抢修的临时船舵苦苦支撑，最终落后"塞姆皮雷号"9 天抵达伦敦。然而，荣誉的光环仍归于"卡迪萨克号"船长亨德森，50 英镑的奖金也颁发给了亨德森船长：因为在风帆时代，茫茫大海中，在失去船舵的情况能够顺利回到母港，简直就是一个奇迹。这次比赛还有一个划时代的意义，它标志着帆船伟大传统的结束与蒸汽机轮船时代的开启。此后，速度更快的蒸汽机轮船开始取代快速帆船参与远东茶叶贸易，亨德森船长也在此次远航之后，转赴蒸汽机轮船上工作了。1883 年，失去速度优势的"卡迪萨克号"不再从事东方茶叶贸易，转而从事澳大利亚到英国的羊毛运输业务。②

1895 年，老旧的"卡迪萨克号"被以 1250 英镑的价格，卖给了葡萄牙人 Joaquim Antunes Ferreira，并改名"费雷拉号"（Ferreira）。"费雷拉号"以里斯本为母港，继续从事跨大西洋的远洋贸易。1922 年，破损不堪的

---

① Eric Kentley, *Cutty Sark: The Last of The Tea Clippers*, Conway Publishing, London, 2014, p. 65.
② 苏伊士运河的开通也是帆船退出茶叶贸易的原因之一。沟通红海和地中海的苏伊士运河于 1869 年 11 月 17 日通航，欧亚之间的航行从此可以不必绕道非洲南端，大大节省了航程时间。但是，红海海域风向多变，暗礁密布，历来被视为帆船航行的凶险之地。对于蒸汽机轮船而言，速度与方向的操控，不受风向风力的限制，通行难度降低，相较于帆船的优势更加明显。

"费雷拉号"在英国港口避风时，被英国人威尔福德·达文（Wilfred Dowman）发现，达文决意为自己的祖国买回这艘载满荣誉的运茶船，最终以远高于市场价的 3750 英镑买下了她，这个价格也远高于 1895 年葡萄牙人购入的价格。1922 年 10 月 2 日，承载过大英帝国帆船梦想的"卡迪萨克号"回到了英国福尔摩斯港（Falmouth），并重新改回她以前的名字——"Cutty Sark"。1938 年，"卡迪萨克号"被泰晤士海军训练学院购得，这艘曾经风光无限的茶叶帆船，居然摇身一变成了英国皇家海军的训练舰，成为许多英国皇家海军将士的成长摇篮。"卡迪萨克号"神奇般地度过了第二次世界大战，直至 1950 年才退出英国皇家海军现役序列，为其 80 年的航海生涯画上了一个完美的句号。

"卡迪萨克号"的传奇故事还没有结束。退役以后，由英国女王的丈夫爱丁堡公爵牵头，组建了"卡迪萨克信托基金会"（The Cutty Sark Trust）。爱丁堡公爵亲自担任基金会主席，全力推动"卡迪萨克号"的修缮与展示工程。最终，栖身于干船坞之上的"卡迪萨克号"，被建成了一个不同凡响的帆船博物馆。1957 年 6 月 25 日，卡迪萨克博物馆举行开馆仪式，伊丽莎白女王出席，轰动一时，"卡迪萨克号"也加冕为茶叶贸易史上无与伦比的帆船女王。而今，珍藏"卡迪萨克号"帆船的英国皇家海事博物馆，已成为世界上最受欢迎的博物馆之一。观众可以进入"卡迪萨克号"的船舱，观摩船舱中整齐码放的茶箱，有的茶箱上，甚至还可以看到用毛笔书写的发货地点"汉口""上海"（见图 11）。

图 11　"卡迪萨克号"船舱内的茶箱（复原展示）

五　"一部茶叶谱写的世界史"

（一）茶叶贸易的航线

茶叶见证了古代中国与外部世界交流的历史。一般认为，中国茶东传日本，814 年日僧空海的归国，是一个重要的时间坐标。空海曾在前述出土石茶碾的唐长安城西明寺研习佛经，后来转赴青龙寺师从惠果学习佛法。他启程归国时，将茶叶与佛经一同携往东瀛。迨及宋代，日本荣西禅师客居中土 24 年，归国之时带回了中国的茶树与茶种。以禅茶为特色的茶道文化在日本列岛蔚然而成气候，应该是荣西禅师归国以后，其所著《吃茶养生记》在日本被誉为茶史开山之作。

由不同族群主导的海上贸易交流活动形成了各自的贸易线路与网络，但无论是跨越印度洋抵达欧洲的航线，还是横跨太平洋的贸易航线，茶叶永远是远洋航线上的大宗货物之一，英国快帆船"卡迪萨克号"的航线可以作为中欧之间海洋茶叶贸易线路的代表。

古代中国人的海上贸易线路，以郑和航海时代为例，其航线为：南京—泉州—占城（越南）—巨港（印尼）—马六甲（马来西亚）—锡兰山（斯里兰卡加勒港）—古里（印度卡利卡特）—忽鲁谟斯（霍尔木兹）。这条航线的影响远及于东非海岸和地中海世界。扼守晋江入海口的茶叶贸易母港——泉州港，在郑和航海时代发挥了重要的影响力。泉州港依托晋江流域纵深腹地的支持，形成了面向海外市场的海港经济模式。除了致力外销的德化、磁灶等著名陶瓷窑址，晋江流域的茶庄，亦成为其重要支柱产业。前文所提及的福建北苑茶庄，兴盛于南宋淳熙年间，这一时期也正是泉州港的繁盛之时。泉州九日山祈风石刻，就有南宋淳熙十年"遣舶祈风"的石刻题记。①

郑和航线上的海外港口遗址上，尤以马六甲和锡兰山至为重要。这些海港遗址，考古调查屡屡发现中国瓷器和钱币，从文献记载来看，中国茶叶也曾经是这些港口市场上的习见之物。比如，郑和历次航海都曾

---

① 姜波：《海上丝绸之路：环境、人文传统与贸易网络》，《南方文物》2017 年 2 期，第 142~145 页。

泊驻的锡兰山（斯里兰卡）加勒港，永乐八年（1410），郑和在此竖立"布施锡兰山碑"，1563 年有葡萄牙人曾经提及此碑，1911 年一位英国人在此重新发现此碑。[①] 碑文用汉文、泰米尔文、波斯文三种文字书写，代表大明皇帝向佛世尊、印度教主神、伊斯兰教真主阿拉贡献物品，值得注意的是，供品中有金银钱、丝绸、铜烛台、香油等，却不见海上丝绸之路上常见的茶叶与瓷器。但我们仍然相信茶叶一定是郑和船队的船货之一，此碑竖立的地点，古称 Chilao，现称 Chilaw，意即"华人的城市"，类似于今天欧美国家的"唐人街"和"中国城"。既然中国人聚居于此，必然会将饮茶习俗带给锡兰人，而时至今日，斯里兰卡仍以"锡兰红茶"闻名于世。

15、16 世纪，进入地理大发现和大航海时代以后，西方殖民贸易者建立了有别于东方人的贸易航线，如葡萄牙人的贸易线路为：里斯本—开普敦—霍尔木兹—果阿—马六甲—澳门—长崎；西班牙人的贸易线路为菲律宾马尼拉港—墨西哥阿卡普尔科港—秘鲁。澳门—马尼拉则是对接葡萄牙与西班牙两大贸易网络的航线。在葡萄牙、西班牙之后，荷兰、英国相继崛起，成为海洋贸易的主宰力量，而茶叶贸易成为这些海上帝国竞相发力的远洋贸易业务。

（二）中国茶叶之西传欧洲

海洋茶叶贸易的规模与影响，大大超越人们的想象。851 年，阿拉伯作家 Suleiman al-Tajir 在其著作《印度与中国》（*Relations of India and China*）中首次提及茶叶抵达欧洲之事。沉寂 700 年之后，1560 年，基督教耶稣会神父 Jasper de Cruz 才在其著作中提及茶，Eric Kentley 认为这是欧洲文献中首次提及中国茶。[②] 笔者查阅文献，发现其实在此前一年，即 1559 年，地理学家 Giambat-tista Ramusio 在其游记中已经提及中国茶，他是从一位波斯商人 Mahommed 那里听说中国茶的，当时波斯人告诉他，中国茶是一种可以

---

① 姜波：《从泉州到锡兰山：明代中国与斯里兰卡的交往》，《学术月刊》2013 年 7 期，第 138~145 页；葡萄牙人关于"郑和布施锡兰山碑"的记述，参阅金国平、吴志良《东西望洋》，澳门成人教育学会出版，2002，第 238~239 页。（此条记录承蒙金国平先生惠告，谨致谢忱。）

② Eric Kentley, *Cutty Sark: the Last of the Tea Clippers*, Conway Publishing, London, 2014, p. 57.

治病的神奇药剂。[①] 这应该是欧洲文献中第一次提到中国茶，其时距葡萄牙人占据澳门尚有 18 年之久。

在欧洲，葡萄牙人最早打通前往印度和中国的航线，但葡萄牙人对瓷器贸易的重视远在茶叶之上；荷兰人步其后尘开展东方贸易，开始大力发展茶叶贸易，荷兰东印度公司的第一船茶叶于 1606 年运抵阿姆斯特丹。此时，后来的海洋帝国英国尚不知茶叶为何物。又过了半个世纪，直到 1658 年，伦敦才出现了第一张茶叶广告。1660 年 9 月 25 日，英国人 Samuel Pepys 在其日记中提到，他在当天生平第一次品尝了来自中国的茶。这也是文献记载中英国人的第一次饮茶记录。[②]

真正让饮茶习俗在英国风行起来的是葡萄牙公主凯瑟琳（见图 12），她于 1662 年嫁给英王查尔斯二世。凯瑟琳公主的陪行嫁妆中，有一箱中国茶，同时另有两件嫁妆，即葡萄牙的两处海外领地——摩洛哥的丹吉尔和印度的孟买。由此可以想见，这来自遥远东方的中国茶，在当时是何等的贵重。1663 年，英国诗人 Edmund Waller 在献给王妃生日的一首赞美诗中，以动情的笔调描写优雅的王妃和芬芳的中国茶，这首诗，应该是英文作品中第一次描述中国茶，有一定的价值，笔者试译如下：

> 维纳斯的紫薇，
> 福伯斯的白芷，
> 都不及这香茗的盛誉，
> 请允许我赞美吧：
> 这最美的王后，这最美的仙茱！
> 来自
> 那个勇敢的国度，
> 就在
> 太阳升起的地方；
> 茶是那里的众妙之妙，
> 如同缪斯的神药，

---

① Helen Saberi, *Tea: A Global History*, Reaktion Books Ltd, 2010, p. 85.

② Eric Kentley, *Cutty Sark: The Last of The Tea Clippers*, p. 57. 茶叶抵达英国的最早年代，还有不同的说法，也有人认为茶叶最初抵达英国应该可以早到 1645 年前后，1657 年英国伦敦有了第一场茶叶拍卖会。参阅 Helen Saberi, *Tea: A Global History*, p. 91.

让芬芳扑面而来，

让灵魂永驻心田！

谨此

礼赞王后的生日！①

图 12　凯瑟琳公主肖像

在葡萄牙公主的带领下，饮茶习俗在英国上层贵族中风行开来。1669
年，英国东印度公司的第一批茶货运抵伦敦。1706 年，托马斯·特林
（Thomas Twining）在伦敦开设了英国的第一家茶馆——"汤姆茶馆"
（Tom's Tea Cabin）。有意思的是，这家茶馆一经面世，便显示出卓尔不群的
气质：允许女士进入（这恐怕得归功于凯瑟琳公主）。这与伦敦酒吧与咖啡
馆的做法迥然不同，后二者把这种消遣场所视为绅士们的专利。由此而始，
下午茶迅速成为英国上层贵妇的社交方式，茶也成为英国人的国饮，风头之
盛，甚至盖过早已在英国生根发芽的咖啡。

（三）茶叶谱写的"另一种"世界史

茶之所以重要，因为它在某种意义上影响了世界历史的进程。

---

① 　Eric Kentley, *Cutty Sark: The Last of The Tea Clippers*, Conway Publishing, London, 2014, p. 57.

　　清朝的全境开放就与茶叶贸易有一定的关系。[①] 1874～1877 年，英国茶船"卡迪萨克号"每年都会经长江口逆流而上抵达汉口，从这里装运茶叶运往英国。其时第二次鸦片战争仅仅过去十余年，海洋贸易已不再局限于广州、上海等沿海港口，而是已经深入清腹地。从这个角度上讲，茶叶贸易成为迫使清朝全面开放的重要因素。值得一提的是，当时的汉口还是"万里茶道"（福建—江西—湖南—湖北—山西—蒙古—西伯利亚—圣彼得堡的陆上运茶通道）的中转枢纽，茶叶加工产业正值蓬勃发展的时期。[②] 此前默默无闻的汉口，得海、陆茶叶贸易之利，一跃而成为世界闻名的茶叶之都。

　　茶叶推动了种植园经济的发展，一定程度上改变了世界经济格局。由于中国与英国相距遥远，运输成本高昂，为了节约成本，同时也为了从产业链上游控制茶叶贸易，摆脱对中国产地的依赖，英国开始在印尼、斯里兰卡、印度、肯尼亚、南非等殖民地种植茶叶，发展种植园经济，将这些地区纳入帝国殖民经济体系。以印度为例，19 世纪 30 年代，英国人开始在喜马拉雅山南麓的阿萨姆、大吉岭一带尝试开辟茶园。1846 年，罗伯特·福琼（Robert Fortune）从中国徽州和宁波等地采集大量茶树种子和 12838 株幼苗（抵达印度后存活的树苗数），分批从上海、香港运往印度加尔各答，为了确保茶树种植成功和加工方法得当，他还特地带走了几名中国茶匠。[③] 到 1872 年，杰克逊制成的第一台揉茶机在阿萨姆茶业公司所属的希利卡茶园投入使用。19世纪末，英属印度殖民地已实现揉茶、切茶、焙茶、筛茶、装茶等各个环节的机械化，开启了近代种植园经济与茶叶生产工业化的进程。[④] 不仅如此，印度茶还得到一系列的扶持：1881 年，为方便茶叶外运，修通大吉岭喜马拉

①　庄国土先生曾经以闽北地区为切入点，详细探讨了茶叶贸易深入中国茶业体系的问题，参阅 Zhuang Guotu, *Tea, Siler, Opium and War: The International Tea Trade and Western Commercial Expansion into China in 1740-1840* 一书的第三章 "International Trade in Chinese Tea in the 18th Century", Xiamen University, 1993, pp. 93-155。

②　Eric Kentley, *Cutty Sark: The Last of the Tea Clippers*, p. 64.

③　罗伯特·福琼在其著作中非常详细地介绍自己偷运中国茶叶种苗和携带熟练茶匠去印度的事情，参阅〔英〕罗伯特·福琼《两访中国茶乡》一书第十八、十九章（敖雪岗译，江苏人民出版社，2015，第 329～337 页）。

④　Erika Rappaport, *A Thirst for Empire: How Tea Shaped the Modern World*, Princeton University Press, 2017, pp. 85-119. 另，关于印度阿萨姆茶叶历史和工业化进程，可参阅〔英〕艾伦·麦克法兰、〔英〕爱丽丝·麦克法兰著《绿色黄金：帝国茶叶》第二部分"奴役"之第 8～10 节（扈喜林译，社会科学文献出版社，2016）。

雅铁路（见图 13）；1884 年，英国植物学家马斯特思将大叶种茶树拉丁文学名命名为"阿萨姆种"（这种茶树生长于中国云南和印度阿萨姆一带），被称为世界茶树的祖本，借此冲击中国作为茶叶宗主国的地位。而今，"大吉岭红茶"已成为印度第一个成功申请地理标志的产品，获得了与苏格兰威士忌、法国香槟省香槟的同等声誉，一举奠定其在茶叶品牌王国中的显贵地位。①

图 13 印度的运茶铁路——大吉岭喜马拉雅铁路*

*1881 年全线贯通，1999 年列入世界遗产名录。

　　茶叶推动了世界殖民贸易体系的建立。中国的茶叶、丝绸、瓷器流向欧美市场，秘鲁、墨西哥、日本和西班牙的白银则反向流入中国，新、旧大陆的跨洋贸易由此形成，带来人员、物品、宗教和思想的大规模流动。对中国而言，茶叶贸易与白银资本改变了中国人的财富观念，中国的货币体系、关税制度和产业结构被迫向近现代国家的机制过渡，从而大大推动了中国与外部世界的融合。② 对欧洲国家而言，茶叶的种植与销售推动英国、葡萄牙、

①　Sarah Besky, *The Darjeeling Distinction：Labor and Justice on Fair-Trade Tea Plantations in India*, University of California Press, 2013. 有关种植园经济，参阅该书第二章"Plantation"，pp. 59-87；关于"地理标志"的讨论，参阅该书"Introduction"，pp.21-24。此书有中译本，参阅〔美〕萨拉·贝斯基：《大吉岭的盛名——印度公平贸易茶种植园的劳作与公正》，黄华青译，清华大学出版社，2019。

②　参阅〔德〕贡德·弗兰克《白银资本》，刘北成译，中央编译出版社，2008；万明《古代海上丝绸之路延伸的新样态——明代澳门兴起与全球白银之路》，《南国学术》（澳门）2020 年第 1 期，第 154~163 页。

西班牙、荷兰纷纷建立起规模庞大的殖民地贸易体系，世界贸易进入一个全新的时代。

茶叶甚至还在一定程度上改变了世界政治版图，而这与茶叶关税制度密切相关。早期茶叶贸易的利润惊人，1869 年英国伦敦市场上 1 磅茶叶（合0.45 千克）的价钱，约当一个产业工人一周的薪水；茶叶之所以昂贵，除了运输成本高以外，一个重要的原因就荷税太重。为了垄断茶叶贸易的巨大利润，英国议会立法禁止荷兰东印度公司的茶叶进入英国市场，指令由英国东印度公司独家经营东方茶叶贸易。① 与此同时，英国还于 1773 年通过《茶税法》，规定东印度公司可以在北美强制倾销茶叶，此举遭到北美殖民地的强烈抗议。1773 年 12 月 16 日，爆发了著名的 "波士顿倾茶事件"，60名 "自由之子" 爬上英国东印度公司商船 "达德茅斯号"，将船上的 342 箱茶叶悉数倒入波士顿港湾。倾茶事件发生之后，大英帝国颁布《波士顿港口法》等四项强制性法案，强硬镇压北美殖民地的反抗行动，使得矛盾更加尖锐，最终导致美国独立战争的爆发和美利坚合众国的成立，为世界地缘政治格局带来重大影响。为此，后人在波士顿茶港专门竖立石碑，以纪念"彪炳史册" 的 "波士顿倾茶事件"。

最后要说的是，茶还改造了人类社会。饮茶使人类的生活方式变得更加健康，茶有助于人类对抗各种病毒，很多学者把 18~19 世纪英国人寿命的延长与茶糖的摄入挂钩。比如，1827 年，John Rickman 根据人口统计数据，明确指出 1811~1821 年英国人口死亡率的下降与茶糖的摄入有直接的关系（在痢疾、瘟疫和营养不良的时代，茶糖的摄入确实具有一定的健康效果，同时还极大地减少了英国人的酗酒量）。② 不仅如此，随着茶叶种植园经济在全球范围的推广，促使人们不得不关注种族、性别、奴隶交易和公平贸易等一系列问题，从而大大推动了世界人权的进步和贸易公平体系的建立。这方面，有必要提及美国学者萨拉·贝斯基（Sara Besky）对印度大吉岭种植园经济的人类学调查成果。萨拉·贝斯基深入调查了来自尼泊尔的廓尔喀族

---

① 关于英国东印度公司专营茶叶贸易的情况，可参阅 Markman Ellis, Richard Coulton, Matthew Mauger, *Empire of Tea: The Asian leaf that Conquared the World* 一书的第三章 "The Tea Trade with China", Reaktion Books Ltd, London, 2015（Print in China by 1010 Print Ltd., 2015）, pp. 53-72。

② 〔英〕艾伦·麦克法兰、〔英〕爱丽丝·麦克法兰：《绿色黄金：茶叶帝国》第二部分第 9节 "茶叶帝国"，第 269~270 页。

群（主要是女工）长年辛勤劳作于大吉岭种植园的真实状况，呼吁改善廓尔喀女性劳工的人权与经济待遇，推动当地底层民众分享大吉岭红茶带来的红利，引起国际学术界和劳工组织的广泛关注。①

在欧洲，茶叶进入社会生活带来的影响同样意义深远。比如，茶叶登陆英国之后，英式早茶迅速改变了英国人早晨喝汤、过度酗酒的生活习惯；英式下午茶则成为英国贵族妇女走向社交与政治的重要平台，由此大大提升了英国妇女的社会地位和政治参与度，对现代英国人的生活方式、社交礼仪乃至政治生态都产生了不可忽视的影响（见图14）。

图 14　身着清朝服饰，坐在茶箱上的英国女商人 Xie Alexandra Kitchin

资料来源：Eric Kentley，*Cutty Sark*：*The last of the Tea Clippers*，Conway Publishing，London，U.K.，2014。

简言之，人类培育了茶，茶也改变了人和人的世界。中国是茶的故乡，新石器时代即已开始人工茶树的培育，唐宋时期已经风行国内，明、清时期茶园经济兴起，海洋贸易蓬勃发展，茶叶开始大规模输出。考古所见器物演变，正是古人的饮茶风格从"煮羹"到"食茶"再到"饮茶"的实证。沉船考古和贸易档案所见茶叶资料，反映了海上茶叶贸易的史实。进入大航海时代以后，中国茶开始进入欧洲市场，饮茶习俗在欧洲日渐流行，而以英国

---

① Sarah Besky，*The Darjeeling Distinction*：*Labor and Justice on Fair-Trade Tea Plantations in India*，University of California Press，2013.

为最著。从这个角度上来讲，也许我们可以说，茶叶的确谱写了"另一种"世界史。①

<h1 style="text-align:center">余　论</h1>

茶叶从中国西传英伦三岛之后，其饮用方式却与中国本土渐行渐远：中国人讲究茶味醇正，一般不添加配料，喝的是一种"纯茶"（Pure Tea）；英国人则偏好"混合茶"（Tea Blend），沏茶时需要加入蔗糖和牛奶，形成一种香甜的混合味道。可见，英国人是把中国的茶、印度的蔗糖和英国的牛奶融为一体了，这样来说，英国茶可以看作是"海洋帝国"的一份历史遗产。

2014~2019 年，中国水下考古机构对清代北洋水师的"致远""经远""定远"等沉舰开展水下考古调查工作，收获颇丰。"致远""靖远"等舰是清政府在英国订造的军舰。当年清帝国打造龙旗飘飘的北洋舰队，曾经刻意复制英国皇家海军的训练模式与作战理念，乃至舰上官兵的生活起居，也一应照搬。有意思的是，水下考古队员从这些军舰上发现了咖啡壶及冲调咖啡的勺子。要之，英国人从中国学会了饮茶，中国人却从英国学会了喝咖啡，"投之以桃，报之以李"，这实在是一段耐人寻味的历史。

<h1 style="text-align:center">Tea Trade along the Maritime Silk Route</h1>

Jiang Bo

Abstract：People domesticated tea and tea trade economically and culturally changed the world history. China is the hometown of tea where the cultivation of artificial tea trees began in the Neolithic Age. During the Tang and Song dynasties, tea culture became popular in China. During the Ming and Qing dynasties, tea

---

① 参阅 Markman Ellis, Richard Coulton, Matthew Mauger, *Empire of Tea: The Asian Leaf that Conquered the World* 一书的跋语 "Gble Tea"，Reaktion Books Ltd., 2015, pp. 269-276；另参阅 Erika Rappaport, *A Thirst for the Empire: How Tea Shaped the Modern World* 一书第三部分 "After Tastes"，Princeton University Press, 2017, pp. 356-378。

garden economy rose and the ocean trade developed magnificently. Tea began to be exported on a large scale. The evolution of archaeological objects provides evidence of how the ancient tea style evolved from "congeeing tea" to "eating tea" and then to "drinking tea". Tea changed the life style of people, stimulated the plantation economy, and even accelerated the development of shipbuilding and shipping industry, and as a result, greatly increased the communication between eastern and Western civilizations. Tea has shaped a unique history of the world. This paper attempts to start with the archaeological discovery of early Tea in China, the evolution of ancient tea drinking methods and the history of tea trade seen in the archaeology of shipwreck, to explore the planting and development history of tea, and to interpret the profound impact of tea trade on the progress of world civilization.

Keywords: Tea; Tea Trade; Maritime Silk Route

（执行编辑：吴婉惠）

龙脑之路

——15 至 16 世纪琉球王国香料贸易的一个侧面

中岛乐章（Nakajima Gakusho）著，吴婉惠译[*]

　　龙脑是马来群岛上赤道附近的野生龙脑树（Dryobalanops aramatica）的树脂凝结而成的一种天然结晶体，香气浓郁，自古便被当作名贵香药备受珍视。龙脑的产地主要在婆罗洲岛北部的沙捞越-浡泥地区、马来半岛东岸、苏门答腊岛西岸的巴鲁斯（Barus）国，婆罗洲北岸是最大的产地。龙脑在印度和西亚等地除作为焚香香料，也被当作涂抹在身体上的化妆香料、涂抹神像的香油香料以及饮食香料，需求广泛。此外，自古以来中国在将龙脑作为香料使用的同时，也将其作为眼药、强心剂、兴奋剂、防虫剂中的最高级药材使用。[1]

　　古代日本亦从中国进口龙脑。天宝元年（742），鉴真和尚东渡日本时，其船上所备物品中便有龙脑香。日本天平胜宝四年（752）的正仓院文书中也有与其他香料一起购入龙脑香的记录。[2]此后，通过日宋、日元贸易，龙脑也得以输入日本。11 世纪的藤原明衡在《新猿乐记》中谈及海外输入品（唐物）时也列举了龙脑。龙脑除了被皇族、贵族等用作香料、药品，也被

---

*　作者中岛乐章（Nakajima Gakusho），日本九州大学文学部东洋史研究室准教授；译者吴婉惠，广东省社会科学院历史与孙中山研究所（海洋史研究中心）助理研究员。

① 山田憲太郎『東亜香料史研究』中央公論美術出版、1967 年、37～72 頁；『南海香药谱：スパイス・ルートの研究』法政大学出版局、1982 年、500～547 頁；Roderich Ptak, "Camphor in East and Southeast Asian Trade, c. 1500. A Synthesis of Portuguese and Asian Sources," in Roderich Ptak, *China, Portuguese, and the Nanyang: Oceans and Routes, Regions and Trade (c. 1000-1600)*, Aldershot: Ashgate, 2004, pp. 142-166。

② 山田憲太郎『東西香薬史』福村書店、1956 年、324～333 頁。

作为密教仪礼的"五香"之一，备受重视。①

14世纪末，明朝实施海禁政策，中断了民间华人海商将包括龙脑在内的南海产品输入日本的合法途径。14世纪初期，日明朝贡贸易开启，日本的遣明船将中国以及南海的商品带入日本市场。此后的日明贸易断断续续，到15世纪后半期，被限制为十年一次，仅靠这样的朝贡贸易根本难以满足日本市场的需求。取而代之，成为南海产品供给东亚路径的，是众所周知的琉球王国的中转贸易。龙脑也是琉球中转贸易中输出的主要南海商品之一。关于琉球中转贸易的具体情况，学界讨论尚不充分。本文聚焦于龙脑，借此考察琉球王国所进行的南海产香料、药品的中转贸易。

一　15世纪东亚及东南亚海域的龙脑贸易

15世纪后半期的五山禅僧、15世纪末时任建仁寺主持的天隐龙泽，在堺港的日本医师清隐搭乘遣明船前往明朝时，赠其七言绝句一首，诗文前有如下记述：

> 亲泉南清隐翁讳友派，以医为业。救人之急，不求其报，世亦以之为善也。常叹曰："吾学卢扁之伎者久矣。然药有陈新，方有古今。……人参、甘草、麝香、龙恼［脑］之类不产吾土，待南舶用之。苟无南信，则抽手于急病之傍，岂不慨唱乎。吾今附贡船，入大明国求药材。今吾邦之人沐大明皇帝惠民之德，则如何。"余曰："善莫大于此。夫作相不济民者，作医以济人。跻斯民于仁寿之域者斯一举乎。"……②

按照清隐的说法，日本不出产人参、甘草、麝香、龙脑等高级药材，仰给于"南舶"，如果此途断绝则别无获取之法。因此，清隐搭乘"贡船"渡海至明，试图获得这些药材。

清隐搭乘的是哪一年的"贡船"即遣明船尚不明确。永享三年（1431），10岁的天隐龙泽成为建仁寺的僧童；应仁元年（1467）开始，为

---

① 関周一『中世の唐物と伝来技術』吉川弘文館、2015年、11頁、83~84頁。
② 以心崇傳『翰林五鳳集』卷三三「雑和部」、『大日本仏教全書』第145册仏書刊行会、1915年、679~680頁。参見小葉田淳『中世南島通交貿易史の研究』日本評論社、1939年、28~29頁。

躲避战乱，他辗转于建仁寺、近江、播磨、因幡之间；文明十四年（1482）起，天隐龙泽担任建仁寺住持，明应九年（1500）去世。① 文明九年（1477）后，遣明船从原来的兵库改由堺港出发。因此可推测，清隐搭乘遣明船的时间应为应仁二年（1468）、文明十六年（1484）或明应四年（1495）中的某一年。

此外，小叶田淳在介绍这段史料时认为，清隐所说的"南舶"，按照"当时的用法应是指遣明船"。但是该史料的后文中，将遣明船称为"贡船"，这似乎又和"南舶"有所区分。另一方面，小叶田淳指出，由于15世纪初开始便定期来航兵库港的琉球王国的使节船，在应仁之乱后中断，因而可判断依靠琉球船输入南海产品也一并中断，因此造成日本最大的消费市场——畿内市场的严重供给不足。② 人参、甘草、麝香等中国药材，除了十年一次的日明贸易，完全依赖从琉球进口。这样看来，"南舶"应为琉球王国的使节船，或者是来自琉球的堺港商人的船。

那么，琉球王国本身又是从何处进口龙脑等南海产药材，然后再运往堺港的呢？众所周知，15世纪后半期，琉球王国主要派遣贸易船前往马六甲王国和大城王朝，展开交往，尤其是马来群岛最大的商品集散港——马六甲。

1511年，葡萄牙人占领马六甲，设置要塞和商馆。翌年，成为马六甲商馆员的多默·皮列士（Tome Pires）在其《东方全志》中，详细讲述了以马六甲为中心的海上贸易情况。如上文所述，龙脑的产地主要在婆罗洲岛北岸、马来半岛东岸、苏门答腊岛西岸。皮列士书中描述苏门答腊岛西岸的巴鲁斯王国称，"这是黄金、生丝、安息香、大量的龙脑、沉香、蜜蜡、蜂蜜"等的中转港口，每年有1~3艘来自印度西北部古吉拉特的船。古吉拉特人收购"大量的黄金、生丝，许多的安息香、沉香，两种龙脑——多数用于食用——还有大量的蜂蜡和蜂蜜"③。如此来看，苏门答腊产的龙脑主要由古吉拉特商人带到印度和西亚。苏门答腊岛东北岸的阿路地方，也产出

---

① 玉村竹二『五山禅僧伝記集成』思文閣、2003 年、476~478 頁。
② 小葉田淳『中世南島通交貿易史の研究』、26~35 頁。
③ Armando Cortesāo, trans. and ed., *The Suma Oriental of Tomé Pires and the Book of Francisco Rodrigues*, Vol. I, London: The Hakluyt Society, 1944, p.161.

"大量的食用龙脑"。①

此外，皮列士文中还记载了从浡泥到马六甲的商人，"他们每年运去两个或三个巴哈尔的贵重龙脑。每一卡提龙脑，大小不同而价格各异。根据种类和品质，值 12 个到 30 个乃至 40 个克鲁扎多不等"。② 可见，浡泥商人从龙脑最大的产地婆罗洲岛北部，运送大量的龙脑到马六甲。皮列士在列举从马六甲运往广东的商品时，提及胡椒等各种南海商品的同时，也记载了华商"大量购买""许多的浡泥龙脑"。③

同时，皮列士在列举从孟加拉到马六甲的商人运载的商品时，首先便提到"婆罗洲的龙脑"和胡椒，并附言这两种商品销售量颇大。④ 再者，同时代在印度西南海岸的坎纳诺尔的商馆从事贸易的杜阿尔特·巴波萨（Duarte Barbosa），也有关于婆罗洲产品的记述："在此可以找到大批食用龙脑，备受印度人珍视，其价值相当于同一重量的白银。他们将其研磨成粉末，装入竹筒后运到那罗信伽（Narasinga）、马拉巴尔、德干。"⑤ 可见，除了华商将浡泥的龙脑经由马六甲供给中国市场，孟加拉等地商人也从马六甲将龙脑运往印度市场。

然而，皮列士在记载马来半岛东岸的港市时却基本没有提到龙脑。这些港市大多数从属于大城王朝，皮列士谈到从马六甲输往暹罗的商品时，说的是"婆罗洲的龙脑"。⑥ 可见，当时马来半岛东岸的龙脑生产量有限，其在贸易市场的重要性也相对较低。

16 世纪初，龙脑的两大产地为婆罗洲岛北岸和苏门答腊岛西岸。前者从浡泥运往马六甲，再提供给中国市场。后者由古吉拉特商人带到印度和西

---

① Armando Cortesão, trans. and ed., *The Suma Oriental of Tomé Pires and the Book of Francisco Rodrigues*, Vol. I, p. 148.

② Armando Cortesão, trans. and ed., *The Suma Oriental of Tomé Pires and the Book of Francisco Rodrigues*, Vol. I, p. 132.

③ Armando Cortesão, trans. and ed., *The Suma Oriental of Tomé Pires and the Book of Francisco Rodrigues*, Vol. I, p. 123.

④ Armando Cortesão, trans. and ed., *The Suma Oriental of Tomé Pires and the Book of Francisco Rodrigues*, Vol. I, p. 93.

⑤ Mansel Longworth, ed. and annot., *The Book of Duarte Barbosa: An Account of the Countries Bordering on the Indian Ocean and their Inhabitants*, Vol. II, Hakluyt Society, 1918, pp. 207-208.

⑥ Armando Cortesão, trans. and ed., *The Suma Oriental of Tomé Pires and the Book of Francisco Rodrigues*, Vol. I, p. 108.

亚。皮列士在书中记载，琉球人从马六甲运回"和华人一样的商品"。① 这些商品中也许亦包括婆罗洲产的龙脑。当时的海域亚洲存在"龙脑之路"。婆罗洲产的龙脑除了由浡泥商人运送到马六甲，然后提供给中国市场，也由琉球船运往那霸，再由堺港商人提供给畿内市场。

二　运往朝鲜的龙脑路线与动向

在以琉球为结节点，连接东亚、东南亚的"龙脑之路"上，朝鲜是比日本更为重要的消费市场。日本对龙脑的需求，主要在于佛教仪式和香薰物的使用。而朝鲜则更多是在药用方面。在高丽王朝时期，龙脑已被尊为珍贵药材。例如在 13 世纪前期，重臣李奎报患眼疾之际，"医云非龙脑难理"，然"此药非人间所常得也"。权臣晋阳公崔怡特地"赐以千金难觅之药"的龙脑，李奎报的眼疾最终得以痊愈。为此，李奎报特意作七言诗三首，向崔怡深表谢忱。其中一首云："龙脑真为百药王，人间处处觅难轻。一朝得受千金赐，未启缄封眼已明。"② 可见在当时，龙脑是朝廷高官也不易得到的高贵药材。

龙脑作为调制各种高级药物不可或缺的成分，一直到朝鲜王朝时期都深受重视。例如，正统五年（1440），承政院就市场上充斥着品质低劣药材的问题，做出以下建言：

> 凡用药治病之法，随证投药，乃得其效。世人不察病根，若患急病，则皆用清心圆，有违用药之法。……近来议政府六曹承政院义禁府等各司年年剂作，家家蓄之，病家因缘求用。因此乃于惠民局、典医监，买之者甚少，一年所剂，未毕和卖，陈久不用。若未得龙脑，则用小脑剂之，殊失药性，有害无益……且苏合圆、保命丹，亦是贵药。京外各处，非徒轻易剂造，至于市井之辈，不精剂造见利，亦为未便。又况苏合圆方内，或用龙脑，或用麝香。今各处未得龙脑，则用小脑剂之，有违本方，反为有害。请自今京外公私各处清心圆剂作，一皆禁

① Armando Cortesão, trans. and ed., *The Suma Oriental of Tomé Pires and the Book of Francisco Rodrigues*, Vol. I, p. 130.

② （高丽）李奎报：《谢晋阳公送龙脑及医官理目病》，《东国李相国后集》卷九，载《影印标点韩国文集丛刊》第 11 册，景仁文化社，1988，第 487 页。

断，加惠民典医监剂数。其价酌量差减，大小病家，并皆买用苏合圆、保命丹，则若未觅龙脑，勿用小脑，须用麝香。①

当时，清心丸、苏合丸、保命丹等药品原本应由惠民局、典医监制造，然而由于政府各机关和民间的滥造及其在市场的广泛流通，惠民局和典医监的制药滞销。并且，原本需龙脑调配的药品，多以小脑（樟脑）调配，以致低劣品居多。为此，承政院提议禁止惠民局和典医监以外的机构或个人调配相关药品，并且严禁用小脑等代替龙脑。

那么，朝鲜王朝是通过何种路线获得龙脑的呢？朝鲜王朝实录中不乏从海外进口胡椒的记录。首先，有明朝通过南海诸国的朝贡贸易获得龙脑，再提供给朝鲜的方式。宣德七年（1432），礼曹判书的启本中有记："朱砂、龙脑，虽曰贵药，求之中国，则犹可得也。沉香则虽中国，未易得之。"可见和沉香不同，龙脑可以从中国输入。② 例如永乐元年（1403），朝鲜国王太宗派遣使节前往明朝之时，为了治疗父王太祖的疾病，上奏"需龙脑、沉香、苏合香油诸物，赍布求市"。对此请求，永乐帝就"命太医院赐之，还其布"③。又明年"朝鲜国王缺少药材，差臣来这里收买"，皇帝再次交予"龙脑一斤"等药材。④ 洪熙元年（1425）、成化十七年（1481）、成化十九年（1483），应朝鲜国王要求，明朝遣使朝鲜时便带去皇帝赏赐的龙脑。⑤

成化十七年，正使左议政韩明烩在北京的玉河馆逗留期间，曾向太监姜玉请求龙脑和苏合油。对此姜玉回答："此皆药肆所无。纵或有之，皆赝品也，非真也，最未易得者也。"几天后，姜玉再次造访玉河馆，将龙脑和苏合油赠予韩明烩，并告知："予入侍清燕，伺间奏宰相（韩明烩）求药之意，外间难得之状。帝曰：'然则吾当与之矣。'今朝，帝急召玉，出内帑药授之，曰：'汝往赍老韩。'"⑥ 可见，即便在京城市场也很难购买到高品质的龙脑。韩明烩也是通过太监的协助，才得以获赐收藏于内廷的龙脑。

① 《世宗实录》卷九一，正统五年十一月辛酉条。
② 《世宗实录》卷五八，宣德七年十月乙巳条。
③ 《海东绎史》卷三六，交聘志四，成祖永乐元年四月条。
④ 《太宗实录》卷八，永乐二年十一月己亥条。
⑤ 《世宗实录》卷三〇，洪熙元年十一月壬寅条；《成宗实录》卷一二九，成化十七年十二月癸未条；《成宗实录》卷一五七，成化十九年八月辛未条。
⑥ （高丽）李承召：《三滩集》卷十一序，载《影印标点韩国文集丛刊》第1册，景仁文化社，1990，第228页。

　　从上述的情况可推测，通过朝贡使节从中国获得龙脑的方式并非主流，最为重要的方式还是与东亚诸国的海上贸易。早在 15 世纪初期，东南亚诸国通过华人海商得以直接与日本、朝鲜展开交往。永乐四年（1406），发生了爪哇国的使节沈彦祥在朝鲜近海的郡山岛遭受倭寇袭击，船上所载龙脑等南海商品被夺事件。① 琉球王国自 15 世纪末开始便向朝鲜王朝派遣使节，展开直接交往。这些使节们正式进献的物品中是否含有龙脑，暂无法确认。但是琉球船有可能将龙脑作为交易的商品而非进献物品输出海外。并且朝鲜王朝实录中也记载了博多和对马等九州北部的诸势力，在向朝鲜输出胡椒等南海商品外，也输出龙脑。永乐十九年（1421）对马的左卫门大郎、永乐二十一年（1423）筑州管事平满景和对马的宗贞盛，都曾向朝鲜国王进献龙脑。② 宣德二年（1427），壹岐的源重和松浦的源昌明等也进献过龙脑。③

　　进入 15 世纪中期，虽然找不到日本人进献龙脑的记载，但实际上，对马和博多等地的"兴利倭人"会定期向朝鲜输出龙脑。例如弘治七年（1494），日本人就抗议输出商品的官方购买价格比民间价格低太多。对此，户曹向成宗建议提高购买价格，但不应允许其与民间商人直接交易。但是成宗认为"余物不须贸之，如龙脑、大波皮、沉香，皆切于国用，问其直以贸焉"，龙脑、沉香等为朝廷不可或缺之商品，指示户曹接受价格谈判。④

　　这些和朝鲜交往的日本人们，通过什么样的路线获得龙脑呢？15 世纪初期，像 1406 年那次的爪哇船事件一样，通过袭击来自东南亚的船只掠夺商品，或者通过贸易获得龙脑，或将和明朝的朝贡贸易中输入的龙脑进行再输出等都有可能。但是之后，前往东亚的东南亚船一度中断，和明朝的朝贡贸易也断断续续。可推测，此时日本人向朝鲜输出的大部分龙脑，都是先从琉球输入的。萨摩的岛津氏，自 14 世纪末开始便通过琉球获取南海商品，再进献给朝鲜王朝。⑤ 15 世纪中期以后，博多商人也为朝鲜提供南海商品，有力推动了琉球和朝鲜的贸易。他们或委托琉球王国遣往朝鲜的使者，或假

①　《太宗实录》卷十二，永乐四年八月丁酉条。
②　《世宗实录》卷十一，永乐十九年八月丁酉条；《世宗实录》卷十九，永乐二十一年五月甲午条。
③　《世宗实录》卷三五，宣德二年一月壬寅条。
④　《成宗实录》卷二九一，弘治七年六月癸酉条；同丁酉条。
⑤　関周一『中世の唐物と伝来技術』、38～46 頁。

装成琉球使者渡航朝鲜。① 龙脑也通过上述方式，作为南海商品的一种提供给朝鲜市场。15 世纪出现了"浡泥—马六甲—那霸—坊津—博多—对马—三浦"的"龙脑之路"。

三　16 世纪东亚、东南亚海域的变动和龙脑之路

连接"浡泥—马六甲—那霸—坊津—对马—三浦"的"龙脑之路"，在16 世纪初期迎来大转机。首先，1510 年，朝鲜发生了三浦之乱；其后经由对马的日朝贸易大幅度削减。② 紧接着，1511 年，葡萄牙的第二代印度总督阿方索·德·阿尔布克尔克（Afonso de Albuquerque）率舰占领马六甲王国。这一年，琉球王国派往马六甲的贸易船在翌年年初，即葡萄牙占领后不久才抵达马六甲开展贸易。此后再也没有去往马六甲。③ 16 世纪第一个十年，从马六甲经琉球，再抵达朝鲜的南海商品输出航路，由于航路两端都动荡不安，龙脑贸易也自然难以稳定。

然而，龙脑作为珍贵药材对朝鲜而言不可或缺。三浦之乱后，一时骤减的经由对马的朝鲜贸易慢慢开始恢复。虽然不及 16 世纪初期最盛期时的繁荣状态，但也逐渐复苏，南海商品的供给量也随之增加。嘉靖二年（1523），领事南衮向中宗上疏：

> 高荆山云："倭人贲来金银、龙脑等物，不为私贸易，而尽为公贸易，则虽尽庆尚道绵布，不能为也。"然此乃国王所送，若不从，则无交邻之道。既不从许和之请，又不许贸易，则不可也。④

户曹判书高荆山称日本使节带来的金银、龙脑，全部想要通过官方贸易而非民间贸易的形式由政府购买。这样的话，即使用尽庆尚道全部棉布也不足以抵资。但是，既然对方是日本国王使节，就不能拒绝贸易。这一年的日

---

① 田中健夫『中世海外交渉史の研究』東京大学出版会、1959 年、35~65 頁；橋本雄『中世日本の国際関係：東アジア通交圏と偽使問題』吉川弘文館、2005 年、153~182 頁等。
② 荒木和憲『中世対馬宗氏領国と朝鮮』山川出版社、2007 年、257~277 頁。
③ 中島樂章「マラッカの琉球人：ポルトガル史料にみる」『史淵』第 154 輯、2017 年、11~12 頁。
④ 《中宗实录》卷四八，嘉靖二年六月丁卯条。

本国王使者一鹗东堂，实际上是对马宗氏假借足利义晴的名义派遣的伪使。[1] 针对这种情况，中宗也说"交邻以信，宜待以厚。贸易之事，不可废也。然皆以公贸易，则安知明年又有来也，将不可支矣"，指出今后继续全面维持官方贸易十分困难。

1525 年，大内氏果然又以日本国王足利义晴的名义向朝鲜国王派遣使节。[2] 礼曹判书对此次日本使节说："日本使持来胡椒九千九百八十斤、朱红一千八百八十斤、沉香二千一百八十八斤、龙脑二十八斤等物，命公贸三分之一。"日本使节带来大量的南海商品，如胡椒近一万斤，龙脑也有二十八斤，所以礼曹告之政府只能收购三分之一。但是日本使节反对这一处理方式。为此，领议南衮向中宗呈报：

> 臣亦闻，户曹公贸倭物三分之一，而余皆私贸。倭使曰："若然则赍来商物，当全还于国。"若使全还则于国体埋没，请自上处之。[3]

日本使节称若政府只购三分之一，那他们将带走全部的商品。因此南衮不得不向中宗请示妥善的处理之法。对此，成宗指示说"此兴常倭异矣。可贸者，其许贸"，表示在可能的范围内购买。[4]

到了 16 世纪 20 年代，以日本国王名义的使节又开始带着包括龙脑在内的大量南海商品到达朝鲜。这减轻了对马每年派遣的贸易船只减少的影响，也意味着经由日本进口一定量的南海商品对朝鲜而言是不可或缺的。

这一时期，胡椒、沉香、龙脑等南海商品是通过何种路线购买？沉香的主要产地是中南半岛，从大成王朝输出到琉球的沉香，通过博多商人等再输入到日本。琉球王国和马六甲交往中断后，和马来群岛的大泥展开交往。大泥是马来半岛产胡椒的重要输出港，同时也是苏门答腊、爪哇岛产胡椒的中转港。[5] 琉球有可能主要是在大泥采购胡椒，再经由日本输出到朝鲜。

问题就在于龙脑。1512 年以后，只有大城王朝、大泥与琉球有交往记

① 橋本雄『中世日本の国際関係：東アジア通交圏と偽使問題』、196~197 頁。
② 橋本雄『中世日本の国際関係：東アジア通交圏と偽使問題』、220~223 頁。
③ 《中宗实录》卷五五，嘉靖四年八月丙午条。
④ 《中宗实录》卷五五，嘉靖四年八月丙午条。
⑤ 中島樂章「胡椒と仏郎機：ポルトガル私貿易商人の東アジア進出」『東洋史研究』第 74 巻第 4 号、2016 年、118~119 頁。

录。大泥虽是龙脑的产地之一，但如上文所述其生产、输出量皆有限。而大城王朝本身就需从马六甲输入浡泥产的龙脑，并不是龙脑的输出国。然而实际上，琉球王国的有些贸易对象国，也有可能并未记录在《历代宝案》中。

葡萄牙占领马六甲后，众多穆斯林海商从马六甲离散至周边的伊斯兰系港市。与此同时，大泥和浡泥作为南海海域的新兴贸易港繁荣起来。① 1521年，麦哲伦舰队进入浡泥是欧洲人抵达浡泥的最早记录。1526年，葡萄牙人也开辟了从马六甲经浡泥再到摩鹿加群岛的航路。②

费尔南·洛佩斯·德·卡斯塔内达（Fernão Lopes de Castanheda）的编年史《葡萄牙人发现和征服印度史》（*História do descobrimento e conquista da Índia pelos portugueses*）中，关于浡泥航路的开拓的相关描绘如下：

> 这个城市（浡泥）非常大，到处可见红砖墙壁和气派的建筑。最重要的建筑是这个岛的国王的居所，里面有着许多的豪华品。这些（浡泥以外的）港市中，以劳埃（Laue，译者注）和汤加普拉（Tanjapura，译者注）最为重要，各种各样的商品在那里装船。无论是哪一个港口都住着许多富有的商人。他们和中国、琉球（Laquea）、暹罗、马六甲、苏门答腊以及周围其他岛屿进行贸易。他们将龙脑、钻石、沉香、食品等从这里运向其他地方。③

由此可见，浡泥等婆罗洲岛诸港的大商人们，除了和中国以及东南亚的主要港市进行贸易，也和琉球进行贸易。

16世纪前半期，琉球和浡泥有着交往关系，这在当时西班牙制成的世界图中也有体现。葡萄牙人地图制作者迪奥戈·里贝罗（Diogo Ribeiro）在

---

① Kenneth H. Hall, "Coastal Cities in an Age of Transition: Upstream-Downstream Networking and Societal Development in Fifteenth-and Sixteenth-Century Maritime Southeast Asia," in Kenneth H. Hall, ed., *Secondary Cities and Urban Networking in the Indian Ocean Realm*, *c.1400-1800*, Lanham, Md.: Lexington Books, 2008, pp. 183-188.

② Roderick Ptak, "The Northern Trade Route to the Spice Islands: South China Sea-Sulu Zone-North Moluccas, (14th to early 16th century)," in Roderick Ptak, *China's Seaborne Trade with South and Southeast Asia* (*1200-1750*), Aldershot: Ashgate, 1999, pp. 36-47.

③ Fernão Lopes de Castanheda, *História do Descobrimento e Conquista da Índia pelos Portugueses*, Lisboa: Lello & Irmão, 1979, Vol. II, livro VIII, capitulo XXI, p. 595.

16 世纪 20 年代曾为西班牙王室绘制了许多世界图和海图。1525～1529 年制成的四幅世界图迄今尚存。[①] 其中，1527 年的世界图里，里贝罗根据麦哲伦舰队的航海报告，在广东以南的南海（Mare Sinarum）海域中，绘制了菲律宾中南部的岛屿和婆罗洲岛北岸。地图虽然没有绘出琉球本身，但是在婆罗洲岛的北边方位上附记如下文字："这个浅滩上，有琉球人渡航至 balarea 和其他各地的航路。"（estos baxos tienen canales por donde van los lequios a balarea & a otras partes）。[②] 这里的 balarea 和 balanea 应该为同一地，指的都是婆罗洲。

里贝罗 1529 年制作的世界图（梵蒂冈图书馆藏）中，沿着中南半岛东岸，在应该为西沙群岛的沙洲状的各岛屿和婆罗洲北岸之间，再次注记"在这个浅滩上，有琉球人渡航至 boino 和其他各地的航路"（Estos baxos tienẽ canales por donde van los lequjos a boino & otras partes）。[③] 1529 年，里贝罗制成的另一幅世界图（图林根州魏玛地域图书馆藏）中，在西沙群岛和婆罗洲北岸之间，附注"在这个浅滩上，有琉球人渡航至 borneo 和其他各地的航路"（Estes baxos tienẽ canales por donde van los lequios a borneo & otas partes）一句。[④]

明代前往东南亚的航路分为"西洋"和"东洋"。"西洋"航路从福建、广东出发，经过海南岛海域，沿着中南半岛南下南海，然后抵达暹罗湾、马六甲海峡、爪哇海。"东洋"航路则从福建出发，经过台湾海峡，沿着吕宋岛西岸南下南海，从巴拉望岛朝浡泥，或者从苏禄海岛到摩鹿加群岛。[⑤]《历代宝案》中记录的琉球王国的交往国全部属于"西洋"航路，完全没有琉球王国和"东洋"诸国交往的记载。但是实际上，琉球王国也有可能向"东洋"航路派遣贸易船，开展不以汉文文书为媒介的贸易。

---

① Armando Cortesão e Avelino Teixeira, *Portugaliae Monumenta Cartographica*, Coinmbra: Universidade de Coinmbra 1960, Vol. I, pp. 87-94.

② Armando Cortesão, *Cartografia e Cartógrafos Portugueses dos Séculos XV e XVI*, Lisboa: Seara nova, 1935, Vol. I, p. 144.

③ Armando Cortesão, *Cartografia e Cartógrafos Portugueses dos Séculos XV e XVI*, p. 149.

④ Armando Cortesão, *Cartografia e Cartógrafos Portugueses dos Séculos XV e XVI*, p. 158.

⑤ Roderich Ptak, "Jotting on Chinese Sailing to Southeast Asia, Especially on the Eastern Route in Ming Times," in Roderich Ptak, *China, Portuguese, and the Nanyang: Oceans and Routes, Regions and Trade* (*c. 1000-1600*), pp. 106-109.

　　例如多默·皮列士关于来航马六甲的琉球人就有如下记载："琉球人到日本去需航行七八天，带去上述（马六甲购买的）商品，用以交换金和铜。……琉球人和日本人做吕宋布以及其他商品的买卖。"[①] 琉球人不仅向日本输出在马六甲购买的南海商品，也输出吕宋产的棉布等。从琉球经过台湾附近海域，较容易抵达吕宋岛。再者，从吕宋岛西岸，沿巴拉望岛北岸南下的话，再经由陆路便可抵达浡泥。可以推测，葡萄牙占领马六甲以后，琉球商人为获得龙脑等婆罗洲产商品，航行至浡泥的可能性非常大。

　　再者，皮列士关于华商的南海贸易亦有如下记载："最近他们开始从中国向浡泥航海。他们说，渡海十五天就能到那里。又说这应该是近十五年来的事情。"[②] 皮列士在 1515 年前后写完《东方全志》，由此可知，华人海商在葡萄牙人占领马六甲的十年前，即 1500 年前后就已经开始直接渡海至浡泥开展贸易。很可能随着中国国内的龙脑需求的逐渐扩大，华人海商不仅经由马六甲向中国转口婆罗洲的龙脑，也开拓了直达浡泥的航路，开始直接进口婆罗洲的龙脑。

　　可以推测，开拓这一条新贸易航路的主要是福建海商。他们可能以漳州湾的月港等走私贸易港口为据点，利用经由中国台湾、菲律宾的"东洋"航路往返浡泥，进口以龙脑为主的婆罗洲的产品。同时，福建海商在琉球王国的海外贸易中也扮演了重要角色。住在那霸港的"久米村"的福建人后裔，在与明朝和东南亚诸国的外交和贸易中，扮演了领航员和通事等重要角色。不仅如此，福建的私人海商也往返于月港等港口和那霸港之间，进行着走私贸易。尤其是从 15 世纪后期开始，随着明朝的海禁逐渐弛缓，福建和琉球之间的走私贸易也持续增加。

　　1511 年葡萄牙人占领马六甲，随之琉球中止向马六甲派遣商船。为了满足日本和朝鲜对龙脑的需要，很可能琉球与福建海商结合，开始经由"东洋"航路渡海而至浡泥，直接进口以龙脑为主的婆罗洲产品，再向日本、朝鲜等市场转口。总之，16 世纪初以后，琉球重新开拓了和浡泥的贸

---

① 在 Armando Cortesão 的《东方全志》英译本中，将"panos lucoees"（吕宋布）误写为"panos lucões"（渔网），并称琉球人从吕宋向日本输出渔网，这一说法并不正确。见 Armando Cortesão, trans. and ed., *The Suma Oriental of Tomé Pires and the Book of Francisco Rodrigues*, Vol. I, p. 131。

② Armando Cortesão, trans. and ed., *The Suma Oriental of Tomé Pires and the Book of Francisco Rodrigues*, Vol. I, p. 123.

易，并通过"浡泥—那霸—种子岛—土佐冲—堺港"，或者"浡泥—那霸—坊津—博多—对马—三浦"航路，为日本近畿市场和朝鲜市场提供龙脑，形成了新的"龙脑之路"。

The Road of Borneol: An Aspect of the Spice Trade of Ryukyu Kingdom in the 15th and 16th Century

Nakajima Gakusho

Abstract: The two main producing areas of borneol were the north coast of Borneo and west coast of Sumatra. In the 15th century, there was a road of borneol in maritime Asia. The borneol produced in Borneo was transported to Malacca by brunei merchants and then provided to the Chinese market, and the borneol produced in Sumatra was transported to India and west Asia by Gujarat merchants. The borneol transported to Malacca was also transported to Naha by Ryukyu merchants, and then provided to Kinai market by Sakai merchants. Korea was a more important market for borneol than Japan. Korea got borneol through three ways: from Ming who obtained borneot via tributary trade with southeast Asian countries, from Chinese merchants in southeast Asian countries and from Japanese merchants in Tsushima and Hakata who obtained borneol from Ryukyu merchants. As the Sanpo Japanese Rebellion in Korea and the occupation of Malacca by Portugal, the borneol trade between Malacca and Korea via Ryukyu broke off. From the early 16th century, the Ryukyu merchants opened up new routes to conduct the borneol trade with Brunei, by which Korea and Kinai market gain borneol. The new road of borneol was formed.

Keywords: Borneol; Ryukyu Merchant; Malacca; Brunei

（执行编辑：申斌）

葡萄牙人东来与 16 世纪
中国外销瓷器的转变

——对中东及欧洲市场的观察

王冠宇[*]

从葡萄牙人第一次在广东沿海离岛登陆，并与中国商人进行贸易，到澳门开埠，稳定有序而规模日盛的中葡贸易得以开展，葡萄牙及更广阔的欧洲大陆逐渐成为中国商品集散流通的重要地区。作为一个全新的海外市场，葡萄牙曾对中国外销瓷器的面貌产生深远影响。16 世纪与 17 世纪之交，一种被称为"克拉克"的全新风格瓷器涌现并风靡欧洲，便是当中最为显著的结果之一。

欧洲市场需求的出现及不断扩大，如何影响中国瓷器外销的进程，如何塑造中国瓷器外销的品种、类型以及纹样风格等诸多面向，最终形成一整套独具特色、专供欧洲大陆的贸易商品，将是本文论述的重点。称这批瓷器为创新之作，皆因其与此前大量生产并行销中东地区的中国瓷器存在巨大差异。这些差异主要存在于瓷器的品种类型、尺寸规格及装饰纹样等三个方面。篇幅所限，本文将重点讨论瓷器品种类型的转变，并进一步阐述这些转变与葡萄牙本地功能及审美需要的关系，分析其如何达成与欧洲市场需求的契合，从而解释中国外销瓷器海外目标市场的变动与转移。

  * 作者王冠宇，香港中文大学文物馆中国器物主任（副研究员），研究方向为古代陶瓷及中外物质文化交流。
  本文系香港特别行政区政府研究资助局资助研究计划"明代藩王的瓷器生产与消费文化"（14609018）的阶段性成果。

一　研究个案的选取

中葡贸易展开前，中东地区曾是中国瓷器外销的最大市场之一。文献记载之外，地方馆藏、陆上遗址及沉船考古发现都是明证。① 对实物资料的观察与研究，是我们理解这个阶段外销瓷器各方面特点的关键。本文以土耳其伊斯坦布尔托普卡比王宫博物馆（Topkapi Palace Museum, Istanbul, Turkey）藏 16 世纪初期外销瓷器作为中东市场的代表类型，与中葡贸易开展之后的外销瓷器进行比较，探讨葡萄牙东来前后，中国外销瓷器发生的巨大变化。

1453 年，奥斯曼苏丹穆罕默德二世攻陷伊斯坦布尔，奥斯曼帝国迁都于此。1460~1478 年，代表着帝国中央权威的托普卡比王宫完成设计、布局与庞大的建造工程，此后又在不同时期得以改造与扩建，直至 1839~1861 年苏丹阿伯都麦齐德在位期间将宫廷迁出托普卡比王宫为止。1863 年，王宫因火灾损毁严重，经过修整后，于 1924 年作为王宫博物馆重新投入使用。②

元代以来中东地区与中国大陆密切的外交与贸易往来，以及明清时期土耳其作为陆路及海上贸易路线上重要商贸地点的历史背景，使作为奥斯曼帝国王宫的托普卡比收藏了上万件中国瓷器，时间横跨约六百年，这批藏品成为世界范围内品质最高、数量最多的中国瓷器收藏之一（见图 1）。③ 这些瓷器的入藏，仅有极少部分是经由直接采购或外交馈赠的途径，更多的是从奥斯曼官员的私人收藏中征取。因奥斯曼施行"木哈勒法"制度，规定官员去世后其财产收归国库，瓷器收藏亦进入大内宝库，供王室取用。④因此，王宫博物馆藏可以覆盖中东地区欣赏和使用中国瓷器的诸多面向，提供综合全面的信息。

---

① 目前为止，对于中东地区收藏中国瓷器的整理、研究成果颇丰，主要的可参见 John Alexander Pope, *Chinese Porcelains from the Ardebil Shrine*, Washington, D. C. : Freer Gallery of Art, 1956; Takatoshi Misugi, *Chinese Porcelain Collections in the Near East: Topkapi and Ardebil*, Hong Kong: Hong Kong University Press, 1981; Regina Krahl and John Ayers, *Chinese Ceramics in the Topkapi Saray Museum*, London: Sotheby's Publications, 1986;〔土〕爱赛·郁秋克编《伊斯坦布尔的中国宝藏》，伊斯坦布尔：土耳其外交部，2001。

② 〔土〕爱赛·郁秋克编《伊斯坦布尔的中国宝藏》，第 9~15 页。

③ 参阅 Regina Krahl and John Ayers, *Chinese Ceramics in the Topkapi Saray Museum*, London: Sotheby's Publications, 1986, Vol. 2, pp. 23-54。Takatoshi Misugi, *Chinese Porcelain Collections in the Near East: Topkapi and Ardebil*, pp. 1-12。

④ 〔土〕爱赛·郁秋克编《伊斯坦布尔的中国宝藏》，第 43~81 页。

图 1 托普卡比王宫博物馆收藏的中国瓷器

资料来源：Regina Krahl and John Ayers，*Chinese Ceramics in the Topkapi Saray Museum*，London：Sotheby's Publications，1986，Vol. 2，p. 28。

在对中国瓷器进入欧洲市场初期的讨论中，笔者将使用葡萄牙一处修道院遗址出土的瓷器作为比较个案。遗址原为旧圣克拉拉修道院（Mosteiro de Santa Clara-a-Velha），其所在的科英布拉市（Coimbra，Portugal），在 1131～1255 年曾是葡萄牙首都，且前后有 11 位葡萄牙国王出生并成长于此。[①] 而修道院的建立和使用与葡萄牙皇室渊源颇深。

1316 年，旧圣克拉拉修道院由葡萄牙伊丽莎白王后（Queen Elizabeth，葡文 Queen Dona Isabel）出资修建。[②] 此后亦长期受到皇室及贵族成员资助捐赠。在本文集中讨论的 16 世纪中后期，修道院的女性权贵供养人记录在册者就达上千位，当中包括大量皇室及贵族成员。她们的捐赠构成了此时期修道院获得精美外销瓷器的主要途径。[③] 根据文献记载以及修道院出土的供养人墓葬证明，有相当数量的供养人曾在修道院长期生活修行，甚至埋葬于

---

① Anthony R. Disney，*A History of Portugal and the Portuguese Empire：From Beginnings to 1807*，New York：Cambridge University Press，2009，pp. 75，93.

② 国王迪尼什一世（King Denis of Portugal）的妻子，因对宗教的虔诚与竭诚贡献，于 1626 年被罗马教会追封圣号。引自 Rev. Hugo Hoever，*Lives of the Saints，For Every Day of the Year*，New York：Catholic Book Publishing Co.，1955，p. 257。

③ 科英布拉旧圣克拉拉修道院遗址博物馆电子档案。

此。① 而出土器物表面大量使用和磨损的痕迹证明，它们很可能为供养人及修女们在修道院的日常生活中所用。

　　由于选址临近蒙德古河（Mondego River），此地频繁遭河水季节性泛滥之灾。修道院以不断加高地面及修建防洪墙的做法抵御每年冬季的洪水，但一直未能摆脱困扰。1612~1616 年，修道院被迫在教堂中重新修建了一个更高的地面，放弃了曾经的地面及教堂外的院落。并开始筹备在旁边的山顶上修建新的修道院，以期取代已经不能维持日常使用的旧址。1677 年，新圣克拉拉修道院修建完毕，宗教团体全员迁移，旧的修道院被彻底废弃。由于两处修道院均冠名以圣克拉拉（Mosteiro de Santa Clara），因此在称呼中加入 "新" "旧" 以示区别。②

　　废弃的教堂及院落，因洪水之患，及水位线的长期高企，一直掩埋在积水与淤泥中，直到 1995 年的清淤及考古工作正式展开，才被清理出来（见图 2）。长期掩埋，保护遗迹遗物不经扰动，信息保存完整。遗址出土逾五千件中国瓷器碎片，年代主要集中于 16 世纪后半叶，这是理解中葡贸易早期中国外销瓷器面貌的关键资料。③

图 2　旧圣克拉拉修道院遗址*

*拍摄者不详，照片保存于旧圣克拉拉修道院遗址博物馆。

①　Paulo Cecar Santos, "The Chinese Porcelains of Santa Clara-a-Velha, Coimbra: Fragments of a Collection," *Oriental Art*, Vol. XLIX, No. 3, 2003, pp. 24-31.

②　葡语分别为 Mosteiro de Santa Clara-a-Nova（新圣克拉拉修道院）及 Mosteiro de Santa Clara-a-Velha（旧圣克拉拉修道院，即本文重点讨论的遗址）。

③　Paulo Cecar Santos, "The Chinese Porcelains of Santa Clara-a-Velha, Coimbra: Fragments of a Collection," pp. 24-31.

笔者选取以上两处单位作为比较个案，分别考察中国外销瓷器在中东地区和欧洲地区的流通及使用情况，以此论证两地进口中国瓷器的不同品貌及其功能差异，从而理解葡萄牙人东来、中欧海上贸易贯通之后，中国外销瓷器所发生的宏观变化。

二　中国瓷器在中东：种类及功能

在托普卡比王宫博物馆收藏的瓷器中，数16世纪的中国外销瓷器种类丰富，它们与本地历史文献及图像资料的记录相呼应，为我们还原出中国瓷器在16世纪中东地区使用中的突出特点——中东地区使用的中国瓷器种类与型式十分多样，且在日常生活的诸多方面发挥功能，如宴饮用具、盛装器皿、庭院装饰甚至杂技道具等。

根据笔者统计（见附表），托普卡比王宫博物馆藏16世纪前期中国瓷器大致包括盘、碗、瓶、壶、盒等几大种类。其中，盘以敞口及折沿两型为主，碗则见敞口及侈口两类，有不同变化。此外，较为突出的是大量的瓶、壶及盒类器物，以瓶为例，可见蒜头瓶、玉壶春瓶、多管瓶、葫芦瓶、长颈瓶以及梅瓶等多种形式，壶亦可见多种形制的执壶、扁壶及长流壶。

在这些器物中，除了为器物加装宝石、金属线等装饰（如缠枝莲花纹盒，见图3，①），还见定做金属器盖（如鼓腹长颈瓶，见图3，②），甚至再次加工，改造器物功能的做法。如馆藏的凤穿花纹玉壶春瓶，在进一步加工中以金属包镶口部及喇叭形足，加装鋬手及流，并钻穿器腹，与流连通，将瓷瓶改装成为执壶（见图3，③）。这些做法旨在对破损瓷器进行修复，或根据瓷器本身特点加强或改造其用途，反映了本地消费者对中国瓷器形制及功能特性的深入理解。

文献记载亦表明，到16世纪，中国瓷器在日常生活中的使用，已成为中东地区贵族消费者以及王室的传统。在当地的历史文献中，关于中国瓷器的明确记载最早见于1457年，穆罕默德二世在埃迪尔内的旧宫为王子贝亚兹德和穆斯塔法举行割礼宴时，"以法富利碗承载果浆"。① 自16世纪

---

① 法富利，意为"中国皇帝"（笔者按：原意可能为"大明帝王"，因当时还没有"中国皇帝"一说），这一名词常与器物名称配合代指中国瓷器的不同类型。参见〔土〕爱赛·郁秋克编《伊斯坦布尔的中国宝藏》，第106页。

图 3　托普卡比王宫博物馆藏 16 世纪中国瓷器 *

*①缠枝莲花纹盒；②鼓腹长颈瓶；③凤穿花纹玉壶春瓶

资料来源：Regina Krahl and John Ayers, *Chinese Ceramics in the Topkapi Saray Museum*, *Istanbul*: *A. Complete Catalogue*, London: Sotheby's Pubns. , 1986, Vol. 2, pp. 441, 548, 440。

开始，奥斯曼文献及档案中对于中国瓷器的记载日趋丰富，披露出更多中国瓷器在中东地区使用的细节。如托普卡比王宫博物馆藏档案《庆典实录》（*Surname-i Hümayun*）记载苏丹穆拉德三世（Murad Ⅲ，1546～1595）在 1582 年为穆罕默德王子（Prince Mehmed）举行割礼宴时，曾使用 397 件中国瓷器。史官更提到御厨房及烹具库中亦存放有各色中国瓷器。①

17 世纪的历史文献中亦记录了不同类型中国瓷器在日常生活中的使用，如把壶及盆除了用于盛放净水，供礼拜前净手之用，亦有可能是饭前饭后让仆人提着，注水给宾客洗手。大型瓷碗和瓷盘用来承载炖肉和菜、烩肉饭、生果和甜品，放在圆形矮桌的中央，少则三至四人盘腿围坐或跪坐于地上，共享盘中的食物。较小的碗用以承载各种汤羹、炖果茸、酸奶酪、冷杂饮等。大小和形状不一的瓷杯，有的用作咖啡杯，有的用于盛放冷杂饮。配套的玫瑰水瓶和熏炉则用来满足奥斯曼人嗜香的需求。②

这些文献中，以《庆典实录》对研究中国瓷器最具参考价值。《庆典实录》是以文字及图像形式记录奥斯曼帝国王室婚礼、割礼等节庆活动的史料总称。实录通常由当时在位的苏丹指示修纂，详细记录王室节庆活动的细

① 〔土〕爱赛·郁秋克编《伊斯坦布尔的中国宝藏》，第 112 页。

② 〔土〕爱赛·郁秋克编《伊斯坦布尔的中国宝藏》，第 122 页。

节，包括举行的时间、地点，参与的人员，活动的流程（包括游行、苏丹
入场、宴饮赠礼、音乐舞蹈、杂技表演、烟花汇演等场面）等内容，配以
插图。苏丹们在筹备节庆活动以及编纂相关实录的过程中不惜耗费巨资，为
的是褒扬与记录自己在位时的盛世场景，对内巩固民众的支持，对外彰显国
力的强大。而实录的修纂，亦旨在为日后王室的节庆设计提供范本和可资参
考的细节，因此其内容与插图往往十分生动详尽。[①]

　　实录中记载的庆典活动以 1582 年最为详尽，附有 427 幅插图，其中许多
图像资料都直观地展示出此时期中国瓷器的使用情况。如在一幅描绘赠礼仪
式的插图中，园丁将新采摘的水果，放在中国式的青花瓷瓮中呈上（见图 4，
①）。[②] 在描绘宗教领袖与法官宴饮场景的插画中，可见圆形餐桌中央正摆放
着大型的青花瓷盘、瓷碗，用餐者以 11 位为一围，坐在餐桌边，以各自的餐
具舀取瓷器中的食物（见图 5，①）。[③] 此外，插图描绘的庆典游行队伍旁，
可见提供咖啡的流动小车，车上摆放有青花瓷碗（杯），叠放在一起，供盛
装咖啡时取用。一旁落座交谈的客人们也正在用瓷碗（杯）饮用咖啡（见
图 5，②）。[④] 在表现杂技场景的插图中，还可见在庆典中表演的杂技大师使
用中国瓷器作为道具，如在高竿支撑的篮筐内平稳端坐，向青花瓷碗（杯）
内斟倒咖啡而不洒出（见图 4，②），又如滚铁环的表演者将盛水的青花瓷杯
放在圆环内，迅速转动的同时保持杯中水面静止而不溢出（见图 4，③）。[⑤]

　　此外，托普卡比王宫博物馆藏的《伊斯坦布尔画册》（İstanbul Albümü）
中，有一幅绘制于 17 世纪初期，表现穆拉德四世（Murad Ⅳ，1612～1640）
在宫廷内休憩的插画，画面的前景中可见摆设的青花瓷盘、瓷碗、瓷瓶等，
搭配丰富（见图 6），亦可作为奥斯曼王室日常所用中国瓷器品类丰富的
证明。[⑥]

　　综上可知，在 16 世纪以来的中东地区，中国瓷器的使用已经深入消费
者日常生活的诸多方面，其种类亦十分丰富。这一情形，与 16 世纪后半叶
兴起的欧洲市场非常不同。

---

① Nurhan Atasoy, *1582 Surname-i Hümayun: An Imperial Celebration*, pp. 7~23.
② 〔土〕爱赛·郁秋克编《伊斯坦布尔的中国宝藏》，第 110 页。
③ 〔土〕爱赛·郁秋克编《伊斯坦布尔的中国宝藏》，第 114 页。
④ 〔土〕爱赛·郁秋克编《伊斯坦布尔的中国宝藏》，第 111 页。
⑤ 〔土〕爱赛·郁秋克编《伊斯坦布尔的中国宝藏》，第 129 页。
⑥ 〔土〕爱赛·郁秋克编《伊斯坦布尔的中国宝藏》，第 134 页。

图 4　《庆典实录》插图描绘中国瓷器的使用情况^{*}

　　*①园丁呈上装有水果的青花瓷瓮（局部特写）；②杂技师向瓷杯中倾倒咖啡（局部特写）；③杂技师转动盛有瓷杯的圆环（局部特写）

　　资料来源：〔土〕爱赛·郁秋克编《伊斯坦布尔的中国宝藏》，第 110、129 页。

图 5　《庆典实录》插图描绘中国瓷器在宴饮中的使用^{*}

　　*①宗教领袖及法官用餐图（局部）；②流动咖啡车及中国瓷器（局部）

　　资料来源：〔土〕爱赛·郁秋克编《伊斯坦布尔的中国宝藏》，第 114、111 页。

图6　17世纪初期插画《穆拉德四世庭院休憩图》局部（左）及其特写（右）

资料来源：《伊斯坦布尔画册》（İstanbul Albümü）插图，土耳其伊斯坦布尔托普卡比王宫博物馆藏。

三　中国瓷器在欧洲：种类、组合及其功能

中葡贸易开展之后，外销瓷器的种类较之前发生了诸多变化，最突出的表现便是种类的锐减。欧洲市场在16世纪中后期对于中国瓷器的进口中，其种类缩减到仅以盘、碗两大类为主。瓶、壶及盒类的中国瓷器十分罕见（见附表）。瓷器种类的锐减，反映了市场需求的变迁。

在旧圣克拉拉修道院遗址中，出土的中国瓷器以盘碗数量最多，占全部出土瓷器类型的60%以上，其中瓷碗最多，占32.5%，其次为瓷盘，占30.1%。此外，瓷杯占7.6%（其中绝大多数属17世纪及其以后产品），瓷碟占6.3%，瓷瓶约占3.7%，壶罐等占2.4%，其他若干不辨器型。由此可知，在修道院的日常起居及宗教活动中，中国瓷器更多地发挥着盛装及进食器具的功能。作为盛装液体及发挥饮具功能的各种瓶、壶及杯，在16世纪后半叶的中国瓷器中，数量极微。

此外，与中国瓷器共同出土，并且在16世纪后半叶的修道院一同使用的，还有从意大利进口的玻璃器及本地陶器（见图7）。其中，可复原出大致

器形的意大利玻璃器共计65件，全部为盛装液体或作为饮具的器皿，包括玻璃瓶39件（占全部玻璃器皿的60%），玻璃杯21件（约占全部玻璃器皿的32%），玻璃壶及罐5件（约占全部玻璃器皿的8%），无盘碗等器具（见图8）。可复原的本地陶器约500件，包括陶杯178件（占全部本地陶器的35.6%），陶壶及罐145件（占全部本地陶器的29%），陶瓶31件（占全部本地陶器的6.2%），陶碗30件（占全部本地陶器的6%），陶盆6件（占全部本地陶器的1.2%），其他为瓶盖、罐盖、器把等（见图9）。① 由此，可以观察到一个有趣的现象，即在这两大器类中，均不见盘类器皿，而本地陶器中的碗类器皿，亦仅占全部类型的6%。

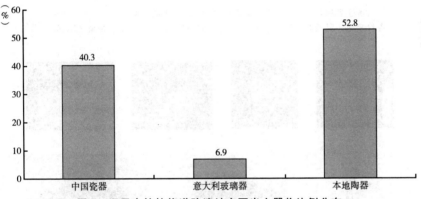

图7 旧圣克拉拉修道院遗址主要出土器物比例分布

综上可知，相对于中国瓷器盘、碗类器物的大量出土，共存的意大利玻璃器及本地陶器则集中于杯、瓶、壶、罐等类器物的发现。两者之间微妙的种类与数量关系，正暗示着一种作为组合的平衡，即在修道院的日常使用中，作为盛食器具的中国瓷器，是与盛装液体的意大利玻璃器以及本地陶器搭配使用的，它们共同构成服务于餐饮的一整套器具。

由于文献记载中对于早期进口欧洲的中国瓷器的具体使用语焉不详，以及16世纪中后期欧洲图像资料的匮乏，我们并不能直接证明这一推测的成立。然而，中国瓷器与意大利玻璃器、本地陶器、金属器等相搭配使用的情况，可以在稍晚的图像资料中得到证实。以比利时女画家克拉拉·皮德丝（Clara

---

① 根据笔者的观察，陶杯的内壁以及瓶壶等器物的内外壁均施满釉，致密光滑的釉层大大降低了器壁的透水率，使其更好地发挥盛装液体及作为饮具的功能。

图 8　旧圣克拉拉修道院遗址出土的意大利玻璃器

*①玻璃杯；②玻璃瓶；③玻璃壶（残）；④玻璃罐
资料来源：科英布拉旧圣克拉拉修道院遗址博物馆电子档案。拍摄者不详。

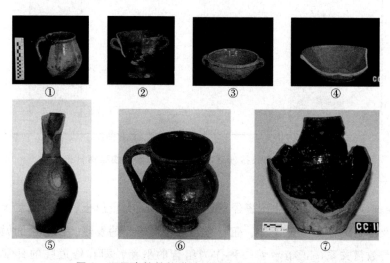

图 9　旧圣克拉拉修道院遗址出土的本地陶瓷

*①单把红陶杯；②双耳高足黑陶杯；③双耳红陶杯；④红陶碗；⑤灰陶
瓶；⑥单把红陶罐；⑦红陶罐
资料来源：科英布拉旧圣克拉拉修道院遗址博物馆电子档案。拍摄者不详。

Peeters，1594~1657 年或以后）绘制于 1611 年的作品《坚果、糖果及鲜花的
静物》（*Still Life with Nuts，Candy and Flowers*）为例，画面中央绘出一个盛满
坚果及糖果的白瓷盘，左侧的陶罐插满鲜花，右侧一个装有食物的银盘，后
方为银壶及玻璃酒杯（见图 10）。皮德丝于荷兰学习绘画并进行创作，是荷兰
黄金时代最早以中国瓷器入画的艺术家之一。她的许多作品都反映出中国瓷

器与本地流行的玻璃器、金属器的搭配。虽然器物的选择和摆设必然存在对构图及光影等因素的考虑，但画作中以中国瓷盘、瓷碗，意大利玻璃杯、玻璃瓶，陶瓶、陶罐，以及金属盘、金属瓶等为主的内容却十分稳定，这也是同时期其他静物画家作品的显著特点。具代表性的如在意大利从事创作的静物画家弗兰斯·斯奈德斯（Frans Snyders，1579~1657）的《龙虾、家禽与水果的静物》（*Still Life with Crab，Poultry，and Fruit*，1615~1620），以及静物画家皮耶特·克莱埃兹（Pieter Claesz，1597~1660）创作于 1627 年的《土耳其派的静物》（*Still Life with Turkey Pie*）等（见图 11），不胜枚举。此外，在一些表现就餐场景的宗教画中，也可以见到几类器物的组合使用，如曾藏于葡萄牙百斯图市本托会修道院（Mosteiro Beneditino de Refojos de Basto，Cabeceiras de Basto，Braga），被认为是创作于 1703 年以前的木画《圣本托和乌鸦的晚餐》（*Ceia de S. Bento e o Corvo*）中，即表现了修道士们使用瓷器、金属器及陶器饮食的场景。从木画的细节中，我们可以看到，每一位修士的面前均摆放有瓷盘、小瓷碟，以及红陶杯，餐桌前端还摆放着一些银质的把壶。食物均摆放于瓷盘之中，有修士手端陶杯，正在饮用饮品（见图 12）。

图 10　静物画《坚果、糖果及鲜花的静物》*

＊木板油画，尺寸 52cm×73 cm。西班牙普拉多博物馆（Museo Nacional del Prado）藏，博物馆藏命名为 Mesa，意为“餐桌”。

资料来源：普拉多博物馆藏在线数据库，https：//www. museodelprado. es/coleccion/galeria-on-line/galeria-on-line/obra/mesa-2/。

图 11　静物画《土耳其派的静物》*

*木板油画，尺寸 75cm×132cm。荷兰国立博物馆（Rijksmuseum，het museum van Nederland，Amsterdam）藏。

资料来源：荷兰国立博物馆收藏在线数据库，https://www.rijksmuseum.nl/en/collection/SK-A-4646。

由此可知，与中东地区进口中国瓷器用于日常生活各个方面不同，销往欧洲的中国瓷器在功能上具有强烈的专门性。被大量用于餐饮，且发挥盛食器具的功能特点，使得欧洲市场对于中国瓷盘、瓷碗等类型的需求更为突出。这些瓷器在使用中，或与同时期仍然使用的金属盘、碗同时出现，抑或取代它们，与玻璃器、陶器及金属器相组合使用。

沉船资料提示我们，到 1600 年前后，欧洲市场进口中国瓷器的种类有所增加，以圣迭戈号沉船为例，船货中的中国瓷器亦包括了一定数量的盒、瓶、军持等类型，[1] 然而从 17 世纪大量流行的静物画中可以看到，中国瓷器仍以盘、碗为主。[2] 根据荷兰东印度公司的船货记录可知，17 世纪早期，虽然欧洲进口的中国瓷器种类有所增加，却仍以盘、碗及杯

---

[1]　Jean-Paul Desroches, *Treasures of The San Diego*, Paris: Association Française d'Action, 1997, pp. 300-360.

[2]　详参 Julie Berger Hochstrasser, *Still Life and Trade in the Dutch Golden Age*, New Haven and London: Yale University Press, 2007, pp. 122-148。

（Dishes，bows and cups）为主，仅见极少量瓶、壶（Bottles and pots），可做旁证。①

图 12　《圣本托和乌鸦的晚餐》及其局部*

＊木板油画，尺寸不详。葡萄牙百斯图市政府会议厅（Sala de Sessões da Câmara Municipal de Cabeceiras de Basto，Cabeceiras de Basto，Portugal）藏。

资料来源：Miguel Sousa 于 2011 拍摄及上传，https：//saberescruzados.wordpress.com/tag/s-bento-e-o-corvo/。

---

① 在 1610~1624 年记录在册的 11 份船货订单中，仅见 1612 年的"阿姆斯特丹徽章"号（Het Wapen van Amsterdam）有中国瓷器瓶、壶的船货记录，包括小型军持（Small Spouted pots）及白兰地瓶（Bottles for French Brandy）两种。参见 T. Volker，*Porcelain and The Dutch East India Company*：*As Recorded in the Dagh-registers of Batavia Castle*，*Those of Hisrado and Deshima and Other Contemporary Papers 1602-1682*，Leiden：E. J. Brill，1971，pp. 25-33。

　　甚至到 18 世纪，在更为广阔的欧洲市场中，中国瓷器仍然没有成为流行的饮具。创烧于 1710 年的德国梅森陶瓷厂（The Meissen Porcelain Manufactory），以模仿同时期景德镇的产品而著称，如今在其博物馆的陈列中，我们可以看到以 18 世纪的流行器皿还原出的一整套餐具，其中包括大量的瓷盘、瓷碗、瓷杯碟，以及其他餐桌装饰及摆件。然而对于饮具的选择，则仍保留着使用玻璃器皿的传统（见图 13）。可见在出口欧洲相当长的历史时期中，瓷器的主要功能都是盛食。

图 13　陈列于德国梅森博物馆的 18 世纪餐具

资料来源：维基共享资源（Wikimeida Commons），Ingersoll 拍摄，2005 年 8 月 31 日上传，https：//commons. wikimedia. org/wiki/File：Meissen-Porcelain-Table. JPG。

　　根据对旧圣克拉拉修道院遗址出土中国瓷器的整理，还可以发现另一个特别的现象，即在器物整体种类减少的同时，某些器类，如盘、碗内部的多样性反而增加。例如，瓷碗涌现出侈口弧腹、直口、折沿等多种型式，且尺寸各异，富于变化。① 这无疑是澳门开埠之后，中国外销瓷器出现的新特

①　王冠宇：《葡萄牙旧圣克拉拉修道院遗址出土十六世纪中国瓷器》，《考古与文物》2016 年第 6 期。

点。这一考古材料所揭示的现象，在稍晚的贸易档案中可得到呼应。

以开始于 1602 年的荷兰东印度公司档案为例，在船货中，瓷盘及瓷碗的类型十分复杂多样，根据 1610~1624 年荷兰东印度公司的船货记录可知，出口欧洲的中国瓷盘包括大盘（large Dishes）、黄油盘（butter-dishes）、水果盘（fruit-dishes）及各种尺寸的黄油盘及水果盘（half，third and quarter-sized butter-dishes and fruit-dishes），① 碟（saucers）、小碟（small saucers）、餐盘（table plates）、成套的大小不同的盘子（half，third and quarter-sized dishes in same kinds and shapes）及盘具组合（a kind of eight-sided，medium-sized porcelain dishes to which on each side can be added other smallish dishes，so that standing on a table and joined to each other they have the shape of one dish），大碗（Large bowls）、普通碗及小碗（ordinary and small bowls）、折沿碗（clapmutsen）、② 小型折沿碗（half-sized clapmutsen）、不同尺寸的平底粥杯（half and quarter-sized "flat" caudle-cups）、③ 各式啤酒面包杯（beer-and-bread-cups of all kinds）等不同类型。④

虽然档案中缺乏对瓷器形制的详细描述，也无配图，我们仍可由其名称入手进行解读。以瓷盘为例，有对应就餐不同阶段的需要而诞生的类型，如可能用于盛装烧鹅、乳猪等食物的大盘，用于分餐及各自进食的餐盘等，亦有依不同食物属性而产生的类型，如盛装黄油的瓷盘、盛装水果的瓷盘等，名称中的区别正是对它们不同功用的特别强调。而在相同类型中，瓷盘又分为不同尺寸规格的套装及组合，以应付就餐时不同餐量及食物组合的需求。

由此可知，到 17 世纪初期，中国瓷质餐具在欧洲就餐中的不同功能已划分得颇为精细。可以推断，在此之前，中国瓷器曾逐渐产生出前所未有的诸多变化，旨在适应欧洲这一全新市场就餐习惯的复杂需要。在出土瓷器中观察到的器型内部多样化的现象，发生在澳门开埠之后，这无疑是中国瓷器融入欧洲餐具系统进程的重要开端。

---

① 原文此处有重复。

② 没有英文直译，荷兰文，原指一种边沿向上翻的羊毛帽子。在瓷器中所指具体形制，为折沿碗，因此碗倒扣后与这种羊毛帽形状相似而得名。参见 Colin Sheaf and Richard Kilburn，*The Hatcher Porcelain Cargoes：The Complete Record*，Oxford：Phaidon Inc Ltd.，1988，p.40。

③ 此杯型特征为平底，鼓腹，束颈，或弧腹类碗形，口侧有两耳，器型亦杯亦瓶。

④ T. Volker，*Porcelain and The Dutch East India Company：As Recorded in the Dagh-registers of Batavia Castle，Those of Hisrado and Deshima and Other Contemporary Papers 1602-1682*，pp.25-33。

小结　外销瓷器新类型与海外市场的转移

以往受制于文献记载的缺乏，我们对贸易瓷器品类变化与市场互动的细节理解极为有限。葡萄牙人东来之前，中国外销瓷器的主流产品是以中东及东南亚为目标市场而进行生产的。以中东地区为例，通过对实物资料的整理与分析，笔者认为，长期进口中国瓷器的传统，推动生产地与市场的深入互动，中国瓷器的使用不断深入到中东地区日常生活的各个方面，如瓷盘、瓷碗、瓷杯、瓷瓶、执壶等主要供宴饮之用，瓷罐、瓷瓮等则做贮藏之具，经改造后的熏炉、多管瓶作香具或蒸馏之用，文具盒则满足文房需求……呈现出十分多样化的种类与器型。除此之外，它们亦装饰以符合中东地区审美风格的繁复几何纹样，盛食具中，又以迎合当地饮食习惯的大尺寸盘、碗为主，共同构成这个阶段瓷器品貌的主要特征。

这一情况还可以以沉没于 1500 年前后（明弘治时期）的货船"勒娜浅滩号"（Lena Shoal Junk）出水的中国外销瓷器作为证明。"勒娜浅滩号"原本是由中国东南沿海出发前往菲律宾的货船，其所装载的中国瓷器很可能是以菲律宾为终点或中转，主要市场为贸易网络交错纵横的东南亚地区。[①] 作为船货的瓷器，其最为常见的类型包括执壶、瓶、军持、盖罐、盒、折沿盘、大盘、碗等，十分丰富。在器物的尺寸方面，以瓷盘为例，根据发掘者的分类及测量，绝大部分的瓷盘口径在 33～50 厘米。而纹样布局亦以繁复几何构图为主要特点。[②] 可见，在 16 世纪初期，外销瓷器在品貌上相对统一的局面，仍未发生改变。

葡萄牙人东来之后，这种相对稳定的局面被打破。中欧贸易的稳定发展，促使大量中国物产经过跨越亚欧的长途航线运到欧洲。而随着中国瓷器在葡萄牙及更广阔的欧洲市场大受欢迎，不断扩张的瓷器需求，以及因此产生的巨额利润，继续推动中葡瓷器贸易的迅猛发展，一个新的贸易阶段随之到来。此时期贸易瓷器在品种类型、尺寸规格以及纹样风格等方面均发生了明显的变化。流通于欧洲大陆的中国瓷器与之前相比，其种类锐减，以盘、

① Franck Goddio and etc., *Lost at Sea: The Strange Route of the Lena Shoal Junk*, London: Periplus Publishing; Slipcase Edition, 2002, pp. 12–14.

② Franck Goddio and etc., *Lost at Sea: The Strange Route of the Lena Shoal Junk*, pp. 122–167.

碗等盛食器为主流，而少见瓶壶或其他盛装液体的器皿。与此同时，瓷器的纹样亦逐渐脱离之前的繁复风格，装饰布局更为疏朗，器物的口沿及腹壁甚至出现大量留白。而纹样主题亦改由从此时期流行于中国本土市场的装饰元素及风格中汲取灵感，涌现出各类瑞兽禽鸟、山水人物，甚至具有道教意涵的场景与物象。瓷盘、瓷碗尺寸均比以往行销中东市场的同类器物缩小了一半左右。[①]

　　16 世纪中后期开始，中国外销瓷器品类发生的巨大变化，其背后动因，正是中国外销瓷业对于欧洲这一全新市场在器物功能、审美、日用习惯等方面需求的不断探索，以及欧洲消费者对于中国瓷器生产的及时反馈。这一变化逐渐成为同时期中国外销瓷器的总体特征，说明外销瓷器的主要市场也在此时发生了转移。此时期的中东市场，开始出现大量不再契合当地日用习惯及审美需要的中国瓷器，致使他们通过大批量的二次加工，改造瓷器的形制与用途来达到实用目的。这些瓷器无疑是以欧洲市场的需要作为生产的主要考量，它们成为中国外销瓷器的主流产品，标志着中国瓷器海外的主要市场也由传统的中东地区转移到了新兴的欧洲大陆。

---

① 有关纹样及尺寸的变化及其背后原因，由于本文篇幅所限，未能尽录，笔者将会陆续发表。

附表　16世纪中东地区与欧洲市场瓷器种类比对

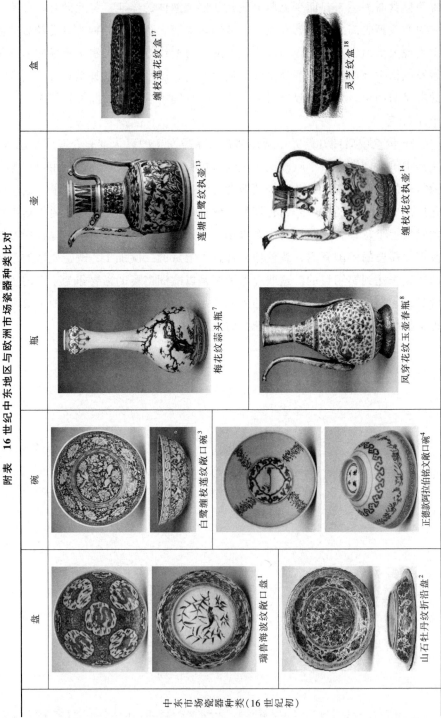

盒	缠枝莲花纹盒[17]	灵芝纹盒[18]
壶	莲塘白鹭纹纹执壶[13]	缠枝花纹执壶[14]
瓶	梅花纹蒜头瓶[7]	凤穿花纹玉壶春瓶[8]
碗	白鹭缠枝莲纹敞口碗[3]	正德款阿拉伯铭文敞口碗[4]
盘	瑞兽海波纹敞口盘[1]	山石牡丹纹折沿盘[2]

中东市场瓷器种类（16世纪初）

续表

盒		
壶	凤穿花纹扁壶[15]	缠枝杂宝纹壶[16]
瓶	团花灵芝纹多管瓶[9]	凤穿花纹葫芦瓶[10]
碗	正德款螭龙穿花盘式碗[5]	秋葵纹侈口碗[6]
盘		

中东市场瓷器种类（16世纪初）

续表

盒	壶	瓶	碗	盘
		鼓腹长颈瓶[11] 携琴访友纹梅瓶[12]		

中东市场瓷器种类（16世纪初）

续表

盒	壶	瓶	碗	盘
	扁腹执壶	鼓腹长颈瓶	海马芝灵纹敞口碗	八卦葫芦纹折沿盘
		葫芦形瓶（残片）	莲塘白鹭纹折沿碗	团花纹折沿盘

欧洲市场瓷器种类（16 世纪中后期）

续表

欧洲市场瓷器种类（16世纪中后期）	盘	碗	瓶	壶	盒
	岁寒三友敞口盘　缠枝花纹大盘	黄釉侈口碗			

注：1~18为托普卡比王宫博物馆藏，Regina Krahl and John Ayers, *Chinese Ceramics in the Topkapi Saray Museum*, London: Sotheby's Publications, 1986, Vol. 2, pp. 439, 559, 437, 445, 444, 553, 434, 441, 452, 542, 541, 443, 547, 548, 547, 440, 546。

其余均为葡萄牙科英布拉旧圣克拉拉修道院遗址出土瓷器。

Portuguese Approaching to the East
and the Transformation of Chinese Export
Ceramics in the 16th Century: Observations
on the Middle East and European Markets

Wang Guanyu

Abstract: Following the arrival of Portuguese at China coasts in 1514, the direct maritime trade between China and Europe began. In mid - 16th century, Ming China leased Macau to the Portuguese as a legal trade port, the scale of trade between China and Portugal expanded rapidly, and the Europe soon became a fresh new market for the Chinese porcelain wares. The historical change deeply influenced the production of Chinese export porcelain. Besides the increasing in quantity, it also prompted the innovation and change in decorative styles and shapes of the export porcelain wares, created a specific image of Chinese porcelain in the global trade during the 16th and 17th centuries. Based on the study on Chinese porcelain wares collected in the Middle East and unearthed from the archaeological sites in Portugal, and relative historical documents, this paper discusses the transformation of the trade porcelain and the motivation behind, to demonstrate the strong influence from the expanding market in Europe to the Chinese export porcelain.

Keywords: Sino-Portuguese Maritime Trade; Export Porcelain; 16th Century

（执行编辑：杨芹）

中西富贵人家西方奢侈品消费之同步

——基于《红楼梦》的考察分析

张　丽[*]

　　16 世纪至 19 世纪初的中国常常被喻为世界的白银蓄池。很多研究在讨论这一时期中西贸易时都倾向于强调商品的西流（商品从中国向欧洲、美洲流动）和白银的东流（白银从欧洲、美洲向中国流动），[①] 以及中国器物对欧洲社会、经济、文化发展的影响。[②] 相比之下，对这一时期欧洲商品

　*　作者张丽，北京航空航天大学人文学院经济系教授，研究方向为全球经济史、广义虚拟经济、中西经济发展比较。

　　2011 年 4 月，该文以会议论文 "Trade between China and Europe in the 18th Century in the Perspective of Information Gathered from *the Dream of the Red Chamber*" 在美国举行的国际亚洲研究会（AAS-ICAS Conference at Honalulu，Hawaii）上宣读，后又于 2019 年 11 月在广东省社会科学院历史与孙中山研究所（海洋史研究中心）、中国海外交通史研究会、广东中山市社科联等联合举办的"大航海时代珠江口湾区与太平洋-印度洋海域交流"国际学术研讨会上交流。几经修改，终于定稿。在此，特别感谢我的博士研究生王雪婷、李坤在资料整理上的帮助。

　①　参见〔德〕贡德·弗兰克《白银资本：重视经济全球化中的东方》，刘北成译，中央编译出版社，2008；〔英〕E. E. 里奇、〔英〕G. H. 威尔逊主编《欧洲剑桥经济史（第五卷）：近代早期的欧洲经济组织》，高德步等译，经济科学出版社，2002；林仁川《明末清初私人海上贸易》，华东师范大学出版社，1987；刘军、王询编著《明清时期中国海上贸易的商品（1368~1840）》，东北财经大学出版社，2013。

　②　如欧洲社会对中国器物的追捧，中国商品从奢侈品向大众消费品的转变，以及欧洲国家进口替代工业的发展等。参见〔德〕利奇温《十八世纪中国与欧洲文化的接触》，朱杰勤译，商务印书馆，1962；〔法〕亨利·柯蒂埃《18 世纪法国视野里的中国》，唐玉清译，上海书店出版社，2006；〔法〕艾田蒲《中国之欧洲：西方对中国的仰慕到排斥》，许钧、钱林森译，广西师范大学出版社，2008；张丽《十七、十八世纪欧洲"中国潮"潮起潮落的广义虚拟经济学分析》，《广义虚拟经济研究》2010 年第 3 期，第 11~22 页。　　（转下页注）

在中国的消费及其对中国的影响，则研究甚少。20 世纪 20 年代以来，更有一种观点认为，明清中国社会对欧洲商品不感兴趣，[①] 忽视了中国富贵人家对西方产品的消费和推崇。把这种消费放到全球经济发展历史背景下进行讨论，并与欧洲上层社会相比较的研究，更是付之阙如。

本文从全球视角考察《红楼梦》中的西洋品消费，把《红楼梦》中的西洋品消费与全球海洋贸易扩张、欧洲商业革命、欧洲制造业发展和欧洲消费革命联系起来。通过搜集和分析《红楼梦》中关于西洋器物的文字描述，本文认为至少在 18 世纪初，西方产品已深入到中国富贵人家的日常生活中，且备受追捧。《红楼梦》中出现的西洋品几乎囊括了 18 世纪初欧洲上流社会追逐的所有高档生活奢侈品，其中一些即使在当时的欧洲也极为珍贵和时尚，只有极少数上流社会家庭才有能力消费。通过把《红楼梦》中贾府的西洋奢侈品消费与同一时期欧洲富贵阶层的西方奢侈品消费相比较，本文认为，尽管 17~18 世纪中国缺少白银，与欧洲远隔重洋，且与欧洲文化大不相同，但中国富贵人家在欧洲奢侈品的消费上几乎与欧洲富贵阶层同步。

一 《红楼梦》作为研究对象的 史料价值及版本说明

本文之所以选择《红楼梦》，一是因为书中有很多关于西洋物品的描述，二是缘于此书为曹雪芹基于自家家世衰败历史的艺术创作。[②] 曹雪芹生

（接上页注②）John E. Wills, "European Consumption and Asian Production in the Seventeenth and Eighteenth Century," in John Brower and Roy Porter, eds., *Consumption and the World of Goods*, Routledge, 1994, pp. 133-147; Maxine Berg, "In Pursuit of Luxury: Global History and British Consumer Goods in the Eighteenth Century," *Past & Present*, no. 182, February 2004, pp. 85-142; Maxine Berg, "From Imitation to Invention: Creating Commodities in Eighteenth-Century Britain," *Economic History Review*, Vol. 55, No. 1, 2002, pp. 1-30; Maxine Berg, "The Asian Century: The Making of the Eighteenth-Century Consumer Revolution, Cultures of Porcelain between China and Europe," *Luxury in the Eighteenth Century*, pp. 228-244, Springer Link, https://link.springer.com/chapter/10.1057/9780230508279_17, 08/02/2019.

① 参见李坤《明清中国社会对欧洲商品不感兴趣吗?》，《浙江学刊》2018 年第 1 期，第 139~147 页。

② 关于《红楼梦》之作者，也有一种观点认为是曹雪芹的叔叔曹頫和曹雪芹的合作，参见"国学之光"的知乎文章，《答"〈红楼梦〉的作者真是曹雪芹吗?"》，知乎，https://www.zhihu.com/question/25708974/answer/281537259, 08/14/2019。笔者比较倾向于这一推断，但此新观点并不广为人知，且颠覆性太大。慎重起见，本文依然采用主流观点，（转下页注）

于 1715 年，时曹家已任江宁织造 46 年，[①] 正值曹家鼎盛时期。幼年曹雪芹"有赖天恩祖德"，在"昌明隆盛之邦、诗礼簪缨之族、花柳繁华地、温柔富贵乡"里过着锦衣纨绔、钟鸣鼎食的生活。雍正五年（1727）十二月曹家被封，雍正六年（1728）正月十五后被抄时，曹雪芹 13 岁。故此，曹雪芹在《红楼梦》中对各种西洋器物的描写，并非源于他的凭空臆想或道听途说，而主要来自他早年的生活经历。这就使得《红楼梦》前 80 回中有关西洋品消费的描述具有了历史资料的价值。这一点在《红楼梦》后 40 回中也得到了间接证明。在 120 回的程乙本《红楼梦》中，西洋物品在曹著前80 回中随处可见，而在高鹗续编的后 40 回中则寥寥无几。高鹗出生于京郊士人耕读之家，[②] 缺少曹雪芹少年时那种生活经历，自然也不能像曹雪芹那样信手拈来地描写西洋物品。

《红楼梦》版本颇多，用哪个版本作为本文的资料来源就成为一个必须交代的问题。曹雪芹卒于《红楼梦》（时名"石头记"）完稿之前，生前曾对书稿数次增删修改；逝后，手稿又散落民间，被人辗转传抄。所以，民间有多种脂批《石头记》抄本传世。[③] 其中，庚辰（1760）秋月定本"脂批石头记"（《石头记脂砚斋凡四阅评过》，共 78 回，缺第六十四、六十七回）被不少人认为是最完整和最接近原稿的抄本，[④] 甚至可能是曹生前删改

（接上页注②）即曹雪芹为《红楼梦》前 80 回作者，高鹗为后 40 回作者。参见胡适《红楼梦考证》（1921 年 3 月 27 日初稿，1921 年 11 月 12 日改定稿），《红楼梦》，智扬出版社，1994，第 1～25 页；周汝昌《红楼梦新证》，上海三联书店，1998。此外，也有学者对红学研究中的"自传说"和"唯曹论"表示质疑，提出"苏州李府半红楼"，认为《红楼梦》写的是江宁织造曹家和苏州织造李家两家的历史，将"假作真时真亦假"意会为"曹作李时李亦曹"，参见皮述民《苏州李家与红楼梦》，新文丰出版公司，1996。

① 关于曹雪芹的生卒年，一直存有争议。生年有乙未说（1715）和甲辰说（1724），卒年有壬午除夕说（1763）和癸未除夕说（1764）。本文倾向于曹雪芹生于 1715 年，卒于 1764 年的观点，参见胡适《红楼梦考证》，《红楼梦》，第 12～22 页；周汝昌《曹雪芹小传》，百花文艺出版社，1980，第 215～216 页。

② 蒋金星：《高鹗籍贯新考》，《清史研究》2003 年第 4 期，第 111～114 页；张云：《高鹗研究与〈红楼梦〉研究》，《明清文学小说》2015 年第 2 期，第 138～146 页。

③ 按程伟元在程甲本中的序和高鹗在程乙本中的序，曹公逝世不久，其未竟稿的 80 回《石头记》就已在民间流行起来。如程伟元序中有"好事者每传抄一部置庙市中，昂其值得数十金，可谓不胫而走者矣"，高鹗序中有"予闻红楼梦脍炙人口者，几廿余年，然无全璧，无定本"。参见胡适《红楼梦考证》，《红楼梦》，第 1～25 页。

④ 曹雪芹生前的脂评本，现已发现的有甲戌本（1754）、己卯本（1759）和庚辰本（1760）。

的最后一个版本①。18 世纪末，社会上又有了程伟元作序，高鹗补续了后40 回，定名为《红楼梦》的程甲本（1791 年活字印刷）和对程甲本进行了校对勘误的程乙本（1792 年活字印刷）。至此，《石头记》彻底更名《红楼梦》，②并开始以印刷本的形式流传。120 回的程高本《红楼梦》（程甲本和程乙本）也从此成为世人最为广泛阅读、采纳和引用的流行本。本文以人民文学出版社 2010 年影印的《脂砚斋重评石头记（庚辰本）》作为《红楼梦》摘录文字的主要资料来源。庚辰本原缺第六十四、六十七回，人民文学出版社以己卯本补配，③但己卯本第六十四、六十七回为后人补抄，④有学者认为今己卯本中的第六十四、六十七回是清嘉道年间以程甲本和程乙本为底本补抄的，⑤也有学者认为程甲本和程乙本前 80 回是在甲辰本的基础上形成的。⑥鉴于此，本文将以 1784 年的甲辰本作为《红楼梦》文字摘录中第六十四、六十七回的资料来源。

二　《红楼梦》中的西洋器物

《红楼梦》中有很多关于西洋制造品的描述。前 80 回中，30 回里出现有西洋物品，描写文字 70 余处，涉及产品 20 余种（参见附表）。这些西洋

① 参见冯其庸《论庚辰本》，上海文艺出版社，1978；邓遂夫：《走出象牙之塔——〈红楼梦脂评校本丛书〉导论》，曹雪芹著，脂砚斋评，邓遂夫校订《脂砚斋重评石头记庚辰校本》，作家出版社，2006，第 11～79 页。

② 最早以《红楼梦》命名的抄本是 1784 年的甲辰本，亦称梦序本，于 1953 年在山西发现。

③ 参见冯其庸《影印脂砚斋重评石头记庚辰本序》，曹雪芹《脂砚斋重评石头记（庚辰本）》卷一，人民文学出版社，2010。

④ 己卯本原缺第六十四、六十七回，"第六十一回至七十回"文字后面，注"内缺六十四、六十七回"，"石头记第六十七回终"后，又注"按乾隆年间抄本 武裕庵补抄"，参见曹雪芹《脂砚斋重评石头记》（己卯本）卷三，人民文学出版社，2010，第 1001、1186 页。

⑤ 张庆善推断武裕庵为清嘉道年间人，补抄了己卯本第六十四、六十七回，参见张庆善《影印脂砚斋重评石头记己卯本前言》，《脂砚斋重评石头记》（己卯本），卷一，第 2 页。冯其庸认为，武裕庵在嘉庆十几年或更后，以程乙本为底本补抄了第六十七回，第六十四回则另为他人补抄，底本为程甲本，参见冯其庸《论庚辰本》，第 64 页。另外，刘广定根据字的避讳，推断己卯本第六十七回为武裕庵在道光之后抄补，而第六十四回因有武裕庵校改的笔迹，应该是他人在武裕庵补抄第六十七回之前补抄，参见刘广定《〈红楼梦〉抄本抄成年代考》，《明清小说研究》1997 年第 2 期，第 133 页。

⑥ 参见张胜利《论王佩璋对〈红楼梦〉甲辰本的研究——王佩璋红学成就述评（之三）》，《红楼梦学刊》2015 年第 5 期，第 84～99 页；翰绍泉《从列藏本看〈红楼梦〉第六十四回和六十七回各本文字的真伪问题》，《山西师大学报》（社会科学版）1990 年第 1 期，第 55 页。

产品几乎囊括了当时欧洲所有最先进和最时尚的生活奢侈品，既有欧洲本土传统玻璃制造业的各种玻璃制品，如玻璃杯、玻璃盏、玻璃屏风、玻璃绣球雨灯、穿衣镜、水晶灯等，也有当时欧洲新兴技术产业中的各种产品，如摆钟、金怀表、眼镜、自行船、洋布手巾①等，还有当时欧洲在技术上和规模上都已得到巨大发展的毛纺织和丝织业的产品，如洋羽、哆罗呢、洋缎、洋绉等，以及在海外扩张中利用殖民地资源在欧洲生产或直接在欧洲海外殖民地生产基地上生产出来的产品，如用美洲白银制作的银制日用品，用美洲烟草生产出来的各种鼻烟，还有印度殖民地生产的鸦片（膏子药依弗哪）② 等。

这些西洋品在《红楼梦》里反复出现，特别是在当时的欧洲也是极为高档的生活奢侈品的自鸣钟（实为摆钟）、金怀表、穿衣镜、玻璃屏等，更是在各种不同情境下反复出现。曹雪芹不惜笔墨，反复描述贾府生活中的西洋物品，表现的不仅是对过去生活中西洋品消费的追忆，更是为了烘托曹家从"赫赫扬扬""鲜花着锦"之盛到"家业凋零""食尽鸟投林"之衰的"家亡血史"（贾、王、薛、史）③。用西洋品消费烘托曹家当年之富贵，这本身也说明了西洋品消费在 18 世纪初的中国是一种代表着身份和地位的"炫耀性消费"。

三　中欧贸易扩张及与海外贸易关系密切的曹家

15 世纪末以来，欧洲在海外殖民扩张中不仅建立了一个欧洲主导的全球贸易体系，而且还在广大殖民地建立了众多殖民地生产基地。在新航线不断出现，贸易范围不断扩大，贸易品种日益增加，贸易规模持续增长的欧洲

---

① 《红楼梦》中出现的洋布手巾应该不是纯棉的，而是棉麻或棉毛混纺的。一些学者认为在 18 世纪 70 年代阿克莱特水力纺纱机出现之前，英国还不能纺出足够纤细结实、可用作经线的棉纱；在之前的几十年中，织工们常用粗弱的棉纱做纬线，用亚麻或羊毛做经线，纺织出一种棉麻混合或棉毛混合的织品。参见〔法〕保尔·芒图《十八世纪产业革命：英国近代大工业初期的概况》，杨人楩等译，商务印书馆，1983，第 53、176～177 页。也有学者认为在阿克莱特水力纺纱机出现之前，英国已有纯棉纺织，只是规模太小，未引起注意。参见 C. Knick Harley, "Cotton Textile Prices and the Industrial Revolution," *Economic History Review*, Vol. 51, No. 1, 1998, p.65.

② 笔者认为《红楼梦》描写的黑色"膏子药依弗哪"应即鸦片膏，但将另文论述。

③ 《红楼梦》中的金陵四大家族"贾、王、薛、史"的发音刚好是"家亡血史"的谐音。

商业革命中，欧洲消费革命（consumer revolution）亦悄然诞生。[①] 一方面是大量产品从世界各地流向欧洲，既有欧洲商人用美洲白银从古老中国和印度进口的大量传统舶来品，如中国生丝、丝绸、茶叶、瓷器和印度棉布等，也有欧洲利用殖民地资源开发出来的新产品，如烟草、鼻烟、蔗糖、朗姆酒和巧克力等；另一方面亚洲奢侈品价格因进口量的巨大上升而大幅下降，致使普通民众也可以消费那些原来只有上层社会才消费得起的亚洲奢侈品，如中国的丝绸、茶叶、瓷器和印度的棉布等。与此同时，欧洲的丝织业、毛纺织业、玻璃制造、机械时钟制作、银器制造等也都经历了飞跃式发展；一大批欧洲本土生产的新兴生活奢侈品亦走进欧洲上层社会，如摆钟、怀表、穿衣镜、水晶玻璃器皿和吊灯等。而在中国这一边，16～18 世纪正是欧洲因美洲白银的获得和日本因新银矿的发现而对中国产品需求急剧增加的时期，也是大批欧洲人来华寻求贸易，中外贸易大规模扩大的时期。1500～1599 年，从欧洲到达亚洲的商船数（其中大部分是到中国）是 770 艘，1600～1700 年达 3161 艘，1700～1800 年又增至 6661 艘，数目较 16 世纪增加了近 8 倍。而船的运载量更是因造船技术的发展而迅速扩容。1470～1780 年，欧洲商船的运载量增加了 30 多倍，从 1470 年的120000 多吨增长到 1780 年的 3856000 吨。[②]

相对应于欧洲如火如荼的商业革命，中国这边则是明清十大商帮的兴起、商品经济的显著发展和全国市场体系的形成。为此，一些学者认为，16～18 世纪的中国也发生了一场"未完成的商业革命"，更多的学者则称之为"资本主义萌芽"。[③] 在中外贸易的大规模扩张中，各路商帮应运而生，既有

---

① 消费革命（consumer revolution）最早由麦克肯德瑞科（McKendrick）提出，他认为16～18 世纪欧洲出现了舶来品大量流入，中产阶级消费水平提高，大量奢侈品成为大众消费品的消费革命。参见 Neil McKendrick, John Brewer, and J. H. Plumb, *The Birth of a Consumer Society: The Commercialization of Eighteenth-century England*, London: Europa Publications, 1982; Maxine Berg and H. Clifford, eds., *Consumers and Luxury: Consumer Culture in Europe, 1650–1850*, Manchester: MUP, 1999; Maxine Berg, *Luxury & Pleasure in Eighteenth-century England*, Oxford: OUP, 2005; Johanna Ilmakunnas and Jon Stobart, eds., *A Taste for Luxury in Early Modern Europe: Display, Acquisition and Boundaries*, London: Bloomsbury Academic, 2017.

② 参见张丽、骆昭东《从全球经济发展看明清商帮兴衰》，《中国经济史研究》2009 年第 4 期，第 103～104 页。

③ 参见张丽、骆昭东《从全球经济发展看明清商帮兴衰》，《中国经济史研究》2009 年第 4 期，第 103～104 页；唐文基《16～18 世纪中国商业革命》，社会科学文献出版社，2008，第 15 页；许涤新、吴承明《中国资本主义发展史》第一卷，人民出版社，2003，第 37、190、276、462 页。

违禁出海，专门从事将中国货物从中国沿海运销到日本、雅加达和马尼拉甚至欧洲本土，并参与中国东南海上贸易霸权竞争的中国海商，也有不断把内地产品贩运到沿海港口出口或贩货于地区间的诸路商帮。在出口贸易大规模增长的同时，不少西方产品亦流入中国，并受到很多富贵人家的追捧。曹雪芹笔下的贾府便是其中之一。曹家发达于 17 世纪下半叶，从 1663 年曹雪芹曾祖父曹玺被任命为江宁织造起，到雍正六年正月十五后被抄，① 历经 60 余年之昌盛，而这 60 余年也正是中外贸易大规模扩大，欧洲产品越来越多地输入中国的时期。而且，曹家还是一个与海外贸易有着密切关系的家族。亲戚中既有广东巡抚、宁波知府，又有粤海关监督。曹雪芹祖父曹寅之妻为苏州织造李煦之妹，李煦曾于 1684～1688 年任宁波知府，其父李士桢 1673 年出任福建布政使，因遇耿精忠叛乱，滞留浙江，改任浙江布政使，后又于 1682～1687 年任广东巡抚；曹雪芹曾祖母孙氏的侄子孙文成，在 1706 年任杭州织造之前，曾于 1703 年担任粤海关监督一年。而曹公在《红楼梦》中，还添了一个与贾政有连襟关系，专门为内务府采购洋货的皇商——薛家。②

曹家与海外贸易的紧密关系在《红楼梦》中也多有反映。第五十二回"俏平儿情掩虾须镯，勇晴雯病补雀金裘"中有一段薛宝琴讲她跟父亲出海贸易的描写：

> 宝琴笑道：……我八岁时节跟我父亲到西海沿子上买洋货，谁知有个真真国色③女孩子，才十五岁，那脸面就和那西洋画上的美人一样，也披着黄头发，打着联垂，满头带的都是珊瑚、猫儿眼、祖母绿这些宝石；身上穿着金丝织的锁子甲洋锦袄袖；带着倭刀，也是镶金嵌宝的，实在画

---

① 曹家富贵之极的生活应该是在 1663 年曹雪芹曾祖父曹玺任江宁织造之后。曹家先后被抄家两次，先是在雍正六年（1728）被抄家，后在乾隆五年（1740）又被抄家一次。

② 1702 年清廷在闽粤两地设立捐资白银 4.2 万两就可成为皇商的皇商制度，但这个制度到 1704 年就因英商拒与皇商贸易而停止，参见张丽《广州十三行与英国东印度公司——基于对外贸易政策和官商关系的视角》，《世界近现代史研究》第 14 辑，社会科学文献出版社，2017，第 84 页；原始资料来源于梁嘉彬《广东十三行考》，广东人民出版社，1999，第 53～55、613 页。笔者认为，《红楼梦》中的薛家并不是上面定义中的皇商，而是曹雪芹自拟的名号，以《红楼梦》中薛家与王家（真实历史中担任过浙江布政使、广东巡抚的李士桢家族）和史家（现实中担任粤海关监督的孙文成家族）的关系，薛家更有可能是协助浙江布政使、广东巡抚、粤海关监督为清朝内务府采办货物的商人。

③ "色"字为庚辰本批注者添加。

儿上的也没他好看。有人说他通中国的诗书，会讲《五经》，能作诗填词。因此我父亲央烦了一位通事官，烦他写了一张字，就写的是他作的诗。①

第十六回"贾元春才选凤藻宫，秦鲸卿夭逝黄泉路"中，赵嬷嬷和王熙凤聊起当年太祖皇帝仿舜巡贾府接驾的事（喻当年康熙南巡，曹寅、李煦筹备接驾，曹家四次接驾之事），凤姐忙接道：

> 我们王府也预备过一次。那时我爷爷单管各国进贡朝贺的事，凡有的外国人来，都是我们家养活。粤、闽、滇、浙所有的洋船货物都是我们家的。②

《红楼梦》中王熙凤和王夫人的娘家原型为苏州织造的李家，书中王熙凤的父亲，王夫人的哥哥王子腾的命运也近似于真实历史中的李煦。③ 1684年，康熙开放海禁，次年相继在广州、厦门、宁波、云台山四处设关，其中两关在李家父子的管辖之下。难怪王熙凤说："粤、闽、滇、浙所有的洋船货物都是我们家的。"

《红楼梦》第七十一回描写贾母过生日，收到各方礼物，特意提到粤海将军邬家送了一架玻璃围屏。曹寅母亲孙氏是《红楼梦》中贾母的原型。孙氏的侄子孙文成曾任粤海关监督一年。清朝官职中并没有粤海将军，想是曹公为避政治麻烦，自拟此职代之。

曹家拥有这样的亲戚关系，无疑有很多机会接触各种稀贵的西方奢侈品，以致曹雪芹可以在《红楼梦》中信手拈来，娓娓道出。

四　曹家与欧洲上层社会趋同的欧洲奢侈品消费

《红楼梦》贾府生活中的西洋产品几乎囊括了当时欧洲所有的高档奢

① 曹雪芹：《脂砚斋重评石头记（庚辰本）》卷三，第 1212 页。
② 曹雪芹：《脂砚斋重评石头记（庚辰本）》卷一，第 333 页。
③ 以胡适和周汝昌为代表的红学派一直把曹颜作为《红楼梦》中贾政的原型，把李煦的妹妹作为贾母的原型，参见胡适《红楼梦考证》，《红楼梦》，第 1~25 页；周汝昌《红楼梦新证》。笔者认为贾政的原型是曹寅，贾母的原型是孙氏。

侈品。下面就几件尤有代表性的西洋奢侈品，加以比较讨论。

1. 自鸣钟（摆钟）

《红楼梦》中所谓的自鸣钟，其实是 17 世纪下半叶才开始在欧洲出现的摆钟（pendulum clock），而不是 16 世纪末 17 世纪初由意大利传教士罗明坚、利玛窦等人进献给明朝官员和宫廷的自鸣钟（striking clock）。《红楼梦》第六回"贾宝玉初试云雨情，刘姥姥一进荣国府"写道：

> 刘姥姥只听见咯当咯当的响声，大有似乎打箩柜筛面的一般，不免东瞧西望的，忽见堂屋中柱子上挂着一个匣子，底下又坠着一个秤砣般一物，却不住的乱幌。[1]

这个乱晃的秤砣般的坠物，显然就是摆钟的摆（pendulum）。第五十八回"杏子阴假凤泣虚凰，茜纱窗真情揆痴理"又说：

> 麝月笑道："提起淘气，芳官也该打几下。昨儿是他摆弄了那坠子，半日就坏了。"[2]

这个坠子也是摆钟的摆。这两段文字描述，清楚说明凤姐和宝玉住处的所谓自鸣钟，其实是当时欧洲刚刚兴起不久的摆钟。

欧洲最早的机械钟是 14 世纪出现在教堂的塔钟。塔钟庞大而沉重，主要为教堂和教徒们遵循时间祷告而用，并不适用于家庭。到 1510 年德国锁匠彼得·亨莱恩（Peter Henlein）发明了发条钟（clock powered by spring mechanism），便于移动携带，适用于家庭的时钟才开始出现。然而发条钟很不精准，直到 17 世纪下半叶摆钟发明，时钟才出现质的飞跃，摆钟自此逐渐取代发条钟，成为 17 世纪末 18 世纪初欧洲富贵人家追捧的高档生活奢侈品（见图 1），并被一些学者称为 17 世纪欧洲的一个标志或隐喻。[3]

---

① 曹雪芹：《脂砚斋重评石头记（庚辰本）》第六回，第 138~139 页。

② 曹雪芹：《脂砚斋重评石头记（庚辰本）》第五十八回，第 1380 页。

③ 参见 Filip A. A. Buyse，"*Galileo Galilei, Holland and the Pendulum Clock*," https://www.uu.nl/sites/default/files/galileo_ holland_ and_ the_ pendulum_ clock_ 27_ pp.pdf, p. 1, 08/21/2019。

图 1　18 世纪德国墙挂摆钟（左），1845 年维也纳墙挂摆钟（右）

资料来源：Collectors Weekly, https：//www. collectorsweekly. com/stories/142643 - junghans - german - 18th - century - ra - pendulum, 2020/01/18；Ebay, http：//cgi. ebay. com/VIENNA - WALL - CLOCK - GRAND - SONNERIE - M - BOECK - WIEN - 1845 - /180640064737? pt = Antiques_ Decorative_ Arts&hash = item2a0efca4e1, 2011/03/20。

　　1656 年，荷兰科学家克里斯蒂安・惠更斯（Christiaan Huygens）设计制作出世界上第一台摆钟，[①]但由于时间误差较大，欧洲科学家和钟表匠们在之后的几十年里，一直致力于对摆钟的结构进行改进，以减少误差。1715 年，英国钟表匠乔治・格拉汉姆（George Graham）采用精准齿轮，制作出误差极小的摆钟，可靠的时钟由此诞生[②]。17 世纪末 18 世纪初，摆钟在欧洲不仅是上流社会追求的一种生活奢侈品，更是社会地位的一种象征，以致

[①]　有学者认为，把惠更斯作为摆钟的发明者是不准确的。最早提出"用摆设计时钟"想法的是伽利略。惠更斯根据伽利略的想法设计了摆钟，但没有在他后来关于摆钟发明的物理原理的著作中提到伽利略的贡献及其对他的启发。1627 年，荷兰国会颁文招贤，称"能解决海上航行经度确定问题者可获奖 30000 意大利盾（Scudi）"。1635 年，伽利略，其当时在比萨大学的工资每年只有 60 意大利盾，致信荷兰国会，提出可以用"摆"解决海上的经度测量问题，同时还提出用"摆"设计时钟的想法。荷兰国会收到伽利略方案，并没有付给伽利略 30000 意大利盾，只提出付给伽利略 500 意大利盾，遭到伽利略拒绝。然而，伽利略发给荷兰国会的科学方案却被国会有关人员私下传给一些荷兰人看，包括惠更斯的父亲。此后，伽利略虽然一直就奖金数额问题与荷兰交涉，但直至去世，未获结果。1641 年，伽利略在逝世的前一年，明确提出了用摆制作摆钟的方案，并指示他的儿子去做。伽利略的儿子在 1649 年同一位锁匠一起，制作出了一个半成品的摆钟。参见 Filip A. A. Buyse, "*Galileo Galilei, Holland and the Pendulum Clock*," https：//www. uu. nl/sites/default/files/galileo_ holland_ and_ the_ pendulum_ clock_ 27_ pp. pdf, 08/21/2019.

[②]　Willis I. Milham, *Time and Timekeepers*. New York：MacMillan, 1945, pp. 181, 190, 441.

富贵人家找画家画画时，常在身旁摆上一座摆钟，以炫富贵。① 一直到 19 世纪，摆钟在欧洲还完全是手工制作，价格昂贵，绝非一般人家所能拥有。② 根据约翰·贝克特（John Beckett）和凯瑟琳·史密斯（Catherine Smith）的研究，1688～1750 年，诺丁汉城市中产阶层可动产遗嘱清单中（不包括土地、房屋、商店等任何不动产），10% 列有 clocks（时钟）；1701～1720 年为 16%；1711～1720 年为 25%；以后逐年增加，到 1741～1750 年，32% 的中产阶层可动产遗嘱清单中列有 clocks（时钟）。③ 又据罗娜·韦瑟里尔（Lorna Weatherill）的研究，在 1675～1725 年的一批英国可动产遗嘱清单中，清单价值 51～100 英镑的，18% 列有 clocks（时钟）；价值 101～250 英镑的，28% 列有 clocks；价值 251～500 英镑的，44% 列有 clocks；价值超过 500 英镑的，51% 列有 clocks。④ 这一时期英国中等收入家庭的年收入约为 40 英镑，年收入超过 200 英镑的家庭至少属于小绅士和成功商人阶层。⑤

上述不动产遗嘱清单中的 clocks，到底是 pendulum clocks（摆钟），还是发条机械钟，研究者们并未交代。韦瑟里尔研究遗嘱清单中的 clocks，价值多在一台 1 英镑到 2 英镑 10 先令之间（1 镑＝20 先令）。⑥ 17 世纪末，21 先令 6 便士合 1 基尼（Guinea），1 基尼约合 1/4 两黄金；1717 年起，英国规定 21 先令为一个基尼。⑦ 以 21 先令 1 基尼计算，1 英镑合黄金约 0.24 两（1/4 * 20/21 = 5/21），2 英镑 10 先令合黄金约 0.57 两（1/4 * 50/21 = 25/44）。这些价值远低于 18 世纪上半叶巴黎几家零售商出售的摆钟（pendulum clocks）价格，说明清单中的 clocks 显然不是摆钟。

根据卡罗琳·萨珍森（Carolyn Sargentson）的研究，18 世纪上半叶，巴

---

① 参见 Amanda, Vickery, "18th Century Paris-the Capital of Luxury," *The Guardian*, July 29, 2011。

② Willis I. Milham, *Time and Timekeepers*, pp. 330, 334.

③ John Beckett and Catherine Smith, "Urban Renaissance and Consumer Revolution in Nottingham, 1688-1750," *Urban History*, Vol. 27, issue 1, May 2000, pp. 43-44.

④ Lorna Weatherill, *Consumer Behavior and Material Culture in Britain, 1660-1760*, New York: Routledge, 1988, p. 107, table 5.1.

⑤ Lorna Weatherill, *Consumer Behavior and Material Culture in Britain, 1660-1760*, pp. 95-105.

⑥ Lorna Weatherill, *Consumer Behavior and Material Culture in Britain, 1660-1760*, p. 110, table 5.3.

⑦ 参见 "Great Britain: Money," http://pierre - marteau.com/wiki/index.php? title = Great_Britain: Money, 08/24/2019。

黎几家钟表零售商的摆钟①价格分别为，荷布特（Hebert）店，1724 年一台摆钟售价 432 里弗；茱莉亚特（Julliot），1736 年 400 里弗一台；德拉欧盖特（Delahoguette），1768 年 272 里弗一台；亨尼贝尔（Hennebert），1770 年 170 里弗一台。② 1726 年，法国规定 740 里弗 9 苏（1 里弗＝20 苏）价值 8 两黄金，③ 假定 1724~1770 年里弗兑黄金的比价不变，那么上面摆钟每台价格分别为 4.67 两、4.32 两、2.94 两、1.84 两黄金；摆钟价格显然在随着技术的进步而逐渐下降。即使如此，1770 年巴黎钟表店的摆钟价格也远高于 1675~1725 年英国遗嘱清单上那些 clocks 的价值。由此推断，英国遗嘱清单中的 clocks，大部分不是摆钟。另据记载，1786 年 1 月 4 日，法国国王路易十六花了 384 里弗，买了一对七玄琴摆钟，④ 按 8 两黄金 740 里弗的兑换率，合 4.15 两黄金，即每台 2.07 两。这个价格比 16 年前（1770）亨尼贝尔零售商的一台 1.84 两黄金高，考虑到路易十六购买的摆钟定非一般品质的摆钟，其价格也会高于一般摆钟。

与 1724 年巴黎零售商一台摆钟 4.67 两黄金相比，《红楼梦》中王熙凤的金摆钟卖了 560 两白银。按书中"纵赏金子，不过一百两金子，才值了一千两银子"的金银兑换率，凤姐的金摆钟约合 56 两黄金。⑤ 这样昂贵的金摆钟就是在当时欧洲上层也极为罕见，更非英国那些一般富人遗嘱清单里的 clocks 可比，说明《红楼梦》中贾府所代表的曹家或江南贵富不光拥有当时欧洲刚刚开始流行的摆钟，而且还是极为高档奢华的摆钟。

2. 穿衣镜

《红楼梦》中多次出现穿衣镜，这些穿衣镜不仅人一般高，能照出全身，而且照物清晰不走形。如：

① 虽然萨珍森在书中用的是 clocks，不是 pendulum clocks，但从时间和价格上判断应是摆钟。1715 年，格拉汉姆制造出误差极小的摆钟后，摆钟才真正开始被格外追求。

② Carolyn Sargentson, *Merchants and Luxury Markets: The Merchants Merciers of Eighteenth-Century Paris*, London: The Victoria and Albert Museum, 1996, p. 25.

③ P. Theodore and Susanne Fadler, *Memoirs of a French Village-Chronicles of Prairie du Rocher, Kaskaskia and the French Triangle*, LuLu.com, 2016, p. 319.

④ Clock, https://collections.vam.ac.uk/item/O341834/clock-sevres-porcelain-factory/2020/01/05.

⑤ "凤姐冷笑道：我的是你们知道的，那个金自鸣钟卖了五百六十两银子……"曹雪芹：《脂砚斋重评石头记（庚辰本）》第七十二回，第 1729~1730 页。"贾蓉等忙笑道：纵赏金子，不过一百两金子，才值了一千两银子，够一年的什么？"曹雪芹：《脂砚斋重评石头记（庚辰本）》第五十三回，第 1236 页。

（贾政一行人）及至门前，忽见迎面也进来了一群人，都与自己形相一样，却是玻璃大镜相照。①

（贾芸）一回头，只见左边立着一架大穿衣镜，从镜后转出两个一般大的十五六岁的丫头来……②

麝月笑道："好姐姐，我铺床，你把那穿衣镜的套子放下来，上头的划子划上，你的身量比我高些。"③

显然，这些穿衣镜是在大块平板透明玻璃背面涂上一层锡和水银汞合金的玻璃镜。这种照物清晰且不走形的大块平板玻璃镜直到 16 世纪末才在欧洲出现，最初由威尼斯慕拉诺（Murano）玻璃制造工匠通过将锡和水银汞合金涂在透明的平板玻璃背面而制作出来。一直到 17 世纪后半叶法国通过秘密窃取威尼斯慕拉诺玻璃生产技术，生产出自己的玻璃镜之前，威尼斯是欧洲唯一可以制造平板玻璃镜子的地方。

1665 年，法国国王路易十四在财政部部长让-巴普蒂斯特·柯尔贝尔（Jean-Baptiste Colbert）的建议下，下旨在圣戈班成立皇家圣戈班玻璃制造厂（Saint-Gobain factory），以减少因进口玻璃和玻璃镜而产生的大量财政支出。在一批被秘密招募的威尼斯慕拉诺玻璃工匠的指导下，皇家圣戈班玻璃厂很快制造出了透明的大块平板玻璃和玻璃镜。④ 1672 年，法国颁布禁令："宫廷任何玻璃用品不得从外国进口。"⑤ 1684 年，凡尔赛宫从皇家圣戈班玻璃厂订购了 357 块镜子，用以设计闻名遐迩的凡尔赛宫玻璃走廊。⑥ 此

---

① 曹雪芹：《脂砚斋重评石头记（庚辰本）》第十七至十八回，第 371 页。
② 曹雪芹：《脂砚斋重评石头记（庚辰本）》第二十六回，第 589 页。
③ 曹雪芹：《脂砚斋重评石头记（庚辰本）》第五十一回，第 1190 页。
④ Warren C. Scoville, "Technology and the French Glass Industry, 1640-1740," *The Journal of Economic History*, Vol. 1, No. 2, November, 1941, p. 156；并参见 McElheny, Josiah, "The Short History of Glass Mirror," *Cabinet Magazine*, issue 14, Summer, 2004, http://www.cabinetmagazine.org/issues/14/mcelheny.php。
⑤ Joan E. Delean, *The Essence of Style: How the French Invented High Fashion, Fine Food, Chic Cafes, Style, Sophistication, and Glamour*, New York: Free Press, 2005, p. 187.
⑥ Stephanie Lowder, "The History of Mirror, through Glass, Darkly," https://www.furniturelibrary.com/mirror-glass-darkly/, 29/08/2019；并参见 Melchior-Bonnet, Sabine, translated by Katha H. Jewett, *The Mirror: A History*, New York: Routledge, 2001 [1998], pp. 46-51。

后，可照全身的穿衣镜开始风靡欧洲，上层社会趋之若鹜。一位 17 世纪的伯爵夫人弗里斯克（Fiesque）说：

> 我有一块令人讨厌的土地，除了小麦，它什么也带不来。我卖了它，买了这块美丽的镜子。我用小麦换了这块美丽的镜子，难道我没有创造奇迹吗?[①]（见图 2）

图 2　18 世纪的欧洲穿衣镜

资料来源：Acleantiques，http：//www.acleantiques.co.uk/stock.asp?
t＝category&c＝Mirrors，2011/03/19。

时间上与欧洲上层社会基本同步，奢华上可与欧洲当时最高档的穿衣镜媲美，贾宝玉房间里的穿衣镜不仅是当时欧洲最时尚的大片平板玻璃穿衣镜，高大明亮，照物清晰且不走形，而且设计精巧："这镜子原是西洋机括，可以开合。不意刘姥姥乱摸之间，其力巧合，便撞开消息，掩过镜子，

露出门来。"①

3. 水晶玻璃灯和金星玻璃

《红楼梦》中的水晶玻璃更是在 17 世纪末才在欧洲出现。1674 年，英国商人乔治·拉文斯库福特（George Ravenscroft）在制造玻璃的材料中加入一定量的铅，制造出了比玻璃更为光亮透明的水晶玻璃。18 世纪初，水晶玻璃吊灯（crystal glass chandelier）开始取代自 17 世纪出现在欧洲的天然水晶吊灯（rock crystal chandelier）；② 与此同时，威尼斯慕拉诺玻璃工匠们也开始用慕拉诺所独有的一种极为明亮透明的苏打玻璃（soda glass）制作出各种颜色的玻璃吊灯（见图 3）。③ 水晶玻璃不仅比天然水晶和慕拉诺苏打玻璃更加晶莹剔透，而且造价低。18 世纪初，水晶玻璃吊灯开始流行于欧洲上层社会，成为深受豪富之家追逐的又一款高档生活奢侈品（见图 4）。

图 3　1880 年前后的意大利慕拉诺彩色玻璃枝形吊灯

资料来源：M. S. Rau，https：//www. rauantiques. com/venetian-blue-murano-glass-chandelier，2020/01/16。

---

① 曹雪芹：《脂砚斋重评石头记（庚辰本）》第四十一回，第 951 页。
② 参见 Carl Mallory，"A History of the Chandelier，" posted on May 16, 2015, https：//italian-lighting-centre. co. uk/blogs/news/a-history-of-the-chandelier, 08/31/2019。
③ 参见 Carl Mallory，"A History of the Chandelier，" posted on May 16, 2015, https：//italian-lighting-centre. co. uk/blogs/news/a-history-of-the-chandelier, 08/31/2019。

图 4　18 世纪意大利水晶玻璃枝形吊灯（左），
18 世纪法国天然水晶枝形吊灯（右）

资料来源：Cedric Dupont Antiques, https：//www.cedricdupontantiques.com/product/ italian-18th-century-giltwood-and-crystal-genovese-chandelier/, 2020/01/16; Art Origo.com, https：//artorigo.com/lighting/rococo-rock-crystal-chandelier18th-century-france/id-7207, 2020/01/16。

　　比之摆钟、镜子和银器等奢侈品，水晶玻璃吊灯更为昂贵。不仅因为水晶玻璃吊灯体积庞大，做工精巧，耗工、耗时、耗料，而且照明时需要点上很多支蜡烛，而蜡烛在 18 世纪初的欧洲也是一种生活奢侈品，只有有钱人才用蜡烛（wax candle）和油灯，穷人则多用牛羊脂烛（tallow candle）。1700~1759 年，英国蜡烛价格每磅 26.9 便士，而牛羊脂烛的价格只有每磅 5 便士。[①] 1700 年后英国政府开始对蜡烛征收高额奢侈品消费税，更是提高了蜡烛的购价。1711 年每磅蜡烛消费税 8 便士，而每磅牛羊脂烛的消费税则只有 1 便士。1747 年，巴黎零售商克劳德·安东尼·朱利奥特（Claude-Antonie Julliot）用 10000 里弗的打折价，购买了两台二手天然水晶吊灯和一个二手烛台，而三件物品的原价为 17625 里弗。[②] 10000 里弗约合 108 两黄金（8×10000/740），17625 里弗约合 191 两黄金（8×17625/740），这样

① Gregory Clark, "Lifestyles of the Rich and Famous Versus the Poor: Living Costs in England, 1209-1869," working paper, August 2004, p. 12, and Table 3 on p. 32, https：//www.semanticscholar.org/paper/Lifestyles-of-the-Rich-and-Famous%3A-Living-Costs-of-Clark/15e66c96dd401ba845af3d6e8e3dabf7e8dd9707, 08/06/2019.

② Carolyn Sargentson, *Merchants and Luxury Markets: The Merchands Merciers of Eighteenth-Century Paris*, p. 32.

的价格绝非一般上层家庭所能消受。在 1688～1750 年诺丁汉城市中产阶层的可动产遗嘱清单中，以及 1675～1725 年的一批英国富人的可动产遗嘱清单中，不少清单列有 clocks（时钟）、镜子和银器，但没有一个清单里列有水晶玻璃吊灯，① 说明水晶玻璃吊灯在 17 世纪末 18 世纪初的欧洲远比时钟和镜子更为奢华。而在《红楼梦》中，水晶玻璃灯也只是出现在了元春省亲最为奢华时刻的第十七至十八回：

> 只见清流一带，势若游龙，两边石栏上，皆系水晶玻璃各色风灯，点的如银光雪浪……诸灯上下争辉，真系玻璃世界，珠宝乾坤。②

虽然曹雪芹笔下的水晶玻璃风灯并不是欧洲的枝形吊灯，造型比枝形吊灯简单，但提到是"各色"水晶玻璃，而彩色水晶玻璃 17 世纪末才在欧洲出现，18 世纪初才被用来制作灯具。在欧洲新兴水晶玻璃灯的奢华消费上，贾府依然没有落伍。

《红楼梦》中还有一段特意写到了金星玻璃。贾宝玉要给芳官起名金星玻璃，说：

> 海西福朗思牙，闻有金星玻璃宝石，他本国番语以金星玻璃名为"温都里纳"，如今将你比作他，就改名唤叫"温都里纳"可好？③

金星玻璃同样是 17 世纪才在欧洲被制造出来，之后深受欧洲上层社会青睐。17 世纪威尼斯慕拉诺玻璃工匠在制作玻璃时无意中制造出来了一种红棕色，里面布满闪烁着金属颗粒的玻璃，因得之偶然，称之为"avventurina"（意大利语"冒险"和"偶然"的意思）。曹雪芹笔下的贾宝玉不光知道金

---

① 参见 John Beckett and Catherine Smith, "Urban Renaissance and Consumer Revolution in Nottingham, 1688-1750," *Urban History*, Vol. 27, issue 1, May 2000, pp. 43-44; Lorna Weatherill, *Consumer Behavior and Material Culture in Britain*, 1660-1760, p. 107, table 5. 1.
② 曹雪芹：《脂砚斋重评石头记（庚辰本）》第十七至第十八回，第 382 页。
③ 曹雪芹：《脂砚斋重评石头记（庚辰本）》第六十三回，第 1510 页。

星玻璃，而且还知道这种宝贝来自欧洲，^① 以及与葡萄牙语和意大利语极为相似的金星玻璃的发音 "温都里纳"（葡萄牙语 aventurina，意大利语 avventuria）^②。

4. 银器

银器是 17 世纪末 18 世纪初欧洲消费革命中新兴的又一生活奢侈品。1492 年哥伦布发现美洲，1545 年西班牙在秘鲁发现波托西大银矿，次年又在墨西哥发现萨卡特卡斯、瓜达拉哈拉等大银矿。1545~1800 年，欧洲从美洲大陆获得了大约 137000 吨白银，是 1500 年前欧洲大陆白银储备量的三倍多。^③ 美洲白银的获得，不仅导致欧洲商人携大量美洲白银到亚洲贸易，也推动了欧洲本土银器制造业的兴起；各种白银生活用品，特别是白银餐具等，纷纷加入消费之列，成为欧洲富裕之家一种新的消费时尚。

在贝克特和史密斯提供的诺丁汉城市中产阶层可动产遗嘱清单分析中，1688~1750 年，含有银具的清单占 35%，1701~1720 年，占 23%，1711~1720 年，占 22%，1731~1740 年，占 26%，1741~1750 年，占 43%。^④ 而在韦瑟里尔对 1675~1725 年英国可动产遗嘱清单的分析中，遗产价值 51~100 英镑的清单中，列有银具者占 21%；价值 101~250 英镑的，占 31%；价值 251~500 英镑的，占 44%；价值 500 英镑以上的，占 67%。^⑤ 这些分析结果表明，较之水晶玻璃吊灯、摆钟和穿衣镜，银器是 18 世纪初欧洲上层社会一种较为普遍的生活奢侈品，中产阶层家庭中也拥有如银酒杯、银勺、银碗等银餐饮具。^⑥ 与银器在欧洲的兴起相对应，《红楼梦》中紫鹃用来剪断林

---

① 金星玻璃出产于威尼斯的慕拉诺，《红楼梦》中贾宝玉显然是把携金星玻璃到中国销售的欧洲商人的国家当成了生产金星玻璃的国家。一些学者认为贾宝玉所说的 "福朗思牙" 指的是法国，参见李静《"温都里纳" 考——作为舶来品的清代金星玻璃》，《美术研究》2018 年第 1 期，第 111~115 页；黄一农《"温都里纳""汪恰洋烟" 与 "依弗哪" 新考》，《曹雪芹研究》2016 年第 4 期，第 33~46 页。笔者认为更可能是葡萄牙。

② 金星玻璃的葡萄牙语是 aventurina，英语为 aventurine glass 或 goldstone，荷兰语为 aventurijn，法语为 aventurine。比较金星玻璃在以上几国语言中的发音，葡萄牙语的 aventurina 和意大利语的 avventuria 的发音最接近贾宝玉所说的 "温都里纳"。

③ 根据布罗代尔和斯普纳的估计，1500 年前，欧洲大陆大约有 3600 吨黄金和 37500 吨白银的贵金属储备量，参见〔德〕贡德·弗兰克《白银资本——重视经济全球化中的东方》，刘北成译，中央编译出版社，2008，第 202、211 页。

④ John Beckett and Catherine Smith, "Urban Renaissance and Consumer Revolution in Nottingham, 1688-1750," *Urban History*, Vol. 27, issue 1, May, 2000, pp. 43-44, table 3.

⑤ Lorna Weatherill, *Consumer Behavior and Material Culture in Britain, 1660-1760*, p. 107, table 5.1.

⑥ Lorna Weatherill, *Consumer Behavior and Material Culture in Britain, 1660-1760*, pp. 66, 207.

黛玉风筝线的剪子，便是欧洲制造的西洋小银剪子。贾府在新兴银器的消费中同样没有落伍。

> （紫鹃）说着便向雪雁手中接过一把西洋小银剪子来……①

5. 鼻烟、汪恰洋烟和鼻烟盒

鼻烟是欧洲海外殖民扩张中兴起的另一奢侈消费品。美洲烟草在 16 世纪就传到西班牙、葡萄牙、法国、荷兰、英国等国。17 世纪初，弗吉尼亚亦成为英国重要的殖民地烟草生产基地。17 世纪时，烟草在欧洲已成为一种大众消费品，但由烟草末和其他几种材料研制而成的鼻烟则一直是上层社会的消费品。17 世纪初到 18 世纪末，鼻烟消费在欧洲一波三折，既受到夸赞推崇，也受到鞭挞甚至禁止，但从来没有失去其上流社会消费品的地位。1665~1666 年英国鼠疫大流行之后，鼻烟在英国尤为流行，② 并在安妮时代（1702~1714）达到顶峰。社交场合中的贵族、绅士们常常手拿鼻烟盒，用以显示自己的时尚和社会地位。③

流行于欧洲上流社会的鼻烟同样也出现在了《红楼梦》中。宝玉屋里的丫头晴雯得了感冒，发烧头疼，鼻塞声重。

> 宝玉便命麝月："取鼻烟来，给她嗅些，痛打几个喷嚏，就通了关窍。"麝月果真去取了一个金厢双扣金星玻璃的一个扁盒来递与宝玉。宝玉便揭翻盒扇（盖），里面有西洋珐琅的黄发赤身女子，两肋又有肉翅，盒里面盛着些真正汪恰洋烟。晴雯只顾看画儿。宝玉道："嗅些罢！走了气就不好了。"晴雯听说，忙用指甲挑了些嗅入鼻中，不怎样，便又多多挑了些嗅入。忽觉鼻中一股酸辣，透入囟门，接连打了五六个喷嚏，眼泪鼻涕登时齐流。晴雯忙收了盒子，笑道："了不得，好爽快！拿纸来。"④

---

① 曹雪芹：《脂砚斋重评石头记（庚辰本）》第七十回，第 1658 页。
② 当时欧洲人相信鼻烟具有杀毒作用。
③ E. George and T. Fribourg, *The Old Snuff House of Fribourg & Treyer at the Sign of the Rasp & Crown*, *No. 34 St. James's Haymarket*, *London*, *S. W. 1720*, *1920*, London: Nabu Press; Lyon France, "Snuff taking," *Historical Overview*, 2007, 1.1.2, pp. 43-47.
④ 曹雪芹：《脂砚斋重评石头记（庚辰本）》第五十二回，第 1208~1209 页。

　　庚辰本《石头记》中，脂砚斋在"汪恰洋烟"处批道："汪恰。西洋一等宝烟也。"17世纪末18世纪初，弗吉尼亚烟草（Virgin Tobacco）闻名遐迩，是英国最上等的烟草。美国华裔教授周策纵认为《红楼梦》中的"汪恰洋烟"是法语vierge的译音，指的就是弗吉尼亚烟草。[①] 笔者非常同意"汪恰洋烟"就是弗吉尼亚烟草，但英语"virgin"发音比法国vierge发音更接近于"汪恰"。周策纵先生认为"西洋传教士与清廷有往来者，以法国人最多"，法国传教士们在将法语译成中文时喜欢"把v的声母变成w的声母"，把本来可译作"浮"或"乏"的v，却译成"汪"。但是对比法语vierge"wei-er-ya-ri"（维尔亚日）与英语virgin"wo-zhen"（沃真）的发音，"汪恰"更可能是直接来自英语"virgin"的译音，因为"wo-zhen"（沃真）比"wei-er-ya-ri"（维尔亚日）更接近于中文"汪恰"的发音。

　　《红楼梦》中晴雯吸的鼻烟，不光是用"西洋一等宝烟""汪恰烟草"研制而成，而且是装在"一个金厢双扣金星玻璃的一个扁盒"里，"揭翻盒扇（盖），里面有西洋珐琅的黄发赤身女子，两肋又有肉翅"。显然，这是一个流行于18世纪欧洲的西洋珐琅鼻烟盒。鼻烟于17世纪末传入中国，[②] 深受康熙皇帝和士人的喜爱，[③] 中国最迟在康熙四十九年（1710）就已开始生产鼻烟。[④] 与欧洲盛行的翻盖扁盒的小长方形鼻烟盒不同，鼻烟进入清内

---

① 周策纵：《红楼梦汪恰洋烟考》，《明报月刊》（香港）1976年4月号。

② 根据学者的研究，清朝皇帝顺治尚无可能获得鼻烟，康熙获得西洋鼻烟的最早记录是比利时传教士南怀仁纂编的《熙朝定案》，康熙二十三年（1684）康熙第一次南巡，南京西洋传教士毕嘉和汪儒望携四中（种）方物进献，康熙传旨："朕已收下，但此等方物你们而今亦罕有，朕即将此赏赐你们，唯存留西蜡即是，准收。"故此，杨伯达、王忠华等学者将鼻烟（时称西腊）传入中国的时间暂定在康熙二十三年或稍前。参见杨伯达《鼻烟盒：烙上中国印记的西洋舶来品》，《东方收藏》2011年第3期，第11页；王忠华、张芯语《鼻烟壶的早期创制及发展》，《中国美术》2018年第3期，第151页。另见 Lucie Olivova, "Tobacco Smoking in Qing China," *Asia Major*, series 3, Vol. 18, No. 1, 2005, p. 229。

③ 康熙喜爱鼻烟，可从康熙常系鼻烟壶于腰间的文献记载中看出。清代高士奇所著《蓬山密记》中有康熙"复解上用鼻烟壶二枚并鼻烟赐下"，记载了康熙四十三年（1704），礼部侍郎高士奇随驾入都，康熙赏赐其鼻烟及鼻烟壶。参见高士奇《蓬山密记》，李德龙、俞冰主编《历代日记丛钞》第18册，学苑出版社，2006，第274页。清代汪灏《随銮纪恩》一书记述了汪于康熙四十二年（1703）扈从康熙帝"避暑于塞外，兼行秋狝之典"的见闻，其中亦有康熙将鼻烟"用瓶悬之带间"的文字。参见汪灏《随銮纪恩》，边丁编《中国边疆行纪调查记报告书等边务资料丛编（二编）》第五册，香港：蝠池书院，2010，第103页。

④ 益德成闻药庄被认为是中国民间最早生产鼻烟的老字号之一，康熙四十九年（1710）在南京成立，后迁移到天津的估衣街。参见《随益德成探寻鼻烟的前世今生：前世篇》，中国新闻网，2016年1月21日。

廷不久，内廷就创制了口小肚大的鼻烟壶，以防止走气散味，更好地保存鼻烟味道。

　　据杨伯达研究，欧洲鼻烟盒一经传入广州，广州即开始仿制，一直到乾隆中期，广州还在仿制和进贡各色鼻烟盒。然而，由于鼻烟盒打开时容易走气，且不易随身携带，鼻烟盒未能在宫廷内外普及，倒是中国独创的鼻烟壶，盛行于18世纪初的宫廷内外。① 在曹雪芹的笔下，盛着汪恰洋烟的，既不是广州仿制的鼻烟盒，也不是中国创制的鼻烟壶，而是盒盖里画着鲜明西方文化色彩图案的西洋珐琅鼻烟盒，所谓"两肋有肉翅"的"黄发赤身女子"，实为西方文化中的小天使。图5为1745~1750年的欧洲鼻烟盒，盒盖里面画着半赤身女子和赤身小天使，与《红楼梦》中的鼻烟盒颇有同工之妙。

图 5　1745~1750 年的欧洲鼻烟盒

资料来源：Christies，http：//www.christies.com/LotFinder/lot_ details. aspx? intObjectID=5264469，2009/3/22。

　　曹雪芹写鼻烟，没有选择写用中国烟草研制的鼻烟，也没有选择写18世纪初皇帝和士人都偏爱使用的中国鼻烟壶，而是专门耗费笔墨描写了汪恰洋烟和西洋珐琅鼻烟盒。曹公用"西洋上等好烟"和西洋珐琅鼻烟盒来衬托曹家当年的昌盛，既体现了江南富贵之家与欧洲上层社会消费的同步，也再一次体现了西洋品消费在当时是一种权势和富贵的象征。

_____

① 参见杨伯达《鼻烟壶：烙上中国印记的西洋舶来品》，《东方收藏》2011年第3期，第11页。

结　论

　　成书于 18 世纪中叶的《红楼梦》，在很多地方都反映出了 17~18 世纪中欧贸易大规模扩张，欧洲海外扩张中商业革命如火如荼，消费革命悄然诞生，新兴奢侈品不断涌现的时代背景。把《红楼梦》作为曹雪芹基于自家兴亡历史的艺术创作，作为江宁织造，且与海外贸易关系密切的曹家，在西方奢侈品消费上，基本上与欧洲上层社会趋同——时间上基本同步，趣味上颇为雷同，规格上远高于欧洲一般富贵之家。中国与欧洲遥远的距离，大为不同的文化，并没有阻止江南富绅对西洋产品的推崇和消费。虽然中国缺少白银，西方奢侈品在清代中国也从来没有经历过从奢侈品到大众消费品的转移，但欧亚大规模贸易的存在，使清初富贵之家有条件实现与欧洲上流社会几乎同步的欧洲奢侈品消费。

附表　《红楼梦》（前 80 回）记载的各种西洋产品

产品种类	西洋产品出现的情境	回目
西洋纺织品	(王熙凤)①身上穿着缕金百蝶穿花**大红萍**〔**洋**〕②**缎**窄裉袄，外罩五彩刻丝石青银鼠褂，下着翡翠撒花**洋绉裙**。(王夫人住处)临窗大炕上铺着**猩红洋罽**	第三回,56、61 页
	凤姐手里拿着**西洋布手巾**，裹着一把乌木三裹③银箸	第四十回,913 页
	独李纨穿一件青**哆罗呢**对襟褂子,薛宝钗穿一件莲青斗纹锦上添花**洋线番耙丝**的鹤氅	第四十九回,1140 页
	(宝玉)忙唤人起来,盥漱已毕,只穿一件茄色**哆罗呢**狐皮袄	第四十九回,1142 页
	凤姐儿又命平儿把一个玉色绸里的**哆罗呢**的包袱拿出来	第五十一回,1188 页
	贾母见宝玉身上穿着荔色**哆罗呢**的天马箭袖,大红猩猩毡盘金彩绣石青妆缎沿边的排穗褂子	第五十二回,1216 页
	(贾母房间的)榻之上一头又设一个极轻巧**洋漆**描金小几,几上放着茶盅、茶碗、漱盂、**洋巾**之类,又有一个**眼镜**匣子	第五十三回,1249 页
	(紫鹃)一面说一面便将代玉④的匙箸用一块**洋巾**包了交与藕官	第五十九回, 1390 ~ 1391 页
	(袭人)一面站起,接过茶来吃着,回头看见床沿上放着一个活计簸箩儿,内装着一个大红**洋锦**的小兜肚。(甲辰本里有这段,已卯本补抄的第六十七回中没有这段)	甲辰本第六十七回

续表

产品种类	西洋产品出现的情境	回目
玻璃器皿、水晶玻璃灯、玻璃窗及玻璃屏风等	（荣国府堂屋御）一边是金蜼彝，一边是**玻璃盘**〔盒〕	第三回，60 页
	（太虚幻境）琼浆清泛**玻璃盏**，玉液浓斟琥珀杯	第五回，113 页
	贾蓉笑道："我父亲打发了我来求婶子，说上回老舅太太给婶子的那架**玻璃炕屏**，明日请一个要紧的客，借了略摆一摆就送过来的。"	第六回，143 页
	那周瑞家的又和智能儿唠叨了一会，便往凤姐儿处来，穿夹道彼时从李纨后窗下过，隔着**玻璃窗户**，见李纨在炕上歪着睡觉呢	第七回，158 页
	（元春省亲时场景）只见清流一带，势若游龙，两边石栏上，皆系**水晶玻璃各色风灯**，点的如银光雪浪……诸灯上争辉，真系**玻璃**世界，珠宝乾坤。	第十七至十八回，382 页
	晴雯冷笑道："二爷近来气大的很……先时连那么样的**玻璃缸**、玛瑙碗不知弄坏了多少，也没见个大气儿，这会子一把扇子就这么着了。何苦来！"	第三十一回，711～712 页
	代玉笑道："……你听雨越发紧了，快去罢。可有人跟着没有？"有两个婆子答应："有人外面拿着伞点着灯笼呢。"代玉笑道："这个天点灯笼？"宝玉道："不相干，是明瓦的，不怕雨。"代玉听说，回手向书架上把个**玻璃绣球灯**拿了下来，命点一支小蜡来，递与宝玉，道："这个又比那个亮，正是雨里点的。"宝玉道："我也有这么一个，怕他们失脚滑倒了打破了，所以没点来。"代玉道："跌了灯值钱，跌了人值钱？……"	第四十五回，1048 页
	袭人看时，只见两个**玻璃小瓶**，都有三寸大小，上面螺丝银盖，鹅黄笺上写着"木樨清露"，那一个写着"玫瑰清露"。袭人笑道："好尊贵东西！这么个小瓶儿，能有多少？"王夫人道："那是进上的，你没看见鹅黄笺子？你好生替他收着，别遭塌了。"	第三十四回，773 页
	（贾宝玉）一面忙起来揭起窗屉，从**玻璃窗**内往外一看，原来不是日光，竟是一夜大雪……	第四十九回，1142 页
	麝月果真去取了一个金镶双扣**金星玻璃**的一个扁盒来，递与宝玉。	第五十二回，1208 页
	（荣国府元宵节场景）两边大梁上，挂着一对联三聚五**玻璃**芙蓉彩穗灯。……将各色羊角、**玻璃**、戳纱、料丝、或绣、或画、或堆、或抠、或绢、或纸诸灯挂满	第五十三回，1250 页

续表

产品种类	西洋产品出现的情境	回目
玻璃器皿、水晶玻璃灯、玻璃窗及玻璃屏风等	芳官拿了一个五寸来高的小**玻璃瓶**来，迎亮照看，里面小半瓶胭脂一般的汁子，还道是宝玉吃的**西洋葡萄酒**。母女两个忙说："快拿旋子烫滚水，你且坐下。"芳官笑道："就剩了这些，连瓶子都给你们罢。"五儿听了，方知是**玫瑰露**	第六十回,1419页
	(宝玉说)"海西福朗思牙，闻有**金星玻璃**宝石，他本国番语以**金星玻璃**名为'温都里纳'，如今将你比作他，就改名唤叫'温都里纳'可好？"芳官听了更喜，说："就是这样罢。"因此又唤了这名。众人嫌拗口，仍番汉名，就唤"**玻璃**"	第六十三回,1510页
	贾母因问道："前儿这些人家送礼来的共有几家有围屏？"凤姐儿道："共有十六家有围屏，十二架大的，四架小的炕屏。内中只有江南甄家一架大屏十二扇，大红缎子缂丝'满床笏'，一面是泥金'百寿图'的，是头等的。还有粤海将军邬家一架**玻璃**的还罢了。"贾母道："既这样，这两架别动，好生搁着，我要送人的。"	第七十一回,1707页
穿衣镜、把镜	(贾政一行人)及至门前，忽见迎面也进来了一群人，都与自己形相一样，却是**玻璃大镜**相照	第十七至十八回,371页
	(贾芸)一回头，只见左边立着一**架大穿衣镜**，从镜后转出两个一般大的十五六岁的丫头来说："请二爷里头屋里坐。"	第二十六回,589页
	林代玉还要往下写时，觉得浑身火热，面上作烧，走至**镜台**揭起锦袱一照，只见腮上通红……	第三十四回,781页
	(刘姥姥)便心下忽然想起："常听大富贵人家有一种穿衣镜，这别是我的影儿在**镜子**里头呢罢。"说毕伸手一摸，再细一看，可不是，四面雕空紫檀板壁将镜子嵌在中间。因说："这已经拦住，如何走出去呢？"一面说，一面只管用手摸。**这镜子原是西洋机括**，可以开合。不意刘姥姥乱摸之间，其力巧合，便撞开消息，掩过镜子，露出门来	第四十一回,951页
	代玉会意，便走至里间将**镜**袱揭起，照了一照，只见两鬓略松了些，忙开了李纨的妆奁，拿出抿子来，对镜抿了两抿……	第四十二回,972页
	麝月笑道："好姐姐，我铺床，你把那**穿衣镜**的套子放下来，上头的划子划上，你的身量比我高些。"	第五十一回,1190页
	晴雯自拿着一面**靶〔儿〕镜〔子〕**，贴在两太阳上	第五十二回,1209页
	因探春才哭了，便有三四个小丫鬟捧了沐盆、巾帕、**靶镜**等物来	第五十五回,1293~1294页

续表

产品种类	西洋产品出现的情境	回目
穿衣镜、把镜	袭人笑道："那是你梦迷了，你揉眼细瞧，是**镜子**里照的你影儿。"宝玉向前瞧了一瞧，原是那嵌的**大镜**对面相照，自己也笑了。……麝月道："怪道老太太常嘱咐说，小人屋里不可多有**镜子**。小人魂不全，有镜子照多了，睡觉惊恐作胡梦，如今倒在大镜子那里安了一张床……"	第五十六回，1331 页
	紫鹃听说，方叠铺盖妆奁之类。宝玉笑道："我看见你文具里头有三两面**镜子**，你把那面小菱花的给我留下罢。"	第五十七回，1349 页
	袭人遂到自己房里，换了两件新鲜衣服，拿着**把镜**照着掠了掠头，匀了匀脸上脂粉，步出下方……	甲辰本第六十七回
	(探春)说着便命两个丫鬟们把箱柜一起打开，将**镜奁**、妆盒、衾袱、衣包若大若小之物一齐打开……	第七十四回，1783 页
眼镜	贾母歪在榻上，与众人说笑一回，又自取**眼镜**向戏台上照一回……	第五十三回，1249 页
	贾母又戴了**眼镜**，叫鸳鸯琥珀："把那孩子拉过来，我瞧瞧肉皮儿。"众人都抿嘴儿笑着，只得推他上去。贾母细瞧了一遍，又命琥珀："拿出手来我瞧瞧。"鸳鸯又揭起裙子来。贾母瞧毕，摘下**眼镜**来……	第六十九回，1646 页
摆钟、表	刘姥姥只听见咯当咯当的响声，大有似乎打箩柜筛面的一般，不免东瞧西望的，忽见堂屋中柱子上挂着一个匣子，底下又坠着一个秤砣般一物，却不住的乱幌。刘姥姥心中想着："这是什么爱物儿？有甚用呢？"正呆时，只听得当的一声，又若金钟铜磬一般，不防倒唬的一展眼。接着又是一连八九下	第六回，138～139 页
	(凤姐)道："……素日跟我的人，随身自有**钟表**，不论大小事，我是皆有一定的时辰，横竖你们上房里也有时辰钟，卯正二刻，我来点卯……"	第十四回，287～288 页
	二人正说着，只见秋纹走进来，说："快着三更了，该睡了。方才老太太打发嬷嬷来问，我答应睡了。"宝玉命取**表**来，看时果然针已指到亥正，方从新盥漱，宽衣安歇	第十九回，426 页
	宝玉听说，回手向怀中掏出一个核桃大小的一个**金表**来，瞧了一瞧，那针已指到戌末亥初之间，忙又揣了，说道："原该歇了，又闹的你劳了半日神。"	第四十五回，1047 页

产品种类	西洋产品出现的情境	回目
摆钟、表	晴雯嗽了两声，说着，只听外间房中十锦隔上的**自鸣钟**当当打了两声	第五十一回，1195 页
	宝玉见他着急，只得胡乱睡下，仍睡不着，一时只听**自鸣钟**已敲了四下……	第五十二回，1226 页
	袭人笑道："方才胡吵了一阵，也没留心听**钟几下了**。"晴雯道："那劳什子又不知怎么了，又得去收拾了。"说着便拿过**表**来瞧了一瞧，说："略等半钟茶的工夫就是了。"小丫头去了，麝月笑道："提起淘气，芳官也该打几下。昨儿是他摆弄了那坠子半日，就坏了。"	第五十八回，1380 页
	宝玉犹不信，要过**表**来瞧了一瞧，已是子初初刻十分了	第六十三回，1498 页
	（王熙凤说）"我的是你们知道的，那个金**自鸣钟**卖了五百六十两银子。"	第七十二回，1729 ~ 1730 页
与海外扩张有关的欧洲产品	每人一把乌银洋錾自斟壶，一个十锦珐琅杯	第四十回，924 页
	宝玉便命麝月："取**鼻烟**来，给她嗅些，痛打几个喷嚏，就通了关窍。"麝月果真去取了一个金厢双扣金星玻璃的一个扁盒来递与宝玉。宝玉便揭翻盒扇〔盖〕，里面有西洋珐琅的黄发赤身女子，两肋又有肉翅，盒里面盛着些真正**汪怡洋烟**。……宝玉笑问："如何？"晴雯笑道："果觉通快些，只是太阳还疼。"宝玉笑道："越性尽用**西洋药**治一治，只怕就好了。"说着，便命麝月："和二奶奶要去，就说我说了：姐姐那里常有那西洋贴头疼的膏子药，叫做'依弗哪'，找寻一点儿。"麝月答应了，去了半日，果拿了半节来。便去找了一块红缎子角儿，铰了两块指顶大的圆式，将那药烤和〔化〕了，用簪挺摊上	第五十二回，1208 ~ 1209 页
与海外扩张有关的欧洲产品	李纨道："放风筝图的是这一乐，所以又说放晦气，你更该多放些，把你这病根儿都带了去就好了。"紫鹃笑道："我们姑娘越发小气了。那一年不放几个子，今忽然又心疼。姑娘不放，等我放。"说着便向雪雁手中接过一把**西洋小银剪子**来，齐纂子根下寸丝不留，咯噔一声铰断，笑道："这一去把病根儿可都带了去了。"	第七十回，1658 页

续表

产品种类	西洋产品出现的情境	回目
其他欧洲产品	一时宝玉又一眼看见了十锦格子上陈设的一只金**西洋自行船**，便指着乱叫……	第五十七回，1343 页
	宝玉看时，金翠辉煌，碧彩闪灼，又不似宝琴所披之凫靥裘。只听贾母笑道："这叫作'雀金呢'，这是**哦啰斯国拿孔雀毛**拈了线织的。前儿把那一件野鸭子的给了你小妹妹，这件给你罢。"	第五十二回，1217 页

注：①附表圆括号中的文字是本文作者所加。②方括号内的"洋"字为庚表本批注添加。下文方括号内的文字均与此同。③庚表本只是《红楼梦》写作过程中的几个删改本之一，里面有不少错别字和脱漏，还有脂砚斋和畸笏叟的很多批注。这个"襄"字是庚表本的错字，后来在程甲本和程乙本中均被改成了"镶"字。附表保持庚表本原样文字。④庚辰本中，黛玉均被写成"代玉"。

资料来源：曹雪芹著《脂砚斋重评石头记》（庚辰本）第 1～4 卷，人民文学出版社，2010；其中第六十七回引用曹雪芹《甲辰本红楼梦》卷四，沈阳出版社，2006。

Parallels in Late 17th and Early 18th Century Chinese and European Consumption of Western Luxury Goods: Based on an Analysis of The Dream of the Red Chamber

Zhang Li

Abstract: The late 17th and early 18th centuries were the age of the Commercial Revolution in Europe. As a great number of goods flowed into Europe from all parts of the world, the Consumer Revolution was also taking place in Europe. On the one hand, luxury goods from overseas, particularly from China, which were previously consumed only by wealthy Europeans, were becoming cheaper and turning into mass-consumption goods. On the other hand, new luxury goods, which were made in Europe or developed from colonial resources, constantly emerged in the West. As wealthy Europeans were going after luxuries such as mirrors, pendulum clocks, pocket watches, eyeglasses, chandeliers, tobacco snuff, and silverware, etc., wealthy Chinese were also doing the same. Based on an analysis of *The Dream of The Red Chamber*, the Jia clan, which can be regarded as a representative of the powerful and wealthy families of late 17th and early 18th century Jiangnan, possessed almost all Western luxuries, including those developed from traditional European manufactory industries such as mirrors, crystal glass, eyeglasses, pendulum clocks, pocket watches, and a model steamboat, etc., and also those developed from colonial resources such as tobacco snuff, silverwares, and European-made cotton towels, etc. Western luxury goods were highly regarded and appreciated. The long geographical distance and huge cultural differences between China and Europe did not hinder wealthy Chinese from consuming Western luxury goods.

Keywords: Expansion of Trade between China and Europe; Dream of the Red Chamber; Western Luxury Goods; Parallels in Consumption of Western Luxury Goods

（执行编辑：徐素琴）

试释"芽兰带":残存在地方歌谣里的清代中外贸易信息

程美宝 *

全球各地区间物种、物产和相关语汇的交流,是贸易史研究的重要课题。在漫长的历史过程中,许多物种和物产,会因为种种原因而有所变易甚或消失,好些一度通用的名字,也逐渐不再为人所知,即使偶然残存在某些文献或口头传统中,也会因为缺乏语境而教人难以理解。本文讨论的"芽兰"一词,即为其中一例。在闻名粤语地区的南音《男烧衣》里,有"芽兰"一词,多年来不论唱者或听者皆不知为何物。①歌词叙述某男子与珠江艇上歌妓相好,后男子有事离开省城,歌妓因欠债而自尽,男子归来获悉,悲痛不已,租一小船于珠江上烧各种纸品祭奠亡魂。主人公边唱边烧各色纸品,包括纸钱、衣裳首饰、童男童女、胭脂水粉、百褶罗裙、鬼子台、酸枝凳等,续云:

> ……烧到芽兰带,重有个对绣花鞋。可恨当初唔好,无早日带你埋街,免使你在青楼多苦捱,咁好沉香当烂柴。呢条芽兰带,小生亲手

---

* 作者程美宝,香港城市大学中文及历史系教授,中山大学历史人类学研究中心研究员。
本文是作者主持的香港特别行政区研究资助局拨款支持的研究计划"画出自然:18~19世纪中叶广州绘制的动植物画"(11672416)的阶段性成果。
① 笔者近年在香港、澳门的南音演唱会上,都听到资深唱家如阮兆辉、区均祥先生等在演唱《男烧衣》时,感叹不知"芽兰带"究为何物。如果阮、区二人请教过他们的长辈仍不得要领,则我们可以假设"芽兰带"此词此物,已从数代人的记忆中消失。

买，可惜对花鞋重绣得咁佳……①

　　要考究何谓"芽兰"，我们也许可以先从《男烧衣》的出现和流通的历史着手。《男烧衣》最早于何时开始传唱，已难考究。目前可查考出版的《男烧衣》歌册，有广州以文堂版和醉经堂版，皆无出版年份，只能粗略估计属清末民初版本。②唱片录音方面，据笔者所知，年代较早的是物克多（Victor）和歌林（Columbia）两家唱片公司的产品，俱用龙舟而非南音唱法。从唱片标签的设计与专利权日期看，估计它们大约在清末民初时生产。物克多的录音版本略去了有"芽兰带"的几句；歌林唱片录音比较完整，从中可听出唱者唱到"芽兰带"三字时，"兰"字的粤语发声是阴平而非阳平③，后来的唱家如白驹荣、阮兆辉和区均祥，也是发阴平声。为什么"兰"字在这里如"鱼栏"的"栏"读作阴平声，而非如"兰花"的"兰"读作阳平声呢？一音之差，也许正是关键所在。

　　这样一个属于"名物考"的问题，如果一味在"戏曲"或"曲艺"的文献中追查，大抵会徒劳无功。笔者在研究其他课题时，翻阅了好些18、19世纪广州一口通商时期至鸦片战争后的中外文献，无心插柳地在多处发现"芽兰"一词，且还有"呀囒""牙兰"或由这几个字组合而成的写法。循此多种路径，乃尝试破解这道小题，近觉略有眉目，敢草成此文，就教于方家。

---

①　"埋街"即妓女从良，"烂柴"即没有价值之物，"咁"是粤语，即"如此"的意思。《重订人客男烧衣》，广州以文堂，作者及出版年不详，"中研院"历史语言研究所藏本。

②　笔者所见《男烧衣》曲文的两个版本，一藏"中研院"历史语言研究所，封面标题《重订人客男烧衣》，内文首页标题《男烧衣祭奠情人》，注明"状元坊内太平新街以文堂机器版"，无出版年；一藏广东省立中山图书馆，亦无出版年，封面印有"醉经书局"字样，地址是"广州市光复中路四十一号"，并附电话，文末标明"广州市第七甫醉经堂机器版"，明显是民国年间印制。

③　笔者所见之两种《男烧衣》唱片，均藏于上海图书馆。物克多（Victor）唱片公司录制者，编号42492-B，唱片标签注明为"广东什调，男丑，特请第一等真正名角机器南"，专利信息并无注明日期；歌林（Columbia）唱片公司录制者，编号57758，标签印有"龙舟歌，特请广东省城第一班子弟龙舟澄"等字样，有关唱片的专利信息有"Jan 2, 1906""Feb 11, 1908""Aug 11, 1908""Nov 30, 1908"等日期，估计在1908年或以后录制。

一　字汇：18、19 世纪中西文献里出现的
"牙兰"及其变体

就笔者所见，中文文献中较早出现"牙兰"二字的，是清代粤海关的资料。道光年间梁廷枏总纂的《粤海关志》，记载了康熙二十三年至道光十三年（1684～1833）有关税务的奏议和上谕，并开列粤海关辖下港口征收各种货品税额中的《税则》，其中有云："牙兰米：比番红花例，每百斤一两。"①梁廷枏总纂的《粤海关志》，乃将不同时代相关材料综合而成，与其他文献比勘，可知此部分内容的资料，实出自更早刊刻的《粤海关比例》。清政府之所以要订立"比例"，是鉴于某些货品尤其是新近进口者，因为之前没有专门订立税则，往往被划为"杂货"，因而货税过轻。《粤海关比例》载雍正三年谕旨云："因查杂货，每百斤税止贰钱，价值相去悬殊，若概算作杂货，未免税额过轻，饷钞缺减，是以历任监督遵照引比征收之条，设立比例簿册。"其中，"牙兰米"与其他三项货品的"比例"，乃于"乾隆元年七月二十日续报"。② 由此可见，在乾隆元年（1736）之前，"牙兰米"算是"杂货"，过去进口量可能十分有限，后来发现其进口量日渐增加，而跟它可比的是"番红花"，因此税率也提高至跟番红花一样，定为"每百斤一两"，这个税额当然比作为杂货"每百斤贰钱"大大提高。番红花是药材，也可作香料，制定税则的官员认为两者可比，是否以为牙兰米是跟番红花差不多的药材或香料呢？另一份梁廷枏有可能用到的文献《粤海关估计外洋船出口货物价值册》，也载明"牙嘣米每百觔估价银叁拾伍两"，可惜这份材料没有任何年份的记载，未知是何时的价钱。③

《粤海关志》记事至道光十三年（1833）止。我们再用地方志数据库搜索，会发现道光十九年（1839）版的《厦门志》卷五《船政·番船》中，也载有乾隆年间与嘉庆年间与"呀兰米"或"呀嘣米"有关的纪事，如下：

> ［乾隆］四十八年（1783）九月，夷商郎万雷来厦，番梢五十余

---

① 梁廷枏总纂《粤海关志》卷九《税则二》，广东人民出版社，2002，第185页。
② 《粤海关比例》，法国国家图书馆藏，出版年不详，第1、16页。
③ 《粤海关估计外洋船出口货物价值册》，出版年不详，第33页，此书与《粤海关比例》等几种海关资料以洋装合订成一大册，藏于法国国家图书馆。

名，货物苏木、槟榔、呀兰米、海参、鹿脯；在厦购布匹、磁器、雨伞、桂皮、纸墨、石条、石磨、药材、白羯仔。

嘉庆十二年（1807）五月，船户郎安未示智遭风到厦，旋即驶去。十四年五月，船户郎棉一，番梢六十名，番银十四万圆，货物海参、虾米、槟榔、鹿筋、牛皮、玳瑁、红燕窝、呀嚼米、火艾棉；在厦购买布匹、麻线、土茶、冰糖、药材、雨伞各物。①

从以上几种文献所见，"呀嚼米"属舶来品已是毫无疑问。上引道光《厦门志》资料，属"番船"类目下的"呷板船"条下的内容，而"呷板船"又有"吕宋呷板船"之称。由此可以推敲，以上几位名为郎万雷、郎安未示智、郎棉一的"夷商"，很可能是活跃于菲律宾的西班牙商人。

然而，这些中文材料仍不足以说明"呀嚼米"是什么。幸好，同时期在广州流通的外国人编纂的词典和通商手册，让我们可以用中文字汇来检索出对应的英语用词，并对这种物品有进一步的了解。首先，马礼逊（Robert Morrison）1828 年在澳门出版的《广东省土话字汇》（*Vocabulary of the Canton Dialect：Part I English and Chinese*）收入"Cochineal"条，注明粤语音译为"呀嚼米"（Ga lan mei）。② 其次，19 世纪 30 至 70 年代一版再版的《中国通商手册》（*A Chinese Commercial Guide*），也为我们提供了不少线索。先是马儒翰（John Robert Morrison）1834 年出版的《中国通商手册》（*A Chinese Commercial Guide，consisting of a collection of details respecting foreign trade in China*）列出了"cochineal"这种物品进口广州和澳门的税额。③ 1844 年，卫三畏（Samuel Wells Williams）将此书加以补充再版，增补了 cochineal 的详情，谓这种虫子主要来自美国，乃用作染丝绸和绉纱等物品的染料。④ 虫子的拉丁名是"Coccus cacti"，寄生在一种仙人掌（Cactus

---

① 道光《厦门志》卷五，鹭江出版社，1996，第 33~34 页。

② Robert Morrison，《广东省土话字汇》（*Vocabulary of the Canton Dialect：Part Ⅰ English and Chinese*），Macao：Printed at the Honorable East India Company's Press，1828，无页码，按英文字母排序"Col"字头下。

③ John Robert Morrison，*A Chinese Commercial Guide，Consisting of A Collection of Details Respecting Foreign Trade in China*，Canton：Printed at the Albion Press，1834，pp. 37、42、43。

④ Samuel Wells Williams，*Ying Hwa Yun-fu Lih-kai*《英华韵府历阶》（*An English and Chinese Vocabulary，in the Court Dialect*），Macao：Printed at the Office of the Chinese Repository，1844，p. 39.

cochinilifer）上。曾有人尝试在印度、爪哇和西班牙培养，但大多未能成功。时人认为，中国和日本的气候和情况与墨西哥相近，也许能够做到。这种虫子分为野生和人工饲养两种，后者每年收成三次。用水、酒精和碱加工，会分别生产出猩红（或绯红）、深红、深紫三种不同红色的染料。该段介绍又谓，当时中国每年约进口 300 担，大部分是从美国进口经筛选和包装者，但也有一些是从墨西哥经马尼拉进口的未经筛选和包装的货色。① 卫三畏同年在澳门又编纂出版了《英华韵府历阶》（An English and Chinese Vocabulary, in the Court Dialect）一书，也载有 Cochineal "呀嘛米" 这个词条。② 卫三畏其后一再增订出版《中国通商手册》，在 1856 年的版本中，"Cochineal" 的词条嵌入了 "呀兰米 yá lán mí" 的中文写法和粤语拼音，其余内容大致相同。③ 1863 年的版本，延续了 1856 年版 "Cochineal，呀兰米 yá lán mí" 的条目写法，内容比较简洁，但也增加了之前没有的细节，谓这种货品 "大部分经广州进口，当地的染工知道它远胜于本地染料"④。

同治年间唐廷枢编纂的《英语集全》卷三《通商税则》，应该是参考了当时海关通行的货品分类，将 "呀嘛米" 划归 "进口颜料胶漆纸札类"，英语注明这类货品属 "dyestuff"（染料），这种分类更贴近现代人的认识。此时呀嘛米的进口税为 "每百觔［斤］伍两"，是乾隆元年的五倍。由于《英语集全》是一部同时供中国人学英语和外国人学粤语的工具书，唐廷枢在每个中文词语旁边，标了用拉丁字母拼写的粤音，接着提供英语原词，在英语原词旁则用粤语拼写其英语读法。在《英语集全》里，"呀嘛米" 这个词条，是这样释义和注音的：

① John Robert Morrison, *A Chinese Commercial Guide*, *Consisting of A Collection of Details Respecting Foreign Trade with China* (Second Edition, Revised Throughout, and made Applicable to the Trade as at Present Conducted), Macao: S. W. Williams, 1844, p. 109.

② Samuel Wells Williams, *Ying Hwa Yun-fu Lih-kai* 英华韵府历阶 (An English and Chinese Vocabulary, in the Court Dialect), Macao: Printed at the Office of the Chinese Repository, 1844, p. 39.

③ Samuel Wells Williams, *A Chinese Commercial Guide*, *Consisting of A Collection of Details and Regulations Respecting Foreign Trade with China*, *Sailing*, *Directions*, *Tables*, &c. (Fourth Edition, Revised and Enlarged), Canton: Printed at the Office of the Chinese Repository, 1856, p. 147.

④ Samuel Wells Williams, *The Chinese Commercial Guide*, *Containing Treaties*, *Tariffs*, *Regulations*, *Tables*, *Etc.*, *Useful in the Trade to China & Eastern Asia*: *with An Appendix of Sailing Directions for those Seas and Coasts* (Fifth edition), Hong Kong: Published by A. Shortrede & Co., 1863, p. 86.

Ngá lán mae - Cochineal
呀嘴米　　　　高迁尔厘

按唐廷枢这种标音方式，"呀嘴米"就跟这部书中其余的词条如"虾米"
"淡菜"一样，算是"中文"（粤语）词语了。①

以上与贸易相关的文献，大抵只有海关官员、外国商人、中国通事和买
办等，才会熟悉。不过，正如卫三畏所述，"呀嘴米"这种原料和这个词，
当时广州的染工应该是非常熟悉的。澳门望厦莲峰庙一块刻于嘉庆六年
（月份不详，故未能确定是 1801 或 1802 年）的碑记，又给我们提供了一点
线索，侧面反映了"呀嘴"这个词在本地人的日常生活中不会很陌生。该
碑记罗列了"信官绅耆商士喜认各殿器物"，其中有八处出现了"呀嘴"的
字样，分别为：

呀嘴顾绣三蓝花神帐一堂（天后殿）
呀嘴神帐一堂（观音殿）
顾绣呀嘴神帐一张（地藏王）
呀嘴神帐一堂（文帝殿）
呀嘴神帐一堂（武帝殿）
呀嘴神帐一堂（仁寿殿）
拱檐顾绣呀嘴缎线裰大彩一堂（仁寿殿）
呀嘴绣三蓝花②神帐一堂（仁寿殿）③

我们可以估计，上述各条目都是指用"呀嘴米"染制的红色丝绸神帐。
可惜，时隔两个世纪，这些神帐大抵已更换多次，今天在该庙见到的神帐已
经不太可能是嘉庆六年的物品了。

基于上述各种描述，我们用"cochineal"一词查考现代文献，就知道

---

① 唐廷枢（Tong Ting-kü）：《英语集全》（*Ying Ü Tsap Ts'ün, The Chinese and English Instructor*），Canton，卷三《通商税则》，1862，第 33 页。
② "三蓝花"应该是指用不同层次的蓝色绣成的花卉图案，据沈寿述、张睿著《雪宦绣谱》，"若普通品之用全三蓝者，由三四色至十余色，于蓝之中分深浅浓淡之差，可与和者，惟墨白二色"（民国喜咏轩丛书本第 14 页）。
③ 谭世宝：《金石铭刻的澳门史：明清澳门庙宇碑刻钟铭集录研究》，广东人民出版社，2006，第 187~190 页。

"呀嘛米"指的就是后来译作"胭脂虫"的一种染料原料。这种源出南美的舶来品，从乾隆至同治一百多年间，在广州、厦门、澳门等地，都是以"呀嘛"这个叫法为人们所认识的。既然这种昆虫的英语是 cochineal，为什么不音译为"高迁尔厘"，而音译成"呀嘛"呢？幸好我们今天有许多可兹搜索的文献数据库，笔者得以在一本名为《华文散论》（*Essays on the Chinese Language*）的书籍中找到答案。该书第七章讨论了中文历来吸收的外来词，在"西班牙语"部分，作者即以"呀兰米"为例，说明西班牙语词如何嵌进中文，内容如下（鉴于引文涉及字词翻译的微妙之处，此处保留原文，内容中译请见脚注①）：

The cochineal of commerce is known in China by the name *ya-lan-mi*（呀兰米）. Of these characters the last denotes husked rice, and *ya-lan*（or *ga-lan*）represent a foreign word. They are probably for *grana*, which is the Spanish name for cochineal. ②

由此可见，"芽（牙、呀）兰（嘛）"是西班牙语 *grana* 的广州音译。本文一开始提到，"兰"字在这里读阴平声，很可能也是由于这个缘故。

综合上述各种文献，可知这种在墨西哥和中美洲寄生于仙人掌的虫子，是一种红色染料的原料，早在 1736 年甚至之前已进口中国，在广州、厦门等口岸流通，认识它的中国人管它叫"呀嘛"，源出西班牙语 *grana*，英语是 cochineal，虽也音译为"高迁尔厘"，但并没有普及。

二　商品：从南美洲到西班牙经吕宋再到广州

当我们知道"呀嘛"这个已经"粤化"的词语的本义时，只要稍加翻阅外文资料和相关研究，便会了解到这种来自"新世界"的染料，如何让"旧世界""变色"。原产于墨西哥南部的胭脂虫，成熟的虫体内含有大量的化学物质洋红酸，可作理想的天然染料，具有抗氧化，遇光不分解等优点。

---

① 引文中译大意："在中国，作商业用途的 cochineal 称为'呀兰米'，最后一字是已去壳的米的意思，而'呀兰'是一个外来词，很可能是 grana，是 cochineal 的西班牙语词。"

② Thomas Watters, *Essays on the Chinese Language*, Shanghai: Presbyterian Mission Press, 1889, p. 333.

在欧洲人到达中美洲之前，土著已懂得如何培植和使用。由于胭脂虫生产地主要集中在西班牙人侵占的地区，其贸易自 16 世纪始长期为西班牙人所垄断。据 Raymond L. Lee 研究，首批有记载的胭脂虫货品，约在 1526 年运抵西班牙，在接下来的 25 年中，胭脂虫的使用仍限于西班牙半岛。从 1550 年前后开始，西班牙棉织品产量下降，墨西哥的胭脂虫的产量却持续上升，来往两地的商贸船只在 1564 年后又有所增加，种种因素，皆导致至 1699 年前后，西班牙每年进口的胭脂虫达 1 万~1.2 万阿罗瓦（arrobas，葡萄牙和西班牙用的重量单位，西班牙每 arroba 相当于 11.5kg），在西班牙价值达 600000 披索以上，逐渐成为西欧染坊的宠儿。胭脂虫被认为是猩红染料的最上品，是印第安人财富的泉源，到了欧洲也成了价格奇昂的商品。时至 1625 年前后，胭脂虫普遍的应用，可谓引发了名副其实的"颜色（染料）革命"。原来在欧洲用来生产红色染料的，是寄生在地中海盆地的橡树的冬青虫（Cocus ilicis），而胭脂虫所含用作染料的物质（kermes），是冬青虫含量的 10~12 倍，其产生的色彩远较后者光润持久。旧世界的冬青虫贸易，是威尼斯商人的天下，故该种红色有"威尼斯猩红"（Venetian scarlet）之称；而新世界的胭脂虫生意，则由西班牙人垄断。① 西班牙人也逐步建立起一套伙伴经营和预支现金的信贷制度，从财务上支持土著的生产，有效地将这种在南美生长的物种整合成为世界市场的商品。② 当时欧洲正在扩张的棉织业和对奢侈品的渴求，保证了胭脂虫在市场的价格，西班牙持续执胭脂虫贸易之牛耳，有谓其从售卖胭脂虫获取的利润，仅次于白银，备受欧洲其他国家尤其是英国的觊觎。

　　英国棉毛纺织业自 16 世纪始逐渐发达，对染料需求甚切，早就想跟西班牙一争长短。1558 年，便有英国商人对胭脂虫的培植有所描述。1569 年有明确记载，在从西班牙出发抵达普利茅斯的"来自远方"（Foresight's）的货品中，有胭脂虫一项；1575 年又有记载说英国从西班牙海港加的斯（Cadiz）和圣卢卡（San Lucar）运回大宗胭脂虫。鼓吹殖民北美的英国地理学家理查德·哈克卢伊特（Richard Hakluyt）在 1584 年便曾说过，由于西

①　Raymond L. Lee, "American Cochineal in European Commerce, 1526 – 1625," *The Journal of Modern History*, Vol. 23, No. 3 (September 1951), pp. 205–206.

②　Jeremy Baskes, "Colonial Institutions and Cross-Cultural Trade: *Repartimiento* Credit and Indigenous Production of Cochineal in Eighteenth-Century Oaxaca, Mexico," *The Journal of Economic History*, Vol. 65, No. 1 (March 2005), pp. 186–210.

班牙控制了织造业所需的油和染料，英国有差不多一半的外贸是跟西班牙进行的。在接下来的几十年里，无论两国的政治关系如何，英国从西班牙进口的来自中美的胭脂虫总是有增无减，至 17 世纪初，一些不无夸张的材料说，英国萨福克（Suffolk）每年有 1 万匹布是用胭脂虫染料染色的，以每匹布用 4 磅胭脂虫染色论，则萨福克每年用的胭脂虫染料达 4 万磅之谱，是西班牙从美洲进口的胭脂虫的七分之一。①

至迟在 16 世纪 70 年代，在西班牙语已相对固定称为"grana"的胭脂虫，已有一定的数量从中美洲往西输出，在此基础上，逐步经马尼拉再经广州口岸进入中国市场。②以上引用的《粤海关比例》显示，至 1736 年，粤海关才制定税则，对"牙兰米"进行指定的征税，如果上述研究不差，则在 18 世纪甚至更早之前，"牙兰米"已进入中国，但真正形成一定的规模，引起海关注意，可能要到 18 世纪初。相关研究也指出，1765 年左右，28 ~ 30 艘来自英国、法国、荷兰、瑞典和丹麦的货船，在广州装卸从马尼拉（菲律宾群岛）搜购的牙兰米，与此同时，牙兰米也运到安南、柬埔寨和暹罗。③

三　情报：从南美洲经吕宋到广州再传播给英国人

18、19 世纪雄踞广州贸易（Canton Trade）并逐渐在东南亚建立殖民地的英国，相较于 16 世纪开始便在南美、印度、澳门立足的西班牙人和葡萄牙人而言，在数世纪的全球贸易战中，属后来居上者。英国的纺织业对胭脂虫需求非常殷切，但由于未能插足墨西哥和中美洲，不得不依赖西班牙进口。英国曾经企图积极搜集有关资料，探讨自行培植的可能，但 18 世纪以前信息流通的渠道和复制知识的手段有限，英文世界中关于胭脂虫的介绍，往往只是一些粗糙的绘图和含混不清的文字简介。④

饶有趣味的是，迟至 19 世纪初，英国人对胭脂虫的认识，是驻广州的东印度公司从中国行商尤其是潘启官（Poankeequa）处得知的。范岱克

---

①　Raymond L. Lee, "American Cochineal in European Commerce, 1526-1625," pp. 207-208.

②　Raymond L. Lee, "American Cochineal in European Commerce, 1526-1625," pp. 211-212.

③　Raymond L. Lee, "American Cochineal in European Commerce, 1526-1625," p. 212.

④　Kay Dian Kriz, "Curiosities, Commodities, and Transplanted Bodies in Hans Sloane's 'Natural History of Jamaica'," *The William and Mary Quarterly*, Third Series, Vol. 57, No. 1 (Jan., 2000), pp. 71-74.

（Paul Van Dyke）指出，潘启官一世（Poankeequa Ⅰ，即潘振承，1714 ~ 1788）以其向来在吕宋的帆船贸易占有一定的份额的关系，与其继承人在 18、19 世纪西班牙与中国之间的贸易中扮演着举足轻重的角色。范岱克还提及，英国人一直对西班牙垄断胭脂虫的来源与买卖觊觎甚深，1802 年 10 月 11 日，英国官员报告谓，一直到几年前，西班牙人仍然是广州唯一的胭脂虫进口商，这些染料就是用来染西班牙人购买的中国丝绸的。由于潘启官二世（Poankeequa Ⅱ，即潘有度，1755 ~ 1820）跟西班牙人继续有生意往来，所以他对有关胭脂虫的知识了如指掌。①

　　范岱克这段关于潘氏在中国—西班牙贸易的角色的叙述，给了笔者很重要的线索，了解到直至 18 世纪初，英国人仍然无法染指胭脂虫的生产和贸易，这也多少解释了为什么这种货品长期以来都是以其西班牙文的广州音译出现在闽粤世界中。蒙范岱克惠示，笔者进一步读到他这段讨论的原始文献，即藏于大英图书馆的东印度公司文件。这份由驻广州的东印度公司人员在 1802 年 10 月 11 日记录的咨询报告（Consultation），内容颇为冗长，其中，范岱克已经指出的潘启官在提供胭脂虫的信息方面所扮演的角色，相关内容大致如下：

　　　　潘启官以其与多年来与西班牙有生意往来（直到 1802 年前几年，西班牙仍然是胭脂虫唯一的进口国），我们理应可以假设，他有极大的优势，给我们提供亟欲取得的资料，包括中国的消费量、在一般情况下的价位，以及市场价格等。

　　　　我们从他那里得知，胭脂虫染料在中国的使用，只限于供出口的上等丝绸。一般来说，10 ~ 12 担便能满足需求，价格可达每担 800 至 1000 银圆不等，一旦出现过剩，都有可能使价钱减半。

　　　　他经常从在广州与马尼拉之间通商的西班牙人搜购此种货品，并且在他的货栈里囤积多年，如果价格下跌，他宁可守株待兔，也不愿低价抛出。目前，他似乎是储量过多了，其中有 60 担质量仅仅达目标是留给东印度公司的，除非海外市场有所需求，否则即使降价至 300 银圆一担，也难以脱手，但似乎现在的确如此。我们从盂买那边得

---

① Paul Van Dyke, *Merchants of Canton and Macao：Success and Failure in Eighteenth-century Chinese Trade*, Hong Kong：Hong Kong University Press, 2016, p. 78.

知，当地的代理说价格最多不应高过 410 或 420 银圆，内含进出口税
（合共 15 银圆）。①

以上是与潘启官有关的胭脂虫情报。这份报告接下来透露的，就是东印
度公司驻广州职员在得到市场情报后，跟不同的中国行商洽商，其中
Mowqua 和 Puiqua（即伍沛官）反应最为积极。当时，胭脂虫的质量分为三
等，Mowqua 提出的价钱，是不分质量一律以每担 420 银圆算，Puiqua 提出
的价钱，则为一级品 420 圆，二级 400 圆，三级 380 圆。经过一番考虑，东
印度公司职员跟 Mowqua 做成这宗买卖，并说：

> 我们没有理由怀疑这些商人的诚信，据他们报告，市场上很可能会
> 出现胭脂虫供应过剩的情况，在一段时间内似乎也不可能出现需求大规
> 模增长，延迟出售看来也没有什么好处，相反，如果我们再延迟的话，
> 在货船出航之后，加上当地的需求不再存在，价格可能会进一步下滑。
> 再考虑到东印度公司总部有意在来年的贸易季度购入差不多的货量，我
> 们决定与 Mowqua 做成这宗生意，尽管不得不感叹的是，即使条件不
> 俗，我们公司仍可能会蒙受一些损失。②

据这份报告说，行商会在每袋胭脂虫中取出一个样品查验其质量是否
达标。东印度公司驻广州的职员“只能全盘信赖他们所具备的知识和所付
出的劳力”。经与 Mowqua 洽商，质量不一（一等最佳，一等较次；二等稍
佳，二等稍次；三等稍佳，三等稍次）的胭脂虫，以一律每担 420 圆的价
格买入，并分别装到三艘东印度公司货船 Brunswick、Glatton 和 Neptune
运出。③

东印度公司这份报告，反映了时至 19 世纪初，英国人如何依赖广州行
商向他们提供胭脂虫货源和相关的知识，而这种货品的价格又如何在世界市

---

① Paul Van Dyke, *Merchants of Canton and Macao: Success and Failure in Eighteenth-century Chinese Trade*, Hong Kong: Hong Kong University Press, 2016, p. 78.
② BL: IOR G/12/139, 1802. 10. 11, 212–215 (British Library, India Office Records, Diaries and Consultations from the Canton factory 1721–1840).
③ BL: IOR G/12/139, 1802. 10. 11, 212–215 (British Library, India Office Records, Diaries and Consultations from the Canton factory 1721–1840).

场上波动，使买卖双方需作出及时的商业决定。虽然这份报告提到胭脂虫在中国（估计主要是广州）只用作染出口的上等丝绸，但本文上揭的澳门莲峰庙碑文显示，这类丝绸在本地市场还是有供应的，另一个可能是，"呀嘛"只是"绯红色"的代称。当然，好些广州制作的出口货品，如银制的西式餐具，在广州和澳门口岸"留为己用"，也不是无迹可寻，在广州铸造出口欧美的银制刀叉等餐具，在中国行商宴请外国商人的场合上便大派用场。①

尽管英国东印度公司的文献提及胭脂虫时，用的是英语词语 cochineal，但我们可以估计，在较长一段时间内，中国人在口头和书写提到这种物品时，用的仍然是"牙兰"及其变体。在清末民国初年的方志中，仍见"呀嘛"一词，但部分内容描述的，不一定指胭脂虫本身，而是用来表述颜色。光绪《香山县志》便用"呀嘛色"来形容千日红这种植物的颜色。② 民国《芜湖县志》在"五色洋染料"进口货品下，也有"呀嘛色"的类目，到底是用胭脂虫还是化学染料生产的"呀嘛色"，暂未可考。③ 民国《桐梓县志》（贵州）形容当地铜矿的颜色为"赤色如呀嘛虫"。④ 至于在中文里"呀嘛虫"何时被"胭脂虫"取代，笔者目前至少搜索得一个例子，显示在20世纪30年代后期比较专门的刊物里，已用今人熟悉的"胭脂虫"这个意译的用词，而不再用旧式的西班牙语音译。⑤

四　余话：芽兰带与绣花鞋？

若以上论述不差，"芽兰"之谜大抵可解矣。"芽兰带"，应该是指用呀嘛虫为原料染色的丝绸、羊毛或棉布制成的红色带子，或至少是指"芽兰色"的带子。那么，这个"带"字又是指什么呢？笔者只能估计，既然它

---

① 相关讨论，可参考拙著 "Chopsticks or Cutlery? How Canton Hong merchant entertained foreign guests in the eighteenth and nineteenth centuries?", in Kendall Johnson（ed.）, *Narratives of Free Trade: The Commercial Cultures of Early US-China Relations*, Hong Kong University Press, 2012, pp. 99-115; "The Flow of Turtle Soup from the Caribbean via Europe to Canton, and Its Modern American Fate," *Gastronomica: The Journal of Critical Food Studies*, Vol. 16, No. 1, 2016, pp. 79-89.

② 光绪《香山县志》卷二，第 22 页。

③ 民国《芜湖县志》卷二十四，第 4 页。

④ 民国《桐梓县志》卷十七，第 39 页。

⑤ 佚名：《胭脂虫》，《农林新报》1936 年第 1 期。

在歌词中跟绣花鞋紧接在一起，会否是指用来绑在某种款式的绣花鞋用的鞋带呢？这可能需要再在"绣花鞋"方面下功夫，才能得出进一步的答案了。

时移世易，像"芽兰"这些在粤语世界中曾一度流行的西班牙语词语，已在人们的记忆中消失。广州曾有一段几近两百年的一口通商的历史，如果我们加上早在 16 世纪中便成为葡萄牙人贸易基地的澳门，这段历史要上溯多两三个世纪。要理解许多看似"地方"的事物与词语，我们往往得另辟蹊径，从全球史的视角着手，才有可能稍见端倪。更值得深思的是，当我们用"丝绸之路"这个象征来表述中外贸易和文化交流的历史，并且因为丝绸是"中国"产品而为此感到"自豪"的时候，有没有想过，18、19 世纪出口的上等红色丝绸，是用产自南美并长期为西班牙人垄断的呀嘲米染色的呢？当我们踏进华南地区的庙宇时，有没有想过曾几何时装饰神坛神案的大红神帐的颜色原料，其实是舶来品呢？当我们想到眼前许多被标榜为某种文化特有的事物实际上是世界各地物质物料交换交流的成果时，历史的叙述也许就可以进一步摆脱单一的民族或国家的桎梏，而以人的活动为中心，重现它复杂交错的本色。

"Nga Lan Tai": A Trace of Qing Sino-Foreign Trade Survived in Vernacular Literature

Ching May Bo

Abstract: Much interregional trade involves exchange of species and products, and hence exchange of languages and vocabularies. Over time some species would go extinct, some products would disappear, and the original meaning of some of the terms for denoting these species or products would also be forgotten. One such example is the Cantonese transliterated term "*Nga Lan Tai*", which survives in local "southern tone" song books which are still available today, and yet people no longer know what the term stands for. Using a variety of source materials such as custom records, local gazetteers, commercial guides, language-learning kits, and stone inscriptions, this article suggests that "*Nga Lan*" is the Cantonese transliteration for *grana*, which is the Spanish name for cochineal, a red dye made from a crushed insect native to Latin America. Imported into Canton and other Chinese ports via Manila by Spanish merchants since at least the eighteenth century, the use of this dye was confined to superior silk for exportation. As late as the nineteenth century, because the trade was still monopolized by the Spanish, the British East India Company had to depend on Chinese hong merchants in Canton for a reliable supply of cochineal. In the twentieth century, the Cantonese transliterated term "*Nga Lan mae*" was gradually replaced by the modern Chinese translated phrase "*Yanzhi chong*" (crimson insect), and thence disappeared from people's memory.

Keywords："*Nga Lan*" (*grana*); Cochineal; Spain; Canton; Sino-Foreign Trade

（执行编辑：刘璐璐）

Surgeons and Physicians on the Move in the Asian Waters (15th to 18th Centuries)

Angela Schottenhammer   Mathieu Torck   Wim De Winter[*]

An omnipresent risk factor on all sea voyages were significant environmental influences, including weather conditions, disease, malnutrition, as well as the viruses, germs, bacteria, and animals that transmitted diseases on board ship. Having surgeons and physicians on board, as well as taking certain precautionary and relief measures were essential parts of sea voyages that saved lives. Shipboard surgeons and physicians were essential during longer sea voyages. They had to continuously take charge of all health and hygiene issues among crewmembers. In Europe, this role became particularly important with the onset of the great Age of Sail, when sailing distances multiplied exponentially. Among European seafarers, shipboard health

---

* Angela Schottenhammer 萧婷: KU Leuven, Shanghai University 上海大学. Mathieu Torck: Ghent University, KU Leuven. Wim De Winter: The Flanders Marine Institute, KU Leuven.

This research was supported by, and contributes to the partnership grant funded by the Social Sciences and Humanities Research Council of Canada (SSHRC) and to the ERC AdG project TRANSPACIFIC that has received funding from the European Research Council (ERC) under the European Union's Horizon 2020 Research and Innovation Programme (Grant agreement No. 833143). An earlier version of this article was originally presented as a keynote speech by Angela Schottenhammer at the conference "Mobile Bodies: A Long View of the Peoples and Communities of Maritime Asia", convened at Binghamton University on November 10–11, 2019. The authors also want to thank Paul David Buell and Paul-Ulrich Unschuld for valuable comments on earlier versions of this paper. This article was also presented as a keynote speech by Angela Schottenhammer at the conference "The International Symposium on Maritime Exchanges between Pearl River Estuary Bay Area and Pacific-Indian Ocean at the Age of Exploration", held by Centre for Maritime History of Guangdong Academic of Social Sciences on November 10–11, 2019.

conditions were frequently anything other than ideal. Giovanni Francesco Gemelli Careri (1651 – 1725), a seventeenth-century Italian adventurer and world-traveller, crossed the Pacific in 1697, from the Philippines to Mexico on one of the well-known Manila galleons. [1] He described this transoceanic trip in his diary *Giro del Mondo* [Journey around the World] (1699) as a nightmare—the journey was interminable, the sea was unruly, the food infested:

There is hunger, thirst, sickness, cold, continual watching and other sufferings, besides the terrible shocks from side to side, caused by the furious beatings of the waves. I may further say they endure all the plagues God sent upon Pharaoh to soften his hard heart, for if he was infected with leprosy, the galleon is never clear of a universal raging itch, as an addition to all other miseries. If the air then was filled with gnats, the ship swarms with little vermin, the Spaniards call *gorgojos* (weevils), bred, so swift that they in a short time not only run over the cabins, beds, and the very dishes the men eat on, but intensively fasten upon the body. Instead of the locusts, there are several other sorts of vermin of sundry colour that suck the blood. An abundance of flies fell into the dishes of broth, in which there were also worms of several sorts. [2]

The captain died of a disease known as 'Berben' (that is, 'beriberi' [3], Chin. *jiaoqi* 脚气, a severe and chronic form of thiamine (vitamin B1) deficiency, causing a polyneuropathy of the extremities, oedema, and congestive pulmonary signs). [4] According to Careri, it "swells the Body, and makes the Patient die talking". He also describes scurvy, as a disease "called the Dutch Disease, which

---

[1]　He was carrying mercury to be sold in Mexico with a 300% profit.

[2]　Quoted after Shirley Fish, *The Manila-Acapulco Galleons: The Treasure Ships of the Pacific: With an Annotated List of the Transpacific Galleons 1565–1815*, Central Milton Keynes: AuthorHouse, 2011, p. 373.

[3]　The term *beriberi* is obviously derived from the Singhalese word meaning "extreme weakness".

[4]　See Kenneth J. Carpenter, *Beriberi, White Rice, and Vitamin B: A Disease, a Cause, and a Cure*, Berkeley: University of California Press, 2000.

makes the Mouth sore, putrefies the Gums, and makes the Teeth drop out".①

In similar terms to Careri, Prussian VOC soldier Georg Naporra reported on conditions on board eighteenth-century VOC ships to the Indian Ocean, as part of his *Ost-Indische Reise*. Already on the North Sea, Naporra was shocked by the rough shipboard living conditions: he mentions the constant noise—if not from sailors' work and footsteps, from the waves crashing against the bough—the hot, dark and narrow conditions below deck, the smoky smell produced by oil-lamps, and the ever-damp clothes.② Approaching the tropics, the crew suffered from the heat and diseases such as scurvy, as below deck the combination of unhealthy and rotten clothes, bad quality beer, insufficient fresh air, the eating of unripe fruit, and incapable surgeons proved lethal.③ Naporra reports on the disgrace of the situation, as the howling and moaning of the crew "could even have moved a stone".④ The ship doctor Maas Bax held his consultations twice a day, the ship's boy striking the main mast with a stick and enouncing a rhyme: "Cripples and blinded, come let yourself be bound, up near the main mast, the master will be found".⑤ These descriptions graphically emphasize the importance of, and need for ship's surgeons, as well as the difficult conditions they had to work in.

For China, we have much less information on the importance of shipboard medicine. However, Chinese historical records occasionally do mention the unhealthy conditions on board of ships. So the 1534 *Caozhou ji* 操舟记 by Gao Cheng 高澄 (1494-1552):

'There are three negative things with this ship: In the case of the planks that cover the bottom of the ocean-going vessel, there is no emphasis on their being thick and double layered; each layer of wood is 3 *cun* and 5 *fen* thick (i. e. approximately 10 cm), each is run with iron nails in the cracks, and

---

① Gemelli Careri, quoted from Shirley Fish, *The Manila-Acapulco Galleons*, p. 377.

② Roelof van Gelder, *Naporra's omweg. Het leven van een VOC-matroos (1731-1793)*, Amsterdam: Atlas, 2003, p. 229.

③ Roelof van Gelder, *Naporra's omweg*, pp. 259-260.

④ Cited in Roelof van Gelder, *Naporra's omweg*, p. 260.

⑤ "kreupelen en blinden, komt laat u verbinden, boven bij de grote mast, zult gij de meester vinden", cited in Roelof van Gelder, *Naporra's omweg*, p. 261.

caulked with hemp lime. [In theory], if by misfortune the ship runs onto a reef, then, even if one layer breaks, the other layer will remain. Although on [such] modern (ships) the planking is 7 *cun* (*i. e.* approximately 21 cm) thick, the nails are only a bit more than one *chi* in length (*i. e.* approximately 16 to 17 cm), so I am afraid these (two layers of planks) cannot be held together (by the short nails); and if huge waves repeatedly clash and dash against it, then the nails will crack the planks and break them; even though you draw from the front, you will not be able to rescue (the ship): This is one negative item. I heard that in the past, two ships were dispatched, and that the cabins were broad, and the people few, so that one could avoid epidemic plagues and dysentery. Nowadays, there is just one ship [sent], consequently there are just 24 cabins, and beyond the space occupied by the food provisions, tools and utensils of the government officials, 30 people in total are located in one cabin; I am afraid (this will lead to) evaporation and high pressure, so that there will be many people suffering from epidemics and dysentery, and even doctor Lu^① would not be able to cure them: This is the second negative item. Ocean waves are large and powerful, and although the rudder stocks are made of sturdy wood, it is impossible to avoid their being destroyed and one cannot avoid having to replace them. Nowadays, the rudder holes [for placing the rudder stocks] are narrow, and it is difficult to remove and replace the stocks; in the midst of an emergency, who is able to go down into the water and cut a hole to replace them? If the rudders are not replaced, then the boat cannot sail forward; even supernatural beings would be unable to assist: This is the third negative item. With these three disadvantages, how can one profitably move across a great current! ' ...After a period of less than ten days, the weather became extremely hot. Although on top of the ship one could enjoy the winds, the hatchways were still mostly subject to moisture and humidity; three or four out of ten people caught epidemic diseases or

---

① This is a reference to the famous legendary physician Bian Que 扁鹊 (401–310), personal name Qin Yueren 秦越人, from Lu (present-day Shandong). His medicinal skills were said to be outstanding; he knew secret prescriptions and methods and was thus able to cure almost all diseases.

dysentery, those who actually did not get up again were seven.

"此舟不善者有三：盖海舶之底板不贵厚，而层必用双；每层计木三寸五分，各锢以铁钉、捻以麻灰。不幸而遇礁石，庶乎一层敞而一层存也。今板虽七寸而钉止尺余，恐不能钩连；而巨涛复冲撼之，则钉豁板裂，虽班师弗能救矣：此一不善也。闻前使二舟，则舱阔人稀，可免疫痢之患。今共一舟，则舱止二十有四，除官府饮食、器用所占，计三十人共处一舱；恐炎蒸抑郁，则疫痢者多，虽卢医弗能疗矣：此二不善也。海涛巨而有力，舵杆虽劲木为之，然未免不坏，亦不免不换也。今舵孔狭隘，移易必难；仓卒之际，谁能下海开凿以易之！舵不得易，则舟不得行；虽神人亦弗能支矣：此三不善也。三者未善，何以利涉大川乎。"……逾旬不至，天气颇炎。船面虽可乘风，舱口亦多受湿；染疫痢者十之三、四，竟不起者七人。①

This quotation intends to provide a basic comparative analysis of European and Chinese "maritime medicine". It will examine the emergence of maritime medicine and the professions of ship surgeons and maritime physicians in European seafaring, and compare it with the Chinese tradition. In this way, it also provides a kind of encyclopaedic overview. We will discuss the problem of scurvy, and introduce examples and practices of surgeons and marine physicians on board ships that navigated the Indian Ocean and Asian-Pacific waters, only few of whom, of course, are known by name. We will also try to provide insights into equipment, medicines, and practices as well as cross-cultural comparisons.

The fact that much less can be found on this topic in Chinese sources, compared to the documentation in the European context, does not of course mean

---

① *Shi Liuqiu lu* 使琉球录（1579）, by Xiao Chongye 萧崇业 and Xie Jie 谢杰 in *Shi liuqiu lu sanzhong* 使琉球录三种, *Taiwan wenxian shiliao congkan* 台湾文献史料丛刊, Taipei: Taiwan datong shuju, 1970, Vol. 3 (55), p. 91: 使琉球录卷上, 造舟, with reference to Gao Cheng's 高澄 Caozhou ji 操舟记; see also *Shi Liuqiu lu* 使琉球录（1562）, by Chen Kan 陈侃 and Gao Cheng, newly edited by Guo Rulin 郭汝霖, also with reference to Gao Cheng's Caozhou ji and including a conversation between Xiao Chongye and Xie Dunqi 谢敦齐, in Yin Mengxia 殷梦霞, Jia Guirong 贾贵荣, Wang Guan 王冠 eds., *Guojia tushuguan cang Liuqiu ziliao xubian* 国家图书馆藏琉球资料续编, Beijing: Beijing tushuguan chubanshe, 2002, Vol. 1, pp. 1-242, 88-89 (with slightly different reading), and online under https://ctext.org/wiki.pl? if = gb&chapter = 865083, entry 108.

that the Chinese had no physicians on board, or did not care about maritime medicine. In contrast to European seafarers, the Chinese, for example, had paid great attention early to a correct diet on board. None the less, in comparison to Europe, for China, long-distance maritime expeditions remained the exception, rather than the rule, and a systematic exploration of the maritime world did not occur. It was, above all, the politico-economic particulars of European maritime expansion, and European development of colonialism and capitalism, which involved routinized and long-distance overseas voyages, including frequent naval battles during these voyages, that required a knowledge of shipboard medicine on a regular and standing basis. China, by contrast, with the exception of the Mongol long-distance voyages, in particular Qubilai Khan's (r. 1260 - 1294) large-scale expeditions of conquest against Japan (1274 and 1281), against what became Majapahit Java (1292 - 1293), and the Mongol naval missions to countries in mainland Southeast Asia and in the Indian Ocean as far as India (especially after 1277), [①] and later the Zheng He 郑和 expeditions (between 1405 and 1433), [②] had no comparable tradition of routinized long-distance overseas voyages. Nor did China ever develop a colonialism comparable to the colonialism of the European countries, one that systematically explored the maritime world beyond Europe, and that consequently required a special field of maritime medicine on a permanent basis.

A General Survey on the Development of Naval Medicine in Europe

The emergence of naval medicine and ship surgeons

With the gradual disappearance of coastal shipping, and the initiation of long-

---

① See Tansen Sen, "The Yuan Khanate and India: Cross-Cultural Diplomacy in the Thirteenth and Fourteenth Centuries," *Asia Major*, Third Series, Vol. 19, No. 1/2, China at the Crossroads: A Festschrift in Honor of Victor Mair, 2006, pp. 299-326.

② These were rather one-time naval operations without long-term consequences in terms of overseas expansion, but they constituted an interesting precedent in view of victualling and shipboard medicine. See Mathieu Torck, *Avoiding the Dire Straits: An Inquiry into Food Provisions and Scurvy in Maritime and Military History of China and Wider East Asia* (East Asian Maritime History, 5), Wiesbaden: Harrassowitz Verlag, 2009, pp. 142-143.

distance high seas voyages in the course of the fourteenth century, new technical, medicinal and hygienic requirements emerged. The era of European expansion going along with the long trans-oceanic voyages placed new challenges before sailors and captains. Pedro Ⅳ of Aragón（1319-1387）had already mandated so-called "Naval Instructions"（Ordenanzas navales）in 1354, but the new challenges, and the basically non-existent medical understanding needed for such dangerous long voyages, required new initiatives. In 1522, the Consejo de Indias issued new instructions that, also included establishing positions for physicians and surgeons on board ships. On both military and commercial overseas voyages, the medical fraternity started to play an important role. The presence of physicians and surgeons on board of ships was indispensable for responding to all the dangers as well as the hygienic and medical challenges met even on board commercial vessels. The century of Carlos Ⅴ（1500-1558）and Felipe Ⅱ（1527-1598）was noted for the setting of standards and regulations to improve sanitary conditions on board of ships. [①]

Looking more to the Asia-Pacific space, we focus here on Spanish rather than Portuguese surgeons in particular, but will still also provide examples of Dutch and English as well as physicians from some other countries, active in Indian Ocean waters. It is clear that significant advances in maritime medicine went along with the process of European expansion, and that specific needs, for example, during naval wars, or when ships were crossing wider oceanic spaces needed to be met. In the early phase of European expansion, it seems that very basic medicinal skills were considered sufficient, but eventually ship-surgeons were better trained, were vested with more authority, and consequently had to treat a wider range of diseases. Definitely, European governments also tried to make their "tough job" more attractive, especially when voyages to far-away places required skilled personnel that could potentially cope with tropical and unknown diseases, and that disposed of a fundamental pharmaceutical, medicinal, and even linguistic skills to

---

① Some physicians and surgeons who accompanied great military or discovery missions, such as Diego Álvarez Chanca, Luis Lobera de Ávila, Gregorie López or Dionisio Daza Chacón, occupy a special position in the history of medicine.

be able to learn about the treatment of many diseases from local specialists. One increasingly encounters ship apothecaries who were able to study and document local botanical environments, and were skilled in preparing medicines.

In November 1554, the first rules for hygiene on ship board were promulgated in Spain; they comprised simple obligations, such as sweeping and cleaning on and below the deck, or perfuming with rosemary once a week. ① In 1588, the distribution of wine was restricted—the heavy, unhealthy consumption of alcohol on board of Western ships is well-known. The continuing long-distance trans-oceanic voyages, as well as the wars with the Netherlands and France, required better sanitary conditions and medical treatment on board. A decisive step towards better sanitary conditions was the certificate issued by Felipe Ⅳ on January 26, 1622, establishing that sick and wounded people on board of ships should be transferred to local hospitals and no longer remain on board. ②

In 1633, the *Ordenanzas del Buen Gobierno de la Armada del Mar Océano* were published in Madrid. ③ These regulations, on the one hand, paid particular attention to the curing, healing and assisting of mariners who fell ill at hospitals in locations where the Spanish armada or military had established a presence. They introduced the norms under which the inspectors of each hospital were authorized to contract with medical personnel. The provision of skilled personnel for locally established hospitals, such as the hospital at San Blas on the Californian coast, is considered important in the regulations; but, it is made clear as well, that

---

① This historical development is described in Salvador Clavijo y Clavijo, *Historia del cuerpo de sanidad militar de la armada*, Tipografía de Fernando Espín Peña, San Fernando, Cádiz, 1925, here especially page 35.

② Salvador Clavijo y Clavijo, *Historia del cuerpo de sanidad*, p. 42; it is part of the Collection Vargas Ponce, legajo xx, a copy of which lies in the Naval Museum of Madrid. See María Luisa Rodríguez-Sala, con la colaboración de Karina Neria Mosco, Verónica Ramírez Ortega y Alejandra Tolentino Ochoa, *Los cirujanos del mar en la Nueva España (1572 – 1820) miembros de un estamento profesional o una comunidad científica?* (Serie Los Cirujanos En La Nueva España), México: Universidad Nacional Autónoma de México et al. , 2004, p. 34.

③ *Ordenanzas del Buen gobierno de la Armada del Mar Océano de 24 de Henero de 1633*, Barcelona, en casa de Francisco Cormellas, al Call, por Vicente Suriá, 1678. New facsimile edition by the Historical Institute of the Marine (Instituto Histórico de Marina), Madrid, 1974, located in the Archive of the Naval Museum in Madrid.

physicians and surgeons should also accompany crews on their overseas journeys. As explained by María Luisa Rodríguez-Sala, the training and education of ship surgeons and doctors suffered significantly from the declining power of the Spanish navy. She states that one has to distinguish between different categories of doctors, with different qualitative authorities and permissions, ranging from those with full educations and authority (*médicos cirujanos*), those permitted to assist with intestine diseases (*médicos*), those permitted to practice in a certain branch (*médicos latinos* or *cirujanos de ropa larga*, *i. e.* long-gowned surgeons) who, as a rule, possessed a proper education, the so-called surgeons who had passed their entire education in Spanish (not Latin), and were restricted to taking care of external diseases or of internal diseases in cases of particular urgency only (*médicos romancistas*), and a kind of surgeon (*cirujanos de heridas* or *cirujanos de ropa corta*) . [①]

María Luisa Rodríguez-Sala introduces in detail the specific steps undertaken to improve ship-bord sanitary and health conditions. This historical development was initially going along hand-in-hand with the gradual disappearance of coastal shipping and the need to fight against the black death in Mediterranean and European space. Then, of course, the long maritime crossings undertaken during the period of European expansion—and Portuguese and Spanish seafarers were the first to venture into these cross-continental open maritime spaces, and naval conflicts among European nations required improvements in medicinal treatments to

---

① María Luisa Rodríguez-Sala, con la colaboración de Karina Neria Mosco, Verónica Ramírez Ortega y Alejandra Tolentino Ochoa, *Los cirujanos del mar en la Nueva España* (*1572 - 1820*), p. 36. Sherry Fields, *Pestilence and Headcolds: Encountering Illness in Colonial Mexico*, New York: Columbia University Press, 2008, chapter I , p. 40, with reference to Lourdes Márquez Morfín, *Sociedad colonial y enfermedad: Un ensayo de osteopathología diferencial*, México: Instituto Nacional de Antropología e Historia, 1980, p. 105: "Colonial sources show that in 1545 there were apparently only four certified doctors in the entire capital of New Spain. One of them, Cristóbal Méndez, had recently been arrested by the Inquisition on charges of sorcery; ... Over two hundred years later, every city and town of importance in New Spain still suffered a shortage of licensed physicians. Between 1607 and 1738, the University of Mexico granted 438 bachelors' degrees in medicine, an average of 3. 35 a year. " See also Manuel Gracia Rivas, "La Sanidad naval española: De Lepanto a Trafalgar," *Cuadernos de Historia Moderna*, Anejos, no. 5 (2006), pp. 169-185.

be successful. ① As educated physicians, generally speaking, preferred to stay on land, many even lost the practical experience to cope with all the required new challenges, so that surgeons were sometimes more acquainted with all the necessary medical challenges compared to physicians. One can also observe a tendency to hire medical people who were often not officially educated (*proto-médicos*) for commercial voyages and better trained surgeons (*cirujano mayor*) for military enterprises. Those hired for long-distance voyages were, as a rule, practical doctors who were officially hired. ②

It must be emphasized that the medical professim as a whole was not highly valued in spain, obviously because it had been dominated by Jews and Muslims. ③ Physicians and surgeons were all subjected to strict legal prescriptions concerning their legitimacy and, interestingly, their blood purity (*limpieza de sangre*) . Originally, a large number of Jews and Muslims practiced as physicians, but after Jews were expelled by the Catholic Spanish kings in 1492, they were no longer permitted to enter the universities and practice medicine. Although officially not permitted to settle in the New World, many Jews and Muslims from Spain did so, especially with the increasing pressure from the Inquisition. Statutes of the University of Mexico stated early on that no native Americans, blacks, mulattos, *chino morenos*, or any kind of slave or former slave were permitted to enter the university. ④ In theory, consequently, the professions of physicians, apothecaries,

---

① María Luisa Rodríguez-Sala, con la colaboración de Karina Neria Mosco, Verónica Ramírez Ortega y Alejandra Tolentino Ochoa, *Los cirujanos del mar en la Nueva España* (*1572-1820*) , p. 31 et seq.

② María Luisa Rodríguez-Sala, con la colaboración de Karina Neria Mosco, Verónica Ramírez Ortega y Alejandra Tolentino Ochoa, *Los cirujanos del mar en la Nueva España* (*1572-1820*) , p. 37.

③ Linda A. Newson, *Making Medicines in Early Colonial Lima, Peru: Apothecaries, Science and Society*, Leiden/Boston: Brill, 2017, 20ff. ; James Lockhart, *Spanish Peru 1532-1560-A Colonial Society*, Madison/Milwaukee (WI); London: The University of Wisconsin Press, 1968, p. 189.

④ Sherry Fields, *Pestilence and Headcolds*, p. 106. See also pp. 107 and 108 for the education and curriculum of the medical students in Mexico. In a recent study, Linda Newson also zooms in on the classification and social status of medical men in early colonial Peru. Newson draws on James Lockart's initial classification, and draws our attention to the important position of the *boticarios*, apothecaries who were the only ones who were allowed to make medical recipes. The surgeons were the first practitioners of medicine to arrive in the New World, as they were attached to the armies of conquest. *Boticarios* would after political stability had been reached. See Linda A. Newson, *Making Medicines in Early Colonial Lima, Peru: Apothecaries, Science and Society*, pp. 60-61, 65-68, 155.

and surgeons were limited to those who could demonstrate legitimacy and blood purity, but practice often looked differently. ① The expulsion of Sephardic Jewish physicians from Spain also resulted in their presence in the West-Indies, in the Dutch colonies of the Caribbean, via their re-settlement in Amsterdam, and subsequent departure from there. In particular, G. T. Haneveld has pointed out the influence of able Jewish medical practitioners on colonial medicine at Curaçao during the late seventeenth and eighteenth century, mentioning doctors such as Yshack Gomes Casseres (d. 1693), Dr. Yoseph Ysrael de Zarate (d. 1728), or Dr. Joseph Capriles (1738-1807), who was named "el doctor de la Espada". ②

In Spain, the role of a ship's surgeon (*cirujano*) evolved out of the roles of barbers or apothecaries. They treated external ailments, such as wounds and injuries, broken bones, and skin diseases, such as boils and rashes. They also typically pulled teeth, let blood, and treated kidney stones, hernias, and venereal diseases. ③ The surgeon was usually equipped with a variety of medicines and cloth to make bandages and dressings, with a saw to carry out amputations, and a number of other tools, such as scissors, clamps, various types of knives, cauterizing implements, needles, hammers and picks, and injections. Frequently he had to prepare medicines and ointments on board, and consequently also needed spoons, funnels, spatulas, a mortar and pestle, scales and a small brazier. ④ The discovery of the San Diego wreck, a Spanish galleon under the command of Don Juan Antonia da Morga Sánchez Garay (1559-1636) that sank on December 14, 1600 near Fortune Island after a naval encounter with a Dutch fleet under Captain Oliver van Noordt (1558-1627), can attest to the fact that such objects were carried on board. Artefacts included, for example, a bronze mortar, ceramic pots for medicines, lead weights and larger jars. ⑤

---

① See Linda A. Newson, *Making Medicines in Early Colonial Lima, Peru: Apothecaries, Science and Society*, p. 190.

② G. T. Haneveld, "De Antilliaanse Geneesheer," in L. W. Statius van Eps and E. Luckman-Maduro (eds.), *Van scheepschirurgijn tot specialist: 333 jaar Nederlands-Antilliaanse geneeskunde*, Assen: Van Gorcum, 1973, p. 2.

③ Sherry Fields, *Pestilence and Headcolds*, p. 109.

④ Shirley Fish, *The Manila-Acapulco Galleons*, p. 317.

⑤ Shirley Fish, *The Manila-Acapulco Galleons*, p. 317.

In Western maritime history, the Dutch made the best progress in maritime medicine. ① By the mid-sixteenth century, a growing distinction of surgeons descending from barber-surgeons, who continued to cut hair and treat superficial illnesses, can be observed. Dutch ordinances speak of two kinds of surgeons, those who treat illnesses that occurred on the surface of the body, such as pox, syphilis, cancer, scrofula, excrescences, ulcers, etc. , and those who used instruments to carry out operations, such as removing bladder stones, repair hernias, or extract teeth. ②

In the Dutch case, Harmen Beukers clarifies the distinction between surgeons' and physicians' careers. While Dutch physicians were already university trained in the seventeenth century, surgeons belonged to a class of artisans, whose training and certification were regulated by a surgeons' guild. Apprentice-surgeons lived in a master's house, and acquired knowledge informally, while the larger towns' surgeon guild provided some courses in anatomy or botany. ③ Geyer-Kordesch and MacDonald also further emphasised this distinction between land-based physicians and surgeons in Europe, from the late sixteenth century onwards: Whereas the guild-trained barber-surgeons took care of treating wounds, topical and venereal diseases, setting fractured or dislocated bones, and occasionally performing amputations, university trained physicians were also versed in internal medicine. In addition, they add that the more ' lowly ' barber-surgeons also performed bloodletting and teeth extraction. ④ In seventeenth-and eighteenth-century Glasgow, as an example, surgeons were clearly accorded a subordinate status in comparison to physicians, whose prestige concerning surgery rose during

① Harold J. Cook, *Matters of Exchange: Commerce, Medicine, and Science in the Dutch Golden Age*, New Haven: 2007, p. 3, passim.

② Harold J. Cook, *Matters of Exchange*, pp. 143–144.

③ Harmen Beukers, " Dodonaeus in Japanese: Deshima Surgeons as Mediators in the Early Introduction of Western Natural History," in Kazuhiko Kasaya and Willy vande Walle (eds.), *Dodonaeus in Japan: Translation and the Scientific Mind In the Tokugawa Period*, Leuven: Leuven University Press, 2001, p. 287.

④ Johanna Geyer-Kordesch and Fiona MacDonald, *Physicians and Surgeons in Glasgow, 1599–1858: The History of the Royal College of Physicians and Surgeons of Glasgow*, Vol. 1, London: The Hambledon Press, 1999, p. 79.

the eighteenth century. ① From these functions, it seems that the role and functions of surgeons would have sufficed in a maritime context, except on long-distance voyages where exotic diseases had to be treated.

Beukers also points out that the traditional division of labour between medical doctors and surgeons did not apply to the Dutch merchant fleet, as the former were mostly absent from the commercial shipping circuit. Therefore, guild-trained surgeons also had to treat internal diseases such as scurvy, dysentery, and typhoid fever, and had to prepare medicine themselves. Textbooks circulated to prepare surgeons for the exam system, such as Johannes Verbrugge's *Het nieuw-hervormde examen van land-en zee-chirurgie*. These functional necessities and the exam system caused ships' surgeons to receive a higher remuneration than their colleagues on land, and they were granted an equal on-board rank to junior officers, in order to create a more attractive position. ②

As early as 1676, regulations were issued to improve the health care aboard the trade ships of the VOC. These stipulated that no surgeons were allowed aboard unless they had proven their competence through examinations. Students were obliged to attend courses in surgery and anatomy. ③ Father Alvaro de Benavente (1647 – 1707) who, in April 1687, "sailed from Batavia in [one of the] galleons of the Company of Holanda, and after many and fearful tempests it reached the Cape of Good Hope, where the Dutch made a halt of two months at the great colony and settlement which that nation maintain there for this purpose; it is a very populous city, and well supplied with all that is necessary to human life, for it possesses a very healthful climate, at the latitude of 36° [on the side] of the tropic of Capricorn. In this city they have a large hospital for treating the sick, with very skilful physicians and surgeons, and with all the comfort that could be found in any other part of the world. "④

---

① Johanna Geyer-Kordesch and Fiona MacDonald, *Physicians and Surgeons in Glasgow*, *1599-1858*, Vol. 1, pp. 80-81.

② Harmen Beukers, "Dodonaeus in Japanese," p. 288.

③ Mathieu Torck, *Avoiding the Dire Straits*, p. 42; Arnold E. Leuftink, *Harde Heelmeesters: zeelieden en hun dokters in de 18e eeu*, Walburg Per, c1991, pp. 28-29.

④ *The Augustinians in the Philippines*, *1670-94*, Vol. 42, p. 242, see http://www.gutenberg.org/files/34384/34384-h/34384-h.htm.

One of the most famous Dutch ship surgeons was Nicolaus de Graaf (1619–1688) who made five voyages alone to the Far East. Based on notes he had made during his various trips, the *Reisen van Nicolaus de Graaf, naar de vier gedeeltens van de wereld* were published posthumously in 1701. ① He started his service with the VOC in 1639, and made his first voyage as a ship surgeon on board the *Nassau*. This trip took four years, and took him as far as Malacca, where "he earned a broken skull and a large head wound at the siege of Malacca". ② In the late 1660s, de Graaf travelled to Sri Lanka where he stayed for two years. He travelled up the Ganges, and also cured Muslim governors. We also know that he spent two years in Bengal, and returned to Sri Lanka in November 1671, "apparently very wealthy from private trading, since he sent many goods (including saltpetre, opium, nutmeg, bales of silk and cotton clothing, and fifty-seven slaves) as a 'present' to the chief Dutch port of Batavia aboard a ship". ③ In May 1683, de Graaf took service as a low positioned chief barber-surgeon (*opperbarbier*) and came as far as Macao in 1684—the year when the Kangxi Emperor 康熙 (r. 1662 – 1722) had just reopened the ports for maritime trade. He accompanied a delegation to the Kangxi Emperor, and returned to Batavia in November 1685 via the Moluccas and Bantam.

On Taiwan, where the Dutch had their castle Zeelandia, a Dutch ship surgeon is said to have vivisected a Chinese prisoner in front of a large crowd, certainly as a means of frightening the local population. Dutch surgeons also successfully treated some Qing officials, and consequently assisted in the VOC's trade negotiations with the Chinese. ④ This example, again, shows that surgeons and physicians were not simply medical doctors, but were at the same time engaged in trade and various other matters. ⑤

---

① Harold J. Cook, *Matters of Exchange*, p. 179.

② Harold J. Cook, *Matters of Exchange*, p. 179.

③ Harold J. Cook, *Matters of Exchange*, p. 179.

④ Harold J. Cook, *Matters of Exchange*, p. 180.

⑤ See also Diane Rosemary Bruijn, *Ship's Surgeons of the Dutch East India Company in the Eighteenth Century: Commerce and Progress of Medicine*. PhD diss., Rijksuniversiteit te Leiden, 2004.

Early modern British naval medicine followed the same tendencies as the Spanish and the Dutch: in *Surgeons of the Fleet*, David McLean shows how seventeenth-century Tudor vessels engaged some physicians, but primarily employed "humbler barber-surgeons or apothecaries". [1] One of the earliest English books written on naval surgery can be dated back to 1598, and describes procedures for the irrigation and stitching of wounds, as well as for fixing ligatures by applying pressure and minimizing bleeding. On British ships the pharmacists' drugs were also directly mixed on board using pestles and mortars. [2]

Medicinal experts and physicians were often not only hired by commercial authorities to merely carry out their profession, but they would also sometimes engage in studying local medical traditions and botanics. The British East India Company (EIC), for example, welcomed surgeons and physicians to conduct studies and medical investigations in India. The Scottish surgeon and botanist William Roxburgh (1751-1815) successfully used his medicinal training and natural knowledge that he had gained at the University of Edinburgh for commercial activities, and eventually gained a fortune through private trade across the Indian Ocean. [3]

Another example, Benjamin Heyne (1770-1819) was appointed as surgeon at the Moravian mission in 1790. In 1792, he was working in Tranquebar, and then entered the service of the EIC, first as a botanist and then as an assistant surgeon in 1799. His responsibilities included suggesting and prescribing bazaar medicines that were needed for the EIC's army. In this context, he also studied

① David McLean, *Surgeons of the Fleet: The Royal Navy and its Medics from Trafalgar to Jutland*, London: I. B. Tauris, 2010, p. 2. On the status of surgeons in the formative years of naval medicine, see Carpenter's remarks in Kenneth J. Carpenter, *The History of Scurvy & Vitamin C.*, Cambridge/New York et al.: Cambridge University Press, 1986, p. 29.

② David McLean, *Surgeons of the Flee*, p. 2; see J. D. Alsop, "Warfare and the creation of British Imperial Medicine, 1600 – 1800," in Geoffrey L. Hudson (ed.), *British Military and Naval Medicine*, 1600-1830, Amsterdam and New York: Rodopi, 2007, pp. 24-25.

③ Minakshi Menan, "Medicine, Money, and the Making of the East India Company State: William Roxburgh in Madras, c. 1790," in Anna Winterbottom and Facil Tesfaye (eds.), *Histories of Medicine and Healing in the Indian Ocean World*, Vol. 1. *The Medieval and Early Modern Period* [Palgrave Series in Indian Ocean World Studies], London: Palgrave Macmillan, 2016, pp. 151- 178, here p. 152.

Siddha medicine, which various EIC physicians and surgeons valued highly. ① In addition, other EIC physicians were interested in Tamil medical texts and Siddha medicine. Patrick Russell (1726 – 1805), the EIC's ship surgeon in the late eighteenth century, may be cited as an example. Theodor Ludwig Frederich Lonach (1740–1803) was a Danish surgeon at the military hospital at Tranquebar in 1777 who also collected manuscripts. ② The German missionary Johann Ernst Gundler (1677 – 1720) even wrote a text about Tamil physicians. ③ Mention should also be made of James Wallace's *A voyage to India: containing reflections on a voyage to Madras and Bengal in 1821, in the Ship Lonach; instructions for the preservation of health in Indian Climates; and hints to surgeons and owners of private Trading-Ships* (London: Underwood, 1824) . ④

Ship's chaplain Michael de Febure's logbook from the 1721 journey on board the Austrian-Netherlandish ship *Sint-Pieter* to the Indian Ocean contains a crew list mentioning the function or ' qualities ' of three medical specialists, their salaries indicating a difference in function: the main medical function mentioned was that of ' Doctor-herbarius ' François Huberty, presumably indicating his double

---

① S. Jeyaseela Stephen, "The Circulation of Medical Knowledge through Tamil Manuscripts in Early Modern Paris, Halle, Copenhagen, and London," in Anna Winterbottom and Facil Tesfaye (eds.), *Histories of Medicine and Healing*, pp. 125–149, here pp. 143, 126.

② S. Jeyaseela Stephen, "The Circulation of Medical Knowledge," p. 132.

③ *Der malabarische medicus, welcher kurzen Berricht gibet, theils was diese Heyden in der medicine vor Principia haben; theils auf was Art und mit welchen Malabaren*, AFSt, Tamil Manuscripts, M2 B11, Franckesche Stiftungen, Halle.

④ We would also like to refer to the East India Company's *A Register of ships, employed in the service of the Hon. the United East India company, from the union of the two companies in 1707, to the year 1760; specifying the number of voyages, tonnage, commanders, and stations. To which is added, from the latter period to the present time, the managing owners, principal officers, surgeons, and pursers, with the dates of their sailing and arrival: with an appendix* (London: 1798), which is accessible online under http: //find. gale. com/ecco/eToc. do? sort = &inPS = true&prodId = ECCO&userGroupName = salzburg&tabID = T001&searchId = &currentPosition = 0&contentSet = ECCOArticles&relevancePageBatch = &doDirectDocNumSearch = false&docId = CB3330846318& docLevel = FASCIMILE&workSubLevel = ETOC&workId = 1426901200&action = DO_ BROWSE_ ETOC&DOCRN = CB130846317&totalCount = 1&pageFrom = ; and Hugh Ryder, *The new practice of chirurgery: being a methodical account of divers eminent observations, cases, and cures, very necessary and useful for surgeons, in the military and naval service* (London, 1693), http: // eebo. chadwyck. com/search/full _ rec? SOURCE = pgimages. cfg&ACTION = ByID&ID = V34605&discovery_ service=primo, accessed on October 7ᵗʰ, 2019.

function of pharmacist as well as doctor, with as additional two medical crew members Timot Hilarius Marriesen serving as first surgeon ('Prima churisien'), and Josephus Primilius as 'Second surgeon', the latter being attributed a lower payscale and thus presumably functioning as assistant-surgeon. Contrary to other crew members or sailors, these medical specialists originated further away from the ship's home port of Ostend: 'Doctor-herbarius' Huberty originated from Huy, while first surgeon Marriesen came from Holstein. Only the second surgeon, or assistant Primilius, originated closer to the port, belonging to the West-Flemish town of Ieper. [1] The reason why medical specialists sometimes had to be hired from afar may be explained by naval duty and long-distance voyages being considered unattractive professions in the fraught shipboard environment of Early Modern Europe, as Alsop explains. Medical specialists, such as college-trained doctors, would have rather chosen to make a career on land, due to which shipboard medicine usually became the domain of barber-surgeons, who had learned their trade through an apprenticeship system. [2]

For the Austrian-Netherlandish General Imperial Company (GIC), more colloquially known as Ostend (Oostende) Company, sea voyages to China held a particularly high risk for crew-members' health due to disease. For instance, Captain Carpentier's 1724 ship journal from on board the *Arent* reports how, during the return journey from Canton to Ostend, the ship's surgeons administered healthcare to captain Balthazar Roose, who had long since been incommoded by diarrhoea, presumably due to dysentery—called the "bloody flux" or "de roode loop" in Dutch [3]—from which he died and was buried at sea. [4] As David Boyd Haycock has noted, dysentery or bloody flux was a quite common infectious disease in early modern Europe, and would spread easily within the

①　Ghent University Archive, BHSL, Le Febure, Michael, and Jan Frans Janssens, *Logboek Van Het Schip Sint-Pieter, Kapitein Jan Frans Janssens, Op Zijn Reis Van Oostende Naar Oost-Indië En Terug, 1721-1722*. 'Rolle der Equipage'.

②　J. D. Alsop, "Health and Healthcare at Sea," in Chery A. Fury (ed.), *The Social History of English Seamen, 1485-1649*, The Boydell Press, 2011, pp. 219-220.

③　Stadsarchief Antwerpen (SAA), GIC 5655, "Rapport au retour du cap N Carpentier China L'Aigle 1724", p. 28.

④　SAA, GIC 5655, "Rapport au retour du cap N Carpentier China L'Aigle 1724", p. 17.

confined and damp areas of a ship, yet its distinction with Asiatic cholera was not easily made. [1] To make matters worse, the disease was often considered as seasonal, climatological or nutritionally related, in which one of the shipboard health benefits, namely eating fruit or grapes, was wrongly considered as its cause instead of a remedy. [2]

Apart from disease, ships' surgeons also had to treat physical injuries related to the ship as a work environment. Ships' journals frequently mention accidents such as sailors slipping over ropes, falling overboard, or more dramatical cases, such as captain Carpentier reported on the ship *Esperance* in 1726, when shipman Geliame Henkes was beyond surgical attention as he "had fallen from the rigging and fell with his chest on a Hook so that his Whole face was broken with no means to repair it and was not capable to receive the dishes from the kitchen as he was so injured". [3]

Michael De Febure's logbook testifies to the urgent necessity of the ship's medical specialists, as soon as it reached the Indian Ocean. On the 8ᵗʰ of November 1721, nearing Ceylon, De Febure's log reads: "Daily we get many sick people in the berth, so of scurvy, as otherwise, so that more than a third of the crew are unable to work." [4] This situation did not improve over subsequent days, which led De Febure to mention that "we became so weak in our sailors, that even those officers of the Cabin were needed to attend the watch, the Lord preserve us of the enemy or heavy weather because that would end very badly." [5]

---

[1] David Boyd Haycock, "Exterminated by the bloody flux," *Journal for Maritime Research*, 4 (1) (January 2002), p. 16.

[2] David Boyd Haycock, "Exterminated by the bloody flux," p. 21.

[3] "Gevallen was hut de maerse en viel met sijn boorst op een Haeck soo dat sijn Eel aenseght en stuk was hij gen medel en inegen om het selve te vermaecken en niet capabel en was om de gerechten vna de keuken te ontfange omdat hij soo gequetst was," in SAA GIC 5696 'Journael Boeck van Desperance N Carpentier' -Vridaeg den 15 November 1726.

[4] "Wy kryghen daeghelyckx veele sicken in de koye soo van scheurbuyck, als andersins, soo datter meer als 1/3 onbequaem sijn tot werken," in Ghent University Archive, BHSL, Le Febure, Michael, and Jan Frans Janssens, *Logboek Van Het Schip Sint-Pieter*, folio 12.

[5] "Wy wirden soo slap in onse matroosen, dat selfs die van de Caiute ghenootsaeckt waren de wachten by te woonen, den Heer bewaert ons van vyant oft swaer weder want het sauder seer slecht aflopen," in Ghent University Archive, BHSL, Le Febure, Michael, and Jan Frans Janssens. *Logboek Van Het Schip Sint-Pieter*, folio 13.

The Problem of Scurvy

Directly linked with long overseas voyages was scurvy. Mathieu Torck has investigated in detail the history of scurvy and its treatment on board ships. As he has shown, scurvy was an omnipresent issue on board of Western ocean-going ships, while hardly any information on scurvy can be found in Chinese and East Asian sources. [1] Torck introduces the gradual development of treatment in the West, and then compares it with practices in China and Asia. The first person to write about scurvy on a scientific basis in the West was the Dutch-born John Echth (*Lat.* Echthius, ca. 1515 - 1554), [2] who practiced in the German city of Cologne.

Gradually, as Torck describes, the experiences of sailors began to form the basis for the medical instructions of sea surgeons, and were included in the manuals on military medicine. A first such manual in England was published by a certain William Clowes (1543-1604), a doctor and surgeon, in 1596; it contained a description of two decoctions that were recommended in case a sailor became ill with scurvy. The main antiscorbutic ingredients were "scurvy grass" (*Cochlearia curiosa* or *officinalis*) and watercress, to which were added cinnamon, ginger or almonds. [3] Especially for the long-distance voyages overseas of the great European nations, such as the Dutch or the British, the treatment of scurvy was essential. James Lind (1719-1794) worked as a ship surgeon on a British warship, the *HMS Salisbury*, and made some experiments with affected sailors. He discovered that a well-balanced diet was essential, and recommended, among others, also pickled cabbage (sauerkraut). [4] He advised the British navy, and later compiled his *A Treatise of the Scurvy. Containing an Inquiry into the Nature, Causes and Cure of that*

---

[1]　Mathieu Torck, *Avoiding* the *Dire Straits*.

[2]　Cf. Gerrit A. Lindeboom, *Dutch Medical Biography* (*A Biographical Dictionary of Dutch Physicians and Surgeons 1475-1975*), Amsterdam: Rodopi, 1984, p. 510.

[3]　Mathieu Torck, *Avoiding the Dire Straits*, p. 27.

[4]　Sauerkraut was for example also recommended by James Cook. See Mathieu Torck, *Avoiding the Dire Straits*, p. 38, with reference to Christopher Lloyd, *The Voyages of Captain James Cook round the World*, London: Cresset, 1949, p. 107.

Disease. Together with a Critical and Chronological View of what has been published on the subject. [1]

Despite Lind's advances in the search for a prophylactic strategy against scurvy, no decisive steps were taken to eradicate the recurrence of the disease on a permanent basis. A combination of the lack of a basic understanding of biochemical and nutritional principles, and the absence of any form of accumulation, systematization and global diffusion of scientific knowledge about scurvy caused the disease to linger on. Until the nineteenth century, the Western history of seafaring is full with cases of scurvy, and its elimination remained one of the major motivations for maritime medicine. Torck introduces the case of a French expedition into the St. Lawrence estuary in 1534, carried out under the command of Jacques Cartier (1491–1557). Interesting for us is that Cartier describes how local American Indians were affected by scurvy, but were able to heal the ailment by applying native cures. This emphasises the need to look beyond the scope of Western seafaring and medical history in order to obtain a more complete insight into the ways pre-modern and early-modern societies struggled and dealt with nutritional and epidemic diseases. [2]

Samuel Bawlf has pointed out that Francis Drake (1540 – 1596), as a European precursor in finding possible shipboard cures for scurvy on his expedition to the Pacific, found that fresh fruits such as oranges and lemons formed an excellent remedy for scurvy. Bawlf mentions that it is uncertain whether Drake actively realised the importance of fresh fruit for combatting scurvy, or if he merely decided to add them to the shipboard diet whenever possible and noted its effects. According to Bawlf, captain Cook is often credited with discovering the remedy against scurvy, yet he mentions that Drake had either already grasped this intuitively, or that there might have been an influence from the native inhabitants of the Sierra Leone coast, whose mangroves were covered in oysters, and who

---

[1]   For a modern edition of this work see James Lind, *A Treatise on the Scurvy*, New York: Gryphon, 1980.

[2]   Mathieu Torck, *Avoiding the Dire Straits*, p. 20, with reference to Kenneth J. Carpenter, *The History of Scurvy & Vitamin C*, p. 8, original source: H. P. Biggar, *The Voyages of Jacques Cartier*, Ottawa: Acland, 1929, pp. 204–205.

supplied lemons and fruit. ① Another experimental measure by which food was used on Drake's ships in an attempt to remedy scurvy, or other consequences of nutritional deficiency, was the preparation of a stew of mussels and seaweed, in order to restore strength to affected sailors. ②

As with scurvy, J. D. Alsop points out that the main cause for illness among early-modern European sailors was due to a deficient diet. He mentions that sixteenth-century sailors lived on a monotonous diet, which was detrimental to their health, with staple foods such as salt beef, stockfish, biscuits, cheese and beer, causing nutritional deficiencies in vitamin C and B as a result. ③ Vitamin B deficiency could provoke mental disorders, while vitamin C disorder was a cause for scurvy—paradoxically its remedy was thought to be one of its possible causes at the time. ④ Victual lists detailing the shipboard rations on board Southern-Netherlandish ships reveal that a similar monotonous diet was still in vogue during the first half of the eighteenth century, the diet only getting more diversified during the second half of the eighteenth century. ⑤ For European sailors, the longer sea voyages into the Indian Ocean and the Pacific entailed larger health risks, which would form the context from which remedies for such deficiencies were discovered.

Another cause for food-related illness consisted of the scarcity in water supplies during European ships' return journeys from the Pacific or Asia. De Febure's logbook notes that, once the homeward bound *Sint-Pieter* passed the Tropic of Cancer in 1722, storage was becoming 'bad in food and drink', and when the

---

① Samuel Bawlf, *The Secret Voyage of Sir Francis Drake*, *1577 – 1580*, New York: Walker and Company, 2003, p. 179.

② Samuel Bawlf, *The Secret Voyage of Sir Francis Drake*, *1577–1580*, p. 108. There is even earlier evidence of local native cures. Vasco da Gama's heavily afflicted crews on their way to India benefited from the intake of oranges while passing through Southeast African waters, a method they learned from Arab sailors. See Mathieu Torck, *Avoiding the Dire Straits*, pp. 17–18.

③ J. D. Alsop, "Health and Healthcare at Sea," in Chery A. Fury (ed.), *The Social History of English Seamen*, *1485–1649*, p. 194.

④ J. D. Alsop, *"Health and Healthcare at Sea,"* pp. 210–213.

⑤ This is apparent from comparative research on the Southern-Netherlandish ' Prize Papers ', in particular captured shipboard victual lists of the ships Aurora, in 1703 in The National Archives (TNA), Kew, High Court of Admiralty (HCA) 32 / 48 / 69, ' 1703 L'Aurora of Dunkirk ', and the ship Princesse Louise in 1758 in TNA, HCA 32 / 230 / 18, ' 1758 Princesse Louise of Copenhagen '.

ship proved unable to replenish or resupply, De Febure mentions: "Even the water starts to become bad now, and our folk will lack. The salted meat can be eaten by few, almost none, anymore". [1] David Boyd Haycock mentions that, on board European ships in the mid-eighteenth century, bad water quality was recognised as an important cause for dysentery—yet the disease would be attributed to the inhalation of the air around the water instead of its ingestion. [2]

In China, on the contrary, sources hardly ever speak of scurvy. The relatively high sensitivity and proneness to scurvy of the Chinese peoples would actually have expected the opposite. But as Mathieu Torck has discovered in an interdisciplinary approach, this is not the case: "The almost total absence of references to the disease may indicate a reluctance to mention pathological phenomena. Another possibility that I have put forward is that the quality of the food supply aboard Chinese junks was high from the beginning... Evidence shows that the Chinese carried tea leaves aboard their ships. Biochemical analysis has shown that tea not only contains a small amount of vitamin C in the leaves, but also has a phytate component, which helps the body retain vitamin C for a longer period of time. It seems that Chinese sailors, when setting out to sea, carried with them, as it were, a small 'preventive package' which could avoid or at least postpone nutritional deficiency. Both pickled vegetables and tea played a crucial role as vitamin C sources for pre-modern Chinese sailors. "[3] So it was the diet of Chinese and Asian crew-members, from fruits and vegetables to tea, that helped them to prevent the frequent outbreak of scurvy.

Physicians and Surgeons in European Colonies in Asia

Interesting for us is especially what we know about physicians or surgeons

---

[1]　"Het watter selfs, dat nu al begint wat slecht te worden, sal ons volck oock manqueeren. Het ghesauten vlees kan van wynighe, Jae by naer gheen, meer gheeten worden," in Ghent University Archive, BHSL, Le Febure, Michael, and Jan Frans Janssens, *Logboek Van Het Schip Sint-Pieter*, folio 37.

[2]　David Boyd Haycock, "Exterminated by the bloody flux," p. 22; see also Mathieu Torck's chapter on water supply, Mathieu Torck, *Avoiding the Dire Straits*, Chapter 4, pp. 211–228.

[3]　Mathieu Torck, *Avoiding the Dire Straits*, p. 319.

who accompanied crews in the Indian Ocean waters or on board of the "*nao de China*" on their long trans-Pacific crossings, a trade connection that was officially initiated in 1565 and lasted until 1815. Unfortunately, in comparison to information we possess on doctors who accompanied crews on their trans-Atlantic voyages, information is relatively scarce in the Pacific context in the written sources of the Spanish Empire. Against this background we hope to obtain more information on practices, equipment and people by analysing newly excavated shipwrecks and their cargoes, and sources in other languages. The trans-Pacific passage in particular constituted not only a venue for the spread of infectious diseases, but also of the necessary knowledge to treat them. Our new ERC AdG project TRANSPACIFIC[1] will consequently investigate textual (such as letters, diaries, wills, judicial, religious and administrative texts) and archaeological sources from actors of various countries and ethnicities involved in these passages, and carry out a comparative analysis of the range of medicinal drugs, plants, recipes, and practices that were transferred from Asia to Latin America and vice versa. We seek to highlight the diffusion and transmission patterns of (epidemic) diseases as well as problematic aspects of shipboard diet deficiencies along the sea routes under investigation, and the survival strategies adopted by physicians and surgeons and the crews in general to cope with such challenges. As entries in Blair's and Robertson's famous collection of documents on the Philippine Islands suggests, both a surgeon and a physician should be on board. [2] It is "no Prudence to go to

---

[1] See https: //cordis. europa. eu/project/id/833143, accessed on September 18, 2019.

[2] See, for example, in volume 2 of Emma Helen Blair, James Alexander Robertson, Edward Gaylord Bourne, eds. , *The Philippine Islands*, 1493 – 1898. *Explorations by Early Navigators*, *Descriptions of the Islands and Their Peoples*, *Their History and Records of the Catholic Missions*, *as Related in Contemporaneous Books and Manuscripts*, *Showing the Political*, *Economic*, *Commercial and Religious*, 55 Vols. , Cleveland: Arthur H. Clark, 1905, Gutenberg online version: "A surgeon and a physician, with their drugs; and two other barbers, because only one remains here", Memorandum of things—not only articles of barter, but arms and military supplies—which are necessary, to be provided immediately from Nueva España in the first vessels sailing from the said Nueva España to these Felipinas Islands; of which the following articles must be speedily furnished, quoted from http: //www. gutenberg. org/cache/epub/13280/pg13280. html; http: // www. gutenberg. org/files/42884/42884 – h/42884 – h. htm, Vol. 33, pp. 262, 263, accessed between July 2018 and March 2020.

Sea without a Surgeon". ① A document stemming from Grau y Monfalcon's Informatory Memorial of 1637 describes expenses and staff required for the trans-Pacific voyages (Number 53. Seventh division: the navy and marine):

The ships that sail annually to Nueva España carry one commander-in-chief, or head, who, in addition to four rations that are given him, receives a salary of 4,325 pesos; one admiral, 2,900. Although it is ordered in the royal decree for the grant of the last of December, 604, that these ships have an overseer and accountant, with pay of 2,000 ducados apiece, in order that they may keep account in their books of what is carried and taken, as in the last reports of expenses and salaries, those offices are not found. It is doubtful whether they are provided, and accordingly they are omitted. There are two masters, each of whom receives 400 pesos; four pilots, each 700; two boatswains, each 325; two boatswain's mates, each 225; two notaries, each 225; two keepers of the arms and stores, each 225; two calkers, each 325; two water guards, each 225; two surgeons, each 225; two constables, each 325; twenty artillerymen, each 225 (who ought to serve a like number of pieces, according to the seventh section of the royal decree of 604); six Cahayanes [i. e. , Cagayans (Indians)?], each 60; two coopers, each 325. These wages amount to 20,535 pesos, for sailors and common seamen belong to those whose posts are continuous. On the return trip [to Filipinas], when the usual reenforcements are carried, there is a sargento-mayor, who gets 600 pesos; one adjutant, 412; one royal alférez, 865. It is ordered by a royal decree of December 14, 630, that the latter officers be aided with only four months' pay at Acapulco, and that they be paid for the time of their service. Furthermore, there is a shoremaster at the port of Cavite, who receives 600 [650—MS.] pesos; and although it was ordered by a royal decree of April 22, 608, that he should not receive this salary, that office must have appeared indispensable. There is one builder for

_____

① http: //www. gutenberg. org/files/28899/28899 - h/28899 - h. htm # doc1697, Vol. 39, p. 76, accessed on October 14, 2019.

ships, and another for galleys, each of whom receives 690 pesos; one gunner to sight the guns, and an overseer of the royal works of Cavite, 800; one manager for the artillery foundry, 500; one founder, 450; one powder manager, 500; another of the rigging, 272. One galley is built every year, on an average, which costs 20,000 pesos finished and ready for sailing, exclusive of the men who work at it. The purchase and equipment of 18 champans cost 2,300 pesos. Therefore, according to the items above mentioned, the expense of this department amounts to 283,184 pesos. [①]

This document provides a nice insight into the crew on board including their payments. For comparison, the Spanish hospital in Manila received "3,000 pesos; to the physician, 300; to the surgeon, 400; to the barber, 312; to the apothecary, 200; to the steward, 182 and one-half, and one tonelada in the trading ships. "[②]

A Letter from Father Marcelo Francisco Mastrili (1603-1637; beheaded in Nagasaki), in which he gives account of the conquest of Mindanao to Father Juan de Zalazar (1582 - 1645), provincial of the Society of Jesus in the Filipinas Islands, describes the conquest of Mindanao and at random also provides some information on the health situation on board: "Twice we stopped on the way for provisions to refresh the sick—once at Iloilo, where our fathers entertained us; the other time at Panay, at the invitation of Captain and Alcalde-mayor Don Francisco de Frias. At last, since the winds were wholly contrary and his Lordship had suffered so much on the way, he resolved to disembark in Tayabas. " They travelled by land for two days and left the sick at Manila. [③]

A letter from Santiago de Vera, sixth Spanish governor of the Philippines, from May 16, 1584 until May 1590, to King Felipe II (dated June 26, 1588)

---

① http: //www. gutenberg. org/files/26004/26004-h/26004-h. htm, Vol. 27, pp. 131-132, accessed on October 14, 2019.

② http: //www. gutenberg. org/files/26004/26004-h/26004-h. htm, Vol. 27, p. 125, accessed on October 14, 2019.

③ http: //www. gutenberg. org/files/26004/26004 - h/26004 - h. htm # xd0e2910src, Vol. 27, pp. 131-132, accessed on October 14, 2019.

states that no physician was in Manila and one was urgently needed for the royal hospital. ① "Although your Majesty has ordered this camp and the royal hospitals to be provided with medicines and other necessities, as there is no doctor, the soldiers are only treated by unskilled surgeons who attempt to cure them. For this reason, many people die, and I beseech your Majesty, as it is so important to your service, to order the viceroy of Nueva España to send a good physician with an adequate salary at the cost of your royal estate. The city has no money with which to pay him, nor do the soldiers, since even the richest of them has not enough for his own support. [*Marginal note*: "Write to the viceroy of Nueva España to send a doctor and a surgeon to treat these people and give advice thereof."]② Volume 8 includes the rules for the hospital in Manila. ③ In total, there existed, over time, eight hospitals in the Philippines: The Royal Hospital (Hospital Real de Españoles), operating between 1577 and 1898, where the Spanish were treated; ④ the Hospital of La Misericordia, operating 1578 – 1656, where slaves and Spanish women as well as natives and foreigners who could not

---

① See http://www.gutenberg.org/files/13701/13701-h/13701-h.htm, Vol. 7, p. 8; page 16 has the following entry: "The Dominicans have also built a hospital for the Chinese; it is supported by alms, partly contributed by "Sangley" infidels; and its physician is a converted Chinese who devotes himself to its service. "

② http://www.gutenberg.org/files/13701/13701-h/13701-h.htm, Vol. 7, p. 84, accessed on November 5, 2019; "For lack of a physician and of someone who knows how to cure sickness, many of the people die—especially the soldiers and sailors, who have few comforts", p. 116.

③ http://www.gutenberg.org/files/15445/15445-h/15445-h.htm, Vol. 14, pp. 209 – 210, accessed on November 5, 2019, provides some insight into the poor financial situation of medical care: "In the first place, knowing that women, both Spanish and mestizas, suffered greatly in case of sickness, for lack of a hospital in which to be treated, the Confraternity determined to establish one, which is still called the hospital of La Misericordia. They bought land and erected a building with the money given in alms; and they pay the expense of keeping a physician and a surgeon, of medicines, and of the maintenance of two Franciscan religious, who administer the sacraments and care for the welfare of the souls of the patients. "

④ An interesting entry in Vol. 35, pp. 290–291 states that "as that hospital [i. e. the Royal Hospital in Manila, AS] always had a surgeon and an apothecary (both Spaniards), the religious who served and ministered to them learned medicine by experience, and by means of the books which they read in the Romance [i. e., Castilian] tongue. By that means the other hospitals and infirmaries were furnished with nurses and physicians so competent that the best people of Manila preferred to be treated by them rather than by the Spanish physician." See http://www.gutenberg.org/files/13701/13701-h/13701-h.htm, accessed on November 15, 2019.

afford other medicinal services were treated, in 1656 was renamed Hospital de San Juan de Dios and exists still today; the Hospital of the natives (Hospital de los Indios Naturales), founded in 1578 by Franciscans especially for leprosy patients, since 1603 called Hospital de San Lazaro; the Hospital for Sangleys, Hospital de San Pedro Martir (1587-1599), then Hospital de San Gabriel (1599-1774), founded by Dominicans; and the Hospital of Los Vaños [i. e., "the baths"] or Hospital de Nuestra Señora de las Aguas Santas de Mainit, established in 1597 (until 1727) by Franciscans on Laguna. [1] Also Chinese physicians lived and practiced on the Philippines. "The Chinese have also supplied provisions, metals, fruits, preserves and various luxuries, and even ink and paper; and (what is of much more value) there have come tradesmen of every calling—all clever, skilful, and cheap, from physicians and barbers to carriers and porters. "[2] Opposite of the fortress San Gabriel "one finds a Chinese physician, Chinese medicines". [3]

In the mid-30s of the seventeenth century, mention is also made of a hospital in the port of Cavite: "But a few months after, as the hospital of the port of Cabite had been put in order, so that the soldiers and sailors might have a place of retreat in their illnesses, Francisco Garçia was detailed as the physician of that hospital, with a salary of one peso per day—which was not a bad stipend. "[4] The medical situation on the Philippines is still described as very backwards in 1736 by Antonio Álvarez de Abreu (1683-1756). [5]

---

[1] Arnel E. Joven, "Colonial Adaptations in Tropical Asia: Spanish Medicine in the Philippines in the Seventeenth and Eighteenth Centuries," *Geography*, (30 March) 2012, p. 173; also http: // www. gutenberg. org/files/16133/16133-h/16133-h. htm, Vol. 20, pp. 237-240, accessed on November 15, 2019.

[2] http: //www. gutenberg. org/cache/epub/15022/pg15022-images. html, Vol. 12, no pagination, accessed on March 21, 2020.

[3] http: //www. gutenberg. org/files/50111/50111-h/50111-h. htm, Vol. 38, p. 55, accessed on August 30, 2019.

[4] http: //www. gutenberg. org/files/16133/16133-h/16133-h. htm, Vol. 25, p. 271, accessed on August 30, 2019.

[5] "The writer believes that the Filipinos would give better results in medicine and surgery, and the advisability of a medical school could be sustained, but that medicine and even pharmacy which are both sorely needed in the islands could be established in the university. Foreign professors should be allowed to enter. Superstitions, abuses, and ignorance abound in regard to medicine and pharmacy among the natives. Drugs are allowed to be sold by peddlers, and adulterations are （转下页注）

On Medicines and Practices

The ship's doctor John Conney wrote a "Diarium practicum" in which he included six hundred remedies that he prescribed, while at sea between circa 1661 to 1664. [2] Ships were ordered to carry a surgeon and medicines; and surgeons more often than physicians accompanied early expeditions. [3] However, the publication of *Milicia Indiana*, a practical guide to treatment of soldiers in the field written in 1599 by a veteran captain in the Spanish army, Bernardo Vargas Machuca (1557 – 1622), indicates that, in reality, soldiers often had to improvise in the absence of trained doctors and surgeons. [4]

As mentioned in the case of the *Sint-Pieter*'s crew list in 1721, the ship's doctor also served as herbarius or pharmacist. [5] Although we have no inventory of

---

(接上页注⑤) frequent. Parish priests are called in to act as physicians but often only after the native doctor, who works mainly with charms, has been unable to combat the ailment of his patient. But for all his inefficiency, the natives prefer their mediquillo to the priest. " See http: // www. gutenberg. org/files/50245/50245-h/5024 5-h. htm, Vol. 45, pp. 22–23. " (T) he poor parish priests have to serve as physicians and apothecaries in extreme cases. " p. 288. Or, Juan Maldonado de Puga notes (1742): "These islands are in need of physicians and surgeons, as well as of medicines; for excepting the capital Manila and the port of Cabite–where we have hospitals, and where the few secular persons who exercise the profession [of medicine] can render assistance– the rest of the provinces, and the many dependent towns, are supported by Providence alone, being helped by herbs and other simples about which they have been instructed by continual use. " See http: //www. gutenberg. org/files/54041/54041 – h/54041 – h. htm # xd24e6220src, Vol. 47, p. 162, accessed on September 7, 2019. He also describes the condition of the royal hospital in Manila and mentions a few physicians by name, such as Don Buenaventura Morales (p. 179), Father Fray Marzelo del Rroyo, "an excellent physician, and a strong defender of the privileges of the regulars" (p. 198) or Bachelor Don Miguel de la Torre (p. 207) .

② See Lauren Kassell, "Casebooks in Early Modern England: Medicine, Astrology, and Written Records," *Bulletin of the History of Medicine*, 88: 4 (2014), pp. 595–625, online: https: // www. ncbi. nlm. nih. gov/pmc/articles/PMC4335571/, accessed on September 7, 2019, with reference to Conney's records Sloane MS 2766, fols. 2–32.

③ Juan B. Lastres, *Historia de la Medicina Peruana*, Lima: Imprenta Santa Maria, 1951, Vol. 2, pp. 28, 31.

④ Benjamín Flores Hernández, "Medicina de los conquistadores, en la Milicia Indiana de Bernardo de Vargas Machuca," *Boletín mexicano de historia y filosofía de la medicina*, 6: 1 (2003), pp. 5–10.

⑤ Ghent University Archive, BHSL, Le Febure, Michael, and Jan Frans Janssens, *Logboek Van Het Schip Sint-Pieter*, folio 13.

the doctor's medicinal chest on Austrian-Netherlandish GIC-ships, we find that the list of medicines destined for Asia in 1724, reveals some medicines that were also traded as commodities within Europe. More precisely, this concerned an intra-European Mediterranean trade from Livorno towards the North Sea (port of Ostend) in alum root, "drugs", herbal medicine, red argyle, cantharides, flower roots, sandarac, aniseed, orange peels and soap, ① or even cordials. ②

Some of these ingredients would then be shipped from Ostend to European establishments in Asia, for use of the physicians there. The archive concerning the GIC's settlement in Bengal yields a "note of medicine necessary to be sent yearly for the establishment in Bengal", which gives us some indication of medicines used by European doctors in the Indian Ocean. ③ Indirectly, it reveals information on the possible treatments given by physicians, and the diseases they could treat.

The list of medicines is divided into categories: Aq. Elect. Cons. Spirt. Tinct. Ol. Sal. Merc. Rad. Spec. Ol. Bacc. Ungt. Bals. Ol. Empl. It also includes an additional note stating that "it is to be remarked that those medicines of England are preferrable, especially since several of its Compositions are not to be found elsewhere. "④ Some of the pharmaceuticals in this list may be detailed as follows:

Aq (ua) Theriac and Epidem, is mentioned by Zachary Matus as a naturalistic compound already known in Antiquity, as part of Galenic medicinal practices and including up to 80 ingredients. Its main ingredients were viper flesh and sometimes opium, while its chief effects were warding off effects of poison, as an antidote. ⑤ As a complex compound, it was also used as a plague medicine,

---

① The National Archives (TNA), Kew, High Court of Admiralty (HCA) 32/245/1, "De Stadt Bergen (captain Jens Lax), Livorno to Ostend", 1757.

② TNA, Kew, HCA 32/230/14, De Prinse Karel (captain Clement Beens), Marseille to Ostend / St. Valery, 1756.

③ SAA GIC 5573 - 5574, [Factorerie de Bengale sous la Direction de Parrabert], 'Notte des medicines Necessaire toutes les Années pour l'Etablissement à Bengale', 1724−1726.

④ "à Remarquer que ceux d'Angleterre sont préférable de plus que plusieurs de ces Compositions ne se trouvent pas ailleurs", SAA GIC 5573−5574, folio 1 verso.

⑤ Zachary A. Matus, *Franciscans and the Elixir of Life: Religion and Science in the Later Middle Ages*, Pennsylvania: University of Pennsylvania Press, 2017, p. 60.

combining its Galenic doctrinal ancestry with the effects of pharmacological observations. [1] The other medicinal items listed by the GIC as potions consisted of similar compounded concoctions.

Among the conserves we find Absynthe and Cynosbati, or conserve of dog rosehips (*Rosa canimus*) , a mixture of rosehips and sugar, often prescribed as an English medicine for consumptive cases, coughs and "defluxions of rheum". [2] Contemporary accounts also describe it as an ingredient in method for treating small-pox. [3]

Another ingredient in this category was " *Mel Agiptiae* " or Egyptian honey—a traditionally long-standing and well-known cure for 60 species of bacteria, fungi and viruses. The antioxidant capacity of honey is important in many diseases and debilitating conditions due to a wide range of compounds in honey including acids, enzymes and reaction products. Honey has also been used for some gastrointestinal, cardiovascular, inflammatory and neoplastic states, as reported by Eteraf-Oskouei and Najafi at Tabriz University. [4] *Artemisia absinthium*, the dried flowers of wormseed, had since antiquity been "used as a carminative and diuretic, as a topical agent, and as a remedy for worms." [5]

Among the category labeled "spirits", we find volatile salts, sulphur, camphor, and vitriol. The latter could be used for the acidic preparation of Elixirs, such as the *Elixir vitrioli*, preferred for "hot constitutions, and weaknesses of the stomach." [6]

---

[1]　Christiane Nockels Fabbri, "Treating medieval plague: The Wonderful Virtues of Theriac," *Early Science and Medicine*, 12 (2007), pp. 247-283.

[2]　Briony Hudson (ed.), *English Delftware Drug Jars. The collection of the Museum of the Royal Pharmaceutical Society of Great Britain*, London: Pharmaceutical Press, 2006, p. 148.

[3]　John Ball, *A Treatise of Fevers: Wherein Are Set Forth the Causes, Symptoms, Diagnosticks, and Prognosticks, of an I. Acute Continual, 2. Intermitting, ... Fever, ... Together with the Method of Cure... By John Ball*, London: J. Scott, 1758, pp. 158-159.

[4]　Tahereh Eteraf-Oskouei and Moslem Najafi, "Traditional and Modern Uses of Natural Honey in Human Diseases: A Review," *Iran J Basic Med Sci* (*Iranian Journal of Basic Medical Sciences*), 16 (6), June, 2013, pp. 731-742.

[5]　R. D. Mann, *Modern Drug use: An Enquiry on Historical Principles*, Lancaster: MTP Press, 1984, p. 107.

[6]　William Lewis, *The New Dispensatory: Containing, I. The Elements of Pharmacy II. The Materia Medica, III. The Preparations and Compositions of the New London and Edinburgh Pharmacopeias; ... The Whole Interspersed with practical Cautions and Observations*, London: J. Nourse, 1765, Part III, p. 324.

Tinctures containing myrrh and castor were used for making lotions or ointments, or infusions for herbal medicines. Infusion or Tincture of castor was particularly recommended for "nervous complaints and hysteric disorders".①

The list also contains several variants of mercury or *mercurius*: *Mercurius dulcis* & calomel are recognized as the most efficacious mercurials, and described as "the most efficacious of any, that are safe: and they are of great moment in the cure of topical disorders: as well such as arise from the venereal disease, and other contagious virulence, as from scrophulous, and other glandular disorders, or the defect of due secretions and evacuations".②

Lastly, other elements included an extensive list of roots and natural medical products, such as ipecocuan, rhubarb, sarsaparil, gentian, *cort. Peruv.* [Peruvian; Cinchona officinalis, also called "Jesuits' bark"], lig Guaiac. , sassafras, *hiera piera*, cordials, *antim diaph*, diagrid, colorynth, *aloes Succoti*, *sperm ceti*, *alum Rupei*, cantharides, *rez Jalapi*, camphor.③

The above references to the functions of these medicinal drugs and substances already reveal the importance of British Dispensatories or Pharmacopoeia encyclopaedia, confirming the adaptation of European pharmaceuticals to the circumstances of Indian Ocean travels. The selection of medicinals mentioned may indeed have been based on British practices. From this medicinal inventory, the combined role of ship's doctor-pharmacist again becomes clear, as they had to mix the ingredients themselves while on shipboard, or at their Indian Ocean establishments, for which purpose they presumably needed education or a manual, so they could create fresh preparations according to disease or injury treated.

---

① Andrew Duncan the Younger, *The Edinburgh New Dispensatory. Containing Ⅰ . The Elements of Pharmaceutical Chemistry Ⅱ . The Materia Medica Ⅲ . The Pharmaceutical Preparations and Compositions. Including Translations of the Latest Editions of the London, Edinburgh, and Dublin Pharmacopoeias 7ᵗʰ Ed. Corr. And Ell.* , Edinburgh: Bell & Bradfute, 1813, p. 563.

② Robert Dossie, *Theory and Practice of Chirurgical Pharmacy; Comprehending a complete Dispensatory for the use of Surgeons*, Dublin: George and Alexander Ewing, 1761, p. 93.

③ For Spanish American medicinal drugs, see, for example, José Luis Valverde, *Evaluation of Latin American Materia Medica and its Influence on Therapeutics*, Granada: International Academy of History of Pharmacy, 2010; Stefanie Gänger, "World Trade in Medicinal Plants from Spanish America, 1717-1815," *Medieval History*, 59: 1, 2015, pp. 44-62.

Among those diseases and injuries, our non-exhaustive list of pharmaceuticals allows us to identify treatments for illnesses such as virulence, venereal disease, glandular disorders, digestive issues or gastric disorders (probably including dysentery), nervous disorders, topical disturbances, bacterial infections, and pestilence. The main forms of treatment seem to have been purgation, inducing vomiting, and applying antidotes. Due to the urgency with which the above list was assigned in Europe, one may conclude that such disorders were found among European sailors in the Indian Ocean. One may also notice that most of the medicines featured on this list consisted of natural components, insect-, mineral-, or plant-based medicines. In reverse, Asian medicinal plants were also exported back to Europe: among medicinal commodities transported in sailors' chests from China, we find mention of small quantities of Galangal roots and Radix China, transported as smaller commodities. [1]

As we have seen above, the Florentine merchant Francesco Carletti also reported on sickness and medicine. He repeatedly mentions how he fell ill with a very ardent fever, which he attributed either to over-exhaustion, or to "the indifferent or pestilent air of this climate, or the intemperance of these lands which are new to me". [2] In such cases, Carletti describes the ship's surgeon's treatment as "letting a great part of my blood, as it was there that for the first time my veins were pierced during seven consecutive days, which did not deliver me from my sickness". [3] In particular, Carletti was commanding a slave ship from Africa. He testifies to the number of dead slaves' bodies, caused by "flux of blood", which he believed to be caused by the eating of nearly raw fish. [4] Arriving in Cartagena in 1594, Carletti reports that there had been a great number of diseased on board his ship, and its crew-members incapacitated by fever. He mentions many of them died as soon as they arrived in the port, the cause of which he attributes to the

---

[1]   SAA GIC 5800, *Generael Coppy Boeck van het schip de Keyserinne Joannes de Klerck Anno 1725-* "Canton den 23 November 1725".

[2]   Francesco Carletti and Paolo Carile (ed.), *Voyage autour du Monde de Francesco Carletti (1594–1606)*, Paris: Chandeigne, 1999, p. 66.

[3]   Francesco Carletti and Paolo Carile (ed.), *Voyage autour du Monde de Francesco Carletti (1594–1606)*, p. 66.

[4]   Francesco Carletti and Paolo Carile (ed.), *Voyage autour du Monde de Francesco Carletti (1594–1606)*, p. 68.

unhygienic conditions of the town, and its 'pestilent air'. ①

Concerning treatment of the diseased, Carletti mentions that convalescent sick were prescribed pork and fish meat as being beneficial, while further noting on the cure for his own fevers that "For the rest, remedies against fevers consisted of abundant blood-letting, frequent purgation and vomiting, and for that they give to the patient, water to drink as much as they want, when the fever goes down, and make the patient sweat. With these remedies, the fever ultimately escaped". ②

Upon visiting Japan in 1598, Carletti was struck by the great contrast between Japanese and European ways of treating the sick, as he noticed that the Japanese at Nagasaki treated their sick, by nourishing them with fresh and salted fish, shellfish and fresh and sour fruits, to which he adds that "never do they bloodlet their sick and they do everything contrary to us". ③ In China, and particularly in Macao, Carletti also remarks that medicine was undertaken in a different way, in particular when mentioning black pepper, as he notes that the Chinese "buy other things from Europe and India, most notably pepper, which I have been told they do not eat, but use it in their medicine, and in the composition of a certain mixture for plastering the walls of their houses so as to heat up the rooms and keep them healthy". ④ Many spices were in fact used in Chinese medicine. ⑤ As Mathieu Torck has shown, detailed medical knowledge about scurvy had accumulated in China in a land-based military context in the early

---

①   Francesco Carletti and Paolo Carile (ed.), *Voyage autour du Monde de Francesco Carletti* (*1594-1606*), p. 75.

②   Francesco Carletti and Paolo Carile (ed.), *Voyage autour du Monde de Francesco Carletti* (*1594-1606*), p. 76.

③   Francesco Carletti and Paolo Carile (ed.), *Voyage autour du Monde de Francesco Carletti* (*1594-1606*), p. 173.

④   Francesco Carletti and Paolo Carile (ed.), *Voyage autour du Monde de Francesco Carletti* (*1594-1606*), p. 199.

⑤   Robert Hartwell, "Foreign Trade, Monetary Policy and Chinese 'Mercantilism' ", in Ryū Shiken hakase shoju kinen sōshi kenkyū ronshū kankōkai ed. , *Ryū Shiken hakase shoju kinen sōshi kenkyū ronshū* 劉子健博士頌寿紀念宋史研究論集, Kyōto: Dohōsha, 1988, pp. 454-488. He speaks about Tang and Song times, but the use of aromatic and spice medicinal drugs in Chinese medicine continued into the Yuan, Ming and Qing dynasties.

eighteenth century, as the disease emerged from time to time among northern Qing army units. A testimony to this is a chapter in the medical compendium *Yizong jinjian* 医宗金鉴 (*Golden Mirror of Medicine*) which documents a description of the disease by an army physician called Tao Qilin 陶起麟. But it seems obviously unclear if China had a long-standing tradition of naval medicine and if Chinese physicians encountered the occurrence of scurvy as an ailment among sailors.

An early example of awareness of the importance of medicinal treatment on board of ships in the Chinese context is provided by the famous naval commander Ma Yuan 马援 (14 BCE - 49 CE), who led an expedition to Jiaozhi 交趾 (in present-day Vietnam) between the years 41 and 43 CE. During his stay in Jiaozhi, he is said to have discovered the benefits of a herb called *yiyi* 薏苡 or Job's tears (*Coix lacryma-jobi*) in overcoming miasmatic diseases, and subsequently introduced it to China. [1] One would suspect that physicians also accompanied Chinese envoys on their voyages to foreign countries, but unfortunately, we do not possess much concrete evidence.

Joseph Needham is convinced of a longer Chinese naval medicine tradition. He refers to two texts, the Tang period work *Haishang jiyan fang* 海上集验方 by Cui Xuanliang 崔玄亮 and the Song text *Haishang mingfang* 海上名方 by Qian Yu 钱竽, translated as *Collected Well-tried Shipboard Prescriptions and Famous Shipboard Prescriptions*. [2] But probably the title should rather be translated as *Famous Recipes from Abroad*. Also Mathieu Torck is more critical in this respect and draws our attention to the intricacies of this question: "The problem lies in the expression *haishang* 海上, which should be translated 'in the sea' rather than 'at sea' or 'aboard a seagoing vessel'. Thus, both works presumably refer to medicinal materials found in the sea.... In any case, we can only surmise that physicians must have played a role in securing the health of the crew, as did the ships' surgeons aboard Western vessels. Needham suggests that they also had the special task of collecting medicinal herbs in the countries they visited. In this

---

① Fan Ye 范晔, *Hou han shu* 后汉书, Li Xian 李贤 et. al. noted, Beijing: Zhonghua Book Company, 1965, p. 846.

② Joseph Needham, *Science and Civilisation in China*, Vol. 4, Cambridge Univ. Press, 1971, part 3, pp. 491-492, note (h).

respect, the acquisition of medicinal herbs, such as *mubiezi* 木别子 (*momordica cochinchinensis*), in the Arabian port of Dhufar, as mentioned by Ma Huan 马欢, is a good example. "[1]

That the Chinese were aware of phenomena such as seasickness is attested to in the medicinal literature from approximately 300 CE on.[2] Such evidence stems, for example, from *Bencao gangmu* 本草纲目 (first published 1598) by Li Shizhen 李时珍 (1518–1593)[3], *Chishui yuanzhu* 赤水元珠 (*Pearls of Wisdom Lifted Out of the Purple Sea*), a text from 1596 by Sun Yikui 孙一奎 (1538–1600), or a seventeenth/eighteenth century text, *Yanfang xinbian* 验方新编 (*New Collection of Proven Remedies*), by a certain Bao Xiang'ao 鲍相璈. Sun Yikui observes: "Later due to seasickness she vomited up a number of bowls of saliva, her condition did not improve; it originated in her observation of [her own] vomited blood and in her condition of liver stagnation."[4] Black pepper was also prescribed for blood vomiting during Song times.[5] Some Chinese remedies recommended to counter seasickness are those of healers, for example, drinking the urine of young boys, or taking white sand-syrup, or taking "some earth from the middle of the kitchen hearth and hiding a piece under your hair; do not tell anyone, this gives peace",[6] and, of

---

[1] Mathieu Torck, *Avoiding the Dire Straits*, p. 166, footnote 603, with reference to *Ying-yai Sheng-lan*: "*The Overall Survey of the Ocean's Shores*" by Ma Huan, translated by J. V. U. Mills, Cambridge: University Press for the Hakluyt Society, 1970, p. 54. See especially footnotes 602 to 604.

[2] Terms, such as "*zhuchuan*" 注船 (ship-influence), "*zhuchuan*" 疰船 (ship-influence, in different character), "*zhuliang*" 注浪 (wave-influence), "*yunchuan*" 晕船 (ship-dizziness), "*kuchuan*" 苦船 (ship-illness), or "*chuanzhu*" 船疰 (ship-influence) appear in the literature. See Doreen Huppert, Judy Benson, and Thomas Brandt, "A Historical View of Motion Sickness – A Plague at Sea and on Land, Also with Military Impact," *Front Neurol*. 8 (2017), p. 114, DOI: 10.3389/fneur.2017.00114, https://www.ncbi.nlm.nih.gov/pmc/articles/PMC5378784/, accessed on October 26, 2019.

[3] The term used is "*zhuche zhuchuan*" 注车注船 (cart and ship-influence), translated as "motion sickness". This referred to illness experienced on a cart or a boat, with heart pressure and headache as well as nausea and vomiting. See Zheng Zhibin and Paul U. Unschuld (eds.), *Dictionary of the Ben Cao Gang Mu*, Vol. 1: *Chinese Historical Illness Terminology* [Ben Cao Gang Mu Dictionary Project, 1], Oakland: University of California Press, 2015, p. 689.

[4] Doreen Huppert, Judy Benson, and Thomas Brandt, "A Historical View of Motion Sickness," p. 114.

[5] Robert Hartwell, "Foreign Trade, Monetary Policy and Chinese 'Mercantilism,' " p. 480.

[6] Doreen Huppert, Judy Benson, and Thomas Brandt, "A Historical View of Motion Sickness," p. 114, with reference to *Yanfang xinbian*.

course, praying to Mazu 妈祖, the goddess of the sailors. Exposed to the forces of nature, religion played an essential role among all crew-members.

Great care was taken of the health of crew-members during the Zheng He expeditions. Above we have already mentioned that up to 180 doctors or medical attendants were on board. The ships were always provided with food and with fresh water collected from the streams near the anchorage places, then taken in boats to the ships, and stored in water tanks. [1] Skilled doctors and/or pharmacists also collected medicinal plants during the Zheng He voyages. This was important, because China was struck by various infectious diseases and epidemics in early Ming times (for example in 1408, when in Jiangxi and Fujian more than 78,400 people passed away; in 1411, when more than 6,000 people in Dengzhou 邓州 and Ninghai 宁海 passed away, or another epidemic the same year with 12,000 deaths; in 1435 – 1436, with 30,000 deaths in Shaoxing 绍兴, Ningbo 宁波 and Taizhou 台州; in 1455 in Guizhou 贵州 with more than 20,000 deaths; in 1475 in Fujian and Jiangxi with innumerable deaths, *etc.*), [2] smallpox being one of them, while, at the same time the maritime trade proscription policy of the Hongwu 洪武 emperor (r. 1368–1398) caused a shortage of medicinal plants and drugs that used to be imported from abroad—from rhinoceros horn and deer antlers (believed to strengthen the body), sulphur (used as skin ointment and against, for example, rheumatism), incenses, which were also burnt to drive away mosquitos, and a wide variety of other items, such as camphor, pepper, cloves, myrrh, cardamom, gharuwood (medicines containing gharuwood were attributed a range of curing health effects including as stimulant, carminative, aphrodisiac, antirheumatic), storax, benzoine, *etc.* [3]

[1]   Gong Zhen 巩珍, Xiyang fanguozhi 西洋番志国, annotated by Xiang Da 向达, *Zhongwai jiaotong shiji congkan* 中外交通史籍丛刊, Beijing: Zhonghua Book Company, 1961, p.6, in Gong Zhen's foreword.

[2]   *Mingshi* 明史 (Zhang Tingyu 张廷玉 et al., Beijing: Zhonghua Book Company, 1974, pp. 442–443) includes a paragraph on epidemics during Ming times.

[3]   See also Louise Levathes, *When China Ruled the Seas. The Treasure Fleet of the Dragon Throne, 1405–1433*, Oxford: Oxford University Press, 1997, chapter 6.

Surgeons and Physicians on the Move in the Asian Waters—From the Indian Ocean to the Asia-Pacific

On Board Western ships

Few of the surgeons or physicians who served on board are known by name. *Primo Viaggio Intorno al Mundo* [First Voyage around the World] by Antonio Pigafetta (composed *ca.* 1525, based on events of 1519-1522) mentions that the fleet had been supplied with all necessary things for the sea. "The stores carried consisted of wine, olive oil, vinegar, fish, pork, peas and beans, flour, garlic, cheese, honey, almonds, anchovies, raisins, prunes, figs, sugar, quince preserves, capers, mustard, beef, and rice. The apothecary supplies were carried in the ' *Trinidad* '". The name of the surgeon was Juan de Morales from Sevilla. ①

We also know a certain Don Francisco García, who had originally been sent from New Spain, and was later requested by Sebastián Hurtado de Corcuera (? -1600), governor of the Philippines between 1635 and 1644, to serve as a ship surgeon accompanying a galleon fleet to Ternate. ② On September 4, 1635, Hurtado de Corcuera requested that "(t) he surgeon of the royal hospital for the said forts of Terrenate shall receive a salary of six hundred pesos per annum,

---

① http：//www. gutenberg. org/files/42884/42884 - h/42884 - h. htm#r25, Vol. 33, 35, pp. 278 - 279, transcript made from the original document in the Biblioteca Ambrosiana, Milan, Italy.

② http：//www. gutenberg. org/files/27127/27127 - h/27127 - h. htm # doc1636. 2, Vol. 26, 57, Letters from Governor Hurtado de Corcuera： "(T) he viceroy of Nueva España, the marquis de Cerralbo, sent a surgeon named Don Garcia to this country for his crimes. He came, condemned to serve for eight years at the will of the governor, without pay. But as I had need of him to go in the fleet of galleons that I was despatching to the forts of Terrenate, I tried to have him prepare for that service. He took refuge in the convent of St. Dominic, where the fathers aided and protected him. One of them, named Fray Francisco de Paula, told me that among the multitude of my affairs that were to be treated by the Inquisition was the fact that I was trying to send the said Francisco Garcia in the fleet, as its surgeon, since he was a familiar of the Holy Office. "

without any ration. "①

Another of the few so far identified ship surgeons on board a galleon that sailed from New Spain to the Philippines was a certain Agustín Sánchez. He passed away in 1580 on board the galleon *San Martín*, which was on its way in the direction of the Philippines under the command of Captain Pedro de Ortega. Agustín Sánchez pretended to be resorting to the Philippines in order to cure himself there, and his death brought about the inspection of the inventory list of goods he left. It was presented at the port of Acapulco in November 1592. As he had no heirs, basically nothing is known about his person; however well we are informed about the goods he was carrying. ② The *San Martín* arrived in March 1581 at the Philippines with the first four Jesuits and the Archbishop, Domingo de Salazar (1512-1594), on board. ③

Obviously relatively famous in the later seventeenth century was a certain Juan Ventura Sarra (fl. 1670-1675), a "great" Catalan "expert surgeon":

> Governor Don Francisco de Mansilla despatched the galleon for Nueva España, appointing as its commander his son, Don Felipe de Mansilla y Prado, a young man of much courage and ability, who at the time was serving in the post of sargento-mayor of the Manila army, which is the second, in the esteem of military men, after that of master-of-camp. As sargento-mayor of the galleon he appointed Juan Ventura Sarra (the Catalan so famous for his successful surgical operations), on account of his being a man of much valor, and experienced in military service in Flanders and Cataluña. This galleon made a very prosperous voyage, both going and

---

①   http: //www. gutenberg. org/files/27127/27127-h/27127-h. htm#doc1636. 2, Vol. 26, p. 191. Later on, pp. 213-214, the document stats that "The surgeon of the hospital of Terrenate received six hundred pesos per year and two rations which amounted to forty-eight maravedís daily. "

②   AGI, Contratación 487, N. 1, R. 14, 1592: "Autos sobre los bienes de Agustín Sánchez, cirujano de nao, que murió a borde del galleon San Martín que navega por la costa de Nueva España al mando del capitán Pedro de Ortega. "

③   Béatriz Palazuelos Mazars, *Acapulco et le galion de Manille, la réalité quotidienne au XVIIième siècle*, thèse de doctorat, Université Sorbonne Nouvelle-Paris Ⅲ, [École doctorale 122] 12 Juin, 2012, p. 101.

returning...①

Juan Ventura Sarra seemed to have accompanied, or was at least familiar with the situation of the San Telmo as sergeant-mayor. ② He reached Manila in 1679. As we can observe in other cases, too, he also engaged in maritime commerce on the way：

This commerce with the coast of Coromandel had remained quite neglected by the Spaniards of Filipinas—who never had maintained any other trade and commerce than that with China, Japón, and Macán—until this year of 1674. Then a citizen of Manila, a Catalan, named Juan Ventura Sarra, a courageous man, having first made with a fragata which he owned a voyage to the kingdom of Siam, from which he gained some wealth, extended his navigation to this coast of Malabar, where he left trade established； and in the following year Don Luis de Matienzo went thither, with much silver, and gained enough profit to persuade the citizens of Manila to engage in this traffic. The principal commodity which is brought from the Coromandel coast is certain webs of cotton, many of them forty varas long, which they call 'elephants', which are highly valued in Nueva España； accordingly, it is this merchandise which is chiefly shipped to those regions. ③

William Dampier, around 1697, writes about a certain Herman Coppinger："Mr. Coppinger our Surgeon", who "made a Voyage hither [i. e. Manila, AS] from Porto Nova, a Town on the Coast of Coromandel； in a Portuguese Ship, as I think... He then professed Physick and Surgery, and was highly esteemed among the *Spaniards* for his supposed knowledge in those Arts： for being always troubled with sore Shins while he was with us, he kept some Plaisters and Salves by him； and with these he set up upon his bare natural stock of knowledge, and

---

① http：//www. gutenberg. org/files/34384/34384-h/34384-h. htm, Vol. 42, pp. 169-170.
② http：//www. gutenberg. org/files/34384/34384-h/34384-h. htm, Vol. 42, pp. 175, 178.
③ http：//www. gutenberg. org/files/34384/34384-h/34384-h. htm, Vol. 42, p. 155, also see pp. 157-158.

his experience in Kibes. "①

In her book on the Manila galleons, Shirley Fish quotes a biographical study of Fray Andres de Urdaneta by José Ramón de Miguel, "Urdaneta and His Times", with a short reference to the *San Martín* and the galleon trade in general: "At the start the Manila galleon trade was absolutely liberalized, but soon royal decrees began to regulate it on the excuse that all trade should be for royal interests. With the passing of time, shipments became monopolized by a limited number of persons. In 1586, the galleon *San Martín* carried shipments for 194 different persons. Two hundred years later the cargo of the *San Andrés* pertained to only 28. "② These liberalized beginnings were the times when also the doctor Agustín Sánchez was crossing the Pacific. So, probably, at least some early physicians and surgeons who accompanied the trans-Pacific galleons were, like many of the other contemporaneous crew members and passengers, at the same time some sort of traders.

But we also encounter what one may call "surgeon-merchants" or "doctor-merchants" (*cirujano-comerciantes*) in later periods. In her detailed study on naval physicians, María Luisa Rodríguez-Sala introduces José de los Reyes y Sánchez, who served on board of the San Francisco de Paula (alias El Hércules) that sailed to Manila. ③ He disembarked in Acapulco on February 15, 1782, and passed away unexpectedly shortly afterwards. De los Reyes y Sánchez left a quantity of goods in fifteen cases, originating from Asia, and to be sold in México City, as well as 8,000 pesos of silver that he had given to a local merchant in Acapulco as a security deposit. ④ He had passed his youth in Cádiz, where he also obtained his

---

① http: //www. gutenberg. org/files/28899/28899 − h/28899 − h. htm # doc1697, Vol. 39, p. 91. On Pulo (or Island) Condore, 2 of our Men died, who were poison'd at *Mindanao*, they told us of it when they found themselves poison'd, and had linger'd ever since. They were opened by our Doctor, according to their own Request before they died, and their Livers were black, light and dry, like pieces of Cork...At that island [Sumatra, AS] also the surgeon, Herman Coppinger, attempts to escape, but is taken back to the ship", see p. 92.

② Shirley Fish, *The Manila-Acapulco Galleons*, p. 495.

③ AGI, Autos de Bienes de Difuntos, ES. 41091. AGI/10. 5. 11. 696//CONTRATACION, 5689: Número 2. De José de los Reyes, cirujano de nao, natural de la villa de Estepona, difunto en Manila con testamento.

④ María Luisa Rodríguez-Sala, con la colaboración de Karina Neria Mosco, Verónica Ramírez Ortega y Alejandra Tolentino Ochoa, *Los cirujanos del mar en la Nueva España* (1572−1820), p. 124.

education in the local college and hospital and practiced surgery, a profession he subsequently also executed on board ocean-going vessels. He had originally married a certain Josefa Mauro in Cádiz, but when he was widowed he decided to become a naval physician, and eventually, in March 1779, embarked on the *San Francisco de Paula*. This vessel simultaneously served as a warship in the battles between Spain and England. The death of his wife seems to have prompted him to make this decision to accompany the Manila galleons. Again, we know little to nothing about his practice as a physician on board, but more about the goods he traded, especially various kinds of fabrics to be used for clothing: for example, 68 pounds of first quality Canton silk, 274 pounds of first quality of flock silk (*seda de pelo-quiña*), 134 white covers (*de ocho varas*), 162 regular white skirts, 8 pieces of secondary quality gaze, 10 filigree fans, 10 filigree cigarette and 6 filigree cigar cases, *etc.* ①

What becomes evident from many of the above-introduced examples is the fact that many ship surgeons and physicians were simultaneously engaged in trading activities, were doctor-merchants, so-to-say. As far as the trans-Pacific trade is concerned, this was especially the case in the initial period of the galleon trade, but, as shown above, we encounter also various later examples. Given the unattractiveness of long-distance maritime crossings, with all the dangers and unhealthy conditions involved, it would seem logical that, except for the curiosity to discover new worlds and gain experience, the possibility of getting more wealthy by engaging in trade in particular could have convinced or lured potential surgeons and ship doctors. So-called "doctor-merchants" were consequently not an exception. Spanish documents, at the same time also provide information on salaries and payments.

A certain Juan Bautista Ramos served as second surgeon on the frigate *Santa Rosa*, on its voyage to New Spain. The archival documents state that the governor of the Philippines, in 1770, approved that he would be paid 227 pesos as salary, a payment that was realized in Manila, but was reimbursed only drawn on accounts in México. On his trans-oceanic passage, he was only permitted to use the box of

①　María Luisa Rodríguez-Sala, con la colaboración de Karina Neria Mosco, Verónica Ramírez Ortega y Alejandra Tolentino Ochoa, *Los cirujanos del mar en la Nueva España* (*1572-1820*), p. 125.

instruments he carried, and not that with artillery equipment, as this was beyond his category status. ① Again, we learn almost nothing about his practice on board.

As mentioned above, the Spanish Crown also established local hospitals to take care of mariners. At the hospital in Acapulco (Hospital Real de Acapulco, also known as San Hipólito Mártir) we encounter a certain Juan de Molina who had earlier worked at the hospital in San Blas. In 1797, Molina, for example, issued a health certificate to a mariner in Acapulco who refused to board a ship destined for Manila. ② Molina spoke up for better equipment and advocated a good infrastructure for medicines, especially during a period when many of the medicinal products were apparently provided through the galleon trade, and the *naos* de China. We possess an invoice from Molina, dated September 15, 1800, which lists a number of items, medicines and utensils, lacking in the hospital of Acapulco, such as injections, scissors, a sprayer or sprinkler (*ducha*), filter screens, or syrup ladles. ③

In 1803, Molina asked to be permitted to embark on the frigate *Hardanger*, a private vessel, which lacked a physician for the return journey from Acapulco to Manila. Although the payment was lower than his salary as a doctor in the local hospital—a ship physician or surgeon received a salary of just 35 pesos monthly—he wanted to go on board as he hoped to recover his health that had suffered tremendously from the hot climate in Acapulco. He said that he hoped to be able to recover his health on the sea (*en la mar*), which he had lost since quite some time due to the strong heat and other evils that were caused by the fatal local climate he had enjoyed during the fourteen years of service in Acapulco. ④ After his return from Manila he requested to be permitted to proceed to the capital Mexico City in November 1810, in order to recover his health that he had obviously not recovered during his stay on board and in Manila. Actually, he returned to Acapulco in 1811, and in 1812 he requested to retire completely from his position

① María Luisa Rodríguez-Sala, con la colaboración de Karina Neria Mosco, Verónica Ramírez Ortega y Alejandra Tolentino Ochoa, *Los cirujanos del mar en la Nueva España* (*1572-1820*), p. 122.

② AGN, California, Vol. 74, exp. 21, f. 72r.

③ For more information on Molina, see also Michael M. Smith, "The 'Real Expedición Marítima de la Vacuna' in New Spain and Guatemala," *Transactions of the American Philosophical Society*, Vol. 64, No. 1 (1974), pp. 1-74.

④ AGN, Filipinas, Vol. 52, exp. 6, f. 97r and v.

at the hospital in Acapulco due to his various sufferings, among others also scurvy (with swollen gingiva and ulcers all over his mouth). [1] Obviously, he enjoyed a diet with little Vitamin C in Acapulco, perhaps a dot on the "i" when anyhow suffering from a light vitamin C deficiency after his overseas travels. As mentioned above, this shows that despite the advances in the search for a cure or preventive measures in a score of European countries, scurvy still easily occurred as a deep understanding of the underlying nutritional principles was lacking.

Another physician who was also active in the hospital of Acapulco around that time was Antonia Almeida. The local situation at that time was critical due to the independence wars in México. Endemic diseases spread alarmingly, and the port city also saw itself confronted with an increase of scurvy cases (see Molina). The authorities of the local hospital were consequently alarmed and requested help from an army physician like Antonio Almeida, who, interestingly, came to Acapulco with the frigate *La María* from the Philippines. [2] Almeida stayed in Acapulco for just some months; we know that he was also curing mariners.

Sherry Fields draws attention to a modern paleopathological analysis of skeletons from beneath the Metropolitan Cathedral in Mexico City that reveal an interesting archaeological record of the health of colonial inhabitants: a "surprisingly high incidence" of scurvy and syphilis. [3] Antonio de la Ascención, a priest who accompanied an expedition (with the nao *San Diego*, the frigate *Tres Reyes*, and another long boat) from México to explore the coastline of California in 1602, for example, describes the outbreak of scurvy. [4] He also notes that "the mysterious disease

① María Luisa Rodríguez-Sala, con la colaboración de Karina Neria Mosco, Verónica Ramírez Ortega y Alejandra Tolentino Ochoa, *Los cirujanos del mar en la Nueva España* (1572-1820), p. 128, with reference to AGN, Hospitales, Vol. 69, exp. 5, f. 114 r and v.

② María Luisa Rodríguez-Sala, con la colaboración de Karina Neria Mosco, Verónica Ramírez Ortega y Alejandra Tolentino Ochoa, *Los cirujanos del mar en la Nueva España* (1572-1820), p. 129.

③ Sherry Fields, *Pestilence and Headcolds*, pp. 79-81, 99-100.

④ Father Ascensión wrote this account of the voyage October 12, 1620, drawing upon an unpublished diary he kept during the trip. This account was published in Spanish in Joaquín Francisco Pacheco and Francisco de Cárdenas, *Colección de Documentos Inéditos*, VIII, Madrid, 1864-1884. This English translation is published in Herbert Eugene Bolton, ed., *Spanish Exploration in the Southwest, 1542-1706*, New York: Charles Scribner's Sons, 1916, see http: //www. americanjourneys. org/aj-003/ summary/, accessed on October 21, 2017.

broke out in the same place that the Spanish fleet, coming back from the Philippines to Mexico each year, experienced" the problem of scurvy. He traces the problem back to "sharp, subtle and cold" winds that carry much pestilence that affect thin men. Part of the crew members of this expedition were saved because they made a forced landing in Mazatlan where some of them discovered a cactus fruit that cured them. [1]

Mention should also be made here of José Rizal (1861-1896), who was not only a skilled physician but also a poet, novelist and sculptor, and Engelbert Kaempfer (1651-1716), the famous German naturalist, physician and explorer who crossed the Indian Ocean as far as Southeast Asia and Japan in service of the Dutch VOC, or Philipp Franz (Balthasar) von Siebold (1796-1866), famous German physician and botanist who wrote about the flora and fauna of Japan and was the father of the first Japanese female physician, Kusumoto Ine 楠本稻 (1827-1903; born Shiimoto Ine 失本稻).

The information on physicians travelling across the oceans increases tremendously in the nineteenth century, and we shall introduce only a few examples here.

Francisco Xavier de Balmis (1753-1819) supervised an expedition to New Spain in 1804 to vaccinate the local population against smallpox. In March, 1805, he set sails for the Philippines taking 26 Mexican boys to accompany him. He arrived on April 15, after a five-week-long journey and began to vaccinate local children. In late summer the same year he sailed to Portuguese Macao with three Philippine boys. Earlier, a Portuguese merchant of Macao, a certain Don Pedro Huet, had already brought the vaccine from the Philippines to Macao. [2] Alexander Pearson, Senior Surgeon of the EIC was also familiar with vaccination, and the EIC, in December 1805, even opened a public clinic for vaccinations in Canton and hired a full-time physician for this purpose. [3] As Ann Janetta notes, the dissemination of the vaccine throughout Asia required not only contact but cooperation among the English, French, and Dutch colonial governments that were in war in Europe. Dutch physicians, for

[1]   Sherry Fields, *Pestilence and Headcolds*, p. 41.

[2]   Ann Jannetta, *The Vaccinators. Smallpox*, *Medical Knowledge and the ' Opening ' of Japan*, Stanford: Stanford University Press, 2007, pp. 44-45.

[3]   Ann Jannetta, *The Vaccinators*, p. 46.

example, strongly supported vaccination but their ships were unable to send the cowpox virus to Batavia. Instead it was French colonial physicians and officials who helped to get the vaccine to Batavia. ① The Dutch physician Hendrik Doeff (1777 - 1835) is said to have introduced vaccination into Japan. A French physician, M. Laborde, wrote a letter to the *Philadelphia Medical and Physical Journal*, stressing the importance to fight against smallpox on seafaring vessels, and the dangers a spread of this disease had for the increasingly globalized world population. ② An infectious epidemic disease, such as smallpox, of course greatly enhanced the movement of skilled surgeons and physicians across the oceanic waters.

When confronted with diseases to which they found no remedy, European ship's surgeons would occasionally rely on the practices or knowledge of local medicines. For instance, the 1725 logbook of the Austrian-Netherlandish Ostend Company ship *De keyserinne* contains some correspondence between chief merchant Joan Tobias and captain de Clerck, revealing the dire situation of their crewmembers' health in China, mentioning how they attempted to have their quartermaster treated by a Chinese doctor near Canton, yet to no avail: "Meanwhile the dying begins to run its course again, and yesterday evening between four and five hours died very suddenly, in the house of the Chinese Doctor who would heal him, the quartermaster Jacobus Verbrugge and have buried him late the same evening". ③

Surgeons and Physicians on Board of Chinese Ships

It appears that in Chinese history maritime medicine was an occasional matter and that tasks as naval or shipboard surgeons never developed into such an important and distinctive profession as in European seafaring. This certainly has to do with the

---

① Ann Jannetta, *The Vaccinators*, p. 47.

② Ann Jannetta, *The Vaccinators*, p. 48.

③ " (O) ndertussen begint het sterven wederom sijn ganck te gaan, en is gisteren avont tussen vier en vijf uuren seer schilijk overleden, in't huys van den Chineeschen Doctor die hem genesen souw, den quartiermeester Jacobus Verbrugge en hebben hem de selven avont Laate begraven", in SAA GIC 5800, *Generael Coppy Boeck van het schip de Keyserinne Joannes de Klerck Anno 1725-* ' Canton, den 29 Sep 1725. Sr de Clerck, van Joan Tobias (supercargo) ', fol. 1.

fact that the Chinese, with the exception of the Zheng He expeditions, never officially undertook far-distance maritime and naval voyages. Chinese naval expeditions were an exception also in closer Asian waters in later Ming and Qing China. This would explain why naval medicine never developed as a systematic field of expertise and why, in particular, they were not that much in need of surgeons, who were indispensable in naval warfare, for example.

In addition, we need to consider the fact that Chinese sailors, firstly, frequently sailed close to the coasts where there were always ports in the vicinity and, second, that they paid great attention to the diet on board. Nevertheless, we know that Chinese vessels could stay out at sea for several months without encountering substantial difficulties. And yet scurvy was rare. This does of course not mean that the Chinese had no physicians on board.

At least the period of the famous voyages of Zheng He may attest to the official importance paid to guaranteeing health on board. An exact figure of how many doctors were on board of these voyages is preserved in *Ma Gong muzhiming* 马公墓志铭 [*Tomb Inscription of Lord Ma*], discovered in 1936, which mentions that 180 doctors accompanied each expedition. This is one doctor for every 150 crew-members: " (...) Among the officials that were commissioned by imperial order there were (...) and 180 doctors (...). "[1] The physicians may have been recruited from the Ming Imperial Academy of Medicine (Ming Taiyi yuan 明太医院) . Obviously, at least during Ming times, their rank varied between 7 and 9. [2] Entries in *Ming shilu* 明实录, in addition, clearly speak of "imperial physicians" (yuyi 御医)[3] but also mention "people's physicians" (minyi 民医)[4] what would suggest that the ships had both imperial physicians for the official and normal doctors for the ordinary crew members, such as craftsmen, sailors, *etc.*, on board. The former

---

① "Ma Gong muzhiming" 马公墓志铭, in *Zheng He jiashi ziliao* 郑和家世资料, edited by Zhongguo hanghaishi yanjiuhui 中国航海史研究会, Beijing: China Communication Press, 1985, p. 2, quoted according to Mathieu Torck, *Avoiding the Dire Straits*.

② *Ming taizu shilu* 明太祖实录, Vol. 14, Taipei: Institute of History and Philology, Academia Sinica, 1979, p. 190: "乙未置医学提举司。提举，从五品；同提举，从六品；副提举，从七品；医学教授；正九品；学正、官医、提领；从九品。"

③ *Ming taizong shilu* 明太宗实录, Vol. 118, p. 1500.

④ *Ming taizong shilu* 明太宗实录, Vol. 118, p. 1500.

received a salary of between 30, 70, 80, and 100 *ding* in paper money（dingchao 锭钞）, between 1 and 2 pieces of coloured silk clothes, 1（or 2）bolt（s）of cotton cloth; the latter between 30, 40, and 45 *ding* in paper money and 2 or 3 bolts of cotton cloth. ① Another entry simply speaks of "physicians"（yishi 医士）, who would receive 50 *ding* in paper money. ② Zhu Yunming's 祝允明（1460-1526）*Qianwen ji* 前闻记 speaks of "doctors"（yishi 医士）as a firm part of the crew members during the Zheng He voyages. ③

Also on smaller scale official expeditions physicians were essential. At least for the investiture missions to the Liuqiu Islands, we know that there were doctors on board: "As for boat people for the rudders, one uses 140 odd men, 100 men as accompanying soldiers, interpreters, receptionists for ceremonies, physicians, scholars（lit. 'people who know characters'）, and also all kinds of craftsmen, in total more than 100 men"（架舟民梢用一百四十人有奇，护送军用一百人，通事、引礼、医生、识字、各色匠役亦一百余人）。④

Shi Liuqiu lu 使琉球录 by Xiao Chongye also mentions doctors by name, He Jixi 何继熙 and Wu Niansan 吴念三: "One doctor, He Jixi; he consequently prepares medicines in order to protect［the crew and people on board］against diseases, this concerns lives and bodies of hundreds of men. To possess this responsibility, how can it not be important!"（医生一名，何继熙；所以备药物、防疾疫，又数百人躯命之所关也。此之为责，岂不重哉!）⑤ When people on board were suffering from

---

① *Ming taizong shilu* 明太宗实录, Vol. 118, p. 1500.

② *Ming taizong shilu* 明太宗实录, Vol. 71, p. 999: "医士番火长钞五十锭彩币一表里。" An entry also states that "officials, soldiers, and physicians are sent, in total 365 men, who are rewarded with different quantities of silver, paper money, and coloured silks（送官及军人医者三百六十五人赏银钞彩币有差）.

③ Mathieu Torck, *Avoiding the Dire Straits*, p. 165, with reference to *Ying-yai sheng-lan*, p. 15; and *Qianwen ji* 前闻记, by Zhu Yunming 祝允明, in *Jilu huibian* 记录汇编, edited by Wang Yunwu 王云五（Taipei: The Commercial Press, 1969）, Vol. 70, 220. 37: "下西洋。永乐中，遣官军下西洋者屡矣，当时使人有著瀛涯胜览及星槎胜览二书，以记异闻矣。今得宣德中一事，漫记其概。题本，文多不录。人数：官校、旗军、火长、舵工、班碇手、通事、辨事、书算手、医士、铁锚、木舱、搭材等匠、水手、民稍人等共二万七千五百五十员名。"

④ Chen Kan 陈侃, *Shi liuqiu lu*, in Huang Runhua 黄润华, Xue Ying 薛英 eds., *Guojia tushuguan cang liuqiu ziliao huibian* 国家图书馆藏琉球资料汇编, Vol. 1, Beijing: Beijing tushuguan chubanshe, 2000, p. 23, and online http://www.guoxue123.com/biji/ming/slql/027.htm.

⑤ Xiao Chongye, shi liuqiu lu, in *Taiwan wenxian shiliao congkan*, Vol. 3（55）, p. 98.

discomfort and illness（苦楚状），"then, the doctor Wu Niansan cured them; he used half a *jin* of honey, 20 *jin* of mild, watery liquor, half a *jin* of powdered ginseng（*Angelica sinensis*）and similar medicinals against cold and wind, and boiled them into a decoction of medicinal herbs; within one night［the disease］is cured"（遂命医人吴念三疗之，用蜜半斤、淡酒三十斤、防风当归等药末半斤，煎汤浴之；一夕而愈矣）. [1] "Up to students of astronomy who were, as in the past, taken from Nanjing; from among the doctors also the two best ones were selected to go on board"　（至于天文生照旧取之南京，其医生二名亦各择其善者以行……其医生二名，听本官自便，各择其善者随行）. [2]

And we hardly know anything about private and commercial shipping. Definitely, merchants prepared medicines for all eventualities when they undertook longer sea voyages.

Some of the physicians who accompanied the Zheng He fleets are even known by name. Some biographies have been preserved, [3] such as of those of Kuang Yu 匡愚，Chen Yicheng 陈以诚 [4]，and Peng Zheng 彭正.

"Kuang Yu：According to *Wanxing tongpu* 万性统谱. Kuang Yu, zi（courtesy name）Xiyan 希颜，was an excellent physician（*shanyi* 善医）with proven skills. He accompanied the distinguished eunuch Zheng He on three missions abroad; his methods were widely heard of." [5] Kuang Yu from Changshu 常熟 in Jiangsu 江苏 was also a specialist in collecting medicinal plants.

"Peng Zheng. According to *Jiangnan tongzhi* 江南通志，Peng Zheng, zi（courtesy name）Sizhi 思直，was a man from Taipingfu 太平府. During the Yongle period（1403–1424）. he was sent repeatedly as a good physician（*liangyi* 良医）to the Western Ocean. His descendants for generations dedicated themselves

---

[1]　Xiao Chongye, shi liuqiu lu, in *Taiwan wenxian shiliao congkan*, Vol. 3 (55), p. 93.

[2]　Xiao Chongye, shi liuqiu lu, in *Taiwan wenxian shiliao congkan*, Vol. 3 (55), p. 127.

[3]　The biographies of several of these physicians who accompanied the expeditions can be found in Chen Menglei 陈梦雷，*Gujin tushu jicheng* 古今图书集成，Shanghai：Zhonghua Book Company, 1934, Vol. 465, 531, pp. 23–28.

[4]　The biography of Chen Yicheng explicitly mentions that he was attached to the Ming Taiyi yuan, Chen Menglei, *Gujin tushu jicheng*, Vol. 465, 531, p. 24.

[5]　Chen Menglei, *Gujin tushu jicheng*, Vol. 363, 306, p. 26.

to this profession. ”①

The Tongzhi 同治 edition of *Shanghai xianzhi* 上海县志 records that on one of Zheng He's treasure ships there was a doctor from Shanghai named Chen Chang 陈常. "His medicinal practices and skills were famous among contemporaries" （医术名于时）. ② He accompanied Zheng He's crew to the Western Ocean and during the three reign periods of Yongle, Hongxi 洪熙 （1425 - 1426）, and Xuande 宣德 （1426 - 1435）, he travelled through approximately thirty countries. ③

According to *Jiaxing fuzhi* 嘉兴府志, there was yet another doctor from Shanghai who accompanied the Zheng He expeditions, namely a certain Chen Yicheng 陈一诚, hao （art name） Chumeng 处梦, from Fengjin 枫泾 in Jinshan 金山："He was very good in poetry and painting and particularly skilled in medicine. During the Yongle period he was selected as suitable to be attached to the Taiyi Yuan. Later, he accompanied the eunuch missions of Zheng He to various countries in the Western Ocean. "④ Possessing a special status as imperial physician （*taiyi*） responsible for curing diseases among the imperial family, he had to supervise all medicinal matters among the crew members on board. After returning home, he was promoted as director of the Taiyi Yuan （太医院判）. Xie Ping'an quotes a poem from him："In all directions I was engaged to compound medicine according to the *Thousand Pieces of Gold Formulae* 千金方, in all four directions ［people］ used to board the "ten-thousand-relief ships",⑤ recording his long maritime voyages into distant places in the Indian Ocean, where he interrogated physicians of all the countries he visited and collected knowledge,

---

① Chen Menglei, *Gujin tushu jicheng*, Vol. 465, 531, p. 24.

② Ying Baoshi 宝应时 （rev.）, Yu Yue 俞樾 （comp.）, *Shanghai xianzhi* 上海县志, in *Zhongguo fangzhi congshu：Huazhong difang* 中国方志丛书 华中地方, Vol. 169, Taipei：Chen Wen Publishing Co., Ltd, 1975, p. 6a.

③ Xing Rong 邢容, "Zheng He chuanshang de Shanghai yisheng" 郑和船上的上海医生, *Shanghai dang'an* 上海档案, no. 5 （1985）, p. 32.

④ Wu Yangxian 吴仰贤 et al. （comp.）, Xu Yaoguang 许瑶光 et al. （rev.） *Jiaxing fuzhi* 嘉兴府志, in *Zhongguo fangzhi congshu：Huazhong difang*, Vol. 53, Taipei：Chen Wen Publishing Co., Ltd, 1970, quoted by Xie Ping'an 谢平安, "Zheng He chuandui li de ling yiwei Shanghai yisheng" 郑和船队里的另一位上海医生, *Hanghai* 航海 no. 1 （1983）, p. 46.

⑤ Tang period poet Du Fu 杜甫 （712-770） described in a poem so-called "洋洋万解船，影若扬白虹".

herbs, and medicines to prepare ready-made elixirs (panacea) for the imperial family.[①] Otherwise, most of the biographies do not say anything about their practices on board, but we can assume that they were well-trained physicians in Chinese traditional medicine, and also applied these practices.

While we do not possess much information on ship surgeons, we do have various kinds of evidence for doctors travailing across the East Asian waters—both voluntarily and involuntarily. These movements and travels are closely related with the search for skilled Chinese doctors in other East Asian countries, especially the Ryūkyūs and Japan.

As Angela Schottenhammer has explained elsewhere, kidnapping or smuggling of Chinese physicians to Japan was, a kind of popular sports in seventeenth century East Asia.[②] A certain Xu Zhilin 徐之遴 (ca. 1599-1678), for example, in 1619 (Genwa 元和 5 年) was kidnapped and taken to Japan, where his career really took off well. One of his tomb inscriptions states: "When Yizhen was approximately twenty years old, he travelled by ship from Yue (Zhejiang) to Beijing. During the trip he was kidnapped by pirates and taken to Nagasaki. This was in early fall 1619." He first worked for the local daimyō (大名) of Satsuma before, in 1624, he was employed by the *daimyō* of Hyūga 日向, Itō Sukenori 伊东祐庆 (1589-1636), also named Mr Tōzen 东禅公, as personal physician (*shiyi* 侍医). Obviously, members of the Japanese elite who could afford this, tried to hire Chinese physicians to treat them and even were involved in getting merchant-pirates to kidnap qualified people from China, if necessary. Other Chinese physicians also went voluntarily to Japan. This trend continued throughout the early and mid-eighteenth century, a development that has to be seen in direct relation with Tokugawa Yoshimune's 德川吉宗 (r. 1716-1745) policy proclaimed in 1718 (Kyōhō 3) to order ship captains to

---

① Xie Ping'an, "Zheng He chuandui li de ling yiwei Shanghai yisheng," p. 46.

② Wang Su, "Sino-Japanische Beziehungen im Bereich der Medizin: Der Fall des Xu Zhilin", in Angela Schottenhammer (ed.), *Trade and Transfer across the East Asian "Mediterranean,"* East Asian Maritime History, 1, Wiesbaden: Otto Harrassowitz, 2005, pp. 185-234.

bring good Chinese physicians to Japan. ①

A doctor from Ningbo 宁波，a certain Zhu Laizhang 朱来章，even acted as a spy for the Qing government in Japan. His brothers, Zhu Peizhang 朱佩章 and Zhu Zizhang 朱子章 followed. Zhu Peizhang was questioned in Japan by Ogyū Sōshichirō 荻生总七郎 about knowledge on medicinal plants. Zhu Laizhang also smuggled various books of medicinal contents into Japan.

Chinese doctors also went to, or were sent to the Ryūkyūs, obviously particularly upon request of the Ryūkyūan court. *Chūzan seifu* 中山世谱 (a local genealogy) reports that in 1630 (Chongzhen 3) the Ryūkyūans requested from the Ming court the dispatch of a doctor in order to treat the disease of King Shō Hō's 尚丰 (1621–1640) eldest son, Shō Kōkō 尚恭公 Urasoe 浦添．Or, during the reign of King Shō Tai 尚泰 (1849–1879), in 1860, the physician Wu Deyi 吴德义 was dispatched to the Ryūkyūs to help with vaccinations against smallpox. ②

On the other hand, Ryūkyūans regularly came to China to study medicine. Lü Fengyi, alias Tokashiki Tsūkan 渡嘉敷通宽 (1794–1846/49), is one prominent example. Tokashiki Tsūkan was one of the famous royal physicians of the Ryūkyūs, and author of the *Gozen honzō* 御膳本草 (*Materia medica of imperial dietary*), completed in 1832. Elsewhere we have investigated the *Liuqiu baiwen* 琉球百问 (*One hundred questions from the Ryūkyūs*), a collection of correspondence between the Chinese doctor Cao Cunxin Renbo 曹存心仁伯 (1767–1834), and Tokashiki Tsūkan.

In 1848 a Ryūkyūan delegation was sent to China to be instructed about smallpox

---

① Ōba Osamu 大庭脩 (ed.), *Kyōhō jidai no Nit-Chū kankei shiryō* 2 <*shūshi sankyōdai shū*> *Kinsei Nit-Chū kōshō shiryō shū* 3 享保時代の日中関係資料 2 ⌐ 朱氏三兄弟集 ⌐近世日中交渉史料 3., *Kansai daigaku Tōzai gakujutsu kenkyūjo shiryō shūkan* 關西大學東西學術研究所資料集刊 9-3, Kyōto: Kansai daigaku shuppansha, 1995, p.703; also Xu Shihong 徐世虹 tans., *Jianghu shidai RiZhong mihua* 江户时代日中秘话, Beijing: Zhonghua Book Company, 1997, p.133, a Chinese translation of Ōba Osamu's *Edo jidai no Nit-Chū hiwa*; also Erhard Rosner, *Medizingeschichte Japans*, Leiden, Köln: E. J. Brill, 1989, p.64. *Handbuch der Orientalistik*.

② *Kyūyō, fujuan* 4, entry no. 179616. I have been unable so far to clearly identify Wu Deyi, but judging from his name he seems to have been a Chinese doctor.

prevention. ① Due to the relatively low medicinal standards on the Ryūkyūs in comparison to China, many Ryūkyūans also travelled to Fuzhou to receive medical treatment there in the local so-called " Liuqiu guan " 琉球馆 (Jap. Ryūkyūkan), the popular designation of a residence, which was particularly established during the Wanli 万历 (1573 - 1619) reign period to serve for the lodging of envoys and foreign guests in Fuzhou—the "*Rouyuan yi* 柔远驿".

The kidnapping or forced movement of physicians by pirates was, of course, a practice that equally occurred among European pirates active near the African coasts, and on the Indian Ocean. Especially European pirates cruising near Madagascar forced the surgeons of plundered ships to join their crew as specialists. David Cordingly has pointed to the capture and detention of skilled seamen as a regular feature of pirate attacks, since pirate crews required specialised labour of carpenters and surgeons which was hard for them to recruit. ② This was also the case for the Austrian-Netherlandish ship ' *Huys van Oostenryck* ' on its return journey from Canton towards the port of Ostend on February 1720, when it was captured by the pirate Edward Congdon near Madagascar. A notarial testimony delivered by the ship's first mate and navigator, Joannis De Vos gives a first-hand account on the pirates' raid and plundering. He mentions that, once the ship had been plundered, the captain and crewmembers who refused to take service with the pirates were brought back to their own ship, while the ship's surgeons ('*den opper en ondermeester Chyrurgyns* ') were violently forced into service, and kept on board the pirate ship. ③ Presumably the pirates' higher risk of wounded crew members due to their maritime predatory activities, or perhaps the risk of catching venereal or tropical diseases in their zones of activity, dictated the

---

① For a list of students, including these names, coming to China during the Ming and Qing dynasties see Xie Bizhen 谢必震 *Zhongguo yu liuqiu* 中国与琉球, Xiamen: Xiamen University Press, 1996, pp. 248-249.

② David Cordingly, *Under the Black Flag: The Romance and the Reality of Life Among the Pirates*, Random House, 2013, pp. 105-122.

③ "Philippe Rycx, notaris publ te Oostende; 1 July 1720 Joannis De Vos schipper en onderstuurman van den fregat schepe genaemt het Huys van Oestenrycke-declaration," in Familiekunde Vlaanderen Regio Oostende (FVRO), Schaduwarchief Oostende-Notariaat Van Caillie, Depot 1941 boek 41, boekdeel 12 / 84, folio 17.

necessity for such kidnappings. This would form yet another potential risk which could make the profession of ship's surgeon on long-distance expeditions seem unattractive, apart from the unhealthy conditions on board, and the challenges posed by tropical climates and diseases in general.

Conclusions

Shipboard medicine was and basically remained an unattractive profession, in particular for college-trained doctors. What attracted and convinced skilled personnel to practice this profession, were, sometimes, compensations in salaries, specific gains in experience, scientific curiosity, the chances of discovering new (botanical, medicinal, *etc.*) worlds and cultures, and, perhaps above all, the possibilities of engaging in trade.

The development of maritime medicine was a gradual process. As we especially observed for the beginning of European long-distance seafaring, medicinal regulations and instructions frequently remained an ideal rather than a reality on board of ships. But with increasing activities overseas, and ever longer sea voyages in the course of the European expansion in early modern times, those European countries that were involved in these endeavours did develop naval medicine, above all the Spanish, the Portuguese, the Dutch, the English and French, but of course also others.

A few characteristics can be observed in the process of the formation of European maritime medicine: Many European ship surgeons were at the same time engaged in trading activities ("doctor-merchants"), this is reflected in sources from many countries; they were frequently also engaged in other matters, such as trade negotiations, diplomatic encounters, *etc.*; on late seventeenth, early eighteenth-century European merchant and private vessels, ship surgeons were apparently very often not medical experts *per se* (especially English documents reflect this); increasing interest in sponsoring medicinal knowledge and surgeons' education apparently emerged only in the late eighteenth, early nineteenth century; among the Western specialists Dutch physicians seem to have possessed the best knowledge and made the fastest progress. As far as official vessels were concerned, governments and the East Asia trading companies, such as the VOC or EIC, were very much interested in hiring good surgeons. They paid them a salary and encouraged them to study local environmental, climatic, and botanical conditions in the Indian Ocean and Asia-Pacific worlds. So, with the European expansion we also observe the increase in knowledge about local natural, botanical, zoological, climatic, *etc.* conditions and the required knowledge to survive in and successfully exploit these new worlds. Merchants possessed a great interest in understanding nature and natural facts because this was essential to the success of their business.

This rise of scientific medicinal knowledge is inseparably linked to the increasing role of private commerce that came to serve as the basis of state wealth, and that found its expression in the competitive zeal of the European nations to possess for themselves the products of Asia and the treasures of America. ① In the beginning phase of European expansion, medicinal knowledge was often more important for military, naval purposes. With growing competition among the European countries, among countries that relied competitively on the production of commodities in the hands of private property, on the private power of money, for their economic success, it became increasingly essential to possess the necessary, not only medicinal, knowledge to survive, but also use such knowledge to attract more foreign wealth into their state coffers. The European overseas discoveries and expansions accelerated the development of private merchant's capital on the emerging new "world-market", and constituted one of the principal elements in furthering the transition from feudal to the capitalist mode of production. And they required objective science as a basis for exploring and dominating the world.

---

① The development of science during the early formation process of capitalist production, especially the natural sciences, is directly related to the development of material production. Equally important for a fundamental change in the development of commerce was the emergence of national debts, i. e. , the alienation of the state, of public credit (whose origins we discover in Genoa and Venice as early as the Middle Ages) that took possession of Europe during the manufacturing period—a political-economic system that implies that a state handed over the accumulation of wealth to private individuals and merchants. The first fully developed colonial system with a system of public credit, that is, national debt, was found in the Netherlands. Public credit as the credo of capital and public debt, as one of the most powerful levers of capital accumulation, developed first in the British Empire.

In contrast, the Chinese never developed this systematic tradition of maritime or naval medicine as we see it in early modern Europe, especially in the Netherlands[①] —a fact that mainly has to be traced back to the different political-economic circumstances in China. Imperial China never systematically explored or sought to explore the entire maritime world—Mongol attempts and the famous Zheng He expeditions were specific exceptions to this rule. Not driven by this kind of global expansionism, and the ever-increasing quest for maximum profits, they did not push ship's crews to the limits jeopardizing their very lives (no low-quality food rations; no huge sailing distances). In addition, probably also the socio-economic background of Chinese ship's crews was most probably much less problematic than those of Western ship's crews. Hence, there was no systematic need for the development of naval surgery, since ship's crews were never really confronted with the extreme medical challenges that Western ship's crews encountered throughout the "Age of Sail" (except for the common traumatology in the context of everyday shipboard life and work). While the elimination of a phenomenon like scurvy remained one of the major motivations for maritime medicine among European seafarers, the Chinese, as we have seen, were not confronted with this same problem.

To be sure, China's search for the wealth of the south since antiquity did result in more knowledge about the flora (and fauna) of South East Asia and parts of the Indian Ocean world. New herbs and medicinal drugs also from overseas were incorporated into Chinese medicinal treatises since Tang times at the latest (to what extent they were actually used in practical medicine is yet another question).[②] The Chinese, too, were acquainted with the profession of shipboard surgeons and physicians. We have introduced various examples of doctors on board of Chinese

---

① For this link between the rise of commerce in the Netherlands and the rise of science during the sixteenth and seventeenth centuries, see also Harold J. Cook, *Matters of Exchange.*

② See, for example, *the Youyang zazu* 酉阳杂俎 (Miscellaneous of the Youyang Mountain [in Sichuan]), by Duan Chenshi 段成式; the now lost *Haiyao bencao* 海药本草 (*Materia Medica of Drugs from the Sea*), written at the beginning of the tenth century by Li Xun 李珣, a man of Persian ancestry; *Bencao gangmu* 本草纲目 (*General Compendium of Materia Medica*) by Li Shizhen 李时珍; or *Bencao gangmu shiyi* 本草纲目拾遗 (*Supplement to the General Compendium of Materia Medica*) by Zhao Xuemin 赵学敏.

ships. In contrast to the European tradition, Chinese seafarers from early on even paid great attention to a correct diet on board. Possibly, at least during official voyages, they were also more sensitive to the necessity of hygienic conditions on board.

But with the exception of records and notes on some official expeditions and sea voyages, where doctors were involved to take care of the officials and soldiers on board, no works on shipboard medical practices are known to us, or have been preserved, while in "the West" a separate category of treatises and manuals on naval medicine developed from early on. During the Zheng He expeditions, as we have seen, also medicinal plants were collected overseas. In epidemics-affected Ming China, pharmacists and physicians certainly were in search of new remedies and perhaps even composed some kind of record or treatise that later got lost or was intentionally destroyed. We can also only speculate that Chinese private merchants took care about having a basic stock of medicines and perhaps had crew members skilled in medical treatments or preparing medicines on board. But, as is well known, these maritime merchants were not supported by the Chinese state. And, in contrast to Europe, there were no private maritime companies comparable, for example, to the VOC that ventured beyond the East and Southeast Asian waters to explore the world, that means, private maritime explorations that eventually received official government support.

Consequently, from Ming or Qing times, we do not possess any manuals for naval surgeons, nor any medical works or chapters in medical works documenting treatments for seafaring related ailments. Physicians like the above-mentioned Kuang Yu, and other doctors or pharmacists sailing with Zheng He, may have developed some initial routine. But nothing more than that.

During the "Age of European Expansion", the profit-driven expansion of spheres of influence and, consequently, colonial empires (as a part of the emerging capitalist countries) provoked an impetus for the development of certain disciplines and professions, such as in the field of (naval) medicine. These specific preconditions did not develop or exist in early modern China.

"Western" medicine had entered and influenced Chinese medicine since antiquity. As Paul David Buell emphasizes, Chinese medicine is what it is because of Galenic and other non-Chinese influences. [①] Since the sixteenth century, European missionaries brought new Western medicinal practices and knowledge to China—many Western medicinal works were translated into Chinese in the course of the seventeenth century. [②] In the eighteenth century, the dissemination of this new Western medicinal knowledge shifted from theory to practice, [③] but this initially had hardly any conse quences for maritime medicine. Western works on shipboard hygiene and naval medicine were only translated into Chinese during the nineteenth century, with the context of the Jiangnan Arsenal 江南制造厂 (1865).

---

① Paul David Buell has stressed this in his numerous publications and in many personal and email conversations. According to him "Chinese medicine represents very much a globalized tradition" (e-mail conversation from April 13, 2020).

② For an excellent overview, see Nicolas Standaert, "Late Ming-Mid Qing: Themes. 4. 2. 7. Medicine," in Nicolas Standaert (ed.), *Handbook of Christianity in China Volume One: 635–1800*, Handbook of Oriental Studies, Section 4, China, Leiden, Boston, Köln: E. J. Brill, 2001, pp. 786–802.

③ Especially the Kangxi Emperor possessed a very positive attitude towards Western medicine, and even wished to have European physicians at court, and definitely sponsored the dissemination of Western medicine in China. This notwithstanding, the application and use of new Western medicinal drugs and knowledge remained obviously mainly limited to the ruling and social elites, including the Qing military-the use of "balsam oil of Peru" 巴尔撒木油 in the Qing army as a remedy against sword wounds and external injuries is an interesting case in point, see Angela Schottenhammer, "Peruvian Balsam: An Example for a Transoceanic Transfer of Medicinal Knowledge," *Journal of Ethnobiology and Ethnomedicine*, no. 16 (Nov 2020), see DOI: https://doi.org/10.1186/s13002-020-00407-y. The story that Jesuits came to cure Kangxi of a malarial fever with so-called Peruvian bark, *cinchona* (Cinchona officinalis, Chin. *jinji'na* 金鸡纳, also called "Jesuits' bark") is well known. Kangxi also ordered the French Jesuit Jean-François Gerbillon (1654–1707) to translate western knowledge on medicinal drugs into Manchu, and Gerbillon, together with Dominique Parrenin (1665–1741), later composed a Manchu handbook of western medicinal drugs and practices, *Xiyang yaoshu* 西洋药书 (Treatise on Western Medicinals). See, for example, Charlotte Furth and Marta E. Hanson, "Medicine and Culture Chinese-Western Medical Exchange (1644–ca. 1950)," *Pacific Rim Report*, 43 (2007), pp. 1–10; Liu Shixun 刘世珣, "'xiyang yaoshu' jiedu fang yishi," "西洋药书"解毒方译释, *Gugong Xueshu jikan* 故宫学术季刊, No. 2 (2017), pp. 115–140.

印度洋-太平洋水域外科医生与医师的流动
（15~18 世纪）

萧　婷　　马修·托克　　闻·温特

摘　要：外科医生和医师是海上航行的重要组成部分。他们必须照顾病人和伤员，采取疾病预防和救助措施，关注船员的卫生健康问题。本文利用大量的中外文资料，梳理欧洲航海过程中外科医生和航海医师职业的出现与发展，并将其与中国传统船上医疗进行比较，探讨欧洲与中国"海洋医学"的发展路径和本质差异。进入大航海时代后，随着海外扩张活动的增加以及航海距离的延长，西班牙、葡萄牙、荷兰、英国、法国等欧洲国家的海上医学迅速发展，并逐渐形成系统的学科知识。许多欧洲外科医生和医师也同时从事商业贸易活动以及外交谈判活动。荷兰东印度公司的"国家职能"性质也促使其拥有最完备的海上医学知识体系。相比之下，中国方面关于海上医学的史料则相对较少。虽然中国在航海过程中早就注意到均衡饮食等问题，但由于政治经济环境的不同，中国并没有像欧洲国家那样频繁的全球性海洋扩张和探索行为，官方主导的、大规模的、定期的远洋航行有限，因此并未发展出像欧洲那样系统的海洋医学。

关键词：外科医生；医师；海洋医学；船上医疗；大航海时代

（执行编辑：吴婉惠）